21 世纪高等学校精品规划教材

数据库技术及应用开发

李云峰　李　婷　编著

中国水利水电出版社
www.waterpub.com.cn

内 容 提 要

本书以综合应用能力培养为教学目标，系统阐述了数据库技术及应用开发的基本概念、基本技术和基本方法。

在内容选择上，以最新技术为课程视野，构建了以"数据库原理＋SQL Server 2008 数据库＋ADO.NET 数据库访问技术＋C#主语言"为架构的知识体系；在内容编排上，以"教学管理系统"的设计为主线，并采用进阶式层次结构：基础篇（数据库技术概述、关系数据库模型、结构化查询语言 SQL、SQL Server 2008）、提升篇（数据库保护、关系模式规范化设计、关系数据库设计）、综合篇（数据库应用系统开发、开发高校教学管理系统），全面介绍了关系数据库技术及应用开发知识。

本书内容选材新颖精炼，理论与实践并重，案例驱动，逻辑性强，语言精炼，通俗易懂，图文并茂；配有大量多种类型的习题，利于复习和巩固。

本书可作为高等院校计算机科学与技术、网络工程、软件工程、信息工程、管理工程、信息管理与信息系统、地理信息系统、电子商务等专业的数据库课程教材，也适合作为相关培训教材，还可作为相关领域工程技术人员学习和参考用书。

图书在版编目（ＣＩＰ）数据

数据库技术及应用开发 / 李云峰，李婷编著. -- 北京：中国水利水电出版社，2014.10
21世纪高等学校精品规划教材
ISBN 978-7-5170-2573-3

Ⅰ. ①数… Ⅱ. ①李… ②李… Ⅲ. ①关系数据库系统－高等学校－教材 Ⅳ. ①TP311.138

中国版本图书馆CIP数据核字(2014)第228600号

策划编辑：雷顺加　　　责任编辑：李 炎　　　封面设计：李 佳

书　　名	21世纪高等学校精品规划教材 **数据库技术及应用开发**
作　　者	李云峰　李 婷　编著
出版发行	中国水利水电出版社 （北京市海淀区玉渊潭南路 1 号 D 座　100038） 网址：www.waterpub.com.cn E-mail：mchannel@263.net（万水） 　　　　 sales@waterpub.com.cn 电话：（010）68367658（发行部）、82562819（万水）
经　　售	北京科水图书销售中心（零售） 电话：（010）88383994、63202643、68545874 全国各地新华书店和相关出版物销售网点
排　　版	北京万水电子信息有限公司
印　　刷	三河市铭浩彩色印装有限公司
规　　格	184mm×260mm　16 开本　19.75 印张　526 千字
版　　次	2014 年 12 月第 1 版　2014 年 12 月第 1 次印刷
印　　数	0001—4000 册
定　　价	39.00 元

凡购买我社图书，如有缺页、倒页、脱页的，本社发行部负责调换

前　言

　　数据库技术自 20 世纪 60 年代产生至今已得到了迅猛的发展，是计算机应用领域中发展最快、应用最广的科学技术之一，已成为现代计算机信息系统与应用系统的核心技术。数据库的建设规模、数据库容量的大小和使用频度已成为衡量一个国家信息化程度的重要标志。

　　目前，数据库技术的应用已从数据处理、信息管理、事务处理扩大到计算机辅助设计、决策支持、人工智能和网络应用等领域。数据库技术的推广使用也使得计算机的应用迅速地渗透到各行各业，如军事国防、航天航空、金融工商、交通能源、通信测控、文教卫生等领域。

　　伴随着数据库技术在国民经济、科学和文化等各个领域的广泛应用，基于数据库技术和数据库管理系统的应用软件研发，已经成为包括计算机科学与技术在内的各专业领域技术和管理人员必备的基本技能。因此，数据库技术课程已成为高等院校计算机科学与技术、软件工程、网络工程、管理工程、信息管理与信息系统、地理信息系统、电子商务等专业的核心专业基础课程或专业课程，在整个专业课程体系中起着承上启下、融会贯通的作用，是毕业设计、项目实践、软件开发的重要理论和实践基础，对提高学生信息管理与技术开发能力，起着非常关键的作用。

　　为了适应计算机科学技术人才培养和课程教学改革的需要，结合作者多年来教学方法的研究探索和项目实践，编写了《数据库技术及应用开发》教材。秉承**从理论概念入手，从技术应用出发，从能力培养着眼**的教学理念，对教学内容和教学方法进行精心设计，努力打造本课程特色。

　　1. 教学内容的设计

　　教学思想的贯彻与实施，依赖于教学内容的精心设计与合理安排。教材是教学内容的载体，本教材教学内容设计的基本指导思想体现在以下 3 个方面。

　　（1）**以应用开发为课程主线**：本教材以开发高校教学管理系统为例，从建立数据模型到一个完整的数据库应用系统，都以开发高校教学管理系统贯穿始终。并注重理论与实践的紧密结合，从概念到操作，从理论到实践，由浅入深，循序渐进，尽量避免知识点重复。

　　（2）**以最新技术为课程视野**：本教材创新性地构建了以"数据库原理＋SQL Server 2008 数据库＋ADO. NET 数据库访问技术＋C#主语言"为架构的数据库课程内容体系。

　　其中，ADO. NET 是一种新的连接访问技术，可以使 . NET 上的任何编程语言能够连接并访问关系数据库与非数据库型数据源；C#采用了 C++语言的面向过程和对象的语法，同时吸收了其它优秀程序设计语言的特征，以其简单、现代、通用、面向对象、支持分布式环境中的软件组件开发等特点被广为使用，并且成为国际标准。

　　（3）**以综合应用为课程目标**：为了突出综合能力的培养，教材自始至终围绕高校教学管理系统，系统地介绍了开发高校教学管理系统所涉及的知识内容，包括嵌入式 SQL、数据库应用系统的体系结构、数据库应用程序接口、C#.NET、ADO.NET，以及数据库建模方法等，最后以课程设计——开发高校教学管理系统为例，全面介绍了开发实际应用系统的方法步骤和编程实现。

　　2. 教学方法的设计

　　为了提高教与学的效果，教学方法的设计采用：**进阶式结构、案例式引导、解析式描述**。

　　（1）**进阶式结构**：本书在课程体系结构上注重内容的系统性、连贯性、逻辑性和条理性，并采用进阶式层次结构，将 9 章教学内容设计为基础篇→提升篇→综合篇。其中："基础篇"包括第

1 章"数据库技术概述",第 2 章"关系数据模型",第 3 章"结构化查询语言——SQL",第 4 章"Microsoft SQL Server 2008 基础";"提升篇"包括第 5 章"数据库保护",第 6 章"关系模式规范化设计",第 7 章"关系数据库设计";"综合篇"包括第 8 章"数据库应用系统开发",第 9 章"课程设计——开发高校高校教学管理系统"。

这种进阶式结构不仅自然形成课程基本概念、基本技术与综合应用的紧密结合,而且使课程教学目标明确、结构清晰、循序渐进、逻辑性好、实用性强。不仅能使学生掌握一定的理论知识,同时又能促进学生实际操作能力的培养和数据库系统应用开发能力的塑造。

(2)**案例式引导**:课程始终贯穿**提出问题、讨论问题、归纳问题**的思路,从问题需求出发,引导学生进入学习意境。通过"问题提出",引导学生思考所要讨论的问题,以此激发学生学习的主动性和求知欲,避免学习的盲从性;通过"**问题解析**",引导学生掌握分析问题和解决问题的方法和步骤,消除学习过程中的畏难情绪;通过"**问题点拨**",引导学生对典型问题举一反三,触类旁通,达到"即学即用"的教学效果。

(3)**解析式描述**:为了便于理解教学内容,针对本课程的特点,采用了解析式教学方法,即对基本概念、问题分析、设计过程以解题的形式,用几何图形逐步进行描述。特别是第 7 章"关系数据库设计",第 8 章"数据库应用系统开发",第 9 章"课程设计",这 3 章是前面各章教学内容的综合,概念性和系统性都很强,我们以图形方式对数据库的设计方法和设计步骤进行形象、生动、直观、详尽的描述。实践表明,用解析式教学法来描述那些难于用语言和文字表述清楚的抽象概念是极为有效的。一幅形象、生动、直观的图形,有时能胜过千言万语。

为了便于自学和提高,编写了配套的《数据库技术及应用开发学习辅导》,内容包括学习引导、习题解析、技能实训、知识拓展。

本书的编写,参照了全国"高等学校计算机科学与技术专业核心课程教学实施方案"——"数据库系统课程教学实施方案",兼顾了"数据库课程教学实施方案(工程型)"和"数据库课程教学实施方案(应用型)"的要求,其内容不仅覆盖了关系数据库原理、数据库应用系统设计方法和设计技术,而且系统地介绍了数据库互连技术(ODBC)、利用 ADO. NET 访问数据库的过程和方法、利用 C#进行数据绑定的方法;给出了一个完整的教学管理系统的设计方案和设计过程。由于本书内容较多,任课教师应根据相应专业的教学要求,对授课内容进行适当删减。

本书由李云峰教授与李婷博士(副教授)编写,由李云峰整体设计和统稿。刘屹、丁萃婷、曹守富老师为程序验证和课程网站建设做了大量工作,丁红梅、刘冠群、孟劲松、周国栋、范荣、彭芳芳、李金辉、陆燕、姚波等老师参加了课程教学资源建设工作。在编写过程中,参阅了大量国内外同类优秀教材和专著,从中吸取了许多有益营养。在此,谨向这些著作者一并表示衷心感谢!

本书凝聚了作者多年教学、科研以及软件开发的经验和体会。尽管我们希望做到更好,但因作者水平所限,时间仓促,难免存在许多不足和错误之处,敬请专家和读者批评指正。

编 者
2014 年 10 月

目　录

第一部分　基础篇

第二部分 提升篇

第三部分　综合篇

课程导学

当今社会正处在一个信息变革的时代。数据作为信息的基础，如何实现对数据的存储、处理、操纵、检索，进而从中获取有价值的信息，已成为当今计算机技术应用和研究的重要课题。

数据库技术就是研究如何存储、使用和管理数据的。自 20 世纪 60 年代产生至今，该技术领域出现了 C.W.Baehman、E.F.Codd 和 James Gray 三位图灵奖获得者，催生了一个巨大的软件产业。数据库技术一直是研究最活跃、发展速度最快、应用最广的 IT 技术之一。

数据库技术从产生至今不过 50 来年，却已渗透到人类工作和生活的各个方面。数据库的应用已从数据处理、信息管理、事务处理扩大到计算机辅助设计、决策支持、人工智能和网络应用等领域。因此，数据库技术不仅成为计算机类专业的核心课程之一，而且也是信息、自控、经济、电子商务等相关专业必修的重要课程。根据各课程重点，其课程名也有所不同，如数据库原理与应用、数据库技术与应用、数据库系统原理与设计等，本书为"数据库技术及应用开发"。

一、数据库技术概念

1. 什么是数据库技术

数据库技术是随着使用计算机进行数据管理的不断发展而产生的、以统一管理和共享数据为主要特征的应用技术，它所研究的问题就是如何科学地组织和存储数据，如何高效地获取和处理数据。所谓数据处理，是指对各种形式的数据进行收集、整理、组织、存储、查询、维护和传送等操作。数据处理的目的之一是从大量的、原始的数据中抽取、推导出对人们有价值的信息，以作为行动和决策的依据；目的之二是借助计算机科学地保存和管理复杂、大量的数据，以便人们能方便且充分地利用这些宝贵的信息资源。数据库技术涉及以下内容。

（1）数据库：为了实现对数据（能被计算机接受的数字、字符、图形、图像、声音、语言）进行管理和处理，必须将收集到的相关数据有效地组织并保存起来，从而形成了数据库。

（2）数据库模型：为了便于对数据库中数据的组织和管理，先后形成了多种数据模型：层次数据模型、网状数据模型、关系数据模型。现在广泛使用的就是关系数据模型。

所谓关系数据模型，实际上就是物理表示的二维表格，表的每一行表示一个元组，表的每一列对应一个域。每个关系有一个关系名和一个表头，二维表的结构如表 1 所示。

表 1　二维表格关系的描述

教师编号	姓　名	性别	出生年月	学　历	职　称
2012001	李　杰	男	1963.02.16	博　士	教　授
2012002	王秀梅	女	1978.12.23	硕　士	副教授
…	…	…	…	…	…

（3）数据库管理系统：为了高效地对数据库中的数据进行组织、存储、获取、维护等，人们利用软件来实现对数据库的管理和操作，这就是数据库管理系统。针对不同的数据模型采用了不同的数据库管理系统。

（4）数据库语言：为了便于用户操作使用数据，数据库管理系统为用户提供交互式使用数据库的语言，以便定义和操作数据库。数据库语言包括数据库定义语言、数据库操纵语言等。

（5）数据库系统：将存放数据库及其数据库管理系统的计算机硬件系统合在一起，称为数据库系统。此外，还包括数据库管理和维护人员。

2. 数据库技术研究的内容

数据库技术本质上就是数据管理技术。为了便于说明数据库技术所研究的内容，我们以不同部门对学生信息的需求为例，介绍数据库技术研究所涉及的内容。

例如某学校的学生处、教务处和图书馆均要使用计算机对学生的有关信息进行管理，但其各自处理的内容又不同，如果用文件系统实现，则可按如下方式进行组织。

学生处要处理的学生信息包括：

学号	姓名	系名	年级	专业	年龄	性别	籍贯	政治面貌	家庭住址	个人履历	社会关系

为此，学生处的应用程序员必须定义一个文件 F1，该文件结构中的记录应包括上述数据项。

教务处要处理的学生信息包括：

学号	姓名	系名	年级	专业	课名	成绩	学分	…

显然，教务处的应用程序员需定义一个文件 F2，该文件结构中的记录应包括以上数据项。

类似地，当图书馆要记录和处理学生的有关借阅图书信息时，其创建的文件 F3 应包括下列数据项：

学号	姓名	系名	年级	专业	图书编号	图书名称	借阅日期	归还日期	滞纳金	…

这样，当上述三个部门都使用计算机对学生的有关信息进行管理时，就要在计算机的外存中分别保存 F1、F2 和 F3 三种文件，这三种文件中均有学生的学号、姓名、系名、年级和专业等信息，因此重复的数据项达到了 1/3 以上，数据严重冗余。

数据冗余将会产生以下问题：数据冗余不仅浪费存储空间，更严重的是带来潜在的不一致性。由于数据存在多个副本，所以当发生数据更新时，就很可能发生某些副本被修改而另一些副本被遗漏的情况，从而使数据产生不一致的现象，影响了数据的正确性和可靠性。比如，某学生因故需从计算机科学与技术专业转到网络工程专业，当学生处得到该信息后，将该学生所属的专业名改为网络工程，因而 F1 文件中保存了正确的信息。但若教务处和图书馆没有得到此信息，或者没有及时更改 F2 和 F3 文件，就造成了数据的不一致性。由于数据的使用价值很大程度上依赖其可靠性，所以这种不一致的后果是不容忽视的。当这种情况发生在军事、航天、金融等行业时，其后果将是非常严重的。为此，人们采取了"数据结构化"的管理方法，即从整体观点来看待和描述数据。此时数据不再是面向某一应用，而是面向整个应用系统，如图 1 所示。

在图 1 中，学生记录是为教务处、学生处和图书馆所共享的，若某个学生需要转专业，则只要修改学生记录中的专业名称属性即可，这样就不会出现不一致的情况。另外，除了共享的数据以外，各部门还可以有自己的私有数据。

数据库技术是利用计算机来对数据进行管理的技术，对它的研究主要包括以下 3 个方面。

（1）数据库管理系统的研究：包括对数据库管理系统应具有的功能的原理性研究和如何实现的技术性问题的研究。当前，对数据库管理系统的研究已从集中式数据库管理系统向分布式数据库管理系统、知识库管理系统等方面延伸，直至延伸到数据库的各种应用领域。

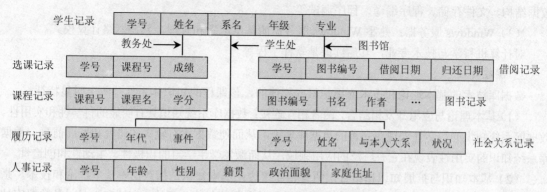

图1　数据结构化范例

（2）数据库理论的研究：数据库理论的研究主要围绕关系数据库理论、事务理论、逻辑数据库（演绎数据库）、面向对象数据库、知识库等方面，探索新思想的表达、提炼和简化，最后使其为人们所理解；同时也研究新算法以提高数据库系统的效率。

（3）数据库设计方法及工具的研究：数据库设计的主要含义是在数据库管理系统的支持下，按照应用要求为某一部门或组织设计一个结构良好、使用方便、效率较高的数据库及其应用系统。目前，正在这一领域进行数据库设计方法和设计工具的研究，包括：数据模型和数据建模的研究，计算机辅助数据库设计方法及其软件系统的研究，数据库设计规范和标准的研究等。

二、课程定位与课程特征

数据库技术课程是讲述数据库设计、数据库应用与数据库管理的基本理论、技术和方法的课程，是计算机软件中最重要、最实用的部分之一，其应用涉及到科学研究、数据管理、工业控制等领域。数据库技术是数据管理的新技术和新方法，通过它能够实现科学组织和管理数据、快速查询分析和统计数据、有效挖掘事务发展知识和规律，不仅能明显地提高工作效率、减小劳动强度，而且能提高信息管理的质量、能力和水平，使人们能够更好地了解事务变化的信息，控制事务的发展。

1. 课程定位

数据库作为计算机科学的一个分支，其作用和地位在整个计算机专业课程体系中都极为重要。数据库技术课程是计算机科学与技术专业及其相关专业（信息管理与信息系统、通信工程等信息技术类）的专业基础课和主干课。课程内容涉及数据库的模型结构、数据记录的查询和优化、数据库管理、数据库保护、数据库系统的规划设计、应用开发等。本课程在整个专业课程体系中起着承上启下、融会贯通的作用，是毕业设计、项目实践、软件开发的重要理论和实践基础，对提高学生信息管理与技术开发能力，起着非常关键的作用。

木课程着重培养学生运用数据库技术解决问题的能力和科研素质，使学生掌握数据库应用系统的设计与开发方法，熟悉或了解数据库技术的发展是与多学科技术相互结合与相互渗透的这一重要特征。通过本课程的理论学习和实践能力的训练，培养学生运用数据库技术解决问题的能力，掌握数据库应用系统的设计方法，了解数据库技术的发展动向，指导今后的应用，并激发学生在此领域中继续学习和研究的欲望。

为了达到良好的教学效果，在学习本课程之前，最好已经学习过以下课程：

（1）计算机科学导论：了解程序开发、程序编译、数理逻辑、人工智能等相关知识概念。

（2）程序设计基础：能够用 C/C++/C#进行简单的程序设计，了解程序设计基本知识，特别是数据结构、文件存储、程序编译、程序调试等。

（3）Windows 服务器：熟悉 Windows 服务器的基本配置和管理，熟悉网络计算模式。

对计算机科学与技术专业，其后续课是软件工程等。

2．课程特征

数据库技术的基本理论和技术应用是紧密相连的，该课程的知识体系具有两个明显特征。

（1）基本理论与应用开发相结合，两者相互连接：数据库系统知识具有明显的科学性和实用性。数据库系统知识的科学性表现在完善的数据库理论，从而使数据库有较大的研究和发展前景。数据库系统知识的实用性表现在它有广泛的应用领域，从而激发学生学习的积极性、主动性和创造性。

（2）基本知识与扩展知识相结合，两者相互渗透：基本知识是指数据库基本理论和技术，是数据库课程的基础和核心。扩展知识是指当前最新的数据库技术、理论、方法和工具，是数据库技术发展的前沿，知识需要不断地更新，以适应技术的发展。数据库技术的飞速发展和计算机应用水平的提高使数据库课程的知识选择、知识重构和创新有较大的空间。

三、教学目标与任务

本课程力图将数据库技术基础理论知识与应用能力培养完美结合。在理论教学方面，充分体现"技术"的真实内涵；在实践教学方面，以实际应用为目标，建立课程的技术、技能体系，融"教、学、做"为一体，强化学生的能力培养。

1．课程教学目标

本课程的教学目标是使学生理解数据库系统的基本概念，提高学生的理论知识和水平。这些基本的数据库理论和概念包括数据库的基本概念、数据库的特点、关系代数、数据查询方法、数据库管理、数据库保护、关系模式规范化、关系数据库设计等。通过本课程学习，掌握关系模式的分解方法，掌握数据库的范式标准和数据库的设计原则，掌握利用 E-R 图对数据库系统进行设计。

2．课程教学任务

本课程的主要任务是研究存储、使用和管理数据，目的是使学生掌握数据库的基本原理、方法和应用技术，能有效地使用现有的数据库管理系统和软件开发工具，掌握数据库结构的设计和数据库应用系统的开发方式。本教材选用 SQL Server 2008 数据库管理系统，要求学生能运用 SQL Server 2008 编程技术，根据实际需要完成在一定网络环境下的数据库编程开发与数据库规划设计工作。在一定程度上提高学生的数据库编程技能和开发能力，打开利用 C#和 ADO. NET 访问 SQL Server 2008 数据库的技术瓶颈，为适应软件研发中数据库编程开发的职业岗位需要和进一步学习打下一定的基础。

我们之所以选择 SQL Server 2008，是因为 SQL Server 2008 在 SQL Server 2005 基础上历经了 3 年研发，推出了许多新功能，并对关键功能做了改进，使其成为至今为止最强大和最全面的 SQL Server 版本。SQL Server 2008 提供了一套完整的数据管理和分析解决方案，给企业数据分析和应用程序带来更高的可靠性、高效性以及商业智能，使得它们更易于创建、部署和管理，在有效保证业务系统稳定运行的同时，能够带来新的商业价值和应用体验。同时，它帮助企业随时随地管理任何数据，可以将结构化、半结构化和非结构化的数据（如图像和音乐）直接存储到数据库中。

SQL Server 的另一个特征就是较好地适应了网络环境下的数据库管理、开发、访问的需求，一般情况下通过客户端访问数据库服务器，而后数据库服务器将反馈数据传回客户端，基于该种模式下的软件系统开发被称为客户端/服务器（Client/Server，C/S）模式开发。

四、课程体系结构与模式

本教材本着从理论概念入手、从技术应用出发、从能力培养着眼的教学思想，教学内容的设计是以应用开发为课程主线、以最新技术为课程视野、以能力培养为课程目标。

1. 课程体系结构

为实现创新教育，提高学生的知识、能力和素质，将数据库技术课程采用进阶式结构，通过三个阶段（层次）实施：基础篇、提升篇和综合篇。数据库技术及应用开发课程层次结构如图 2 所示。

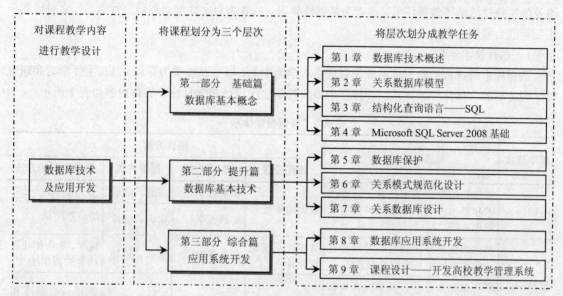

图 2　"数据库技术及应用开发"课程层次结构

（1）基础篇：第 1～4 章，教学目标是使学生掌握数据库的基础知识和技术，包括数据库系统的结构组成、数据库管理系统的结构组成、数据库技术的研究与发展、关系数据模型、结构化查询语言和 Microsoft SQL Server 2008 基础知识。

（2）提升篇：第 5～7 章，教学目标是使学生进一步掌握数据库设计理论和方法，包括数据库的保护技术、关系模式规范化理论知识和数据库应用系统设计的理论知识与实施方法，培养学生运用所学理论知识分析问题和解决问题的能力，提高学生的数据库技术理论水平。

（3）综合篇：第 8～9 章，教学目标是使学生综合运用所学理论知识开发一个具有实用价值的数据库应用系统，培养学生综合分析问题和解决问题的能力。包括：查阅和收集最新技术资料的能力、获取最新前沿技术的能力、自学掌握开发工具的能力、团结协作和技术交流的能力等。

2. 课程的知识链

数据库系统的知识要素所形成的知识链如图 3 所示。图中上行为数据库理论知识链，下行为数据库技术知识链，实箭头及知识框构成了数据库系统的教学知识链。

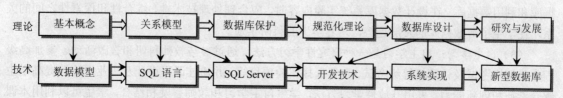

图 3　数据库系统教学知识链示意图

图 3 中的教学知识链结构和教学主线沿数据库的设计、定义、操作和控制的方向平滑伸展，符合理论→实践→提高这一认识和理解问题的自然规则，使学生容易掌握、教师容易讲解，具有较好的可操作性。同时，教学内容具有稳定性、适应性和灵活性，教学过程中理论和技术相互渗透，课堂教学和实验教学同步进行。

五、课程教学组织与要求

数据库系统课程的教学体系中不仅要包括数据库系统课程和课程设计，还要包括毕业设计、实习及学生科技活动等教学环节，前者为基础性学习，后者为自主性学习和研究性学习，它对培养学生创新能力和综合素质尤为重要。

1. 课程教学体系

数据库系统课程的学习体系应是以课堂教学为中心、以实践教学为导向、以自主性学习和研究性学习为辅的立体化学习体系，并按三个不同教学层次设计教学目标。具体内容如表 2 所示。

表 2　课程教学体系

教学层次	教学目标	培养方案			
		课程设置	教学模式	授课方式	教学类型和方法
基础层	掌握数据库的基本概念、基本技术和基本方法，熟悉一种数据库管理系统	数据库系统	课堂教学	讲解、演示	案例和任务驱动结合教学法
			实践教学	实训、辅导	
提高层	熟悉数据库系统开发的过程和设计数据库应用系统的基本方法	数据库系统课程设计	自主性教学	实训、辅导	选学、集合和开放结合的教学法
	掌握数据库保护、关系模式规范化设计、关系数据库应用系统设计方法	毕业设计	自主性教学	指导	选择与数据库相关的题目
综合层	熟悉数据库理论知识，了解数据库的新技术、新开发平台和数据库技术发展趋势	学生科研活动	研究性学习	答疑、指导	开放自主式，主题教学和个性化结合的教学法
		自选学习方向和内容	研究性学习	专题讲座、自学、辅导	

为了实现三个不同教学层次的教学目标，使每个教学层次或阶段都能提高学生的知识、能力和素质，我们本着以教师为主导、以学生为主体的指导思想，采用以下 3 种教学模式。

（1）课堂教学：在教学过程中，采用多媒体教学课件及应用系统设计软件演示有机结合，采用启发式、讨论式的互动授课模式。

在课堂教学过程中应注意三个方面：一是认识数据库技术在管理类、电子信息类学科中的作用地位；二是以最新技术为课程视野，及时把学科最新发展成果和教改教研成果作为教学实例引入课堂教学中；三是注重学生独立分析问题、解决问题和创新思维的引导。

（2）实践教学：通过实践环节的训练，培养学生的实际动手能力，学会设计数据库、维护数据库和利用数据库。在设计数据库系统实验内容时，应合理处理技术性、综合性和探索性之间的关系，使学生了解数据库的发展趋势，培养学生的科研素质。

（3）自主学习：自主学习是一种研究性学习方法，通过参与教师科研和教改活动、参加高级程序员资格考试及计算机等级考试、自行选择实验项目等，并通过课程设计及毕业设计等提高学生综合素质和创新能力。采用开放性学习方法，学生自主学习和教师答疑相结合，学生可以利用本课程的网络学习资源，达到深入学习、巩固、提高的学习效果。

2. 课程教学要求

本课程秉承从理论概念入手、从技术应用出发、从能力培养着眼的教学思想，全书分为 9 章，理论教学各章的主要教学内容、教学重点和教学目标如表 3 所示。

表 3　课程教学模块

课程教学模块顺序	教学重点	教学目标
第 1 章　数据库技术概述 1.1 数据管理技术 1.2 数据模型 1.3 数据库管理系统 1.4 数据库系统的组成与结构 1.5 数据库技术的研究与发展	数据与信息、数据库、数据管理技术的发展；数据模型的基本类型；数据库管理系统的基本组成、基本结构、工作过程、功能特点、基本类型；数据库系统的基本组成、模式结构；数据库技术的研究、数据库技术的发展	了解数据库管理技术的发展各阶段的特点，数据库系统的基本应用和数据库技术的研究范畴与发展趋势；理解并掌握数据库体系的三级模式结构、两级映射，数据库系统的结构组成；熟悉了解常用数据模型及常用数据库管理系统
第 2 章　关系数据库模型 2.1 关系数据库模型的组成 2.2 关系代数 2.3 关系演算 2.4 关系代数表达式的查询优化	关系数据的结构、关系数据的完整性规则、关系数据操作；传统的集合运算、专门的关系运算、关系运算实例；元组关系演算、域关系演算；关系代数表达式的等价变换、查询优化策略与实现	了解关系数据模型的组成；理解关系、关系模型的概念并掌握模型的完整性约束；熟练掌握关系代数的各种运算；理解关系演算语言；了解优化规则及查询树优化方法
第 3 章　结构化查询语言——SQL 3.1 SQL 概述 3.2 SQL 的数据定义 3.3 SQL 的数据查询 3.4 SQL 的数据更新 3.5 SQL 的视图操作	SQL 的形成与发展过程、SQL 的功能特点、SQL 的语句类型；定义数据库、数据表和索引；数据库的查询方法；数据库中数据的插入、修改、删除；视图的创建、删除、查询、更新	了解 SQL 在关系数据库中的作用地位、发展过程和功能特点；掌握 SQL 的数据定义、数据查询、数据操纵、数据控制等功能；熟悉嵌入式 SQL 的应用及使用方法等
第 4 章　SQL Server 2008 基础 4.1 SQL Server 2008 概述 4.2 SQL Server 2008 的基本组成 4.3 SQL Server 2008 的管理工具 4.4 Transact-SQL 程序设计基础 4.5 Transact-SQL 对游标和存储 　　过程的支持	SQL Server 2008 性能、体系结构；SQL Server 2008 数据库的类型、数据库文件、数据库对象；SQL Server 2008 的常用管理工具；Transact-SQL 的语言要素、函数、流程控制语句；Transact-SQL 对游标和存储过程的支持	了解 SQL Server 2008 的功能特点和结构组成；熟悉 SQL Server 2008 数据库、数据库对象和管理工具；掌握 Transact-SQL 程序设计基础以及 Transact-SQL 支持游标和存储过程的编程使用方法
第 5 章　数据库保护 5.1 数据库的安全性 5.2 数据库的完整性 5.3 数据库的事务处理 5.4 事务的并发控制 5.5 数据备份与恢复	数据库的安全性控制；数据库的完整性约束类型与规则、触发器的使用；事务处理特性与操作；封锁及其带来的问题；数据库的备份、恢复、复制；SQL Server 2008 在数据库保护中的作用机制	了解数据库系统的故障种类；熟悉数据库的完整性约束类型与规则；理解事务并发控制的原则和方法；掌握数据库的备份和恢复技术，SQL Server 2008 数据库的安全性和完整性的控制措施与机制
第 6 章　关系模式规范化设计 6.1 关系模式的规范化 6.2 关系模式的函数依赖 6.3 函数依赖的公理体系 6.4 关系模式的分解 6.5 关系模式的范式	关系模式异常问题的解决；函数依赖的定义、类型、与键的联系；函数依赖中的逻辑蕴涵、推理规则、闭包；关系模式分解法则；关系模式中的第一、第二、第三、第四、第五范式的形成与特点	了解数据冗余和更新异常产生的根源和关系模式设计时的数据异常问题；理解函数依赖、多值依赖的基本概念；掌握关系模式分解的规则、各种范式设计的基本原则

课程教学模块顺序	教学重点	教学目标
第 7 章 关系数据库设计 7.1 数据库设计概述 7.2 需求分析 7.3 概念结构设计 7.4 逻辑结构设计 7.5 物理结构设计 7.6 数据库的实施与维护	关系数据库设计的基本方法、要求、特点、步骤；需求分析的方法与步骤；概念结构设计的方法与步骤；逻辑结构设计的方法与步骤；物理结构设计的方法与步骤；数据库的具体实施与管理维护方法	了解关系数据库设计的主要特点；熟悉数据库设计的基本方法、基本要求和基本步骤；掌握关系数据库的概念设计方法、逻辑结构设计方法、物理设计方法、数据库的实施与维护
第 8 章 数据库应用系统开发 8.1 数据库应用系统开发概述 8.2 嵌入式 SQL 8.3 数据库应用系统体系结构 8.4 数据库应用程序接口 8.5 使用 C#和 ADO.NET 开发数据库应用系统	数据库应用系统的结构组成与开发内容；嵌入式 SQL 编程技术；数据库应用系统的体系结构；数据库应用程序的常用接口技术；C#.NET 基本概况与 ADO.NET 对象应用	了解数据库应用系统开发的内涵；熟悉数据库应用系统的开发方法、常用体系结构、数据库应用程序接口技术、C#程序设计和嵌入式 SQL 编程；掌握开发一个简单数据库应用系统的基本方法和技术实现的手段
第 9 章 课程设计 9.1 课程设计概述 9.2 系统总体设计 9.3 系统设计步骤 9.4 系统编程实现	课程设计的目的、任务、内容、要求；系统设计的总体需求和结构设计；系统设计中的需求分析、概念模型描述、逻辑结构设计、物理结构设计；通过编程创建数据库、系统主窗体、用户管理模块	了解课程设计的目标、任务、内容、要求；熟悉数据库应用程序的常用体系结构；掌握系统需求分析描述和系统概念模型描述的方法、数据库应用系统逻辑结构设计和物理结构设计方法；掌握数据库应用系统的编程实现

对于课程中的重点和难点，在教学过程中应以动画、模拟程序、典型实例剖析、习题讲解、集体讨论等手段帮助学生加深理解。在教学过程中，应充分发挥学生的自主性、积极性和创造性，使每个学生都能达到较好的学习效果。

数据库技术的实践教学是教学中的重要环节，对于巩固数据库理论知识、加强学生实际动手能力和提高学生综合素质十分重要。本课程的实践教学与理论教学相对应，分为应用层、提高层和综合层 3 个教学层次，各教学层次的实训性质及任务如图 4 所示。

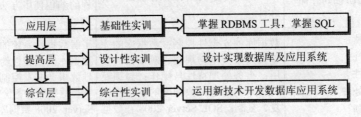

图 4　"数据库技术及应用开发"课程实训教学示意图

六、课程教学资源

为了便于教学和自学，我们将"数据库技术及应用开发"课程建成了立体式、多元化的教学资源。课程教学资源的结构组成如图 5 所示。

所谓立体式，是指特色鲜明的文字教材、内容丰富的计算机辅助教学软件和功能完善的课程教学网站；所谓多元化，是指每一种教学媒体中包含了多种形式的教学资源。例如，文本资源包括教材、教案、教学大纲等；教学软件包括 PPT、CAI 等。对那些难以用语言和文字表述清楚的抽象概念，利用 CAI 动画演示，进行形象、生动、准确的描述，能有效地提高教学效果。

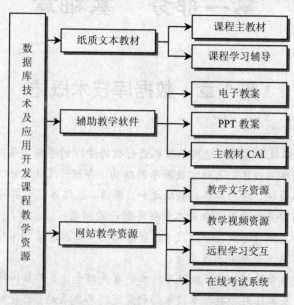

图 5　"数据库技术及应用开发"课程教学资源的组成

　　总之，无论是课程设计理念，还是课程教学方法；无论是课程教学内容，还是课程资源建设，都应力求体现有特色风格、有创新性、先进性和示范性。只有具备了先进的教学理念、丰富的教学资源和现代化的教育技术手段，才是提高教学效果、确保教学质量的根本保证。

第一部分 基础篇

第1章 数据库技术概述

【问题引出】数据库技术是随着使用计算机进行数据管理的不断进展而产生的、以统一管理和共享数据为主要特征的应用技术，是研究数据库的结构、存储、设计、管理和使用的一门科学，是计算机科学技术中发展最快、应用最广的领域之一。那么，数据库技术具有哪些功能特征？涉及哪些知识内容？其发展趋势是什么？这就是本章所要讨论的问题。

【教学重点】本章主要讨论数据管理技术、数据模型和数据库管理系统的基本概念；数据库系统的结构组成；数据库技术的研究与发展等。

【教学目标】通过本章学习，掌握数据库技术的有关概念；了解数据库管理技术的发展各阶段的特点，数据库系统的基本应用和数据库技术的研究范畴与发展趋势；理解并掌握数据库体系的三级模式结构、两级映射、数据库系统的组成、各部分的功能及其相互之间的关系；熟悉常用数据模型及其数据库管理系统。通过本章学习使读者领悟到数据库技术在信息管理中的作用地位，本章内容是后续各章内容的基础。

§1.1 数据管理技术

数据管理技术是随着计算机应用范围的不断扩大、对数据管理特性及处理技术要求的不断提高而逐步产生和发展起来的。本节介绍数据管理技术的相关概念。

1.1.1 数据与信息

人类的一切活动都离不开数据和信息。数据与信息是分不开的，二者既有联系又有区别，数据是信息的载体，信息是数据的内涵。并且在信息、数据的基础上，产生出了数据处理、数据管理、信息系统等。

1. 信息

信息（Information）是对客观事物的反映，泛指那些通过各种方式传播的、可被感受的声音、文字、图形、图像、符号等所表征的某一特定事物的消息、情报或知识。具体说，信息是客观存在的一切事物通过物质载体所发生的消息、情报、数据、指令、信号中所包含的一切可传递和交换的知识内容。信息是一种资源，它不仅被人们所利用，而且直接影响人们的行为动作，能为某一特定目的而提供决策依据。信息具有以下重要属性：

（1）事实性：是信息的核心价值，也是信息的第一属性。不符合事实性的信息不仅没有价值，还会产生误导。

（2）时效性：信息有实效性，实时接收与其效用直接关联，过时的信息是没有价值的。

（3）传输性：信息可以通过各种方式进行传输和扩散，信息的传输可以加快资源的传输。

（4）共享性：信息可以共享，但不存在交换。通常所说的交换信息，实际上是信息共享。

（5）层次性：由于认识、需求和价值判断不同，分为战略信息、战术信息和作业信息等。

（6）不完全性：在收集数据时，不要求完全，而是要抓住主要的，舍去次要的，这样才能正确地使用信息。这是由客观事物的复杂性和人们认识的局限性所决定的。

2．数据

数据是承载信息的媒体，是描述事物的符号记录。我们把描述事物状态特征的符号称为数据（Data），它是信息的一种符号化的表示方法。数据的概念包括两方面的含义：一是数据的内容，即信息，二是数据的表现形式，即符号。凡是能被计算机接受，并能被计算机处理的数字、字符、图形、图像、声音、语言等统称为数据。数据具有如下基本特征：

（1）数据有"型（Type，数据类型）"和"值（Value，数据值）"之分：数据的型是指数据的结构，表示数据的内容构成及其对外的联系；值是型的一个具体赋值。

【实例 1-1】描述一个学生基本信息的型和值为：

型：学生（学号，姓名，性别，年龄，系别）

值：（'20140101'，'张莉'，'女'，'18'，'信息工程系'）

又例如：描述课程的数据由课程号、课程名、学时数三项内容组成，反映了开设的课程的基本信息；而由学号、姓名、课程号、课程名、分数五项数据，反映了学生数据与课程数据之间的联系。

（2）数据具有数据类型和取值范围约束条件：数据因其描述的对象或属性的不同而具有不同的数据类型。由于数据类型的不同，其表示和存储方式及能进行的运算也不同。同理，数据因其描述的对象或属性的不同，具有不同的取值范围。比如，性别的取值范围为{男，女}。

（3）数据可以通过观察、测量和考核等手段获得：通常情况下，通过观察可以获得定性数据。比如，直接观察不同人员时得到的"老年"、"中年"、"青年"的定性结论数据，而通过不同仪器设备或考核手段获得的一般是定量数据。

【提示】由于表达信息的符号可以是数字、文字、图形、图像、声音等，所以通常将数据分为数值数据和非数值数据。例如学生人数、考试成绩等属于数值数据；而文字（家庭住址、家庭成员）、图像（照片）、图形（原理示意图、物理几何图）、声音等属于非数值数据。

3．数据与信息的区别和联系

数据与信息两者之间既有相互依存关系，也有替代关系。所谓相互依存关系，是指数据是使用各种物理符号和它们有意义的组合来表示信息，这些符号及其组合就是数据，它是信息的一种量化表示。换句话说，数据是信息的具体表现形式，而信息是数据有意义的表现。数据与信息两者之间的关系是数据反映信息，信息则依靠数据来表达。

所谓替代关系，是指信息代表数据。例如，用手工或计算机填写的发货单，对于发货部门的工作人员来说即为照单发货的信息（依据）。但对于仓库的管理者来说，它可以作为盘点库存量的原始依据。由于信息与数据之间的这种关系，所以"信息"和"数据"这两个词有时被交替使用，其区别在于信息对当前或将来的行为或决策有价值。

4．数据处理

计算机所处理的信息是数字化信息，即由二进制数码"0"和"1"的各种组合所表示的信息。我们把对数据的收集、存储、整理、分类、排序、检索、统计、加工和传播等一系列活动的总和称为数据处理（Data Processing）。其中"加工"包括计算、排序、归并、制表、模拟、预测等操作。

由此可见，数据处理是指将数据转换成信息的过程。数据处理的目的是将简单、杂乱、没有规律的数据进行技术处理，使之成为有序的、规则的、综合的、有意义的信息，以适应或满足不同领域对信息的要求和需要。从数据处理的角度而言，信息是一种被加工成特定形式的数据。因此，我们可以把数据与信息之间的关系简单地表示为：

$$信息=数据+数据处理$$

尽管这个表达式在概念上是抽象的，但却描述了信息、数据和数据处理三者之间的关系。其中，数据是原料，是输入；而信息是产出，是结果。人们对原始数据进行综合推导加工，得出新的数据，结果数据表示新的信息。当两个或两个以上数据处理过程前后相继时，前一过程称为预处理。预处理的输出作为二次数据，成为后面处理过程的输入，此时信息和数据的概念就产生了交叉，表现出相对性，如图 1-1 所示。

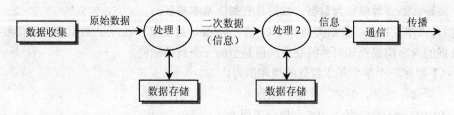

图 1-1   数据与信息的关系

人们有时说"信息处理"，其真正意义应该是为了产生信息而处理数据。例如，一个人的"出生日期"是有生以来不可改变的基本特征之一，属于原始数据，而"年龄"是用现年与出生日期相减而得到的数字，具有相对性，可视为二次数据。同样道理，"生产日期"、"购置日期"是产品和设备的原始数据，"失效日期"和"资产折旧"是经过简单计算得出的结果。

5. 数据管理

我们把对数据的分类、组织、编码、存储、检索、传递和维护称为数据管理（Data Management），它是数据处理的中心问题。数据量越大、数据结构越复杂，其管理的难度也越大，要求数据管理的技术也就越高。数据管理及其组织是数据库技术的基础，数据库技术本质上就是数据管理技术。

6. 信息系统

当今社会已进入信息社会的时代，信息已经受到社会的广泛重视，被看作是社会和科学技术发展的三大支柱（材料、能源、信息）之一。信息系统是指为了某些明确的目的而建立的，由人员、设备、程序和数据集合构成的统一整体。目前，信息系统可分为以下三类：

（1）数据处理系统（Electronic Data Processing，EDP）：是指用计算机代替繁杂的手工业务或事务处理工作，其目的是提高数据处理的准确性、及时性，节约人力、提高工作效率。

（2）管理信息系统（Management Information System，MIS）：是指由若干子系统构成的一个集成的人机系统，从组织的全局出发，实现数据共享，提供分析、计划、预测、控制等方面的综合信息，其主要目的是发挥系统的综合效益，提高管理水平。

（3）决策支持系统（Decision Support System，DSS）：是指为决策过程提供有效的信息和辅助决策手段的人机系统，其主要目的是帮助决策者提高决策的科学性和有效性。

当代信息系统都是基于计算机的高速运算和信息处理，并通过数据库管理技术来实现的。

1.1.2 数据库

为了实现对数据进行管理和处理，必须将收集到的数据有效地组织并保存起来，这就形成了数据库（Data Base，DB）。数据是数据库中存储的基本对象。数据库是为满足对数据管理和应用的需要，按照一定数据模型的组织形式存储在计算机中的、能为多个用户所共享的、与应用程序彼此独立的、相互关联的数据集合。

1. 数据库的特点

根据数据库的概念和定义不难看出，一个适用、高效的数据库，应具有以下技术特点。

（1）数据的共享性：由于数据库中的数据不是为某一用户需要而建立的，并且对数据实行了统一管理，所管理的数据又有一定的结构，所以不仅可以用灵活的方式来应用数据，而且数据便于扩充，能为尽可能多的应用程序服务，为多个用户共享。数据共享是数据库的重要特点之一。

（2）数据的独立性：数据库中的程序文件与数据结构之间相互依赖关系的程度，比文件方式结构要轻得多，这样可减少一方改变时对另一方的影响，从而增强了数据的独立性。例如，数据结构一旦有变化时，不必改变应用程序；而改变应用程序时，不必改变数据结构，这样就能充分利用已经组织起来的数据。

（3）数据的完整性：由于数据库是在系统管理软件的支撑下工作的，它提供对数据定义、建立、检索、修改的操作，能保证多个用户使用数据库的安全性和完整性。

（4）减少数据冗余：在文件系统中数据的组织和存储是面向应用程序的，不同的应用程序就要有不同的数据，这不仅造成存储空间浪费严重，数据冗余度大，而且也给修改数据带来很大的困难。在数据库系统中由于数据的共享性，所以可对数据实现集中存储、共同使用，即可减少相同数据的重复存储，以达到控制甚至消除数据冗余度的目的。

（5）便于使用和维护：数据库系统具有良好的用户界面和非过程化的查询语言，用户可以直接对数据库进行操作，比如数据的修改、插入、查询等一系列操作。

2. 数据库管理

数据库管理是一个按照数据库方式存储、维护并向应用系统提供数据支持的复杂系统。如果将它比作图书馆，则更能确切理解。数据库管理与图书馆两者的比较如图 1-2 所示。

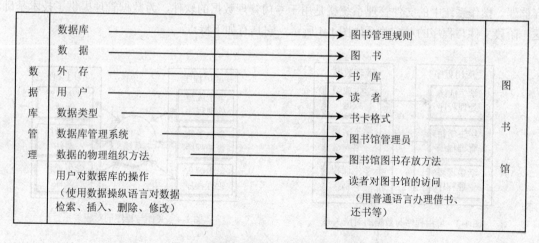

图 1-2　数据库管理与图书馆的比较示意图

图书馆是一个存储、管理和负责借阅图书的部门，不能简单地与书库等同看待。图书馆若要规范化管理并很好地为读者服务，首先必须要按照一定的顺序和规则（物理结构）来分别存放图书，列出各类书籍存放的对应关系；其次是建立完善的图书卡，图书卡的内容通常包括：书号、书名、作者名、出版社名、出版时间、内容摘要及其它细节；最后是规定图书的借还手续，即读者对图书的访问（查找）及管理员对读者访问的响应过程。数据库管理与图书馆的最大区别在于数据库管理是基于计算机的电子信息化管理系统。

1.1.3　数据管理技术的发展

数据管理技术是伴随着计算机的发展逐步形成的，计算机软、硬件技术的不断发展，使得数据管理技术不断更新完善。数据管理技术的发展大体经历了以下 4 个阶段。

1. 人工管理阶段

20 世纪 50 年代中期以前，计算机主要用于科学计算，数据量不大。当时的硬件状况是外存只有纸带、卡片、磁带，没有磁盘等直接存取的存储设备。这时的计算机既没有操作系统，也没有系统软件，以人工管理为主，数据处理采用简单的批处理方式。这一阶段应用程序与数据的对应关系如图 1-3 所示。它具有如下特点：

（1）数据不保存在计算机内：计算机主要用于科学计算，执行某一计算任务时原始数据随程序一起输入到内存，运算处理并将结果数据输出后，数据和程序同时被撤消。

（2）没有管理数据的平台：由于没有统一的数据管理软件，只能通过应用程序管理数据。因此，程序员既要规定数据的逻辑结构，又要设计数据的物理结构，包括存储结构、存取方法和输入方式等。

（3）数据不能共享：数据由应用程序管理，程序与数据之间是固定的对应关系，一组数据只能对应一个程序。因此，程序与程序之间有大量的冗余数据。

（4）数据不具备独立性：当数据的逻辑结构或物理结构发生变化后，应用程序也必须做相应的修改，数据不能独立于程序。

2. 文件系统管理阶段

20 世纪 50 年代中期到 60 年代后期，计算机的应用领域不断扩大，不仅用于科学计算，还大量用于信息管理。随着计算机软、硬件技术的发展，出现了操作系统和大容量的用于直接存取的外存储器。操作系统中的文件管理系统就是用于专门管理数据的软件，为数据管理提供了技术基础。这一阶段文件与程序的对应关系如图 1-4 所示。它具有如下特点：

图 1-3　应用程序与数据的对应关系　　　　图 1-4　文件与程序的对应关系

（1）数据可以长期保存：数据可以借助操作系统的文件管理，长期保存在磁盘等外存设备中，用户可以根据需要反复使用这些数据，并能对数据进行插入、删除、修改、查询等操作。

（2）文件系统管理数据：操作系统中文件管理的功能就是确定文件系统的逻辑结构、物理结构、存取方式等。数据以文件的形式来管理，使得数据与程序之间有了一定的独立性。

（3）数据共享性差：在文件系统管理下，文件与应用程序仍然是对应关系，因此，数据的冗余度大，浪费存储空间，给数据的修改和维护带来了困难，容易造成数据的不一致性。

（4）数据独立性低：文件系统中的一个文件通常为某个应用程序服务，一旦数据的逻辑结构发生变化，应用程序就需要修改文件结构的定义，应用程序与数据之间仍然不能相独立。

随着计算机在管理领域应用的不断扩大和深入，特别是在对数据处理要求日益增多和日益复杂的情况下，传统的文件系统已经越来越不适应更高效便捷地使用数据的需要了。

3. **数据库管理阶段**

20 世纪 70 年代，计算机技术又有了新的发展。硬件方面，有了更大容量的磁盘，软件方面，出现了数据库管理技术。它不再像文件系统那样面向某一个或某一类的程序或用户，而是面向整个系统，将文件系统中的所有数据按一定的规律组织起来集中进行管理，因而提高了数据的共享性，使数据处理更方便、检索更迅速，为多个应用部门提供了灵活方便的使用手段。这一阶段数据库与应用程序的关系如图 1-5 所示。它具有如下特点：

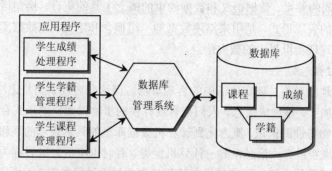

图 1-5　数据库与程序之间的关系

（1）数据结构化：数据库中用数据模型描述数据结构，数据模型不仅描述数据本身的特性，也描述数据之间的联系，不同的数据模型决定了不同的数据库系统。数据不是针对某个应用程序，而是面向整个系统。在数据库中数据的存取方式灵活，存取对象可以是某个数据项、一个或一组记录。数据结构化是数据库与文件系统的根本区别所在。

（2）数据共享：指多用户、多应用、多程序设计语言相互覆盖地共享数据的集合。以数据为中心组织数据，形成综合性的数据库为各种要求共享数据，从而有效降低了数据冗余度。

（3）数据独立性高：数据独立性包括物理独立性和逻辑独立性。物理独立性是指用户的应用程序与存储在磁盘上的数据库中的数据是相互独立的；逻辑独立性是指用户的应用程序与数据库的逻辑结构是相对独立的。应用程序不因数据存储物理或逻辑上的改变而改变。

（4）专门的数据库管理系统：数据库的数据都由数据库管理系统（Data Base Management System，DBMS）实行统一管理和控制，使人们能对数据库中的数据进行科学的组织、高效的存储、维护和管理。

自 20 世纪 80 年代以来，分布式数据库和面向对象数据库技术的出现，使数据库管理技术进入了高级数据库阶段，并且正在随着其它相关学科的发展与相互渗透而高速发展。在数据库管理技术发展过程中，引导数据库管理技术研究与发展的是数据模型。

§1.2　数据模型

所谓模型（Model），就是对现实世界中某个事物特征及行为的抽象和模拟。例如，飞机模型是对飞机的抽象和模拟，它抽象了飞机的基本特征——机头、机身、机尾、驾驶室等，它可以模拟飞机的起飞、滑翔、降落、刹车等。

1.2.1 数据模型概念

计算机不能直接处理现实世界中的客观事物，所以人们必须事先将客观事物进行抽象、组织成计算机最终能处理的某一数据管理系统支持的数据模型（Data Model）。

1. 数据模型定义

计算机不可能直接处理现实世界中的具体事物，必须把具体事物转换成计算机能够处理的数据，数据模型就是将复杂的现实世界要求反映到计算机数据库中的物理世界，这个反映是一个转换过程。为了准确地反映事物本身及事物之间的各种联系，数据库中的数据必须有一定的结构，这种结构用数据模型来表示，即 DBMS 支持的数据模型。因此，数据模型是组织数据的方式，是用于描述数据、数据之间的关系、数据语义和数据约束的概念工具的集合。换句话说，数据模型是一种对客观事物抽象化的表现形式，是用来描述数据的一组概念和定义。在数据库中，人们用数据模型来抽象、表示和处理现实世界中的数据信息。

2. 数据抽象过程

计算机信息管理的对象是现实生活中的客观事物，但这些客观事物是无法直接送入计算机的，必须进一步抽象、加工、整理成信息。人们把客观存在的事物以数据的形式存储到计算机中，经历了对现实生活中事物特性的认识、概念化到计算机数据库里的具体表示的逐级抽象过程，这一过程经历了三个世界：现实世界－信息世界－计算机世界。有时也将信息世界称为概念世界，将计算机世界称为存储世界或数据世界。现实世界在计算机中的抽象过程如图 1-6 所示。

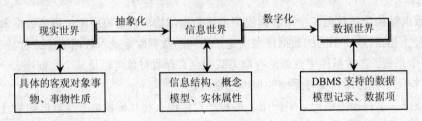

图1-6　三个世界的联系

（1）现实世界（Real World）：人们管理的对象存在于现实世界之中，用户为了满足某种需要，需将现实世界中的部分需求用数据库实现。现实世界的事物及事物之间存在着联系，这种联系是客观存在的，是由事物本身的性质所决定的。例如，图书馆中有图书和读者，读者借阅图书；学校的教学系统中有教师、学生、课程，教师为学生授课，学生选修课程并取得成绩等。如果管理的对象较多，或者比较特殊，事物之间的联系就可能较为复杂。

（2）信息世界（Information World）：是现实世界在人们头脑中的反映，是对客观事物及其联系的一种抽象描述。现实世界中的事物及其联系由人们的感知，经过人脑的分析、归纳、抽象，形成信息。对这些信息进行记录、整理、归类和格式化后便构成了信息世界。信息世界是现实世界到机器世界必然经过的中间层次，信息世界的各类模型均可以通过数据世界而得到实现。信息世界的信息可以用文字或符号记录下来，然后对其进行整理，并且以数据的形式存储到计算机中，存入计算机中的数据就是将信息世界中的事物数据化的结果。

（3）数据世界（Data World）：也称为计算机世界（Computer World）。数字世界对应的是物理模型表示，它是在信息世界基础上致力于在计算机物理结构上的描述，从而形成的物理模型。在数字世界计算机提供最底层服务，它有指令系统提供操作使用，有存储设备提供基础数据的存储。

信息世界的实体被抽象成数据世界的记录，信息世界的实体集被抽象成数据世界的文件，信息世界的属性被抽象成数据世界的字段（数据项）。信息在现实世界、信息世界和数据世界之间的对应关系如表 1-1 所示。

表 1-1　信息的 3 种世界术语对应表

现实世界	信息世界	数据世界	现实世界	信息世界	数据世界
个体	实体	记录	个体间的联系	实体间的联系	数据间的联系
特性	数据项	数据项	客观事物及联系	概念模型	逻辑或物理模型
总体	数据或文件	数据或文件			

正是为了把现实世界中的具体事务抽象、组织成为某一 DBMS 支持的数据模型，人们常常先将现实世界抽象为信息世界，然后将信息世界转换为逻辑机器世界，最后将逻辑机器世界映射为物理机器世界。从现实世界到信息世界（概念模型）的转换是由数据库设计人员完成的，从概念模型到逻辑模型的转换可以由数据库设计人员完成，也可以由数据库设计工具协助设计人员完成，从逻辑模型到物理模型的转换一般是由 DBMS 完成的。

3. 数据处理的 3 个阶段

数据模型是现实世界中数据特征的抽象，它表现为一些相关数据组织的集合。在实施数据处理的不同阶段，需要使用不同的数据抽象，包括概念模型、逻辑模型和物理模型。

（1）概念模型（Conceptual Model）：也称信息模型，是一种独立于数据库管理系统（DBMS），只面向数据库用户的模型，即按照用户的观点来对现实世界的信息进行建模，所以称为概念模型。概念数据模型主要用于数据库应用系统（DAS）的设计，它不需要涉及计算机系统及 DBMS 的具体技术等问题，重点在于分析数据及数据间的联系，是用户和数据库设计人员之间进行交流的工具。

概念模型的表示方法很多，其中最著名、目前使用最广的是美籍华人陈平山（Peter Ping Shan Chen，P.P.S.Chen）在 1976 年提出的实体－联系模型（Entity-Relationship Model，E-R 模型）。E-R 模型是现实世界到数据世界的一个中间层，表示实体与实体之间的联系。E-R 模型涉及如下术语：

① 实体（Entity）。指客观存在并可以相互区别的事物，是将要搜集和存储的数据对象。例如一个学生、一个部门、一门课程，也可以是抽象的对象，例如一次借书、一场比赛等。

② 属性（Entity Attribute）。指实体所具有的某一种特性，是实体特征的具体描述。例如"人"是一个实体，而"姓名"、"性别"、"工作单位"、"特长"等都是人的属性。

③ 实体型（Entity Type）：具有相同属性的实体称为同型实体，用实体名及其属性名的集合来抽象和刻画同型实体，称为实体型。例如，教师（教师编号、姓名、性别、学历、职称）就是一个实体型。

④ 实体集（Entity Set）。同型实体的集合称为实体集。例如，全体教师就是一个实体集，全体学生也是一个实体集。

⑤ 联系（Relationship）。指不同实体集之间的联系。实体集之间的联系总是错综复杂的，但就两个实体间的联系来说，有以下 3 种情况。

● 一对一联系（1：1）。例如一个班级只有一个正班长，并且只能够在本班任职。

● 一对多联系（1：N）。例如一个班级可以有多个学生，而一个学生只能属于一个班级。

● 多对多联系（N：M）。一个学生可以修读多门课程，而一门课程又有很多学生选修。

E-R 模型一般用图形方式来表示。E-R 图提供了表示实体、属性和联系的图形表示法。

- 实体用矩形表示，矩形框内写明实体名。
- 属性用椭圆形表示，并且用无向边与其相应的实体相连。
- 联系用菱形表示，菱形框内写明联系名，通常与实体相连，而实体与无向边连接，并且在无向边旁边标注上联系的类型。

【实例 1-2】有一个简单的学生选课数据库，包含学生、选修课程和任课教师 3 个实体，其中学生可以选修多门课程，每门课程可有多个学生选修，即（M：N）；一名教师可以教授多门课程，但一门课程只允许一名教师讲授，即（N：1）。那么该数据库系统的 E-R 图可表示为如图 1-7 所示。

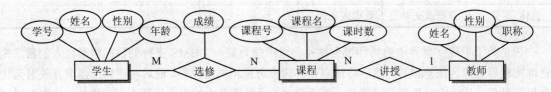

图 1-7　学生选课系统的 E-R 图

（2）逻辑模型（Logic Model）：是数据抽象的中间层，用于描述数据库数据的整体逻辑结构，是现实世界的第二层抽象。逻辑模型是用户通过 DBMS 看到的现实世界，按计算机系统的观点对数据建模，主要用于 DBMS 的实现。因此，它既要面向用户（考虑用户容易理解），又要面向系统（考虑 DBMS 容易实现）。由于逻辑数据模型可实现对数据库中数据记录进行操作，因而又称为记录型的数据模型。传统的逻辑模型有：层次模型、网状模型和关系模型。它门都是基于记录的数据模型，每个记录都有相同的属性。不同的数据模型，对应不同的数据库管理系统（DBMS）。逻辑模型中的数据描述如下：

① 记录（Record）。实体的数据表示称为数据记录。

② 字段（Field）。实体某个属性的数据表示称为字段，也称为数据段。

③ 文件（File）。实体集的数据表示称为文件，它是同类记录的集合。

④ 关键码（Key）。能唯一表示文件中每个记录的字段或字段集称为关键码或键。

（3）物理模型（Physica Model）：是对数据最低层的抽象，用来描述数据在系统内部的表示方式和存取方法，是面向计算机系统的。物理模型的具体实现是 DBMS 的任务，数据库设计人员需要了解和选择物理模型，一般用户则不必考虑物理级的细节。

在数据库中用数据模型这个工具来抽象、表示和处理现实世界中的数据和信息。因此，数据模型应该满足三个方面的要求：一是能比较真实地模拟现实世界；二是容易为人们所理解；三是便于在计算机上实现。然而，一种数据模型能很好地满足这三个方面的要求是很困难的，因此在数据库中针对不同的使用对象和应用目的，采用不同的数据模型。数据库发展至今，有以下几种数据模型。

1.2.2　层次数据模型

层次数据模型（Hierarchical Data Model）通常简称为层次模型，也是出现最早的数据库管理系统的数据模型。它采用层次结构表示实体模型及实体间的联系，是 20 世纪 60 年代末至 80 年代中期数据库系统支持的主要数据模型。基于层次模型建立的数据库称为层次数据库（Hierarchical Data Base，HDB）。1968 年 IBM 公司推出的基于层次模型的信息管理系统（Information Management

System，IMS）是世界上的第一个 DBMS，曾得到广泛应用。除 IMS 外，采用这种数据模型的大型数据库管理系统还有 System 2000 等。

1. 层次模型的数据描述

用树型结构表示记录型及记录型之间联系的数据模型称为层次模型。与 E-R 模型中的基本术语实体、联系和属性相对应，层次模型数据描述的基本术语是记录、连接和字段/域。

（1）记录型与记录：记录型是具有一定数量和排列的字段/域命名的集合，它完全类似于实体型。一个记录型的实例值称为记录，与实体相当。

（2）连接：表示两个记录型之间的联系，相当于 E-R 模型中的二元联系型。其不同的是两记录型之间的联系类型只能是一对多的（包括一对一）。

（3）字段/域：构成记录型的被命名的数据单位，它相当于 E-R 模型中的属性。每一个记录型由若干字段/域组成。

2. 层次模型的数据结构

层次数据模型是按照树型结构来表示数据库中的记录及其联系的,树中的每个结点表示一个记录类型，箭头表示双亲－子女关系，类似于大学校里的系部、专业、班级、教师、学生、课程。层次模型的数据结构如图 1-8 所示。

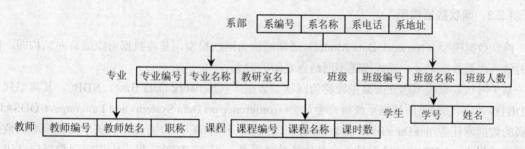

图 1-8　教学系部层次模型数据结构示意图

层次数据模型实际上是以记录类型为结点的有向树。按照树的定义,每一个结点具有以下性质：

① 有且仅有一个结点无双亲，该结点称为根结点（树的根）。

② 根以外的其它结点有且仅有一个双亲结点，这些结点称为从属结点。

③ 由"双亲－子女关系"确定记录间的联系，上一层记录类型和下一层记录类型的联系是一对多（1：N）联系，这就使得层次模型数据库系统只能直接处理一对多的实体关系。

层次模型这种结构方式反映了现实世界中数据的层次关系，如机关、企业、学校等机构中的行政隶属关系以及商品的分类等，比较简单、直观。在层次模型中，通过指针来实现记录之间的联系，查询效率较高。但是，由于层次数据模型中的从属结点有且仅有一个双亲结点，所以它只能描述一对多联系，且复杂的层次使得数据的查询和更新操作比较复杂。因此，需要使用其它的数据模型来描述实体间更为复杂的联系。

3. 层次模型的完整性约束

层次模型操作的完整性约束规则是"没有父记录，则其子记录不能存在"。具体体现在：

① 插入时，如果没有父结点就不能插入子结点的值，同时也不能查询子记录。

② 删除时，如果删除父结点，则其相应的子结点也会同时被删除。

③ 更新时，如果更新某个值时，则应该更新所有需要修改的值，以保持数据的一致性。

④ 查询时，需要考虑层次模型的存取路径，仅允许自顶向下的单向查询。

4. 层次模型的优缺点

（1）层次模型的主要优点：

① 数据模型结构清晰，表示各结点之间的联系简单，容易表示现实世界的层次结构的事物及其之间的联系。

② 记录之间的联系通过指针实现，查询效率高。

③ 层次模型提供了良好的数据完整性的支持。

（2）层次模型的主要缺点：

① 虽然有多种方法和辅助手段能将 M∶N 联系转换成 1∶N 的联系，但转换较复杂，用户不易掌握。

② 层次模型的层次性和顺序性较为严格且复杂，因而查询和更新操作也较为复杂，所以应用程序的编写相应也比较复杂。

③ 数据的独立性较差。

④ 基本不具备代数基础和演绎功能。

层次模型是出现和使用最早的数据模型。世界上第一个商品化的数据库管理系统就是采用层次模型构建的。

1.2.3　网状数据模型

网状数据模型（Network Data Model）通常简称为网状模型，是将数据组织成有向结构图，图中的结点代表数据记录，连线描述不同结点之间的联系。

基于网状数据模型建立的数据库称为网状型数据库（Network Data Base，NDB），其典型代表是DBTG系统。它是美国数据系统语言委员会（Conference on Data Systems and Language，CODSAL）下属的数据库任务组（Data Base Task Group，DBTG）于 1969 年 10 月提出的关于网状模型的数据库系统的报告。DBTG 虽然不是一个具体的软件系统，但在 DBTG 报告中规定了数据定义语言（DDL）、数据操纵语言（DML）、网状数据库所有的术语和规范，澄清了数据库的许多概念，对网状数据库管理系统的发展产生了重大影响，同时也为数据库的成熟奠定了基础。基于网状数据模型的典型数据库管理有 Cullinet Software 公司的 IDMS，Univac 公司的 DMS1100，Honeywell 公司的 IDS/2，HP 公司的 IMAGE 等。

1. 网状模型的数据描述

与层次模型一样，网状模型中也使用记录型、字段/域、连接基本数据的描述术语。网状模型中每个结点由记录型表示，每个记录型可包含若干个字段，结点之间用有向线连接表示记录型之间的父子联系；将发出有向边的记录型结点称为"父"，将有向边进入的记录型结点称为"子"。

2. 网状模型的数据结构

网状模型将记录型结点组成"网"（Network）结构。与层次模型结构相比，网状模型结构的明显特征是任一个结点可以有 0 个或多个父结点和多个子结点，且父子结点之间可以有多种联系。实际上，层次结构是网状结构的特例。因此，网状模型可以更直接地描述现实世界。

网状模型是按照网状结构来表示数据库中的记录及其联系的，它允许两个或两个以上的结点为根结点，允许某个结点有多个双亲结点，使得层次模型中的有向树变成了有向图，该图描述了网状模型。网状模型数据结构如图 1-9 所示。

在网状模型中的结点必须满足两个条件：

① 可以有一个以上的无双亲结点。

② 至少有一个结点有多于一个的双亲结点。

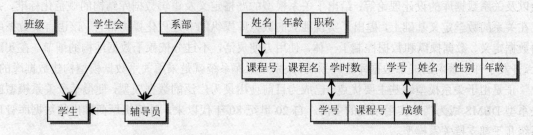

图 1-9　网状模型数据结构示意图

实际上，层次模型可看成是网状模型的一个特例。在网状型数据库中，一般只处理 1：N 的关系。对于 M：N 的关系，要先转化为 1：N 的关系，然后再做处理。在网状数据模型中，同样也是通过指针来实现记录之间的联系，查询效率较高。

3. 网状模型的操作与约束条件

网状模型中的插入操作比层次模型中的插入操作更为灵活，不仅允许直接插入父结点的值，而且允许插入尚未确定父结点值的子结点值。在 DBTG 系统中，通过定义记录码来保证不允许有重复值的记录码的记录插入数据库。比如学号是记录码，数据库中不允许有重复的学号值。

4. 网状模型的主要优缺点

（1）网状模型的主要优点：

① 网状模型改善了层次模型中的许多限制，能表示复杂结点之间的联系。

② 结点之间可以是 M:N 联系，它能更直观地描述现实世界，可以直接描述现实世界。

③ 记录之间的联系通过指针实现，因此查询效率较高。

（2）网状模型的主要缺点：

① 记录之间的联系通过存取路径实现，记录的插入、删除操作复杂，编程时，用户必须了解数据结构的细节，这就加重了程序员编写程序的负担。

② 记录之间的联系复杂性也导致了用数据定义语言（DDL）定义其数据结构的复杂性，同时也增加了用户查询时对记录定位的难度。

③ 数据的独立性差，基本不具备代数基础和演绎功能。

由于编写网状数据库系统的应用程序比较复杂，因此自 20 世纪 80 年代起这些产品已被关系数据库系统所取代。

1.2.4　关系数据模型

关系数据模型（Relation Data Model）通常简称为关系模型，它是在层次模型和网状模型之后发展起来的一种逻辑数据模型，具有严格的数据理论基础，并且其表示形式更加符合现实世界中人们的常用形式。把关系技术最早引入数据库领域的是美国 IBM 公司 San Jose 研究所的埃德加·科德（Edgar Frank Codd）博士（研究员）。1970 年 6 月他在美国计算机学会会刊《Communications of ACM》上发表了名为"大型共享数据库的数据关系模型"（A Relational Model of Data for Large Shared Databanks）的论文，把数学中一个称为关系代数的分支应用到存储大量数据问题中，首次明确而清晰地提出了关系模型的概念，从而奠定了关系数据库（Relation Data Base，RDB）的理论基础，开创了数据库的关系方法和关系规范化理论的研究，并且从理论到实践都取得了辉煌成果。为此，科德获得 1981 年度图灵奖。

在理论上，他提出了数据的关系表示与物理实现的独立，确立了完整的关系理论、数据依赖理论以及关系数据库的设计理论等；给出了关系模型的严格定义及逻辑数据库结构的规范化标准，并且在关系的数学定义基础上，提出了实现独立的数据库操纵的非过程化操纵语言，该语言集数据库的数据定义、数据操纵和数据控制于一体，使用方便灵活，不过分依赖于数据结构的细节。在实践上，开发了许多著名的关系数据库管理系统，关系数据库系统就是采用关系数据模型构建数据库的。

正是由于关系模型这些主要优点，已成为目前使用最为广泛的数据模型，使得基于关系模型的关系型 DBMS 成为当今实用系统的主流。自 20 世纪 80 年代以来，计算机厂商推出的数据库管理系统几乎都支持关系模型。

1. 关系模型的数据描述

关系模型使用自己的一套术语，其基本术语有属性、元组、关系、关系模式等。它的基本数据结构叫关系，一个数据库由若干关系组成；一个关系的数学定义就是元组的集合，其逻辑结构的形式描述称为关系模式。组成元组的分量称为属性值，属性所能取值的范围就是域。一个关系或属性都必须唯一命名。

2. 关系模型的数据结构

关系模型实际上就是一个"二维表框架"组成的集合，每个二维表又可称为关系，所以关系模型是"关系框架"的集合。在关系型数据库中，对数据的操作（数据库文件的建立，记录的修改、增添、删除、更新、索引等操作）几乎全部归结在一个或多个二维表上。通过对这些关系表的复制、合并、分类、连接、选取等逻辑运算来实现数据的管理。

【实例 1-3】设计一个教学管理数据库，可以包含以下几种关系：学生关系、教师关系、专业关系、课程关系、学习关系、授课关系。教学管理关系模型如图 1-10 的（1）～（6）所示。

(1) 学生关系

学　号	姓　名	性别	出生日期	专业代码	班　级
20121101	赵建国	男	02/05/1990	S1101	201211
20121102	钱学斌	男	12/23/1989	S1101	201211
20121103	孙经文	女	01/12/1990	S1101	201211
20122101	李建华	男	11/12/1989	S1102	201212
…	…	…	…	…	…

(2) 教师关系

教师号	姓名	性别	年龄	职　称
T1101	张三	男	47	教授
T1102	李四	女	38	副教授
T1103	王五	男	32	讲师
T1104	赵六	男	30	实验师
…	…	…	…	…

(3) 专业关系

专业代码	专业名称	带头人
S1101	计算机	李　杰
S1102	自动化	杨　波
S1103	通信工程	谢文展
…	…	…

(4) 课程关系

课程号	课程名	学时
C1101	计算机导论	80
C1102	计算机网络	64
C1103	数据库技术	80
…	…	…

(5) 学习关系

学　号	课程号	成绩
20121101	C1101	91
20121102	C1102	83
20121103	C1103	88
…	…	…

(6) 授课关系

教师号	课程号
T1101	C1101
T1102	C1102
T1103	C1103
…	…

图 1-10　教学管理关系模型示意图

3. 关系模型的操纵与完整性约束

关系数据模型的操纵主要包括查询、插入、删除和更新数据。这些操作必须满足关系的完整性约束条件。约束条件包括三大类：实体完整性、参照完整性和用户定义的完整性，其中实体完整性和参照完整性是关系模型必须支持的完整性约束条件。

4. 关系模型的优缺点

（1）关系模型的主要优点：

① 关系模型建立在严格的数学概念基础之上，实体以及实体之间的联系都用关系表示，与一阶谓词逻辑在理论上密切相关，易于开发为演绎数据库。

② 关系模型使用表的概念，可以简单、直观地直接表示实体之间的多对多的联系。

③ 关系模型的物理存取路径对用户是不可见的，这样不仅为存取数据提供了非过程化的操作，减少了数据库建立和开发的工作量，而且使数据的独立性更高、安全保密性更好。

（2）关系模型的主要缺点：

① 关系模型数据库的运行效率不高。原因之一，由于具有较高的数据独立性，因而不得不花费大量的时间处理存于文件中的数据与给定的关系模式之间的映射；原因之二，当组合查询多个关系模式中的数据时，需要花费较大的开销去执行一系列的连接操作。为了提高运行效率，必须要做许多优化工作，这样也会增加开发数据库的工作量。

② 不能直接描述复杂数据对象和数据类型。难以描述图像、声音、超文本等复杂的对象；难以表达工程、地理测绘等领域一些非格式化的数据定义；语义的建模能力也很弱。

1.2.5 面向对象模型

面向对象模型是一种新兴的数据模型，它是将数据库技术与面向对象程序设计方法相结合的数据模型。面向对象数据模型的存储以对象为单位，每个对象包含对象的属性和方法，具有类和继承等特点。

【实例 1-4】图 1-7 所示的 E-R 图，可以设计成图 1-11 所示的面向对象模型。该模型中有 5 个类，分别是：

学习－1（学生和课程实体的联系）、学习－2（课程和教师实体的联系）、学生、课程、教师。

其中，"学习－1"类的属性"学号"的取值为"学生"类的对象，属性"课程号"的取值为"课程"类的对象；"学习－2"类的属性"课程号"的取值为"课程"类的对象，属性"姓名"的取值为"教师"类的对象，这就充分表达了图 1-7 中 E-R 图的全部语义。

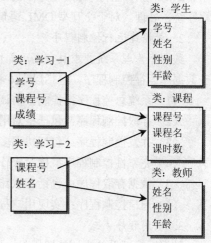

图 1-11　学生选课的面向对象模型

1. 面向对象模型的优点

（1）能有效地表达客观世界和有效地查询信息。

（2）可维护性好。

（3）能很好地解决应用程序语言与数据库管理系统对数据类型支持的不一致问题。

2. 面向对象模型的缺点

（1）技术还不成熟，面向对象模型还存在着标准化问题，是修改 SQL 以适应面向对象的程序，还是用新的对象查询语言来代替它，目前还没有解决。

（2）面向对象系统开发的有关原理才刚开始，只是初具雏形，还需要一段时间的研究。但在可靠性、成本等方面还是可以令人接受的。

（3）理论还需完善，到目前为止还没有关于面向对象分析的一套清晰的概念模型，怎样设计独立于物理存储的信息还不明确。

§1.3　数据库管理系统

随着信息技术的高速发展，数据库中的数据量越来越大，并且结构日趋复杂，如何高效地组织、存储、获取和维护数据变得越来越重要。数据库管理系统（Data Base Management System，DBMS）就是对数据进行有效管理的软件系统，是对数据模型中的数据进行管理的具体实现。

1.3.1　DBMS 的基本组成

DBMS 集数据库的建立、使用和维护于一体，支持用户对数据库的应用，负责对数据库统一管理和控制，包括定义、查询、更新及各种控制，如数据完整性、安全性、事务并发、数据恢复等控制工作都是通过 DBMS 执行的。DBMS 主要由以下 3 部分程序所组成。

1. 语言编译处理程序

语言编译处理程序包括数据定义语言翻译程序和数据操纵语言翻译程序。

（1）数据定义语言（Data Define Language，DDL）翻译程序：将用户定义的子模式、模式、内模式及其之间的映射和约束条件等这些源模式翻译成对应的内部表和目标模式。这些目标模式描述的是数据库的框架，而不是数据本身。它们被存放于数据字典中，作为 DBMS 存取和管理数据的基本依据。

（2）数据操纵语言（Data Manipulate Language，DML）翻译程序：DML 分为宿主型和交互型。DML 翻译程序将应用程序中的 DML 语句转换成宿主语言的函数调用，以供宿主语言的编译程序统一处理。对于交互型 DML 语句的翻译，由解释型的 DML 翻译程序进行处理。

2. 数据库运行控制程序

数据库管理系统要求具有高可靠性、高性能、高安全性和高可伸缩性的特点，这些特点主要源于数据库运行控制程序，包括以下 6 种程序：

（1）系统总控程序：控制、协调 DBMS 各程序模块的活动。

（2）存取控制程序：包括核对用户标识、口令、存取权限，检查存取的合法性等。

（3）并发控制程序：包括协调多个用户的并发存取的并发控制程序、事务管理程序。

（4）完整性控制程序：核对操作前数据完整性的约束条件是否满足，决定操作是否执行。

（5）数据存取程序：包括存取路径管理程序、缓冲区管理程序。

（6）通信控制程序：实现用户程序与 DBMS 之间以及 DBMS 内部之间的通信。

3. 实用程序

数据库管理系统应该能够提供一系列实用程序（工具），以便于对数据库进行日常维护、管理和优化等操作。实用程序主要有初始数据的装载程序、数据库重组程序、数据库重构程序、数据库恢复程序、日志管理程序、统计分析程序、信息格式维护程序以及数据转储、编辑等实用程序。数据库用户可以利用这些实用程序完成对数据库的重建、维护等各项工作。

1.3.2　DBMS 的基本结构

数据库管理系统（DBMS）位于用户与操作系统之间，是管理数据的核心软件，是一个庞大而复杂的软件系统。构造这种系统的方法是按其功能划分为多个程序模块，各模块之间相互联系，共同完成复杂的数据库管理。以关系型数据库为例，数据库管理系统可分为应用层、语言处理层、数据存取层和数据存储层等 4 个层次，其层次结构如图 1-12 所示。

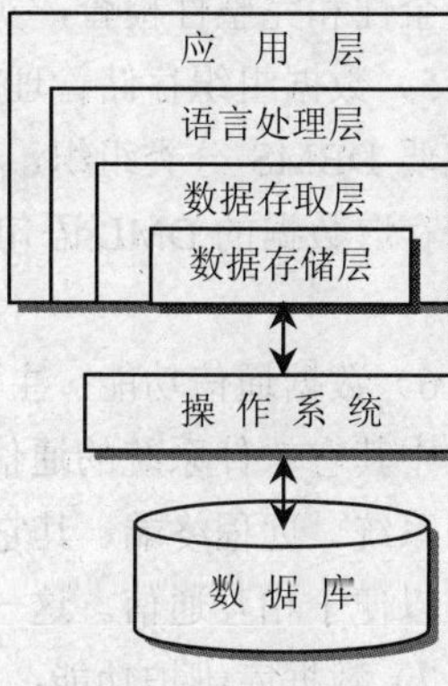

1. 应用层

应用层是 DBMS 与终端用户和应用程序的界面，主要负责处理各种数据库应用。例如，使用结构化查询语言或嵌入式程序设计语言编写的应用程序对数据库的请求等操作，都是在应用层进行的。

2. 语言处理层

语言处理层由 DDL 编译器、DML 编译器、DCL 编译器、查询器等组成，负责对数据库语言各类语句进行词法分析、语法分析和语义分析，生成可执行的代码，并负责进行授权检验、视图转换、完整性检查、查询优化等。

3. 数据存取层

数据存取层将上层的集合操作转换为对记录的操作，包括扫描、排序、查找、插入、删除、修改等，完成数据的存取、路径的维护以及并发控制等任务。

4. 数据存储层

数据存储层由文件管理器和缓冲区管理器组成，负责完成数据的页面存储和系统的缓冲区管理等任务，包括打开和关闭文件、读写页面、读写缓冲区、页面淘汰、内外存交换以及外层管理等。

上述 4 层体系结构的数据库管理系统是以操作系统为基础的，操作系统所提供的功能可以被数据库管理系统调用。因此，可以说数据库管理系统是操作系统的一种扩充。

图 1-12　DBMS 层次结构图

1.3.3　DBMS 的功能特点

DBMS 是介于用户和操作系统之间的系统软件，它为用户提供数据的定义功能、操纵功能、查询功能，以及数据库的建立、修改、增删等管理和通信功能，并且具有维护数据库和对数据库完整性控制的能力。同时，它提供了直接利用的功能，用户只要向数据库发出查询、检索、统计等操作命令就能获得所需结果，而无须了解数据的应用与数据的存放位置和存储结构。正如在图书馆借书一样，读者只要填写借书卡，而无须知道图书在书库中的存放位置。

1. DBMS 的主要功能

不同的 DBMS 对计算机硬件环境和软件环境的要求是不同的，其功能和性能也可能存在一定的差异，但 DBMS 必须具备以下主要功能。

（1）定义功能：是建立数据库时定义数据项的名字、类型、长度和描述数据项之间的联系，并指明关键字和说明对存储空间、存取方式的需求等。这些定义统称为数据描述，是数据库管理系统运行的基本依据。一般使用 DBMS 提供的数据定义语言（Data Define Language，DDL）及其翻译程序来定义数据库结构，这些定义中包含了数据库对象属性特征的描述、对象属性所满足的完整性约束条件，对象上允许的操作以及对象允许哪些用户程序存取等。

（2）操纵功能：由 DBMS 提供的数据操纵语言（Data Manipulate Language，DML，小称结构化查询语言（Structured Query Language，SQL））及其翻译程序实现操作功能。包括打开/关闭数据库、对数据进行检索或更新（插入、删除和修改）以及数据库的再组织。

（3）控制功能：由 DBMS 提供的数据控制语言（Data Control Language，DCL）及其翻译程序实现控制功能，包括控制整个数据库系统的运行、用户的并发性访问，执行对数据的安全、保密、完整性检查，实施对数据的输入、存取、更新、删除、检索、查询等操作。

（4）数据库运行管理功能：是 DBMS 对整个数据库系统运行的控制，包括对用户的存取控制，数据安全性和完整性检查，实施对数据库数据的查询、插入、删除以及修改等操作。

（5）数据组织存储管理功能：数据库中存储有多种数据，如用户数据、数据字典、存取路径等，需要 DBMS 分类组织、存储和管理这些数据，确定用户所需数据的文件结构和存取方式，并将用户存取数据的 DML 语句转换成操作系统的文件系统命令，以便由操作系统存取磁盘中数据库的数据。

（6）数据通信功能：主要负责数据之间的流动与通信，其功能包括与操作系统的联机处理、与网络中其它软件系统的通信以及具备与分时系统及远程作业输入的相应接口。这些数据可能来自于应用系统、远程终端、其它 DBMS 或文件系统，因此 DBMS 必须提供与这些数据相连接的通信接口，以便于相互通信。这一部分功能需与操作系统、数据通信管理系统协同实现。

（7）数据库维护功能：是系统例行工作，以保证数据库管理系统的正常运行，向用户提供有效的数据服务。数据库维护主要包括初始数据的装载、运行日志、数据库的性能监控、在数据库性能变坏或需求变化时的重构与重组、备份以及当系统硬件或软件发生故障时数据库的恢复等。

2. DBMS 的特点

各种 DBMS 虽然在性能、安全性、使用方便性、价格等方面各有其特色，但在一些主要的功能上是基本相同的，用户可以根据实际需要作出选择。DBMS 的主要特点如下：

（1）基于网络环境的数据库管理系统可用于 C/S 结构的数据库应用系统，也可以用于 B/S 结构的数据库应用系统。

（2）能支持大规模的应用，可支持数千个并发用户、多达上百万的事务处理和超过数百 GB 的数据容量。

（3）所提供的自动锁功能，使得并发用户可以安全而高效地访问数据，保证系统的安全性。

（4）能提供方便而灵活的数据备份和恢复方法及设备镜像功能，还可以利用操作系统提供的容错功能，确保设计良好的数据库在发生意外的情况下可以最大限度地被恢复。

（5）能提供多种维护数据完整性的手段。

（6）能提供多种方便易用的分布式处理功能。

1.3.4 DBMS 的基本类型

计算机科学技术的飞速发展，加速了数据库技术的发展，数据库技术的应用需求，又促进了 DBMS 的研究进程。DBMS 是针对数据模型进行设计的，可以看成是某种数据模型在计算机上的具体实现。DBMS 的研究经历了从层次模型、网状模型、关系模型到面向对象模型的发展，即基于不同的数据模型形成了相应的数据库管理系统。目前，在我国流行的 DBMS 绝大多数是基于关系模型建立起来的关系数据库管理系统，按功能大小将其分为三种类型。

1. 中小型数据库管理系统

中小型数据库管理系统是以微型机系统为运行环境的 DBMS，例如 Visual FoxPro、Delphi、Access 等，它是从 dBASE、FoxBASE、FoxPro 发展而来。由于这类系统主要作为支持一般事务处理需要的数据库环境，强调使用的方便性和操作的简便性，所以有人称之为桌面型 DBMS。这类系统的主要特点是对硬件要求较低、应用面广、普及性好、易于掌握。其中，Access 是 Office 中的组件之一。与其它 DBMS 一样，既可以管理简单的文本、数字字符等数据信息，又可以管理复杂的图片、动画、音频等各种类型的多媒体数据信息，其功能非常强大，而操作却十分简单。因此，Access 得到了越来越多用户和开发人员的青睐。

2．大型数据库管理系统

大型数据库管理系统是以 Oracle、Sybase、Informix、IBM DB2 为代表的大型 DBMS。这些系统更强调系统在理论上和实践上的完备性，具有更巨大的数据存储和管理能力，提供了比桌面型系统更全面的数据保护和恢复功能，更有利于支持全局性及关键性的数据管理工作，所以也被称为主流 DBMS。这类系统是数据管理的主力军，它们在许多庞大的计算机信息系统的建立和应用中起到主导作用。如果没有这些大型、高效、功能完善的 DBMS，大型的计算机信息管理系统的建设和应用是不能想象的。

3．中大型数据库管理系统

中大型数据库管理系统是以 SQL Server 为代表的、功能特点界于以上两类之间的 DBMS。中大规模的数据库应用系统需要系统能够存储大量的数据，要有良好的性能，要能保证系统和数据的安全性以及维护数据的完整性，要具有自动高效的加锁机制以支持多用户的并发操作，还要能够进行分布式处理等。例如 MS SQL Server 等高性能数据库管理系统能够很好地满足这些要求。而类似于 Access、Visual FoxPro、Delphi 这样的单机型数据库管理系统则是难以胜任以上要求的。本书仅重点介绍 SQL Server 2008。

§1.4　数据库系统的组成与结构

数据库系统是由软件和硬件组成的完整系统。在一个数据库系统中，往往会有多个不同的用户以不同的观点看待和使用数据库。从数据库的最终用户的角度看，数据库系统的使用方式可分为集中式结构、文件服务器结构、客户机/服务器和浏览器/服务器结构等。从数据库的组织和结构构成角度看，数据库系统通常分为三级模式和两级映射结构。

1.4.1　数据库系统的基本组成

使用数据库技术的目的是实现对数据信息进行处理和管理，而要实现这一目标，必须具有对数据进行组织的数据库、存放数据的硬件系统和对数据信息进行管理和操作的软件系统。因此，数据库系统是一个包括软件和硬件的完整系统。

数据库系统（Data Base System，DBS）是由数据库、数据库管理系统、计算机硬件的支撑和软件的支持环境、数据库应用系统、用户、数据库相关人员等构成的一个完整的系统。数据库系统的组成如图 1-13 所示，其层次结构如图 1-14 所示。

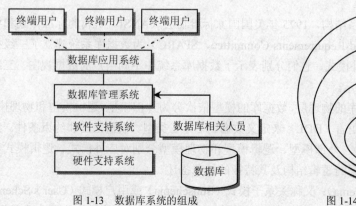

图 1-13　数据库系统的组成

图 1-14　数据库系统的层次结构

（1）数据库管理系统（Data Base Management System，DBMS）：是数据库系统中实现对数据进行管理的软件，是数据库系统的重要组成部分和核心技术。它操纵和管理整个数据库，反映客观事物的大量信息，并进行收集、分类和整理等定量化、规范化的处理，而且以记录为单位存储在数据库中。

（2）数据库应用系统（Data Base Application System，DAS）：是使用数据库语言及其开发工具开发的、能满足数据处理要求的应用程序。如财务管理系统、图书管理系统等。

（3）硬件支持系统（Hardware Support System）：是建立数据库系统的必要条件，是物理支撑。数据库系统对计算机硬件系统的要求是需要足够大的内存量来存放支持数据库运行的操作系统、数据库管理系统的核心模块、数据库的数据缓冲区、应用程序及用户的工作区域。鉴于数据库系统的这种需求，特别要求数据库主机或数据库服务器的外存容量足够大、I/O 存取效率高、主机的吞吐量大、作业处理能力强。对于分布式数据库而言，计算机网络是重要的基础环境。

（4）软件支持系统（Software Support System）：数据库系统需要软件支持环境，其中包括操作系统、应用系统开发工具、各种通用程序设计语言（也称宿主语言）编译程序及各种实用程序等。其中，操作系统是软件系统中的底层，是与硬件系统打交道的接口（界面）。

（5）终端用户（End user）：直接使用数据库语言访问和操纵数据库，或通过数据库应用程序操纵数据库。

（6）数据库相关人员：是指管理、开发、维护、使用和控制数据库的人员，具体包括：

① 数据库管理员（Data Base Administrator）。设置数据库结构和内容、设计数据库的存储结构和存取策略、确保数据库的安全性和完整性，并监控数据库的运行。

② 系统分析员（System Analysts）。按照软件工程的思想对整个数据库进行需求分析和总体设计。

③ 应用程序员（Application Programmer）。设计和编写程序代码，实现对数据的访问。

【提示】在数据库系统中，不同人员具有不同的技术要求和不同的职责范围，因而所涉及的数据级别也是不同的，他们通过不同等级的密码进入相应操作层。

1.4.2　数据库系统的模式结构

数据的独立性是数据管理技术追求的目标之一，和文件系统相比，数据库系统具有高度的数据独立性。正是这一特性，不但可以简化应用程序的编制，减轻程序员的负担，而且还有利于数据和应用程序各自的管理和维护。在数据库系统中，数据的独立性是由数据库系统的三级模式结构及其两级映射功能来保证的。

1. 数据库的三级模式结构

数据库系统有着严谨的体系结构，1975 年美国国家标准协会（ANSI）所属的标准计划和要求委员会（Standards Planning And Requirements Committee，SPARC）为数据库系统建立了三级模式结构，即内模式、概念模式和外模式，它们分别表示了数据库系统中不同用户的数据视图。三级模式结构之间的关系如图 1-15 所示。

从用户的应用程序到数据库的物理层，数据库的模型依次分为外部模型、逻辑模型和物理模型，并且必须用数据库的数据定义语言（DDL）来定义数据的名字、类型、取值范围和约束条件。经定义后的模型称为模式（schema），外部模型、逻辑模型和物理模型分别对应外模式、逻辑模式和内模式。模式是数据库中全体数据的逻辑结构及其特征的抽象描述。

（1）外模式（External Schema）：又称关系子模式（Subschema）或用户模式（User's Schema），是数据库用户看见的局部数据的逻辑结构和特征的描述，是用户看到和直接操作的部分数据视图，即应用程序所需要的那部分数据库结构。图 1-16 是外模式的一个实例。

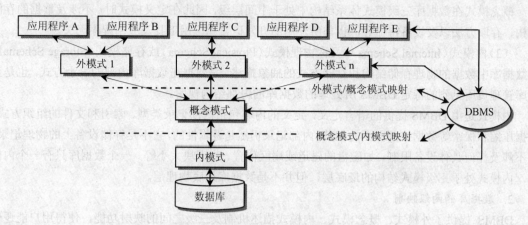

图 1-15　数据库系统三级模式结构示意图

图 1-16　外模式实例

外模式是应用程序与数据库系统之间的接口，是保证数据库安全性的一个有效措施。用户可使用数据定义语言和数据操纵语言来定义数据库的结构和对数据库进行操纵。对于用户而言，只需要按照所定义的外模式进行操作，而无需了解概念模式和内模式的内部细节。一个数据库可以有多个外模式，但一个用户或应用程序只能使用一个外模式。

（2）概念模式（Conceptual Schema）：简称模式，又称关系模式/逻辑模式（Logical Schema），是所有用户的公共数据视图，是数据库中全部数据的整体逻辑结构及其特征的抽象描述，包括概念记录模型、记录长度之间的联系、所允许的操作以及数据的完整性、安全性约束等数据控制方面的规定。概念模式位于数据库系统模式结构的中间层，不涉及数据的物理存储细节和硬件环境，与应用程序、开发工具及程序设计语言无关。

一个数据库只能有一个概念模式，例如图 1-10 描述的二维表格结构关系即组成了一个简化的大学教学管理数据库的概念模式，并可按关系模式的表示方法写成图 1-17 的形式。

```
学生关系模式：(学号，姓名，性别，出生日期，专业代码)

教师关系模式：(教师号，姓名，性别，年龄，职称)

课程关系模式：(课程号，课程名，学时)

任课关系模式：(课程名，任课教师，教室号)

学习关系模式：(学号，课程名，成绩)
```

图 1-17　大学教学管理数据库应用系统的概念模式

概念模式是一个数据库所采用的数据逻辑模型的数据结构的具体体现，即将数据逻辑模型用 DBMS 提供的模式定义语言定义而成。主要定义数据逻辑结构，包括数据项的名称、类型、取值范围、数据之间的联系，以及对数据完整性和安全性的要求等。

概念模式在数据库三级模式体系结构中处于中间层级，因此在定义模式时，不涉及数据的存储结构、存取方法以及设备特征等，也与所使用的开发语言和应用工具及应用程序无关。

（3）内模式（Internal Schema）：又称物理模式（Physical Schema）或存储模式（Storage Schema），是数据库中数据的物理存储结构和存储方式的抽象描述，是数据在数据库内部的表示方式，也是数据库管理员所见到的特定 DBMS 所处理的数据库的内部结构视图。

内模式是由 DBMS 提供的语言定义，定义的内容包括内部记录类型、索引和文件的组织方式、数据压缩和保密等数据控制方面的细节。内部记录仍然是逻辑性的，它不是存储设备上的物理记录，也不涉及任何具体设备限制，如磁盘的磁道或扇区位置、物理块大小等。一个数据库只有一个内模式。内模式处于三级模式结构的最底层，但并不是数据库最底物理层。

2. 数据库的两级映射

DBMS 提供了外模式、概念模式、内模式描述机制及三级之间的映射功能，使得用户能逻辑地、抽象地处理数据而无须顾及数据在计算机内的存储细节，保证最终用户对逻辑数据的存取能逐步转换成对存储设备上物理数据的存取。数据库三级模式是以数据库逻辑模型为依据，在 DBMS 支持下对相关用户数据视图的具体描述，并且允许外模式与概念模式和概念模式与内模式之间的数据描述可以不一样，其对应关系称为映射。为了实现三个抽象级别的联系和转换，DBMS 在三层结构之间提供了两级映射：

（1）外模式/概念模式映射：用于保持外模式与概念模式之间的对应性。一个数据库只有一个概念模式（即数据的全局逻辑结构），但一个数据库却可以有多个外模式，分别面向具有不同数据需求的用户或应用程序。这些外模式如何对应到概念模式上去，即用户或应用程序使用的那部分数据对应数据库模式中的哪些数据，是由外模式和概念模式之间的对应关系决定的，这就是外模式/模式映射。

当数据的逻辑结构发生变化时，如增加新的关系、将关系一分为二、增加新的属性、改变属性的数据类型等，由数据库管理员负责对各个外模式/概念模式映射做出相应的改变，这样可以保持外模式不变，基于外模式的应用程序也无须做出改变，从而保证数据的逻辑独立性。

（2）概念模式/内模式映射：用于保持概念模式与内模式之间的对应性。一个数据库只有一个概念模式，也只有一个内模式。因此，概念模式和内模式之间的对应关系也是唯一的，这就是模式/内模式映射。

要想访问数据库中的数据，最终还要确定这些数据到底存储在哪些物理记录中，这是由概念模式和内模式之间的对应关系决定的。

当数据库的内模式（如内部记录类型、索引和文件组织方式以及数据控制等）需要改变时，只需要对概念模式/内模式映射进行修改，而使概念模式保持不变。这样可以尽量不影响概念模式以及外模式和应用程序，从而使得数据库具有物理数据独立性。数据和应用程序之间的这种独立性非常有利于数据和应用程序各自的管理和维护。

有了这两级映射功能，就可以知道数据库管理系统是如何实现数据访问的，例如，应用程序从数据库中读取数据的步骤如下：

① 应用程序向数据库管理系统发出读数据的命令。

② 数据库管理系统对该命令进行语法和语义检查，并调用该应用程序对应的外模式，检查该应用程序对将要读取的数据拥有什么样的存取权限，决定是否执行该命令，如果拒绝执行，则返回错误信息。

③ 在决定执行该命令后，数据库管理系统调用模式，根据外模式/模式映射，确定应该读取模

式中的哪些数据记录。

④ 数据库管理系统调用内模式，根据模式/内模式映射，确定应该从哪些文件、采用什么样的存取方法、读取哪些物理记录。

⑤ 数据库管理系统向操作系统发出读物理记录的命令。

⑥ 操作系统执行读物理记录的有关操作，将物理记录送至缓冲区。

⑦ 数据库管理系统根据子模式/模式映射，导出应用程序所要读取的记录格式，返回给应用程序。

3. 三级模式两级映射结构的优点

数据库系统的三级模式是在 3 个层次上对数据进行抽象，使用户能逻辑地处理数据，而不必关心数据在计算机中的具体组织。具体说，三级模式两级映射结构具有以下主要优点：

（1）极大地减轻了用户的技术压力和工作负担：三级模式结构使得数据库结构的描述与数据库结构的具体实现相分离，从而使用户可以只在数据库逻辑层上对数据进行描述，而不必关心数据在计算机中的具体组织方式和物理存储结构；将数据的具体组织和实现的细节留给 DBMS 去完成。使用户在各自的数据视图范围内从事描述数据的工作，不必关心数据的物理组织，这样就可以减轻用户的技术压力和工作负担。

（2）使数据库系统具有较高的数据独立性：数据独立性是指应用程序和数据库的数据结构之间相互独立，互不影响。在修改数据结构时，尽可能不修改应用程序。数据独立性分为逻辑独立性和物理独立性。

4. 模式结构的应用实例

数据库系统的模式结构是一个非常重要的概念，数据库应用系统设计的许多概念都是建立在数据库系统的模式结构之上的。为了加深对数据库系统模式结构的理解，下面通过两个实例对数据库系统的模式结构做进一步描述，这对开发数据库应用系统是很有帮助的。

【实例 1-5】若以图书出版管理系统为例，其对应的三级模式结构如图 1-18 所示。

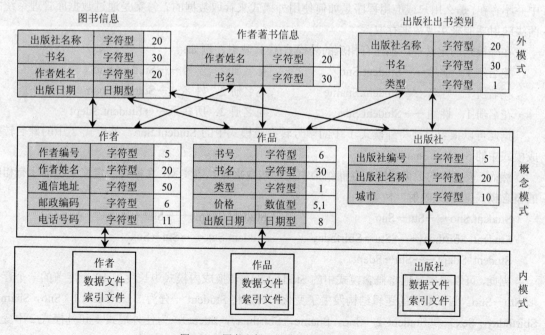

图 1-18　图书出版三级结构模式实例

图 1-18 与图 1-15 所示结构完全一致，表明图 1-15 所示三级结构模式是对实际系统的抽象。

【实例 1-6】假设数据库的模式中存在一个学生表：Student（Sno，Sname，Sbirthday，Sex，Sdept），有两个用户共享该学生表，用户/应用 1 处理的是学生的学号（Sno）、姓名（Sname）和性别（Sex）数据，用户/应用 2 处理的是学生的学号（Sno）、姓名（Sname）和所在系（Sdept）数据。

由于这两个用户/应用习惯处理中文列名，因此分别为其定义外模式：花名册 1（学号，姓名，性别）和花名册 2（学号，姓名，所在系）。该学生表以链表结构进行存储，如图 1-19 所示。它与图 1-15 所示三级模式结构也是一致的。

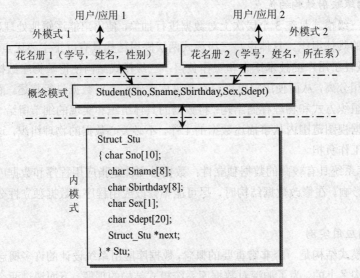

图 1-19　三级模式结构的一个实例

用户/应用 1 和用户/应用 2 使用的外模式 1 和外模式 2 中的学号、姓名、性别和所在系在模式中并不存在，那么用户或应用程序是如何使用外模式来存取数据的？答案是通过数据库管理系统的两级映射功能来实现数据存取。

在外模式的定义中，描述有相应的外模式/模式映射，例如：

花名册 1．学号←→Student.Sno　　　　　花名册 2．学号←→Student.Sno

花名册 1．姓名←→Student.Sname　　　　花名册 2．姓名←→Student.Sname

花名册 1．性别←→Student.Sex　　　　　花名册 2．所在系←→Student.Sdept

据此可以很容易地将外模式 1 中的学号转换成模式中的 Student.Sno，外模式 2 中的姓名转换成模式中的 Student.Sname。

然而，模式中的数据对应在存储结构中是哪些数据呢？事实上，在模式的定义中也描述有相应的概念模式/内模式映射，例如有：

Student.Sno←→Stu→Sno　　　　　　　Student.Sname←→Stu→Sname

Student. Sbirthday←→Stu→Sbirthday　　Student.Sex←→Stu→Sex

Student. Sdept←→Stu→Sdept

据此，可以很容易地将概念模式中的 Student.Sno 转换成内模式中长度为 10 个字节的一个存储域 Stu→Sno。假设数据的逻辑结构发生了变化，例如将 Student 一分为二：Student 1（Sno，Sname，Sbirthday，Sex）和 Student 2（Sno，Sname，Sbirthday，Sdept）。为使外模式 1 和外模式 2 不变，进而使相应的应用程序不变，将相应的外模式/概念模式映射分别修改为：

花名册 1. 学号 ←→ Student1.Sno   花名册 2. 学号 ←→ Student2.Sno
花名册 1. 姓名 ←→ Student1.Sname   花名册 2. 姓名 ←→ Student2.Sname
花名册 1. 性别 ←→ Student1.Sex   花名册 2. 所在系 ←→ Student2.Sdept

由此可见，通过三级模式结构及其两级映射功能，实现了保证数据独立性的目的。

【提示】数据库三级模式和两级映射结构是在 DBMS 支持下实现的。三级模式结构仍然是逻辑的，内模式到物理模式的转换是由操作系统的文件系统实现的。从数据使用的角度来看，可以不考虑这一层的转换，这样可将数据库的内模式与物理模式合称为内模式或物理模式或存储模式。

1.4.3 数据库系统存取数据的过程

在数据库系统中，当用户或一个应用程序需要存取数据库中的数据时，应用程序、DBMS、操作系统、硬件等几个方面必须协同工作，共同完成用户的请求。而且，DBMS 的工作过程与模式结构密切相关。下面，通过用户访问数据库的工作过程，揭示模式结构与 DBMS 的关系。

用户对数据库的请求最多的就是"读"和"写"，下面以应用程序 A 通过 DBMS 读取数据库中的记录为例来说明这一"读"和"写"的过程。用户从数据库中读取一个外部记录的过程如图 1-20 所示。

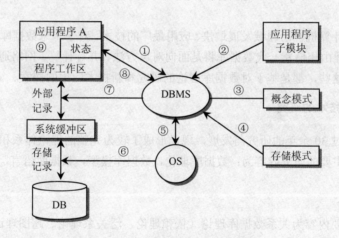

图 1-20 DBMS 存取数据操作过程

① 用户启动应用程序 A，用相应的数据操纵命令向 DBMS 发出请求，递交必要的参数（如记录类型名及欲读取的记录的关键字值等），控制转给 DBMS。

② DBMS 分析应用程序提交的命令及参数，按照应用程序 A 所用的子模式，确定对应的模式名。同时，检查该操作是否在合法的授权范围内，决定是否执行命令。若拒绝此操作，要向应用程序 A 送回出错状态信息。

③ 若执行此操作，则 DBMS 根据模式名调用相应的目标模式，根据外模式/概念模式的映射，确定应读取的概念模式记录类型和记录，再根据概念模式到内模式的映射，找到对应的存储记录类型和存储记录。

④ DBMS 调出存储模式，依据概念模式/存储模式映射定义，并把概念模式的记录格式转换成概念模式的内部记录格式，确定概念模式应从哪些文件、用什么样的存取方式、读入哪些物理记录以及相应的地址信息。

⑤ DBMS 向操作系统发出请求读入指定文件中的记录请求，把控制权转到操作系统。

⑥ 操作系统接到命令后分析命令参数，确定该文件记录所在的存储设备及存储区，启动 I/O 读出相应的物理记录，从中分解出 DBMS 所需的存储记录，送入系统缓冲区，把控制权交回给 DBMS（当操作结束后向 DBMS 做出回答）。

⑦ DBMS 收到操作系统结束的回答后，按概念模式、外模式定义，将系统缓冲区的记录转换成用户所需的逻辑记录格式，并控制系统缓冲区与工作区之间的数据传输，把所需的外部记录送往应用程序 A 的工作区。

⑧ DBMS 向应用程序 A 送回状态信息，说明此次请求的执行情况，如"执行成功"、"数据找不到"等，记载系统工作日期，启动应用程序 A 继续执行。

⑨ 应用程序 A 查看"状态信息"，了解它的请求是否得到满足，根据"状态"信息决定其后继处理操作。如果成功则对工作区中数据作正常处理，如果失败则决定下一步如何执行。

通过此例，可以看出 DBMS 在应用程序与操作系统之间，利用外模式、模式、内模式的数据描述和各级模式之间的映射在数据操作过程所起的作用。该过程说明了 DBMS 是数据库系统中的核心，用户通过 DBMS 来操纵和管理整个数据库。

§1.5 数据库技术的研究与发展

数据库技术是计算机应用领域发展最快、应用最广的技术。对于未来数据库技术的发展目前虽无统一认识，但有理由相信新一代数据库将是面向对象方法、并行计算、网络通信、人工智能等技术的结合体。所有这些，都是基于对数据库理论的研究和新技术应用的探索。

1.5.1 数据库技术的研究

数据库技术经过 30 余年的研究与发展，现已形成了较为完整的理论体系和应用技术。数据库作为一门学科，其主要的研究内容为：数据库理论，数据库模型，数据库语言，数据的安全性、可恢复性和完整性等。

1. 数据库理论

数据库理论主要内容为关系数据库理论（依赖理论、泛关系理论、超图理论等）、事务理论、逻辑与数据库理论、面向对象数据库理论。

关系数据库理论开始于 1970 年 E.F.Codd 的论文，其中数据依赖用于定义合法的数据库，以维护数据的完整性和一致性；泛关系理论将数据库中的所有关系都看作是包含所有属性关系的投影，它隐含了这样的假设，脱离具体的关系讨论属性是有意义的；泛关系思想为关系模式规范化提供了基础，而规范化是关系数据库设计的依据；超图理论将数据库模式描述为超图，其主要目的为研究有效的查询处理算法。事务理论的研究内容是如何维护数据的一致性，当某些操作被意外中断后会造成数据的不一致，如同一数据在某关系中作了修改而在另一关系中却没改。为了避免这种情况，引入了事务。一个事务是一组数据库操作命令，它们或者没有执行或者全部执行完毕。在有多个用户同时访问数据库的情况下，就要考虑并发控制。逻辑与数据库理论主要研究如何将逻辑程序设计技术与数据库技术有机结合，如演绎数据库系统的研究。面向对象数据库理论主要处理大规模的复杂对象。

2. 数据库模型

任何一个数据库管理系统都至少提供一种数据模型，因此数据模型是数据库研究的基础。根据某种数据模型，人们可以用数据世界来合理地表示现实世界的某一部分，并且将数据世界映射成一个意识世界用户界面。数据模型有两方面含义：数据以何种形式存储、用户以何种形式看待数据。

3. 数据库语言

数据库语言是创建数据库及其应用程序的主要工具，也是数据库系统的重要组成部分。目前关系数据库系统大都使用国际标准结构化查询语言（Structured Query Language，SQL）。SQL 是一种基于关系运算理论的数据库语言，为了提高对数据库操作的效率，SQL 采用了大量查询优化的技术。查询处理及其优化技术的研究就成为数据库研究的重要内容，主要包括索引技术和连接技术。对传统的数据库而言，这两项技术已趋完善。由于数据库查询语言和宿主语言之间存在不匹配问题，所以在新型数据库系统中（如面向对象数据库系统和知识库系统），倾向于两者的有机集成，构成一类数据库程序设计语言。

4. 数据库的完整性

数据库的完整性是指数据库中的数据必须始终满足数据库定义时的约束条件。比如，考试成绩最小值是 0，不能出现负数；学生的学号必须是数字，不能有汉字等。为了确保数据库的完整性，在数据库管理系统需要加入完整性约束定义和验证机制，以保证数据在增加或修改前先验证数据的合法性。

5. 数据库的安全性

随着数据库应用的日益广泛，加上互联网的普及，如何保证数据库系统的数据不被非法读取和破坏，或被未经授权的存取和修改，在意外事件中不被破坏或丢失等，就变成一个很严峻的问题，也是亟待研究的问题。为了确保数据库的安全性，在设计数据库管理系统时，必须考虑以下几个方面的问题：

（1）用户权限的问题：在多用户的数据库系统中，数据库管理系统必须为不同的用户指定不同的数据存取特权并设立视图机制，使得每个用户只能在被授权的范围内访问到允许他访问的数据，防止数据库被有意或无意访问或破坏。

（2）防止非授权用户访问数据库的问题：这是计算机系统带共性的问题，可以通过创建用户名和密码来实现，用户名和密码要尽量复杂，以增加破解的难度。

（3）数据加密问题：经过加密的数据库数据，即使在数据传输过程被人恶意截取，也可以保证信息不泄露。

6. 数据库的可恢复性

数据库的可恢复性是指在意外事件（软件或硬件方面）破坏了当前数据库状态后，系统有能力恢复数据库，使损失减少到最低限度。数据恢复采用的方法通常是建日志文件和经常性地做数据库的备份。

1.5.2　数据库技术的发展

数据库技术现已成为 21 世纪信息化社会的核心技术之一。1980 年以前，数据库技术的发展主要体现在数据库的模型设计上。进入 90 年代后，计算机领域中其它新兴技术的发展对数据库技术产生了重大影响。数据库技术与网络通信技术、人工智能技术、多媒体技术等相互结合和渗透，从而使数据库技术产生了质的飞跃。数据库的许多概念、应用领域，甚至某些原理都有了重大发展和变化，形成了数据库领域众多的研究分支和课题，涌现了许多新型数据库，如分布式数据库、多媒体数据库、面向对象数据库、并行数据库、Web 数据库、数据仓库、演绎数据库、知识数据库、主动数据库等，这些统称为新一代数据库或高级数据库。

1. 分布式数据库

分布式数据库（Distributed Data Base，DDB）是传统数据库与通信技术相结合的产物，是使用计算机网络，将地理位置分散而管理控制又需要不同程度集中的多个逻辑单位连接起来，共同组成一个统一的数据库系统，是当今信息技术领域倍受重视的分支。分布式数据库是分布在计算机网络中不同结点上的数据的集合，它在物理上是分布的，而在逻辑上是统一的。在分布式数据库系统中，允许适当的数据冗余，以防止个别结点上数据的失效导致整个数据库系统瘫痪，而且多台处理机可以并行工作，提高了数据处理的效率。

分布式数据库由分布式数据库管理系统（Distributed Data Base Management System，DDBMS）进行管理，支持分布式数据库的建立、操纵与维护的软件系统，负责实现局部数据管理、数据通信、分布数据管理以及数据字典管理等功能。在当今网络化的时代，分布式数据库技术有着广阔的应用前景。无论是企业、商厦、宾馆、银行、铁路、航空，还是政府部门，只要是涉及地域分散的信息系统都离不开分布式数据库系统。

分布式数据库的主要研究内容包括：DDBMS 的体系结构、数据分片与分布、冗余的控制（多副本一致性维护与故障恢复）、分布查询优化、分布事务管理、并发控制以及安全性等。

2. 多媒体数据库

多媒体数据库（Multimedia Data Base，MDB）是传统数据库技术与多媒体技术相结合的产物，是以数据库的方式合理地存储在计算机中的多媒体信息（包括文字、图形、图像、音频和视频等）的集合。这些数据具有媒体的多样性、信息量大和管理复杂等特点。

多媒体数据库由多媒体数据库管理系统（Multimedia Data Base Management System，MDBMS）进行管理，支持多媒体数据库的建立、操纵与维护的软件系统。它的主要功能是实现对多媒体对象的存储、处理、检索和输出等。

多媒体数据库的主要研究内容包括：多媒体的数据模型、MDBMS 的体系结构、多媒体数据的存取与组织技术、多媒体数据库查询语言、MDB 的同步控制以及多媒体数据压缩技术等。通常，多媒体数据库也是一个分布式的系统，因而还需要研究如何与分布式数据库相结合以及实时高速通信问题。多媒体数据库的研究始于 20 世纪 80 年代中期，在多年的技术研究和系统开发中，获得了很大的成果。但目前还没有功能完善、技术成熟的多媒体数据库管理系统。

3. 面向对象数据库

面向对象数据库（Object Oriented Data Base，OODB）是面向对象的方法与数据库技术相结合的产物。目前，面向对象技术已经得到了广泛的应用，面向对象技术中描述对象及其属性的方法与关系数据库中的关系描述非常一致，它能精确地处理现实世界中复杂的目标对象。

面向对象数据库数据模型比传统数据模型具有许多优势，如具有表示和构造复杂对象的能力、通过封装和消息隐藏技术提供了程序的模块化机制、继承和类层次技术不仅提供了软件的重用机制等，而且可以实现在对象中共享数据和操作。在面向对象的数据库系统中将程序和方法也作为对象，并由面向对象数据库管理系统（OODBMS）统一管理，这样使得数据库汇总的程序和数据能够真正共享。

面向对象数据库的主要研究内容包括：事务处理模型（如开放嵌套事务模型、工程设计数据库模型、多重提交点模型等）。由于 OODB 至今没有统一的标准，这使 OODB 的发展缺乏通用的数据模型和坚实的形式化的理论基础。作为一项新兴的技术，面向对象数据库还有待于进一步的研究。

4. 并行数据库

并行数据库（Parallel Data Base，PDB）是传统的数据库技术与并行技术相结合的产物。随着超大规模集成电路技术的发展，多处理机并行系统的日趋成熟、大型数据库应用系统的需求增加，而关系型数据库系统查询效率低下，人们自然想到提高效率的途径不仅仅是依靠软件手段来实现，而是依靠硬件手段通过并行操作来实现。并行数据库管理系统的主要任务就是如何利用众多的CPU 来并行地执行数据库的查询操作。并行数据库是在并行体系结构的支持下，实现数据库操作处理的并行化，以提高数据库的效率。

并行数据库技术是当前研究的热点之一，它致力于研究数据库操作的时间并行性和空间并行性。关系数据模型仍然是并行数据库研究的基础，但面向对象模型则是并行数据库重要的研究方向。

并行数据库技术主要研究的内容包括：并行数据库体系结构、并行数据库机、并行操作算法、并行查询优化、并行数据库的物理设计、并行数据库的数据加载和再组织技术等。

5. 数据仓库

随着数据库应用的深入和长期积累，企业和部门的数据越来越多，致使许多企业面临着"数据爆炸"和"知识缺乏"的困境。如何解决海量数据的存储管理，并从中发现有价值的信息、规律、模式或知识，达到为决策服务的目的，已成为亟待解决的问题。在此背景下，数据仓库（Data Warehouse，DW）技术应运而生，并引起国内外广泛的重视。

数据仓库是一种把收集到的各种数据转变成具有商业价值的信息的技术，包括收集数据、过滤数据和存储数据，最终把这些数据用在分析和报告等应用程序中，为决策支持系统服务。数据仓库中的每个数据都是预定义的、合理的、一致的和不变的，每个数据单位都与时间设置有关。数据仓库除了具有传统数据库管理系统的共享性、完整性和数据独立性外，还具有面向主题性、集成性、稳定性和随时间变化性等特点。

数据仓库技术与数据挖掘（Data Mining）技术紧密相连，在数据仓库中分析处理海量数据的技术就是数据挖掘技术。数据挖掘又称为数据开采，它是从大型数据库或数据仓库中发现并提取隐藏的、未知的、非平凡的及有潜在应用价值的信息或模式的高级处理技术。

数据仓库的主要研究内容包括：对大型数据库的数据挖掘方法；对非结构和无结构数据库中的数据挖掘操作；用户参与的交互挖掘；对挖掘得到的知识的证实技术；知识的解释和表达机制；挖掘所得知识库的建立、使用和维护。

6. 演绎数据库

演绎数据库（Deductive Data Base，DDB）是传统的数据库技术与逻辑理论相结合的产物，它是一种支持演绎推理功能的数据库。演绎数据库由用关系组成的外延数据库（EDB）和由规则组成的内涵数据库（IDB）两部分组成，并具有一个演绎推理机构，从而实现数据库的推理演绎功能。

演绎数据库主要是汲取了规则演绎功能，演绎数据库不仅可应用于诸如事务处理等传统的数据库应用领域，而且将在科学研究、工程设计、信息管理和决策支持中表现出优势。

演绎数据库技术主要研究的内容包括：逻辑理论、逻辑语言、递归查询处理与优化算法、演绎数据库体系结构等。演绎数据库的理论基础是一阶谓词逻辑和一阶语言模型论。这些逻辑理论是研究演绎数据库技术的基石，对其发展起到了重要的指导作用。

7. 知识数据库

知识数据库（Knowledge Data Base，KDB）技术和人工智能（Artificial Intelligence，AI）技术的结合推动了知识数据库系统的发展，是人工智能技术和数据库技术相互渗透和融合的结果。知识数据库将人类具有的知识以一定的形式存入计算机，实现方便有效的使用并管理大量的知识。

知识数据库以存储与管理知识为主要目标，一般由数据库与规则库组成。数据库中存储与管理事务，而规则库则存储与管理规则，二者的有机结合构成了完整的知识库系统。此外，一个知识数据库还包括知识获取机构、知识校验机构等。知识数据库还有一种广义的理解，即凡是在数据库中运用知识的系统均可称为知识库系统，如专家数据库系统、智能数据库系统。而专家数据库系统则在此基础上又汲取了人工智能中多种知识表示能力及相互转换能力，而智能数据库则是在专家数据库基础上进一步扩充人工智能中的其它一些技术而构成。

知识数据库的主要研究内容：对知识数据库的研究主要集中在算法上，包括演绎算法、优化算法以及一致性算法，其主要目标是提高知识数据库的效率、减少时间及空间的开销。

8. 模糊数据库

模糊数据库（Fuzzy Data Base，FDB）的研究始于 20 世纪 80 年代，它是在一般数据库系统中引入"模糊"概念，进而对模糊数据、数据间的模糊关系与模糊约束实施模糊数据操作和查询的数据库系统。传统的数据库仅允许对精确的数据进行存储和处理，而现实世界中有许多事物是不精确的。研究模糊数据库就是为了解决模糊数据的表达和处理问题，使得数据库描述的模型更逼真地反映现实世界。

模糊数据库的主要研究内容包括：模糊数据库的形式定义、模糊数据库的数据模型、模糊数据库语言设计、模糊数据库设计方法及模糊数据库管理系统的实现。近 20 年来，大量的研究工作集中在模糊关系数据库方面，也有许多工作是对关系之外的其它有效数据模型进行模糊扩展，如模糊E-R、模糊多媒体数据库等。当前，科研人员在模糊数据库的研究、开发与应用系统的建立方面都做了不少工作，但是，摆在人们面前的问题是如何进一步研究与开发大型适用的模糊数据库商业性系统。

9. 主动数据库

主动数据库（Active Data Base，ADB）是相对于传统数据库的被动性而言的。传统数据库系统只能被动地按照用户给出的明确请求执行相应的数据库操作，很难充分适应这些应用的主动要求，而主动数据库则打破了这一常规，它除了具有传统数据库的被动服务功能之外，还提供主动进行服务的功能。主动数据库是在传统数据库基础上，结合了人工智能技术和面向对象技术。

主动数据库的目标是提供对紧急情况及时反应的功能，同时又提高数据库管理系统的模块化程度。实现该目标的常用方法是在传统的数据库系统中嵌入"事件－条件－动作"（Event-Condition-Action，ECA）规则。ECA 规则的含义是：当某一事件发生后引发数据库系统去检测数据库当前状态是否满足所设定的条件，若条件满足则触发规定动作的执行。

主动数据库的主要研究内容包括：数据库中的知识模型、执行模型、事件监测和条件检测方法、事务调度、安全性和可靠性、体系结构和系统效率等。目前，虽然大部分数据库系统产品中都具有一定的主动处理用户定义规则的能力，但尚不能满足大型应用系统在技术上的需求。

10. Web 数据库

Web 数据库（Web Data Base，WDB）是数据库技术与 Web 技术相融合的产物。随着 WWW（Word Wide Web）的迅速发展，WWW 上可用数据源的数量也在迅速增长，因而可以通过网络获得大量信息，人们正试图把 WWW 上的数据资源集成为一个完整的 Web 数据库，使这些数据资源得到充分利用。尽管 Web 数据库是刚发展起来的新兴领域，其中许多相关问题仍然有待解决，Web 技术和数据库技术相结合是数据库技术发展的方向之一，开发动态的 Web 数据库已成为当今 Web 技术研究的热点。

本章小结

1. 数据库技术的形成与发展经历了人工管理、文件系统管理、数据库管理和高级数据库管理阶段。

2. 一个完整的数据库系统是由数据库、数据库管理系统、数据库应用系统、用户、数据库相关人员等构成的。数据库管理系统是数据库系统中的核心，它的基本目标是为用户提供一个方便、高效地存取数据的环境。

3. 数据库技术的研究目标是实现数据的高度共享，支持用户的日常业务处理和辅助决策，包括信息的存储、组织、管理和访问技术等。现在数据库已形成一门学科，其主要研究内容为：数据库理论、数据库模型、数据库语言、数据的安全性、事务管理等。

4. 在数据库中讨论的数据模型是以实际事物的数据特征的抽象来刻画事物，描述事物的表征和特征。数据模型有多种分类方法，我们可把它分为概念模型和记录模型。基于记录的数据模型把数据库定义成具有多种固定格式的记录型，每个记录都有相同的属性（字段）。基于记录的数据模型有：层次数据模型、网状数据模型、关系数据模型、面向对象数据模型。

5. 数据库技术与网络通信技术、人工智能技术、多媒体技术等相互结合和渗透，是新一代数据库技术的显著特征。数据库技术随着信息技术发展而发展，目前，数据库朝着分布式数据库、面向对象数据库、知识数据库、数据挖掘和 Web 数据库方向发展。

习题一

一、选择题

1. 在数据库管理技术发展过程中，数据独立性最高、技术综合性最强的是（　　）。
   A. 数据库系统　　　　B. 文件系统　　　　C. 人工管理　　　　D. 文件管理

2. 数据库系统由（　　）组成。
   A. DB、硬件/软件系统和相关人员　　　　B. DB、DBMS、相关人员和相应硬件
   C. 硬件/软件系统，相关人员和 DBMS　　D. 数据库、软件，相关人员和 DBMS

3. 在数据库系统中，用于对现实世界进行描述的工具是（　　）。
   A. 数据　　　　　　B. 数据模式　　　　C. 数据模型　　　　D. 数据结构

4. 数据库是在计算机系统中按照一定的数据模型组织、存储和应用的（　　）。
   A. 文件的集合　　　B. 数据的集合　　　C. 命令的集合　　　D. 程序的集合

5. 支持数据库各种操作的软件系统称为（　　）。
   A. 命令系统　　　　B. 数据库管理系统　　C. 数据库系统　　　D. 操作系统

6. 由计算机、操作系统、数据库管理系统、数据库、应用程序以及用户等组成的一个整体称为（　　）。
   A. 文件系统　　　　B. 数据库系统　　　C. 软件系统　　　　D. 数据库管理系统

7. 层次型、网状型和关系型数据库的划分原则是（　　）。
   A. 记录长度　　　　B. 文件的大小　　　C. 联系的复杂程度　D. 数据间的联系

8. 在数据库管理技术中，影响数据库结构设计质量的数据模型是（　　）。
   A. 层次模型　　　　B. 概念模型　　　　C. 关系模型　　　　D. 网状模型

9. 数据库类型的划分，其依据是（　　）。

    A. 记录形式　　　　　　B. 文件类　　　　　　C. 数据模型　　　　　　D. 数据存取方法

10. 在数据库的三级模式结构中，描述数据库中全局逻辑结构和特征的是（　　）。

    A. 外模式　　　　　　　B. 内模式　　　　　　C. 存储模式　　　　　　D. 概念模式

二、填空题

1. 数据库技术是在_____基础上发展起来的数据库管理技术。

2. 与文件系统相比较，数据库系统管理数据的主要特点是_____和_____。

3. 层次模型中，上一层记录类型和下一层记录类型的联系是_____。

4. DBMS 是位于_____和_____之间的一层数据管理软件。

5. 数据库类型的划分依据是_____。

6. 数据管理发展过程中_____阶段的数据独立性最高、共享性更好。

7. 层次模型、网状模型与关系模型划分的原则是_____。

8. 独立于计算机与 DBMS 的数据模型是_____。

9. 在 DBMS 中，用来查找数据库中数据的语言称为_____。

10. 数据库应用程序员与数据库的接口是_____。

三、问答题

1. 数据管理的主要内容是什么？

2. 何为数据库管理系统？它的主要功能是什么？

3. DBS 与 DBMS 的主要区别是什么？

4. 数据库系统与文件系统有哪些区别与联系？

5. 什么是数据模型？数据模型三要素是什么？

6. 在数据库组织结构中，有哪几种数据模型？它们之间有何区别？

7. 概念数据模型和概念数据模式的主要区别是什么？

8. 何为数据库三级模式两级映射结构？其主要好处是什么？

9. 什么是数据库的数据独立性？数据独立性有什么好处？

10. 数据模式的三级结构有什么区别与联系？

四、应用题

1. 用二维表来表示学生基本信息。

2. 用二维表来表示图书借阅信息。

第 2 章　关系数据库模型

【问题引出】在第 1 章介绍了数据库系统中的基本数据模型，不同的数据模型支持不同的数据库系统。由于层次模型和网状模型有其不可克服的缺点，而面向对象模型因比较复杂尚未得到普及应用，目前使用最广泛的是关系数据模型。那么，关系数据库与关系数据模型之间具有哪些关联？涉及哪些基本概念？关系数据模型具有哪些基本运算和操作？这就是本章所要讨论的问题。

【教学重点】关系数据库模型的组成、关系代数、关系演算、关系代数表达式的优化等。

【教学目标】了解关系数据模型的组成；理解关系、关系模型的概念并掌握模型的完整性约束；熟练掌握关系代数的各种运算；理解关系演算语言；了解优化规则及查询树优化方法。

§2.1　关系数据库模型的组成

一个完整的数据模型应能够准确地描述被建系统的静态特性、动态特性和完整性约束。在关系数据库中，相应的关系数据模型通常由关系数据结构、关系数据操作、关系数据的完整性规则三部分组成，并被称为组成关系数据模型的三要素。

2.1.1　关系数据结构

数据结构是指相互之间存在某种特定关系的数据元素的集合，是信息的一种组织方式，研究数据结构的目的是为了提高信息处理的效率。不同的数据模型，具有不同的数据结构表示方法。在关系模型中，无论是实体还是实体之间的联系，均采用单一的数据结构——关系来表示。关系数据结构是构成数据模型结构的主体，用于描述系统的静态特性，即描述数据库组成的对象本身的特征（如名字、类型、性质）及对象之间联系的关系。

1. 关系的基本元素

在关系模型中，实体和实体之间的联系是由单一的结构类型——关系表来表示的，关系模型的物理表示为二维表格，表的每一行表示一个元组，表的每一列对应一个域。每个关系有一个关系名和一个表头，表头称为关系框架，二维表的结构如图 2-1 所示。

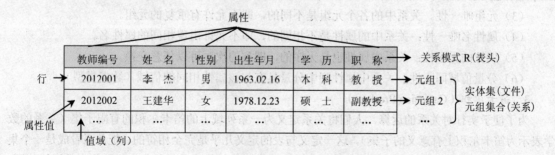

图 2-1　二维表格关系的相关概念描述

图 2-1 所示二维表是一个"教师信息"关系；该表头（框架）中包含 6 项属性；元组是关系中

的一行。下面进一步说明关系的相关概念，并给出关系中的相关定义。

（1）元组（Tuple）：是关系（表）中的一行数据，关系是元组的集合，元组是属性的集合。

（2）属性（Attribute）：二维表格中的每一列称为一个属性，属性也常称为字段，实体所具有的某一特性称为实体的属性。

（3）属性值（Attribute Value）：是指表中行和列的交汇处的元素，称为该行对应的元组在该列对应的属性上的取值，简称为属性值。属性值相当于记录中的一个数据项。

（4）值域（Domain）：是指属性的取值范围，通常简称为域，它是一组具有相同数据类型的值的集合。属性值总限定在某个值域内，例如"学号"的值域是字符串的某个子集，性别的值域为（男，女）。关系中的每个属性都必须有一个对应的值域，不同属性的值域可以相同。

要特别指出的是：关系模型对关系有一个最基本的限制要求，即关系中的每一个分量都是不可再分割的数据项，即不允许表中有表。具体说，如表 2-1 不能称为关系，是非关系表。

表 2-1 非关系表

工 资 号	姓 名	职 务	职 称	工 资		
				基本工资	奖 金	岗位津贴
…	…	…	…	…	…	…

2. 关系的定义

通常将一个没有重复行、重复列，并且每个行列的交叉格点只有一个基本数据的二维表看成一个关系。

【定义 2.1】$D_1 \times D_2 \times \cdots \times D_n$ 的子集叫作域 D_1，D_2，…，D_n 上的关系，表示为 R（D_1，D_2，…，D_n）。

这里 R 表示关系的名字，n 是关系的目或度。当 n=1 时，称为单元关系。当 n=2 时，称为二元关系。关系中的每个元素是关系中的元组，通常用 t 表示。

关系与二维表格、传统的数据文件既有相似之处，又有区别。从严格意义上讲，关系是一种规范化了的二维表格（Table），其行（Row）称为元组（Tuple），其列（Column）表示属性。

（1）元组分量原子性：关系中的每一个属性值都是不可分解的数据项，并且对不同的属性要给予不同的属性名。

（2）元组的无序性：关系中不考虑元组之间的顺序，元组在关系中应是无序的，即没有行序。因为关系是元组的集合，按集合的定义，集合中的元素无序。

（3）元组唯一性。关系中的各个元组是不同的，即不允许有重复的元组。

（4）属性名唯一性：关系中的属性是不相同的，即不允许出现相同的属性名。

（5）属性的无序性：关系中属性也是无序的，即列的次序可以任意交换。

（6）分量值域同一性：关系中属性列中分量具有与该属性相同的值域（数据类型）。

3. 笛卡尔积（Cartesian Product）

为了便于实行对关系的运算，人们将关系定义为一系列域上的笛卡尔积的有限子集（关系的数学表示为笛卡尔积上有意义的子集）。这一定义与表的定义几乎是完全相符的。把关系看成是一个集合，就可以将一些直观的表格以及对表格的汇总和查询工作转换成数学的集合以及集合的运算问题。

【定义 2.2】给定一组域 D_1，D_2，…，D_n，其笛卡尔积为：

$$D_1 \times D_2 \times \cdots \times D_n = \{(d_1, d_2, \cdots, d_n) \mid d_i \in D_i, i=1, 2, \cdots, n\}$$

在笛卡尔积中，涉及以下几个概念：

分量（Component）：笛卡尔积元素（d_1，d_2，…，d_n）中的每个值 d_i 称为一个分量。

基数（Cardinal Number）：用于描述任意集合所含元素数量多少。若 D_i（i=1，2，…，n）为有限集，其基数为 m_i（i=1，2，…，n），则 $D_1 \times D_2 \times \cdots \times D_n$ 的基数为 $M = \prod_{i=1}^{n} m_i$。

笛卡尔积是一个以元组为元素的集合，并且具有集合的性质。笛卡尔积中的每一个元素（d_1，d_2，…，d_n）称为一个 n 元组（n-tuplc），通常简称为元组。笛卡尔积可以表示为一张二维表，表中的每一行对应于笛卡尔积的每一个元组，表中的每一列对应于笛卡尔积的每一个域。

【实例 2-1】给定以下 3 个域：

$$D_1 = 姓名集合（name）= \{张三，李四\}$$
$$D_2 = 性别集合（sex）= \{男，女\}$$
$$D_3 = 专业集合（major）= \{计算机，自动化\}$$

它们的笛卡尔积则为：

$$D_1 \times D_2 \times D_2 = \{（张三，男，计算机），（张三，男，自动化），$$
$$（张三，女，计算机），（张三，女，自动化），$$
$$（李四，男，计算机），（李四，男，自动化），$$
$$（李四，女，计算机），（李四，女，自动化）\}$$

【提示】假定张三是男，李四是女，显然（张三，女，计算机），（张三，女，自动化），（李四，男，计算机），（李四，男，自动化），是没有意义的元组。这也正是需要通过触发器来解决的问题，触发器的具体内容在第 5 章中介绍。

4. 关系键与表之间的联系

由上述规范性限制可知，关系中不允许出现相同的元组，要求不同元组所具有的属性值不能都相同，例如描述读者情况的关系如表 2-2 所示。

表 2-2　读者情况关系

读者姓名	读者类别	限借数量	已借数量
张三	教师	10	7
李四	教师	10	8
赵建国	学生	5	4
钱学斌	学生	5	5

"读者类别"这一属性值就有很多元组是相同的，但由于各个元组并不是所有属性值都相同，所以各个元组还是互不相同的。当然，并不是任何属性值都可以相同。例如表 2-2 中，"读者姓名"这一属性值是不允许相同的，因为每个读者应该有不同的编号，即"读者姓名"可以唯一地标识不同的读者，"读者姓名"属性值相同的表示同一个读者，而"读者类别"、"限借数量"、"已借数量"属性值相同的则不一定是同一个读者。基于数据处理等原因，需要识别关系中的元组，因此需要考虑能够起标识作用的属性子集，于是引入了"键"的概念。下面，给出键的相关定义。

（1）键（Key）：在给定的关系中，需要用某个或某几个属性来唯一地标识一个元组，则称这样的属性或属性组为指定关系的键。

（2）超键（Super Key）：在一个关系中，若某一个属性或属性集合的值可以唯一地标识元组，则称该属性或属性集合为该关系的超键。

例如表 2-2 中，"读者名称"+"读者类别"+"限借数量"+"已借数量"、"读者名称"+"读者类别"+"限借数量"、"读者名称"+"限借数量"、"读者名称"+"已借数量"等都是超键。

（3）候选键（Candidate Key）：如果一个属性或属性集合的值能唯一地标识一个关系的元组而又不含有多余的属性，则称该属性或属性集合为该关系的候选键。候选键可以有一个或多个，例如表 2-2 中，"读者姓名"即为候选键。

（4）主键（Primary Key）：若一个关系有多个候选键，则选定其中一个为主键。每一个关系都有且只能有一个主键。在关系模式中，常在主键下加下划线标出，包含在任一候选键中的属性称为主属性（Prime Attribute），不包含在任何候选键中的属性称为非键属性（Non-key Attribute）。

（5）全键（All Key）：在有些关系中，主键不是关系中的一个或部分属性集，而是由所有属性组成，这时主键也称为全键。

（6）外键（Foreign Key）：如果某个关系 R 中的属性或属性组 K 是另一关系 S 的主键，但不是本身的键，则称这个属性或属性组 K 为此关系 R 的外键。

（7）组合键（Composite Key）：由两个或两个以上属性组合而构成的键称为组合键。

关于键的应用实例，将在关系模型的完整性规则中详细介绍。

5. 关系模式（Relation Schema）

关系模式是对关系的描述，例如对于一个二维表格，表格的表头就是该表格所表示的关系的数据结构的描述。因此，每个关系表的表头所描述的数据结构称为一个关系模式。换句话说，关系模式是关系的框架，是关系的型，是记录格式或记录类型，而与具体的值无关。

【定义 2.3】对关系的结构及其特征的抽象描述称为关系模式。一个关系的完整模式可表示为：

R（U，D，dom，F）

其中，R 为关系名；U 为组成该关系的属性名集合；D 为 U 中各属性来自的域集合；dom 为属性到域的映射集合，用来确定 U 中的每一个属性分别来自 D 中的哪一个域；F 为属性间的数据依赖集合，用来限定组成该关系的各元组必须满足的完整性约束条件，体现了关系的元组语义。

关系模式通常简记为 R（U）或 R（A_1，A_2，…，A_n），其中，A_1，A_2，…，A_n 为关系 R 的所有属性名。例如，表 2-2 中的读者情况关系可描述为：

读者情况关系（读者姓名，读者类别，限借数量，已借数量）

这就是读者情况关系的关系模式，该模式的一个具体取值就是表 2-2 中的读者情况关系。

关系是元组的集合，关系模式在某一时刻的状态或内容，即关系模式的值（Value），而关系模式则是对关系的抽象描述，即关系的型（Type）。因此，关系是动态的、会随时间不断变化的，而关系模式则是相对静态的、稳定的。

6. 关系数据库

在一个具体的应用领域中，所有实体以及实体之间的各种联系统一用关系表示，这些关系的集合就构成了一个关系数据库。以关系数据模型作为数据结构，一个关系就是一张表，图 2-1 和表 2-2 都是数据库中的关系。关系数据库是现代流行的数据库系统中应用最为普遍的一种，有着严格的数学基础，是最有效的数据组织方式之一。关系数据库具有如下特点：

- 一张表中包含了零行或数行，表中的行没有什么特殊的顺序。
- 一张表中包含了一列或数列，表中的列没有什么特殊的顺序。
- 表中每一个列必须有一个列名，同一表中不能有同名列。
- 同一列的属性值全部来自同一个域。

- 表中不能有完全相同的两个行，即至少有一个列的值能区分不同的行。
- 表中每一行、列的交界处是数据项，每一个数据项一般会有一个值，且只能有一个值。

由此可以看出，关系模型是用二维表格表示实体集，外键表示实体间联系的数据模型。

7. 关系数据库模式

作为关系的集合，关系数据库也会随之而变化，人们通常用相对稳定的关系数据库的型来描述关系数据库，这就是关系数据库模式。关系的集合构成了关系数据库，对应的关系模式的集合也就构成了关系数据库模式。关系数据库模式在某一时刻的值就是这些关系模式在这一时刻对应的关系的结合，即关系数据库。因此，关系模型与关系模式的关系可表示为：

关系模型=关系模式+关系

其中：关系是由二维表的表体中各行（元组）组成的值集；关系模式由二维表的表头数据（又称列或属性）构成。

2.1.2 关系数据的完整性规则

关系数据的完整性规则是对关系的某种约束条件。关系模型中有三类完整性规则：实体完整性规则、参照完整性规则和用户定义完整性规则。其中，实体完整性规则和参照完整性规则是任何一种关系模型都必须满足的完整性约束条件，被称为关系模型的两个不变性，通常由 DBMS 自动支持。

1. 实体完整性规则（Entity Integrity）

现实世界中的一个实体集就是一个基本关系，如学生的集合是一个实体，对应学生关系。实体是可区分的，它们具有某种唯一性标识，在关系模型中用主关键字作为实体唯一性标识。主关键字的属性值不能取空值（即不知道或者无意义的值）。

【定义 2.4】如果属性 A 是基本关系 R 的主属性，则属性 A 不能取空值。实体完整性规则具有如下含义：

（1）实体完整性能够保证实体的唯一性：一个基本表通常对应现实世界的一个实体集，实体在现实世界中是可以区分的，它在关系中是以主键为标识，所以主键能保证实体的唯一性，主属性不能取空值。

（2）实体完整性能够保证实体的可区分性：规则要求实体的主属性不能取空值，说明关系中没有不可标识的实体，即实体的主属性不为空值就一定能保证实体是可区分的。

例如：学生关系（学号、姓名、性别、出生年月、系别、身份证号）中，"学号"为学生关系的主属性，是主键，则任一学生的学号不能为空。

2. 参照完整性规则（Referencing Integrity）

现实世界中，实体与实体之间往往存在着某种联系，在关系模型中实体与实体间的联系都用关系来描述的，因此可能存在着关系与关系间的引用。

【定义 2.5】设 F 是基本关系 R 的一个或一组属性，但不是关系 R 的键。Ks 是基本关系 S 的主键。如果 F 与 Ks 相对应，则称 F 是 R 的外键（Foreign Key），并称基本关系 R 为参照关系（Referencing Relation），基本关系 S 为被参照关系（Referenced Relation）或目标关系（Target Relation）。关系 R 和 S 不一定是不同的关系。

【实例 2-2】学生、专业实体以及它们之间的"属于"联系可以用下面两个关系表示：

学生（<u>学号</u>，姓名，性别，出生年月，专业代码）

专业（<u>专业代码</u>，专业名称，专业带头人）

主键用下划线标明。学生和专业之间的"属于"联系表现为这两个关系之间的属性引用，即学生关系的"专业代码"属性引用了专业关系的主键"专业代码"，如图 2-2 所示。

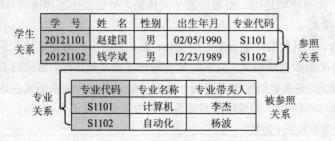

图 2-2　学生关系和专业关系之间的属性引用

学生关系中的"专业代码"值必须是确实存在的某个专业的专业号，即专业关系中的某个"专业代码"值，专业关系中不存在的"专业代码"值是毫无意义的。因此，在这样的属性引用中，学生关系中"专业代码"属性的取值需参照专业关系中主键"专业代码"的取值。

除了取专业关系中的某个"专业代码"值外，学生关系的"专业代码"属性也可以取空值，表示该生尚未分配专业或不知道他的专业。

在学生关系中，"专业代码"属性虽然不是主键，但它却引用（或参照）了专业关系的主键，这样的属性引用不但可以表达学生和专业之间的"属于"联系，而且还使它的取值受到了一定的限制，这样的属性称为外键，定义如下：

【定义 2.6】若属性（或属性组）F 是基本关系 R 的外键，它与基本关系 S 的主键 Ks 相对应（基本关系 R 和 S 不一定是不同的关系），则对于 R 中的每个元组在 F 上的值必须取或取空值（F 的每个属性值均为空值），或等于 S 中某个元组的主键值。

有了外键定义，参照完整性就可以表达成：若属性（或属性组）F 是关系 R 的外键，引用（或参照）的是关系 S 的主键 Ks，则 R 中每个元组在 F 上的取值要么为空值，要么为 S 中某个元组的 Ks 值。和实体完整性不同，参照完整性约束的是外键的取值，用来保证外键对主键的正确引用，以体现客观对象之间的各种联系，如实例 2-2 中学生和专业之间的"属于"联系。

按照参照完整性，学生关系的"专业号"属性要么取空值，表示该生尚未分配专业；要么取专业关系中的某个"专业号"值，表示该生已属于某个确实存在的专业。

【实例 2-3】学生、课程实体以及它们之间的"选修"联系可以用下面 3 个关系表示：

学生（<u>学号</u>，姓名，性别，出生年月，专业代码）

课程（<u>课程号</u>，课程名，学时）

选修（<u>学号，课程号</u>，成绩）

选修关系用来表达学生和课程之间的"选修"联系，它和学生、课程关系之间都存在属性的引用，即"学号"属性引用了学生关系的主键"学号"，"课程号"属性引用了课程关系的主键"课程号"，如图 2-3 所示。因此，选修关系有两个外键：学号和课程号。

按照参照完整性，选修关系的"学号"属性要么取空值，要么取学生关系中的某个"学号"值，即某名学生的学号；选修关系的"课程号"属性要么取空值，要么取课程关系中的某个"课程号"值，即某门课程的课程号。但是，按照实体完整性，它们都不能取空值。

3. 用户定义完整性规则（User-defined Integrity）

实体完整性规则和参照完整性规则分别定义了对主键的约束和对外键的约束，是关系模型中最基本的约束。此外，关系数据库系统根据现实世界中应用环境的不同，还需要一些特殊的约束条件。它是用户根据需要自己定义的，因而称为用户定义完整性规则。

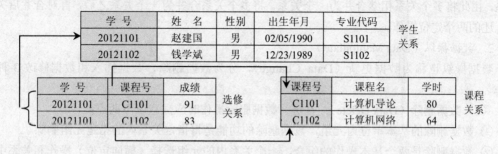

图 2-3 选修关系和学生、课程关系之间的属性引用示意图

【定义 2.7】针对某一具体应用环境，给出关系数据库的约束条件，这些约束条件就是反映某一应用所涉及的数据必须满足的语义要求。

例如：年龄属性，如果属于某一个学生主体，则可能要求年龄在 17 岁到 25 岁之间，而如果年龄属性属于某一个公司员工主体，则可能要求年龄在 18 岁到 55 岁之间。

用户定义完整性通常是定义对关系中除主键与外键属性之外的其它属性取值的约束，包括数据类型、精度、取值范围、是否允许空值等。关系模型应提供定义和检验这类完整性的机制，以便用统一、系统的方法处理。

对于这类完整性，关系模型只提供定义和检验这类完整性的机制，以使用户能够满足自己的需求，而关系模型自身并不去定义任何这类完整性规则。

【提示】为了维护数据库中数据的完整性，在对关系数据库执行插入、删除和修改操作时，就要检查上述三类完整性规则。

2.1.3 关系数据操作

关系数据操作是指施加于数据模型中数据的运算和运算规则，用于描述系统的动态特性，反映事物的行为特征。为此，在数据模型中必须定义操作的含义、符号、规则以及实现操作的语言（包括数据定义、数据操纵和数据控制）。数据库主要有两类操作：查询和更新（插入、删除、修改）。查询操作是最基本、最重要的操作，它是更新操作的基础。

关系数据操作建立在关系的基础上，一般分为数据查询和数据操纵（更新）两大类。数据查询操作是对数据库进行各种检索；数据更新是对数据库进行插入、删除和修改等操作。

1. 数据查询（Data Query）

用户可以查询关系数据库中的数据，因而通常简称为关系查询，它包括一个关系内的查询和多个关系的查询。关系查询的基本单位是元组分量，查询的前提是关系中的检索或者定位。关系查询的表达能力很强，是关系操作中最主要的部分，包括选择（Select）、投影（Project）、连接（Join）、除（Divide）、并（Union）、差（Except）、交（Intersection）、笛卡尔积（Cartesian Product）等。其中，选择、投影、并、差、笛卡尔积是 5 种基本操作，其它操作可以在这 5 种基本操作的基础上导出。关系查询可分解为以下 3 种基本操作：

（1）关系属性指定：指定一个关系内的某些属性，用它确定关系这个二维表中的列。

（2）关系元组选择：用一个逻辑表达式给出关系中满足此表达式的元组，用它确定关系这个表的行。

用上述两种操作即可确定一张二维表内满足一定行、一定列要求的数据。

（3）两个关系合并：主要用于多个关系之间的查询，其基本步骤是先将两个关系合并为一个关系，由此将多个关系相继合并为一个关系。将多个关系合并为一个关系之后，再对合并后关系进行上述的两个定位操作。

2. 数据操纵（Data Manipulate）

数据操纵也称为数据更新（Data Change），分为数据删除、数据插入和数据修改 3 种基本操作。

（1）数据删除（Data Delete）：在进行数据删除操作时应注意以下两点：

① 数据删除的基本单位为元组，数据删除的功能是将指定关系内的指定元组删除。

② 数据删除是两个基本操作的组合，一个关系内的元组选择（横向定位）操作和关系中元组删除操作。

（2）数据插入（Data Insert）：在进行数据插入操作时应注意以下两点：

① 数据插入是针对一个关系而言，即在指定关系中插入一个或多个元组。

② 数据插入中不需要定位，仅需要对关系中的元组进行插入操作，即是说，插入只有一个基本动作：关系元组插入操作。

（3）数据修改（Data Update）：在进行数据修改操作时应注意以下两点：

① 数据修改是在一个关系中修改指定的元组与属性值。

② 数据修改可以分解为两个更为基本的操作：先删除需要修改的元组，再插入修改后的元组即可。

3. 空值处理

在关系操作中还有一个重要问题——空值处理。在关系元组的分量中允许出现空值（Null Value）以表示信息的空缺。在出现空值的元组分量中一般可用 NULL 表示。目前一般关系数据库系统中都支持空值处理，但是具有以下两个限制：

（1）主键中不允许出现空值：关系中主键不能为空值，因为主键是关系元组的标识，如果主键为空值，则失去了其标识的作用。

（2）定义有关空值的运算：在算术运算中如果出现空值，则结果也为空值。在比较运算中如果出现空值，则其结果为 F（假）。此外，在作统计时如果 SUM、AVG、MAX、MIN 中有空值输入时结果也为空值，而在作 COUNT 时如果有空值则其值为 0。

4. 关系数据查询语言

数据库的操作是通过语言来实现的。关系数据库抽象层次上的关系查询语言可分为三类：关系代数、关系演算和 SQL，它们都是非过程化的查询语言。其中，关系代数是用代数方式表达的关系查询语言；关系演算是用逻辑方式表达的关系查询语言，关系演算分为元组关系演算和域关系演算；SQL 是介于关系代数和关系演算之间、具有双重特点的结构化查询语言（Structured Query Language）。关系数据查询语言的分类如图 2-4 所示。

关系数据查询语言 {
　关系代数语言（例如 ISBL）
　关系演算语言 {
　　元组关系演算语言（例如 APLHA，QUEL）
　　域关系演算语言（例如 QBE）
　}
　具有关系代数和关系演算双重特点的语言（例如 SQL）
}

图 2-4　关系数据语言的种类

关系代数、元组关系演算和域关系演算 3 种查询语言在表达能力上是完全等价的，常用作评估实际系统中查询语言能力的标准或理论基础。而 SQL 是一种介于关系代数和关系演算之间的结构化非过程查询语言，不但具有丰富的查询功能，并且还具有数据定义、数据更新和数据控制等功能，是集数据查询、数据操纵和数据控制于一体的关系数据语言，是目前所有关系数据库都支持的标准语言（在第 4 章单独介绍 SQL）。

§2.2　关系代数

既然把二维表看成关系，那么就可以用关系代数（Relational Aalgebra）作为语言对关系进行操作。关系代数是以集合代数为基础发展起来的，是以关系为运算对象的一组运算的集合。关系代数每个运算都以一个或多个关系作为它的运算对象，并生成另一个关系作为该运算的结果。从数据操作的观点来看，关系代数是一种抽象的查询语言，通过对关系的运算来表达查询。

关系代数运算分为两类：传统的集合运算和专门的关系运算。传统的集合运算包括并、交、差、广义笛卡尔积。专门的关系运算包括选择、投影、连接、除。关系运算类型如表 2-3 所示。

表 2-3　关系运算类型

传统的集合运算				专门的关系运算			
并	交	差	广义笛卡尔积	选择	投影	连接	除
∪	∩	－	×	δ	∏	∞	÷

由于任何一种运算都是将一定的运算符作用于一定的运算对象上，得到预期的运算结果，所以运算对象、运算符、运算结果是运算的三大要素。

2.2.1　传统的集合运算

传统的集合运算将关系看成元组的集合，其运算是从关系的"水平"方向（行的角度）来进行。集合运算包括并、差、交、广义笛卡尔积 4 种运算，关系的集合运算要求参加运算的关系必须是相容的关系。并、交、差、广义笛卡尔积 4 种运算通常也可以采用文氏图（Venn Diagram）来表示。文氏图是在集合论数学分支中，在不太严格的意义下用以表示集合的一种草图，用于展示在不同的事物集合之间的数学或逻辑联系。4 种运算的文氏图如图 2-5 所示。

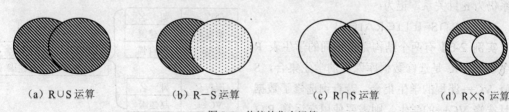

（a）R∪S 运算　　　（b）R－S 运算　　　（c）R∩S 运算　　　（d）R×S 运算

图 2-5　传统的集合运算

1. 并（Union）运算

并运算是将两个相容的关系 R 和 S 中的所有元素合并，构成一个新的关系。

【定义 2.8】设关系 R 和关系 S 具有相同的目 n（即两个关系都有 n 个属性），且相应的属性取自同一个域，则关系 R 与关系 S 的并由属于 R 或属于 S 的元组组成，其结果关系仍为 n 目关系。记为：

$$R \cup S = \{t \mid t \in R \lor t \in S\}$$

其中，∪为二目运算，从"行"上取值。作用是在一个关系中插入一个数据集合，自动去掉相同元组，即在并的结果关系中，相同的元组只保留一个；等式右边大括号中的 t 是一个元组变量，表示结果集合由元组 t 构成；竖线"｜"右边是对 t 的约束条件，或者说是对 t 的解释。以下其它运算的定义方式与此类似。

【实例 2-4】有两个结构完全相同的学生表 R 和学生表 S 分别存放两个班级的学生，若将学生表 R 的记录追加到表 S 中，则需要使用并运算 R∪S，其运算关系如图 2-6 所示。

2. 差（Difference）运算

差运算是将两个相容的关系 R 和 S，使其属于 R 但不属于 S 的元组构成一个新的关系。

【定义 2.9】设关系 R 和关系 S 具有相同的目 n，且相应的属性取自同一个域，则关系 R 与关系 S 的差由属于 R 而不属于 S 的所有元组组成，其结果关系仍为 n 目关系。记为：

$$R - S = \{t \mid t \in R \land t \notin S\}$$

【实例 2-5】有两个结构完全相同的学生表 R 和学生表 S，R 是选修数据库课程的学生集合，S 是选修 VC++课程的学生集合，若查询选修了数据库但没有选修 VC++的学生，则需要使用差运算 R–S，其运算关系如图 2-7 所示。

表 R

学号	姓名
20121101	赵建国
20121102	钱学斌

表 S

学号	姓名
20121102	钱学斌
20121202	吴微

表 R∪S

学号	姓名
20121101	赵建国
20121102	钱学斌
20121202	吴微

图 2-6　集合运算 R∪S 示意图

表 R

课程名	姓名
数据库	赵建国
数据库	钱学斌
数据库	周自强

表 S

课程名	姓名
VC++	赵建国

表 R–S

课程名	姓名
数据库	钱学斌
数据库	周自强

图 2-7　集合运算 R–S 示意图

3. 交（Intersection）运算

交运算是将两个相容的关系 R 和 S，使其属于 R 也属于 S 的元组构成一个新的关系。

【定义 2.10】设关系 R 和关系 S 具有相同的目 n，且相应的属性取自同一个域，则关系 R 与关系 S 的交由既属于 R 又属于 S 的元组组成，其结果关系仍为 n 目关系。记为：

$$R \cap S = \{t \mid t \in R \land t \in S\}$$

【实例 2-6】有两个结构完全相同的学生表 R 和学生表 S，R 是选修数据库课程的学生集合，S 是选修 VC++课程的学生集合，若查询选修了数据库并且选修 VC++的学生，则需要使用交运算 R∩S，其运算关系如图 2-8 所示。

表 R

课程名	姓名
数据库	赵建国
数据库	周自强

表 S

课程名	姓名
VC++	赵建国

表 R∩S

课程名	姓名
VC++	赵建国

图 2-8　集合运算 R∩S 示意图

4. 广义笛卡尔积（Extended Cartesian Product）

对关系数据库的查询通常会涉及多个关系，例如，查询某个同学选修的各门课程成绩就涉及学生关系和选修关系，如何将这两个并不兼容的关系合并在一起呢？广义笛卡尔积就是用来合并两个关系的基本运算，这种基本运算即关系的乘法运算。

【定义 2.11】设 R 为 m 元关系，S 为 n 元关系，则 R 与 S 的广义笛卡尔积 R×S 是一个（m+n）

元关系，其中每个元组的前 m 个分量是 R 中的一个元组，后 n 个分量是 S 中的一个元组。若 R 有 K_1 个元组，S 有 K_2 个元组，则 R×S 有（$K_1 \times K_2$）个元组，即广义笛卡尔积为：

$$R \times S = \{(a_1, a_2, \cdots a_m, \ b_1, b_2, \cdots b_n) \mid (a_1, a_2, \cdots a_m) \in R \land (b_1, b_2, \cdots b_n) \in S\}$$

【实例 2-7】利用表 R 和表 S 所示数据做广义笛卡尔积，其结果如图 2-9 所示。

表 R

教师号	姓名	系部
T1101	张三	计算机
T1102	李四	自动化

表 S

教师号	姓名	职称
T1101	张三	教授
T1102	李四	副教授

表 R 与表 S 笛卡尔积

教师号	姓名	系部	教师号	姓名	职称
T1101	张二	计算机	T1101	张三	教授
T1101	张三	计算机	T1102	李四	副教授
T1102	李四	自动化	T1101	张三	教授
T1102	李四	自动化	T1102	李四	副教授

图 2-9 集合运算笛卡尔积示意图

2.2.2 专门的关系运算

关系运算是针对关系数据库数据进行的操作运算，但仅仅依靠传统的集合运算，还不能灵活地实现多样的查询操作。因此，E.F.Codd 又定义了一组专门的关系运算，包括选择、投影、连接和除法 4 种运算。

1. 选择（Select）运算

选择运算又称为限制（Restriction）运算，是指从一个关系 R 中选取满足给定条件的元组构成一个新的关系。换句话说，选择运算是根据给定的条件对关系进行水平分解。

【定义 2.12】在关系 R 中选择满足条件的元组组成一个新的关系，这个关系是关系 R 的一个子集。如果选择条件用 F 表示，则选择运算可记为：

$$\delta_F(R) = \{t \mid t \in R \land F(t) = \text{"真"}\}$$

其中：δ 是选择运算符；R 是关系名；F 是限定选择条件，可以递归定义为：

① F 是一个逻辑表达式，取值为"真"或"假"。

② F 由逻辑运算符"∧"（and）、"∨"（or）、"¬"（not）连接各种算术表达式组成。

③ 算术表达式的基本形式为 xθy，θ={>、≥、<、≤、=、≠}。x、y 可以是属性名、常量或简单函数。

【实例 2-8】若从学生信息表 R 中选出性别为女的学生，则可以得到女生的学生信息表 S。选择运算结果如图 2-10 所示。

表 R

学　号	姓　名	性别	出生年月
20121101	赵建国	男	02/05/1990
20121102	钱学斌	男	12/23/1989
20121103	孙经文	女	01/12/1990
20121201	李建华	男	11/12/1989
20121202	周小燕	女	09/12/1990

表 S

学　号	姓　名	性别	出生年月
20121103	孙经文	女	01/12/1990
20121202	周小燕	女	09/12/1990

图 2-10 选择运算过程示意图

2. 投影（Projection）运算

投影运算是指从一个关系 R 中选取所需要的列构成一个新的关系，具体说，是对一个关系做垂直分解，消去关系中的某些列，删除重复元组，并重新排列次序。

【定义 2.13】设关系 R 为 r 目关系，其元组变量为 $t^r=(t_1, t_2, \cdots, t_r)$，关系 R 在其分量 A_{j1}，A_{j2}，$\cdots$，A_{jk}（$k \leqslant r$，$j_1, j_2, \cdots, j_k$ 为 1 到 r 之间互不相同的整数）上的投影是一个 k 目关系，并定义为：

$$\Pi_{j1, j2, \cdots, jk}(R)=\{t|t=(t_{j1}, t_{j2}, \cdots, t_{jk}) \wedge (A_{j1}, A_{j2}, \cdots, A_{jk}) \in R\}$$

其中，Π 为投影运算符。

投影运算是按照 $j_1, j_2, \cdots, j_k$ 的顺序（或按照属性名序列 $A_{j1}, A_{j2}, \cdots, A_{jk}$），从关系中只取出列序号为 $j_1, j_2, \cdots, j_k$（或按照属性名序列 $A_{j1}, A_{j2}, \cdots, A_{jk}$）的 k 列，并除去结果中的重复元组，构成一个以 $j_1, j_2, \cdots, j_k$ 为顺序（或以 $A_{j1}, A_{j2}, \cdots, A_{jk}$ 为属性名序列）的 k 目关系。

【实例 2-9】从学生信息表 R 中抽出学号、姓名列，得到学生的花名册表 S。投影运算结果如图 2-11 所示。

表 R

学 号	姓 名	性别	出生年月	专业代码	班 级
20121101	赵建国	男	02/05/1990	S1101	201211
20121102	钱学斌	男	12/23/1989	S1101	201211
20121103	孙经文	女	01/12/1990	S1102	201211
20121201	李建华	男	11/12/1989	S1102	201212
...	...	...	...	...	...

表 S

学 号	姓 名
20121101	赵建国
20121102	钱学斌
20121103	孙经文
20121201	李建华
...	...

图 2-11　投影运算过程示意图

【提示】关系是一个二维表，对它的操作（运算）可以从水平（行）的角度进行，即选择运算；也可以从纵向（列）的角度进行，即投影运算。投影运算实质上是对关系按列进行垂直分割的运算，运算的结果是保留原关系中投影运算符下标所标注的那些列，消去原关系中投影运算符下标中没有标注的那些列，并去掉重复元组。

3. 连接（Join）运算

由于广义笛卡尔积会产生大量的无效元组，为了能实现关系的有效合并，元组之间应按一定的条件进行组合，这就是连接运算。连接运算是把两个关系中的元组按条件连接起来，形成一个新的关系。连接运算是笛卡尔积、选择和投影操作的组合。连接运算有多种类型，这里简要介绍最常用也是最重要的三种连接方法：条件连接、等值连接和自然连接。

（1）条件连接（Condition Join）：也称为 θ 连接，是从两个关系的广义笛卡尔积中选择属性间满足一定条件的元组构成一个新关系，或者说，两个关系的元组只有在相应属性上的取值满足一定条件时才能组合成为新关系的元组，记作：

$$R \underset{A\theta B}{\infty} S = \{(t_r t_s) \mid t_r \in R \wedge t_s \in S \wedge t_r[A]\theta t_s[B]\}$$

其中：A 和 B 分别为 R 和 S 中可比较的属性（组），θ 是比较运算符，如 =、≠、≤、> 等。R 中元组 t_r 在属性（组）A 上的取值 $t_r[A]$ 和 S 中元组 t_s 在属性（组）B 上的取值 $t_s[B]$ 只有满足条件 $t_r[A]\theta t_s[B]$ 时才能组合成为 $R \underset{A\theta B}{\infty} S$ 中的元组 $(t_r t_s)$。

（2）等值连接（Equivalence Join）：是指 θ 为等值比较谓词的连接运算，即 θ 为 "=" 的连接运算。具体说，是从两个关系（R 和 S）的笛卡尔积的运算结果中，选取 A、B 属性值相等的那些元组构成新的关系操作。即有：

$$R \underset{A=B}{\infty} S = \{(t_r t_s) \mid t_r \in R \wedge t_s \in S \wedge t_r[A]=t_s[B] \}$$

【实例 2-10】因某种情况，将原来的两个学习小组（R 和 S）合并为一个学习小组 W。其连接条件是表 R. 小组=表 S. 小组。等值连接结果如图 2-12 所示。

图 2-12　连接运算过程示意图

（3）自然连接（Natural Join）：是一种特殊的等值连接，是将两个基本关系在等值连接的基础上，消除冗余列（重复属性），形成新的关系操作。若 R 和 S 具有相同的属性（组）B，则它们的自然连接记作：

$$R \infty S = \{(t_r t_s[B]) \mid t_r \in R \wedge t_s \in S \wedge t_r[B]=t_s[B]\}$$

其中：$t_s[B]$ 表示在 t_s 中去掉和 t_r 重复的 B 分量。

【提示】自然连接与等值连接的区别主要体现在以下 3 个方面：

① 自然连接相等的属性必须是相同属性；等值连接相等的属性可以是相同或不同属性。

② 自然连接必须去掉重复的属性列；等值连接无此要求，并且等值连接不做投影运算。

③ 自然连接一般用于有公共属性的情况。如果 2 个关系没有公共属性，则自然连接就退化为广义笛卡尔乘积；如果是 2 个关系模式完全相同的关系进行自然连接运算，则变为交运算。

【实例 2-11】设有两个学生表，把两个表按属性名相同进行等值连接，对于每对相同的属性在结果中只保留一个。自然连接结果如图 2-13 所示。

图 2-13　自然连接运算过程示意图

由以上两个实例看出：在连接运算中，按字段相等执行的连接称为等值连接；去掉重复值的等值连接称为自然连接。而自然连接是一种特别有用的连接。

【提示】基于自然连接运算的特殊的扩展方式：如果需要把不能连接的元组（即丢弃的元组）也保留到结果关系中，那么关系 R 中不能连接的元组在结果元组中的关系 S 的属性上可以全部置为空值 NULL，反之类似处理。这种连接就叫做外连接（Outer Join）。如果只把左关系中不能连接的元组保留到结果关系中，则称为左外连接（Left Outer Join 或 Left Join）；反之，如果只把右关系中不能连接的元组保留到结果关系中，则称为右外连接（Right Outer Join 或 Right Join）。

4. 除法（Division）运算

除运算也称为商（Quotient）运算，是基于选择、投影、连接，从关系的行方向和列方向进行的运算。例如，若要查询选修了某些课程的学生，并且这些课程只是具有给定特征的一组不能明确列举出来的课程，仅用选择操作是远远不够的。因为选择条件无法明确指出具体的课程，这时就需要用除运算。因此，除运算在表达某种特殊类型的查询时是非常有效的。

【定义 2.14】给定关系 R(X，Y)和 S(Y，Z)，其中 X、Y、Z 为属性组，R 中的 Y 与 S 中的 Y 可以有不同的属性名，但必须是出自相同的域集。R 与 S 的除运算得到一个新的关系 P(X)，P 是 R 中满足下列条件的元组在 X 属性列上的投影，元组在 X 上分量值 x 的像集 Y，包含 S 在 Y 上投影的集合。记作：

$$R \div Y = \{t_r[X] \mid t_r \in R \land \Pi y(S) \in Y_x\}$$

其中 Y_x 为 x 在 R 中的像集，$x = t_r[X]$。

【实例 2-12】设有学生选修课程关系表 SC 和课程表 C，试找出选修了全部课程的学生的学号。对于这类问题可用除运算解决，即 SC÷C。除运算结果如图 2-14 所示。

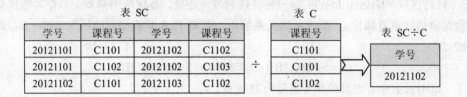

图 2-14　除运算过程示意图

以上介绍了传统的集合运算和专门的关系运算的定义，并通过图形解析方式描述了集合运算和关系运算的概念。怎样利用查询命令实现对关系数据库查询操作，将在下面讨论。

2.2.3　关系代数运算在关系数据库查询操作中的应用实例

在关系代数运算中，把 4 种基本代数运算经过有限次复合后形成的式子称为关系代数表达式（简称代数表达式）。这种表达式的运算结果仍是一个关系，可以用关系代数表示需要进行的各种数据库查询和更新处理的需求。查询语句的关系代数表达式的一般形式为：

$$\Pi \cdots (\delta \cdots (R \times S)) \text{或} \quad \Pi \cdots (\delta \cdots (R \infty S))$$

上面的式子表示：首先取得查询涉及的关系，再执行笛卡尔积或自然连接操作得到一张中间表格，然后对该中间表格执行水平分割（选择操作）和垂直分割（投影操作），当查询涉及否定或全部包含值时，上述形式就不能表达了，就要用到差操作或除法操作。

下面根据图 1-10 所示的关系数据模型和表 2-4 中的代码表示，实现相关查询操作。

表 2-4　教学管理数据库中的 6 种关系模式

关系模式	关系模式的代码表示
学生关系模式（学号, 姓名, 性别, 出生年月, 专业代码, 班级）	S（Sno,Sname,Sex,Sbirthin,Scode, Class）
教师关系模式（教师号, 姓名, 性别, 年龄, 职称）	T（Tno,Tname,Tsex,Tage,Titleof）
课程关系模式（课程号, 课程名, 学时）	C（Cno,Cname,Classh）
专业关系模式（专业代码, 专业名称, 专业带头人）	SS（Scode,Sname,Slead）
学习关系模式（学号, 课程名, 成绩）	SC（Sno,Cname,Grade）
授课关系模式（教师号, 课程名）	TC（Tno,Cname）

【实例 2-13】查询学生数据库中所有的女学生。

问题解析：从学生数据库表中选择性别属性 Sex 之值为"女"的元组。查询命令为：

$$\delta_{Sex='女'}(S) \quad 或 \quad \delta_{3='女'}(S)$$

查询结果如图 2-15 所示。

【实例 2-14】查询全体教师的教师号、姓名、性别和职称。

问题解析：从教师数据库表中把各教师的教师号、姓名、性别和职称 4 列选出来。查询命令为：

$$\prod_{Tno,\ Tname,\ Tsex,\ Titleof}(T) \quad 或 \quad \prod_{1,\ 2,\ 3,\ 5}(T)$$

查询结果如图 2-16 所示。

教师号	姓　名	性别	职　称
T1101	张　三	男	教　授
T1102	李　四	女	副教授
T1103	王　五	男	讲　师
T1104	赵　六	男	实验师

学　号	姓　名	性别	出生年月	专业名称
20121103	孙经文	女	01/12/1990	S1101
…	…	…	…	…

图 2-15　选择查询　　　　　　　　图 2-16　选择查询

【实例 2-15】查询专业代码为 S1101 的男生的学号和姓名。

问题解析：查询专业代码为 S1101 的男生就是从学生数据库表中选择出专业代码属性 Scode 为 S1101，且性别属性 Sex 之值为"男"的那些元组。取出其学号和姓名属性显然只要再对选出的那些元组在属性学号 Sno 和姓名 Sname 上进行投影即可。查询命令为：

$$\prod_{Sno,Sname}(\delta_{Sex='男'\wedge Scode='S1101'}(S)) \quad 或 \quad \prod_{1,2}(\delta_{3='男'\wedge \delta='S1101'}(S))$$

查询结果如图 2-17 所示。

【实例 2-16】查询选修了课程号为 S1101 或 S1102 的学生的学号和姓名。

问题解析：可以在选择运算的条件中用 ∨ 连接两个具有或关系的课程名；也可以分别以这两个课程名为条件，查询出满足条件的那些元组，再利用并运算将它们合并。查询命令为：

$$\prod_{Sno,Sname}(\delta_{Cno='S1101'\vee Cno='S1102'}(SC))$$

或

$$\prod_{Sno,Sname}(\delta_{Cno='S1101'}(SC)) \cup \prod_{Sno,Sname}(\delta_{Cno='S1102'}(SC))$$

查询结果如图 2-18 所示。

学　号	姓　名
20121101	赵建国
20121102	钱学斌

学　号	姓　名
20121101	赵建国
20121102	钱学斌
20121103	孙经文

图 2-17　投影查询　　　　　　　　图 2-18　投影、并查询

【实例 2-17】查询选修了课程号为 S1102 和课程号为 S1103 的学生的学号和姓名。

问题解析：由于查询过程是按元组一行一行地检索，所以一个元组只能有一个课程号 Cno 属性。其查询方法有两种：一种方法是通过广义笛卡尔积运算 SC×SC，使同一个元组中具有两个课程号 Cno；另一种方法是分别求出"选修了以其课程号 Cno 表示的某门课程的学生，然后再通过具有相同学号的交操作，便可以找到同时选修了两门课程的学生。查询命令为：

$$\prod_{Sno,Sname}(\delta_{Cno='S1102'\wedge Cno='S1103'}(SC\times SC))$$

或

$$\prod_{Sno,Sname}(\delta_{Cno='S1102'}(SC)) \cap \prod_{Sno,Sname}(\delta_{Cno='S1103'}(SC))$$

查询结果如图 2-19 所示。

【实例2-18】查询选修了课程号为 C1103 的学生的学号、姓名和考试成绩。

问题解析：学生的学号和姓名属性在学生关系 S 中，而考试成绩属性在学习关系 SC 中。显然，以学号 Sno 作为公共属性，将学生关系 S 与学习关系 SC 进行自然连接后，再对其进行以 Cno='C1103' 为条件的选择，便可以选出选修了课程号为 C1103 的那些学生的全部属性及其选修的课程号 C1103 和分数 Grade 属性组成的元组，然后再对其在学号 Sno、姓名 Sname 和分数 Grade 上投影，即为查询的结果。查询命令为：

$$\Pi_{Sno,Sname,Grade}(\delta_{Cno='C1103'}(S \infty SC))$$

查询结果如图 2-20 所示。

学 号	姓 名
20121102	钱学斌
20121103	孙经文

图 2-19 笛卡尔积、交查询结果

学 号	姓 名	分数
20121103	孙经文	88
...	...	...

图 2-20 自然连接、投影查询

【实例2-19】查询计算机专业(专业代码为 S1101)学习计算机导论课程的学生的学号、姓名和成绩。

问题解析：由于查询条件之一需要用到课程名"计算机导论"。显然，以学号 Sno 作为公共属性，将学生关系 S 与学习关系 SC 进行自然连接后得到的元组中就包含课程号 Cno 属性了；然后，再以课程号 Cno 作为公共属性，将 S∞SC 与课程关系 C 进行自然连接后得到的元组中就包含"课程名"属性了。这时对所得到的元组就可以"Cname='计算机导论'"为条件进行选择操作了。其余思路与上题相似。查询命令为：

$$\Pi_{Sno,Sname,Grade}(\delta_{Cno='S1101'\wedge Cname='计算机导论'}(S \infty SC \infty C))$$

查询结果如图 2-21 所示。

【实例2-20】查询没有学习课程号为 C1101 或课程号为 C1102 的学生的学号、姓名和班级。

问题解析：从已具有属性"学号，姓名，班级"的全部学生中去掉选修了"课程号为 C1101 或课程号为 C1102"的那些学生，剩余的显然就是没有选修"课程号为 C1101 或课程号为 C1102"的学生了。查询命令为：

$$\Pi_{Sno,Sname,Class}(S) - \Pi_{Sno,Sname,Class}(\delta_{Cno='C1101'\vee Cno='C1102'}(S \infty SC))$$

查询结果如图 2-22 所示。

学 号	姓 名	分数
20121101	赵建国	91
...	...	...

图 2-21 自然连接查询

学 号	姓 名	班级
20121103	孙经文	201211
...	...	...

图 2-22 差运算查询

【实例2-21】查询学习了全部课程的学生的学号和姓名。

问题解析：可先通过对学习关系 SC 在"学号 Sno，课程号 Cno"属性上的投影运算，取出学生学习的全部课程；然后用课程关系中的课程号 Cno 与其进行除运算。根据除运算的性质，只有某个学生的学号 Sno 与所有的课程号 Cno 组成的元组都在 $\Pi_{Sno,Cno}(C)$ 中，该学生才是修完全部课程的学生。查询命令为：

$$\Pi_{Sno,Sname}(S \infty (\Pi_{Sno,Cno}(SC) \div \Pi_{Cno}(C)))$$

显然，在图 1-10 所示的大学教学管理数据库表中，没有学习了全部课程的学生。

【**实例 2-22**】为了进一步说明除运算，查询学习了图 2-23 所示全部课程的学生的学号。

问题解析： 假设所开设的课程号均以 C 开头。对此，可以采用如图 2-23 所示步骤求解。

① 查询出修读过信息学院课程的所有学生，查询结果如图 2-23（a）所示（这里只保留了学号 Sno 和课程号 Cno 属性）。

$$r_1 = \prod_{Sno,Cno}(\delta_{Cno \text{ LINK'C'\%}}(Sourse))$$

② 查询开设的所有课程，查询结果如图 2-23（b）所示（这里只保留了课程号 Cno 属性）。

$$r_2 = \prod_{Cno}(\delta_{Cno \text{ LINK'C'\%}}(Course))$$

③ 比较图 2-23（a）和（b）可以发现：修读过所有课程的学生就是关系 r_1 中满足 "Cno" 列包含关系 r_2 的所有行的那些学生，就是 $r_1 \div r_2$ 的结果，如图 2-23（c）所示。

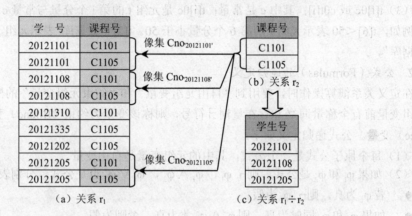

图 2-23　连接、除运算查询

【**提示**】在求 r_1，r_2 时使用了字符串匹配运算符 "LINK" 及其通配符 "%"。

*§2.3　关系演算

关系演算是以数理逻辑中的谓词来表达查询的方式，把谓词演算（Predicate Calculus）推广到关系运算中就构成了关系演算（Relational Calculus）。因此，关系代数和关系演算是可以相互替代的。它们之间的基本区别是：关系代数提供了连接、并和投影等明确的集合操作符，并且这些集合操作符告诉系统如何从给定关系构造所要求的关系；而关系演算仅提供了一种描述来说明所要求的关系的定义。

关系代数中先做什么运算，后做什么运算是有顺序的，因而不是完全非过程化的。与关系代数不同，使用谓词演算只需要用谓词的形式给出查询结果应满足的条件，查询如何实现完全由系统自行解决，因而是高度非过程化的语言。

根据谓词变量不同，关系演算分为元组关系演算和域关系演算，二者间的主要区别是前者的变量为元组变量，而后者的变量为域变量。

2.3.1　元组关系演算

元组关系演算（Tuple Relational Calculus）是元组变量作为谓词变元的基本对象，是非过程化查询语言，它只描述所需信息，而不给出获得该信息的具体过程。在元组关系演算中，其元组关系演算表达式中的变量是以元组为单位的，其一般形式为：

$$\{t \mid P(t)\}$$

其中，t 是元组变量，表示一个定长的元组；P(t)是元组关系演算公式，公式是由原子公式和运算符组成的。

1. 原子公式（Atom Formula）的三种形式

原子命题函数是公式，简称为原子公式，它有以下三种形式：

（1）R(t)：其中 R 是关系名，t 是元组变量，R(t)表示 t 是关系 R 中的一个元组。

（2）t[i]θs[j]：其中 t 和 s 是元组变量；θ 是算术比较运算符；t[i]和 s[j]分别是 t 的第 i 个分量和 s 的第 j 个分量；t[i]θs[j]表示元组 t 的第 i 个变量与元组 s 的第 j 个变量之间满足条件 θ。例如，t[3]＞s[4]表示元组 t 的第 3 个分量大于元组 s 的第 4 个分量。

（3）t[i]θc 或 cθt[i]：其中 c 是常量；t[i]θc 是元组 t 的第 i 个分量与常量 c 满足条件 θ。

例如，t[6]＜50 表示元组 t 的第 6 个分量小于 50。t[2]="数据库"表示元组 t 的第 2 个分量等于"数据库"。

2. 公式（Formulas）的递归定义

在定义关系演算操作时，要用到"自由元组变量"和"约束元组变量"的概念。若公式中的一个元组变量前有全称量词∀和存在量词∃符号，则称该变量为约束（Bound）变量，否则称为自由（Free）变量。公式递归定义如下：

（1）每个原子公式是一个公式，其中的元组变量是自由变量。

（2）如果 φ_1 和 φ_2 是公式，则¬ φ_1，$\varphi_1 \wedge \varphi_2$，$\varphi_1 \vee \varphi_2$ 也是公式，分别表示如下：

- 若 φ_1 为真，则¬ φ_1 为假。
- 如果 φ_1 和 φ_2 同时为真，则 $\varphi_1 \wedge \varphi_2$ 才为真，否则为假。
- 如果 φ_1 和 φ_2 中一个或同时为真，则 $\varphi_1 \vee \varphi_2$ 为真，仅当 φ_1 和 φ_2 同时为假时，$\varphi_1 \vee \varphi_2$ 才为假。

（3）若 φ 是公式，则∃t(φ)是公式。∃t(φ)表示若有一个 t 使 φ 为真，则∃t(φ)为真，否则∃t(φ)为假。

（4）若 φ 是公式，则∀t(φ)是公式。∀t(φ)表示对所有 t，都使 φ 为真，则∀t(φ)为真，否则∀t(φ)为假。

【提示】运算符的优先顺序为：算术比较运算符、∃、∀、¬、∧、∨。实现运算时可在公式中加括号，以改变上述优先顺序。

【实例 2-23】设有 R 关系（见表 2-5）和 S 关系（见表 2-6），写出元组演算表达式表示的关系。

表 2-5 关系 R

A	B	C
1	2	3
4	5	6
7	8	9

表 2-6 关系 S

A	B	C
1	2	3
3	4	6
5	6	9

（1）R1={t｜S(t)∧t[1]＞2}

（2）R2={t｜R(t)∧¬ S(t)}

（3）R3={t｜(∃u)(S(t)∧R(u)∧t(3)＜u[2])}

（4）R4={t｜(∀u)(R(t)∧S(u)∧t(3)＜u[1])}

（5）R5={t | (∃u)(∃v)(R(t)∧S(v)∧u(1)＞v[2]∧t[1]=u[2]∧t[2]=v[3]∧t[3] =u[1])}

问题解析：关系 R1，R2，R3 的值分别如表 2-7、表 2-8、表 2-9 所示。

表 2-7 关系 R1		
A	B	C
3	4	6
5	6	9

表 2-8 关系 R2		
A	B	C
4	5	6
7	8	9

表 2-9 关系 R3		
A	B	C
1	2	3
3	4	6

关系 R4，R5 的值分别如表 2-10、表 2-11 所示。

表 2-10 关系 R4		
A	B	C
4	5	6
7	8	9

表 2-11 关系 R5		
R.B	S.C	R.A
5	3	4
8	3	7
8	6	7
8	9	7

3. 关系代数的 5 种基本运算转换为元组演算表达式

关系代数表达式可以用元组演算表达式表示。由于任何一个关系代数表达式都可以用一种基本的关系运算组合表示，因此，只需给出 6 种基本的关系运算用元组演算表达式表示即可。

（1）并：R∪S={t | R(t)∨S(t)}

（2）交：R∩S={t | R(t)∧S(t)}

（3）差：R－S={t | R(t)∧¬ S(t)}

（4）笛卡尔积：假定关系 R 和 S 分别为 n 个属性和 m 个属性，则 R×S 后生成的新关系是 n+m 目关系，有 n+m 个属性。其元组演算表达式为：

$$R×S=\{t^{(n+m)}|(∃u^{(n)})(∃v^{(n)})(R(u)∧S(v)∧t(1)=u[1]∧\cdots∧t[n]$$
$$=u[n]∧t[n+1]=v[1]∧\cdots∧t[n+m]=v[m])\}$$

（5）选择：$δ_F(R)=\{t | R(t)∧F'\}$

F′ 是 F 的等价表示形式。

（6）投影：$\prod_{i1,i2,\cdots,ik}(R)=\{t^{(k)}|(∃u)(R(u)∧t(1)=u[i_1]∧\cdots∧t[k]=u[i_k])\}$

【实例 2-24】 设关系 R 和 S 都是具有两个属性列的关系，把关系代数表达式 $\prod_{1,4}(δ_{2=3}(R×S))$ 转换成元组表达式。

问题解析：转换的过程需从里向外进行。

（1）R×S={t | (∃u)(∃v)(R(u)∧S(v)∧t[1] =u[1]

　　　　∧t[2]=u[2]∧t[3]=v[1]∧t[4]=v[2])}

（2）$δ_{2=3}(R×S)$，只要在上述公式后面加上 "∧t[2]=t[3]"，即

{t | (∃u)(∃v)(R(u)∧S(v)∧t[1]=u[1]∧t[2]=u[2]∧t[3]=v[1]∧t[4]=v[2]∧t[2]=t[3])}

（3）对于 $\prod_{1,4}(δ_{2=3}(R×S))$，可得到下面的元组表达式：

{w | (∃t)(∃u)(∃v)(R(u)∧S(v)∧t[1]=u[1]∧t[2]=u[2]∧t[3]=v[1]∧t[4] =v[2]

　　　　　　　　∧t[2]=t[3]∧w[1]=t[1]∧w[2]=t[4])}

（4）再对上式化简，去掉元组变量 t，可得下式：

$$\{w \mid (\exists u)(\exists v)(R(u) \wedge S(v) \wedge u[2]=v[1] \wedge w[1]=u[1] \wedge w[2]=v[1])\}$$

【实例 2-25】 设有如下四个关系：

教师关系　T(Tno，Tname，Title)

课程关系　C(Cno，Cname，Tno)

学生关系　S(Sno，Sname，Age，Sex)

选课关系　SC(Sno，Cno，Score)

要求用元组关系演算表达式实现下列每个查询语句。

（1）检索学习课程号为 C2 课程的学生学号与成绩，则为：

$$\{t \mid (\exists u)(SC(u) \wedge u[2]='C2' \wedge t[1]=u[1] \wedge t[2]=u[3])\}$$

（2）检索学习课程号为 C2 课程的学生学号与姓名，则为：

$$\{t \mid (\exists u)(\exists v)(S(u) \wedge SC(v) \wedge v[2]='C2' \wedge u[1]=v[1] \wedge t[1]=u[1] \wedge t[2]=u[2])\}$$

（3）检索至少选修赵老师所授课程中一门课程的学生的学号与姓名，则为：

$$\{t \mid (\exists u)(\exists v)(\exists w)(\exists x)(S(u) \wedge SC(v) \wedge C(w) \wedge T(x) \wedge u[1]=v[1] \wedge v[2]=w[1] \wedge w[3]$$
$$=x[1] \wedge x[2]='赵' \wedge t[1]=u[1] \wedge t[2]=u[4])\}$$

（4）检索选修课程号为 C2 或 C4 的学生学号，则为：

$$\{t \mid (\exists u)(SC(u) \wedge u[2]='C2' \vee u[2]='C4') \wedge t[1]=u[1]\}$$

（5）检索至少选修课程号为 C2 和 C4 的学生学号，则为：

$$\{t \mid (\exists u)(\exists v)(SC(u) \wedge SC(v) \wedge u[2]='C2' \wedge u[2]='C4' \wedge u[1]=v[1] \wedge t[1]=u[1])\}$$

（6）检索学习全部课程的学生姓名，则为：

$$\{t \mid (\exists u)(\forall v)(\exists w)(S(u) \wedge C(v) \wedge SC(w) \wedge u[1]=w[1] \wedge v[1]=w[2] \wedge t[1]=u[2])\}$$

【提示】 关于元组关系演算语言和域关系演算语言的概念，将在配套的辅导书中介绍。

2.3.2　域关系演算

域关系演算（Domain Relational Calculus）是以元组变量的分量（域变量）作为谓词变元的基本对象。域演算表达式的定义类似于元组演算表达式的定义，所不同的是公式中的元组变量由域变量替代。域变量是表示域的变量，关系的属性名可以视为域变量。域演算表达的一般形式为：

$$\{t_1, t_2, \cdots, t_k \mid P(t_1, t_2, \cdots, t_k)\}$$

其中，$t_1, t_2, \cdots, t_k$ 是域变量，即元组分量的变量，其变化范围是某个值域；$P(t_1, t_2, \cdots, t_k)$ 是由原子公式和运算符组成的公式。该公式的含义是使 $P(t_1, t_2, \cdots, t_k)$ 为真的那些域变量 $t_1, t_2, \cdots, t_k$ 组成的元组的集合。

1. 原子公式

原子命题函数是公式，简称为原子公式。有以下三种形式：

（1）$R(t_1, \cdots, t_i, \cdots, t_k)$：R 是关系名，$t_i$ 是元组变量 t 的第 i 个分量，$R(t_1, \cdots, t_i, \cdots, t_k)$ 表示以 $t_1, \cdots, t_i, \cdots, t_k$ 为分量的元组在关系 R 中。

（2）$t_i \theta C$ 或 $C\theta t_i$：t_i 表示元组变量 t 的第 i 个分量，C 是常量，θ 为算术比较运算符。

（3）$t_i \theta u_j$：t_i，u_j 是两个域变量，t_i 是元组变量 t 的第 i 个分量，u_j 是元组变量 u 的第 j 个分量，它们之间满足 θ 运算。

例如，$t_1 > u_4$ 表示元组 t 的第 1 个分量大于元组变量 u 的第 4 个分量。

2. 公式定义

若公式中的一个元组变量前有全称量词 ∀ 和存在量词 ∃ 符号，则称该变量为约束变量，否则称为自由变量。公式可递归定义如下：

（1）原子公式是公式。

（2）如果 φ_1 和 φ_2 是公式，则 $\neg\varphi_1$，$\varphi_1\wedge\varphi_2$，$\varphi_1\vee\varphi_2$ 也是公式。分别表示如下：

- 若 φ_1 为真，则 $\neg\varphi_1$ 为假。
- 如果 φ_1 和 φ_2 同时为真，则 $\varphi_1\wedge\varphi_2$ 才为真，否则为假。
- 如果 φ_1 和 φ_2 中一个或同时为真，则 $\varphi_1\vee\varphi_2$ 为真，仅当 φ_1 和 φ_2 同时为假时，$\varphi_1\vee\varphi_2$ 才为假。

（3）若 φ 是公式，则 $\exists t_i(\varphi)$ 是公式。$\exists t_i(\varphi)$ 表示若有一个 t_i 使 φ 为真，则 $\exists t_i(\varphi)$ 为真，否则 $\exists t_i(\varphi)$ 为假。

（4）若 $\varphi(t_1,\cdots,t_i,\cdots,t_k)$ 是公式，则 $t_i(\varphi)$ 是公式。$t_i(\varphi)$ 表示对所有 t_i 使 $\varphi(t_1,\cdots,t_i,\cdots,t_k)$ 为真，则 $\forall t_i(\varphi)$ 为真，否则 $\forall t_i(\varphi)$ 为假。

【实例 2-26】设有 R 关系（见表 2-12）和 S 关系（见表 2-13），写出 R1、R2 域表达式的值。

表 2-12　关系 R

A	B	C
1	2	3
4	5	6
7	8	9

表 2-13　关系 S

A	B	C
1	2	3
3	4	6
5	6	9

（1）R1={x,y,z | R(xyz)∧x<5∧y>3}

（2）R2={x,y,z | R(xyz)∨(S(xyz)∧y=4)}

问题解析：关系 R1，R2 的值分别如表 2-14 和表 2-15 所示。

表 2-14　关系 R1

x	y	z
4	5	6

表 2-15　关系 R2

x	y	z
1	2	3
4	5	6
7	8	9
3	4	6

【实例 2-27】设有关系 Student(Sno，Sname，Sex，Age，Dept，Addr)，写出下列域关系演算表达式。

（1）查询计算机系（CS）的全体学生，则为：

{Sno,Sname,Sex,Age,Dept,Addr | Student(Sno,Sname,Sex,Age,Dept,Addr)∧Dept='CS'}

（2）查询不到 18 岁的女学生，则为：

{Sno,Sname,Sex,Age,Dept,Addr | Student(Sno,Sname,Sex,Age,Dept,Addr)∧Sex='女'∧Age<18}

（3）查询名字叫"赵建国"或"钱学斌"的学生的学号和所在系，则为：

{Sno,Dept | ∃Sno,Sname,Sex,Age,Dept,Addr(Student(Sno,Sname,Sex,Age,Dept,Addr)∧Sname='赵建国'∨Sname='钱学斌')}

【提示】上面介绍了关系代数、元组演算和域演算的概念和实例。虽然它们是三种不同的表示关系的方法，但可以证明，经安全约束后的三种关系运算的表达能力是等价的。

*§2.4 关系代数表达式的查询优化

上面讨论的关系代数和关系演算，其实质都是讨论关系代数表达式中的数据查询问题。数据查询是数据库系统中最基本、最常用和最复杂的数据操作。在数据库系统中，用户的查询是通过相应的查询语句提交给 DBMS 执行的。DBMS 在对一个关系表达式进行查询操作时，需要指出若干关系的操作步骤。那么，系统应该以什么样的顺序操作，才能做到既省时，又省空间，而且查询效率也比较高呢？这就是查询优化要研究的问题。虽然影响 DBMS 性能的因素很多，但一个数据库应用系统的查询性能直接影响到系统的推广和应用。因此，数据库系统性能和查询优化成为数据库应用领域备受关注的热点问题。

2.4.1 问题的提出

对于同一个查询要求，通常可以对应于多个不同形式但相互等价的关系代数表达式。相同的查询要求和结果存在着不同的实现策略，系统在执行这些查询策略时所付出的开销通常有很大的差别。在关系代数运算中，笛卡尔积和连接运算是最费时间的。若关系 R 有 m 个元组，关系 S 有 n 个元组，那么 R×S 就有 m×n 个元组。显然，当关系很大时，R 和 S 本身就要占较大的外存空间，由于内存的容量是有限的，只能把 R 和 S 的一部分元组读进内存，如何有效地执行笛卡尔积操作，花费较小的时间和空间，就有一个查询优化的策略问题。

【实例 2-28】设关系 R 和 S 都是二元关系，属性名分别为 A、B 和 C、D。设有一个查询可用关系代数表达式表示：

$$E_1 = \Pi_A(\delta_{B=C \wedge D='C2'}(S \times SC))$$

也可以把选择条件 D='C2'移到笛卡尔积中的关系 S 前面：

$$E_2 = \Pi_A(\delta_{B=C}(R \times \delta_{D='C2'}(S)))$$

还可以把选择条件 B=C 与笛卡尔积结合成等值连接形式：

$$E_3 = \Pi_A(R \underset{B=C}{\infty} \delta_{D='C2'}(S))$$

这 3 个关系代数表达式是等价的，但执行的效率却不大一样。显然，求 E_1、E_2、E_3 的大部分时间是花在连接操作上的。

对于 E_1，先做笛卡尔积，把 R 的每个元组与 S 的每个元组连接起来。在外存储器中，每个关系以文件形式存储。设关系 R 和 S 的元组个数都是 10000，外存的每个物理存储块可存放 5 个元组，那么关系 R 有 2000 块，S 也有 2000 块。而内存只给这个操作 100 块的内存空间。此时，执行笛卡尔积操作较好的方法是先让 R 的第一组 99 块数据装入内存，然后关系 S 逐块转入内存去做元组的连接；再把关系 R 的第二组 99 块数据装入内存，然后关系 S 逐块转入内存去做元组的连接，……直到 R 的所有数据都完成连接。

这样关系 R 每块只进内存一次，装入块数是 2000；而关系 S 的每块需要进内存（2000/99）次；装入内存的块数是（2000/99）×2000，因而执行 R×S 的总装入块数是：2000+（2000/99）×2000 ≈42400（块），若每秒装入内存 20 块，则需要约 35min，这里还没有考虑连接后产生的元组写入外存的时间。

对于 E_2 和 E_3，由于先做选择，所以速度快。设 S 中 D='99'的元组只有几个，因此关系的每块只需进内存一次。则关系 R 和 S 的总装入块数为 4000，约 3min，相当于求 E_1 花费时间的 1/10。

如果对关系 R 和 S 在属性 B、C、D 上建立索引，那么花费时间还要少得多。这种差别的原因是计算 E_1 时 S 的每个元组进内存多次，而计算 E_2 和 E_3 时，S 的每个元组只进内存一次。在计算 E_3 时又把笛卡尔积和选择操作合并成等值连接操作。

由此例可以看出，如何安排选择、投影和连接的顺序是个很重要的问题。

2.4.2　关系代数表达式的等价变换规则

关系代数表达式的优化是按照一定的规则，改变代数表达式中操作的次序和组合，使查询执行更高效。代数优化策略就是通过对关系代数表达式的等价变换来提高查询效率的。

所谓关系代数表达式等价，是指用相同的关系代替两个表达式中相应的关系所得到的结果是相同的。例如，两个关系代数表达式 E_1 和 E_2 是等价的，可记为 $E_1 \equiv E_2$。而所谓"结果相同"，是指两个相应的关系表具有相同的属性集合和相同的元组集合，但元组中属性顺序可以不一致。查询优化的关键是选择合理的等价表达方式，因此需要一套完整的表达式等价变换规则。下面介绍关系代数中常用的等价变换规则。

1. 连接、笛卡尔积的结合律

设 E_1、E_2、E_3 是关系代数表达式，F_1 和 F_2 是连接运算的条件，F_1 只涉及 E_1 和 E_2 的属性，F_2 只涉及 E_2 和 E_3 的属性，则有

（1）笛卡尔积结合律：$(E_1 \times E_2) \times E_3 \equiv E_1 \times (E_2 \times E_3)$

（2）条件连接结合律：$(E_1 \underset{F_1}{\infty} E_2) \underset{F_2}{\infty} E_3 \equiv E_1 \underset{F_1}{\infty} (E_2 \underset{F_2}{\infty} E_3)$

（3）自然连接结合律：$(E_1 \infty E_2) \infty E_3 \equiv E_1 \infty (E_2 \infty E_3)$

2. 连接、笛卡尔积交换律

设 E_1 和 E_2 是关系代数表达式，F 是连接运算的条件，则有

（1）笛卡尔积交换律：$E_1 \times E_2 \equiv E_2 \times E_1$

（2）条件连接交换律：$E_1 \underset{F}{\infty} E_2 \equiv E_2 \underset{F}{\infty} E_1$

（3）自然连接交换律：$E_1 \infty E_2 \equiv E_2 \infty E_1$

3. 投影的串接定律

$$\Pi_{A_1,A_2,\cdots,A_n}(\Pi_{B_1,B_2,\cdots,B_m}(E)) \equiv \Pi_{A_1,A_2,\cdots,A_n}(E)$$

其中，E 是关系代数表达式，A_i（i=1,2,$\cdots$,n），B_j（j=1,2,$\cdots$,m）是属性名且 $\{A_1,A_2,\cdots,A_n\}$ 构成 $\{B_1,B_2,\cdots,B_m\}$ 的子集。

4. 选择的串接定律

$$\delta_{F_1}(\delta_{F_2}(E)) \equiv \delta_{F_1 \wedge F_2}(E)$$

其中，E 是关系代数表达式，F_1、F_2 是选择条件。选择的串接律说明选择条件可以合并，这样一次就可检查全部条件。

5. 选择与投影操作的交换律

$$\delta_F \Pi_{A_1,A_2,\cdots,A_n}(E) \equiv \Pi_{A_1,A_2,\cdots,A_n}(\delta_F(E))$$

其中，选择条件 F 只涉及属性 $A_1,A_2,\cdots,A_n$。若 F 中有 $A_1,A_2,\cdots,A_n$ 的属性 $B_1,B_2,\cdots,B_m$，则有更一般的规则：

$$\Pi_{A_1,A_2,\cdots,A_n}(\delta_F(E)) \equiv \Pi_{A_1,A_2,\cdots,A_n}(\delta_F(\Pi_{A_1,A_2,\cdots,A_n,B_1,B_2,\cdots,B_m}(E)))$$

6. 选择与笛卡尔积的交换律

如果 F 中涉及的属性都是 E_1 中的属性，则

$$\delta_F(E_1 \times E_2) \equiv \delta_F(E1) \times E_2$$

如果 $F=F_1 \wedge F_2$，并且 F_1 只涉及 E_1 中的属性，F_2 只涉及 E_1 和 E_2 中的属性，则由上面的等价变换规则 1、4、6 可推出：

$$\delta_F(E_1 \times E_2) \equiv \delta_{F1}(E_1) \times (E_2)$$

若 F_1 只涉及 E_1 中的属性，F_2 只涉及 E_1 和 E_2 两者的属性，则仍有

$$\delta_F(E_1 \times E_2) \equiv \delta_{F2}(\delta_{F1}(E_1) \times (E_2))$$

它使部分选择在笛卡尔积前先做。

7. 选择与并的分配律

设 $E=E_1 \cup E_2$，E_1、E_2 有相同的属性名，则

$$\delta_F(E_1 \cup E_2) \equiv \delta_F(E_1) \cup \delta_F(E_2)$$

8. 选择与差运算的分配律

若 E_1 和 E_2 有相同的属性名，则

$$\delta_F(E_1 - E_2) \equiv \delta_F(E_1) - \delta_F(E_2)$$

9. 选择对自然连接的分配律

$$\delta_F(E_1 \infty E_2) \equiv \delta_F(E_1) \infty \delta_F(E_2)$$

F 只涉及 E_1 和 E_2 的公共属性。

10. 投影与笛卡尔积的分配律

设 E_1 和 E_2 是两个关系表达式，$A_1,A_2,\cdots,A_n$ 是 E_1 的属性，$B_1,B_2,\cdots,B_m$ 是 E_2 的属性，则

$$\Pi_{A_1,A_2,\cdots,A_n,B_1,B_2,\cdots,B_m}(E_1 \times E_2) \equiv \Pi_{A_1,A_2,\cdots,A_n}(E_1) \times \Pi_{B_1,B_2,\cdots,B_m}(E_2)$$

11. 投影与并的分配律

设 E_1 和 E_2 有相同的属性名，则

$$\Pi_{A_1,A_2,\cdots,A_n}(E_1 \cup E_2) \equiv \Pi_{A_1,A_2,\cdots,A_n}(E_1) \cup \Pi_{A_1,A_2,\cdots,A_n}(E_2)$$

12. 选择与连接操作的结合律

根据 F 连接的定义可得

$$\delta_F(E_1 \times E_2) \equiv E_1 \underset{F}{\infty} E_2$$

13. 并和交的交换率

$$E_1 \cup E_2 \equiv E_2 \cup E_1$$

$$E_1 \cap E_2 \equiv E_2 \cap E_1$$

14. 并和交的结合率

$$(E_1 \cup E_2) \cup E_3 \equiv E_1 \cap (E_2 \cup E_3)$$

$$(E_1 \cup E_2) \cap E_3 \equiv E_1 \cap (E_2 \cap E_3)$$

上面列出了常用的 14 条等价交换规则，其它变换规则可以查阅相关文献。

2.4.3　查询优化的一般策略

查询优化的总目标是选择有效的策略，求得给定的关系表达式的值。这个有效的策略就是逻辑层优化的一般策略和物理层优化的一般策略。

1. 逻辑层优化的一般策略

逻辑层优化一般不涉及具体的数据库物理结构，也不考虑系统提供的空间容量等其它物理因素，其主要目标是对用户提出的查询需求，选择一个较优的实现查询的逻辑方案。

关于查询的逻辑层优化包括两大内容：一是查询表达式的优化，二是操作步骤的划分。在这两方面的一些主要策略有：

（1）选择运算应尽可能先做，这在优化策略中是最重要、最基本的一条。因为选择运算一般能使计算的中间结果大大变小，并且使执行时间降低几个数量级，所以应该优先采用这一策略。

（2）如果在查询表达式中，某一子表达式的形式为一个笛卡尔积运算后紧接着执行某些选择运算，则将这两个运算合并为一个连接运算，可以使运行时间大为减少。

（3）表达式中的投影运算一般应尽可能早地执行。与选择运算一样，投影运算提前也可以减少中间运算结果的规模，因而也能提高查询效率。但应当注意的是，这种提前一般是需要谨慎处理的，因为可能有某些属性虽然在最后结果中不需要保留，但在执行指定的关系运算中却不可缺少。在这种情况下，为了尽可能早地执行投影运算，不得不把原投影运算分成两次或多次进行。

（4）如果在一个表达式中有某个子表达式重复出现，则应先将该子表达式算出的结果保存起来，以免重复计算。这种情况在利用视图进行查询时经常出现。

（5）如有若干投影和选择运算，并且它们都对同一个关系进行操作，则可以在扫描此关系的同时完成所有这些运算，以避免重复扫描关系。

（6）把投影运算同其前或其后的二元运算结合起来，没有必要为了去掉某些字段而扫描一遍关系。

【实例 2-29】设有关系代数表达式$\prod_A(\delta_{B=C\wedge D=15}(AB\times CD))$，根据策略（1），我们可以将原式修改为：

$$\prod_A(\delta_{B=C}(AB\times \delta_{D=15}(CD)))\tag{2-1}$$

根据策略（2），我们又可进一步将前式优化为：

$$\prod_A(AB\underset{B=C}{\infty}\times \delta_{D=15}(CD))\tag{2-2}$$

但在运用策略（3）时，则不能简单地将投影运算提前。因为如果将关系 AB 中的 B 属性删去，则连接运算将无法进行，从而无法保证结果的等价性。正确的处理应将式（2-1）优化为式（2-2），最后按策略（5）和策略（6）进行运算。这一表达式求解过程应分为两个操作步骤：

第一步：计算$\prod_C(\delta_{D=15}(CD))$，并将中间结果送入外存；

第二步：将中间结果与关系 AB 做连接计算，并将结果投影后输出。

2. 物理层优化的一般策略

物理层优化是在逻辑方案确定以后，如何实现逻辑方案，即如何实现每一个操作步骤的方式与存取路径的选择问题。这一层次的优化问题与数据库的物理组织密切相关。查询处理的物理层优化，主要包括各种关系代数操作的具体实现算法和索引选择等方面的考虑。

（1）关系代数操作的实现算法的研究，目前主要集中在笛卡尔积和连接运算上，因为这两种运算在多关系查询的场合是必不可少的，而且比较费时。在目前的 DBMS 中，实现联接操作和笛卡尔积的基本算法有块嵌套算法和排序合并算法两种，运用这些算法能使运行效率得到进一步的改善。

（2）在算法实现过程中，为进一步改善查询效率，一般要考虑索引、数据的存储分布等存取路径，这就要求用优化器去查找数据字典，获得当前数据库状态的信息。在执行连接前对关系进行适当的预处理，主要是先在连接的属性上建立索引和对关系进行排序，然后执行连接。由于在索引方式下算法的开销直接与关系的元组数、关系中索引属性值的分布有关，因此是否应该利用索引，常常需要结合具体的查询，对各种算法的开销进行比较后才能确定。这使得开销的估算成为许多RDBMS 优化处理程序中的一个重要组成部分。

2.4.4　查询优化的具体实现

对于一个关系代数表达式，通过等价变换规则可以获得多个等价的表达式。表达式优化实际上就是优化操作顺序，因为不同的操作顺序会有不同的执行效率，所以确立关系代数表达式的选取规则，即从多个等价的表达式中选取查询效率高的表达式，是实现表达式优化的基本策略。

1. 优化原则

关系代数表达式优化的基本原则是减少查询处理的中间结果的大小，以此提高查询效率，缩短执行时间。尽管不同的关系数据库管理系统在解决查询优化时所采用的优化算法不尽相同，但一般都遵循下列启发式规则。

（1）将选择操作尽可能提前执行：对于有选择运算的表达式尽可能提前执行选择操作，既可减少读取外存的次数，又可缩短查询执行的时间，以最大程度减少中间结果的大小。

（2）将一连串的投影和选择操作合并进行：对于有若干投影和选择运算，并且它们都对同一个关系操作，则可在扫描此关系的同时完成所有的运算，以避免重复扫描关系。

（3）将投影同其前或其后的双目运算结合起来：不必为去掉某些字段而扫描一遍关系。

（4）将某些选择同要执行的笛卡尔积结合起来成为一个连接运算：两个关系的笛卡尔积的结果会得到一个很大的关系，加入选择转换为连接操作，以节省时间和空间上的开销。

（5）存储公共子表达式：如存在公共子表达式，则先计算一次公共子表达式并把结果写入中间文件，以避免重复计算。

2. 优化算法

查询优化是从查询的多个执行策略中进行合理选择的过程，查询优化是建立在对关系代数表达式的优化基础上的，而关系代数表达式的优化是由 DBMS 的 DML 编译器完成的。因此，查询优化的基本前提就是需要将关系代数表达式转换为某种内部表示。对一个关系代数表达式进行词法分析和语法分析后将其转换为某种内部表示，通常采用的内部表示是语法树。其实现的过程是先对一个关系代数表达式进行语法分析，将分析结果用树的形式表达出来。语法树具有如下特征：

- 树中的叶结点表示关系；
- 树中的非叶结点表示操作。

有了语法树之后，再使用关系表达式的等价变换公式对语法树进行优化变换，将原始语法树变换为标准语法树（优化语法树）。按照语法树的特征和查询优化的规则，语法树变换的基本思想是尽量使选择运算和投影运算靠近语法树的叶端。也就是说，使选择运算和投影运算得以先执行，从而减少开销。

利用等价变换规则和优化策略对关系代数表达式进行优化的步骤如下：

（1）将关系代数表达式转化为关系代数语法树。

（2）将关系代数语法树转换成优化树。

（3）将优化树转换成优化后的关系代数表达式。

（4）执行查询前对关系代数表达式中的连接关系进行适当的预处理。

【实例 2-30】设教学管理数据库中有学生关系模式、学生学习关系模式和课程关系模式：

S(Sno，Sname，Age，Sex)

SC(Sno，Cno，Grade)

C(Cno，Cname，Credit)

现有一个查询语句：检索选修了"数据库技术及应用"课程且成绩大于 90 分的所有学生的学

号和姓名。该查询语句的关系代数表达式可以表示如下：

$$\prod_{Sno,Sname}(\delta_{Cname='数据库技术及应用' \wedge Grade>90}$$
$$(\delta_{S.Sno=SC.Sno \wedge SC.Cno=C.Cno}(S \times SC \times C)))$$

下面按查询优化的步骤进行优化。

（1）将关系代数表达式转化为关系代数语法树，如图 2-24 所示。

（2）将关系代数语法树转换成优化树，如图 2-25 所示。

（3）将优化树转换成优化后的关系代数表达式为：

$$\prod_{Sno,Sname}(S \infty (\delta_{Grade>90}(SC) \infty \delta_{Cname='数据库技术及应用'}(C)))$$

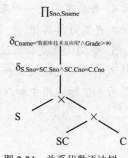

图 2-24 关系代数语法树

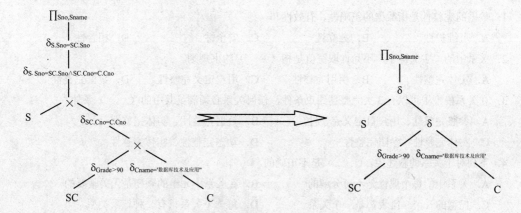

图 2-25 关系代数语法树

（4）执行查询前对关系代数表达式中的连接关系进行适当的预处理。

若 SC 和 C 关系中记录较多，则先对$\delta_{Grade>90}(SC)$和$\delta_{Cname='数据库技术及应用'}(C)$关系按 Cno 进行索引或排序将有助于减少两者连接的时间。同样，若 S 和$(\delta_{Grade>90}(SC) \infty \delta_{Cname='数据库技术及应用'}(C))$关系中记录较多，则先对这两个关系按 Sno 进行索引或排序也会有助于减少两者连接的时间。

【提示】查询优化的优点不仅在于用户不必考虑如何最好地表达查询以获得较好的效率，而且在于系统可以比用户程序的"优化"做得更好。因为优化器可以从数据字典中得到许多有用的信息，如当前的数据情况，而用户程序则得不到。优化器可以对各种策略进行比较，用户程序也做不到。

本章小结

1. 关系数据库系统是目前使用最广泛的数据库系统，因而也是本书的重点。在数据库发展的历史上，最重要的成果就是关系模型。关系理论的确立标志着关系数据库系统的基础研究已经接近顶峰，关系数据库系统已经占据了数据库系统的市场。

2. 关系运算理论是关系数据库查询语言的理论基础，只有掌握了关系运算理论，才能深刻理解查询语言的本质和熟练使用查询语言。将关系定义为元组的集合，但关系又有其特殊的性质。关系模型必须遵循实体完整性、引用完整性和用户定义完整性的规则。

3. 关系代数的五个基本操作以及四个组合操作是本章的重点，要求能进行两方面的运用：一是计算关系代数表达式的值；二是根据查询语句写出关系代数表达式的表示形式。

4. 关系演算是一种基于谓词演算的与关系代数等价的关系运算，要求了解关系演算表达式的语义，并能计算其值。

5. 查询优化是指系统对关系代数表达式要进行优化组合，这部分内容要求学生理解关系代数表达式的若干变换规则和优化的一般策略，并掌握关系代数表达式查询优化的步骤，同时希望读者在学习和实际运用中加以练习和体会。

习题二

一、选择题

1. 数据的完整性是指数据的正确性、有效性和（　　）
   A. 可维护性　　　　　B. 独立性　　　　　C. 安全性　　　　　D. 相容性

2. 关系中的"主关键字"不允许取空值是指（　　）约束规则。
   A. 实体完整性　　　B. 引用完整性　　　C. 用户定义完整性　　D. 数据完整性

3. 在关系模型中可以有 3 类完整性约束条件，任何关系必须满足其中的（　　）条件。
   A. 参照完整性、用户自定义完整性　　　B. 数据完整性、实体完整性
   C. 实体完整性、参照完整性　　　　　　D. 动态完整性、实体完整性

4. 下列对于关系的叙述中，（　　）是不正确的。
   A. 关系中的每个属性是不可分解的　　　B. 在关系中元组的顺序是无关紧要的
   C. 任意的一个二维表都是一个关系　　　D. 每一个关系只有一种记录类型

5. 设关系 R 和 S 的元素分别是 3 和 4，关系 T 是 R 与 S 的笛卡尔积，即 T=R×S，则关系 T 的元素是（　　）。
   A. 7　　　　　　　B. 9　　　　　　　C. 12　　　　　　D. 16

6. 数据库的完整性是指数据库的正确性和相容性。下列叙述不是 DBMS 的完整性控制机制的是（　　）。
   A. 提供定义完整性约束
   B. 检查用户发出的操作请求是否违背了完整性约束条件
   C. 系统提供一定的方式让用户标识自己的名字或身份，用户进入系统时，由系统核对用户提供的身份标识
   D. 如果发现用户的操作请求使数据违背了完整性约束条件，则采取一定的动作来保证数据的完整性

7. 对关系模型叙述错误的是（　　）。
   A. 建立在严格的数学理论、集合论和谓词演算公式基础之上
   B. 微机 DBMS 绝大部分采取关系数据模型
   C. 用二维表表示关系模型是其一大特点
   D. 不具有连接操作的 DBMS 也可以是关系数据库管理系统

8. 有两个关系 R 和 S，分别包含 15 个和 10 个元组，则在 R∪S，R-S，R∩S 中，不可能出现的元组数目情况是（　　）。
   A. 15，5，10　　　B. 18，7，7　　　C. 21，11，4　　　D. 25，15，0

9. 在下面两个关系中，职工号和部门号分别为职工关系和部门关系的主关键字。
   职工（职工号，职工名，部门号，职务，工资）；
   部门（部门号，部门名，部门人数，工资总额）。

在这两个关系的属性中，只有一个属性是外关键字。它是（　　　）。

A."职工"关系中的"职工号"　　　　　B."职工"关系中的"部门号"

C."部门"关系中的"部门号"　　　　　D."部门"关系中的"部门名"

10. 下列关系运算中，（　　　）不要求关系 R 与关系 S 具有相同的属性个数。

A. R×S　　　　　　B. R∪S　　　　　　C. R∩S　　　　　　D. R−S

二、填空题

1. 在关系模型中，实体和实体之间的联系是由单一的结构类型——关系表来表示的，关系模型的物理表示为_____。

2. 数据库完整性的实现应该包括两个方面：一是系统要提供定义完整性约束条件的功能；二是提供_____的方法。

3. 关系的数据操纵语言按照表达式查询方式可以分为两大类：关系代数和_____。

4. 在关系模型中，若属性 A 是关系 R 的主关键字，则在 R 的任何元组中，属性 A 的取值都不允许为空，这种约束称为_____。

5. 关系是一种规范化了的二维表格，其行称为_____，其列表示_____。

6. 两个关系没有公共属性时，其自然连接操作表现为_____操作。

7. 在域关系演算中，域变量的变化范围是_____。

8. 根据关系模型的完整性规则，一个关系中的主键不能有_____个。

9. 设关系 R 有 K_1 个元组，关系 S 有 K_2 个元组，则关系 R 和 S 的自然连接后的结果关系的元组数目是_____个。

10. 设关系 R 有 K_1 个元组，关系 S 有 K_2 个元组。则关系 R 和 S 的笛卡尔积有_____个元组。

三、问答题

1. 关系模型由哪几部分组成？

2. 笛卡尔积、等值连接、自然连接三者之间有什么区别？

3. 为什么关系中的元组没有先后顺序？

4. 关系代数运算与关系演算运算有什么区别？

5. 关系查询语言根据其理论基础的不同分为哪两类？

6. 关系演算有哪两种？

7. 为什么对关系代数表达式进行优化？

8. 简述查询优化的优化策略。

9. 关系数据语言有哪些类型和特点？

10. 在参照完整性中，为什么外键属性的值也可以为空？什么情况下才可以为空？

四、应用题

1. 设有教学管理数据库的三个关系模式：S(Sno，Sname，Age，Sex)、SC(Sno，Cno，Grade)、C(Cno，Cname，Teacher)，用关系代数表达式表示下列查询语句：

（1）查询"张三"老师所授课程的课程号、课程名。

（2）查询年龄大于 22 岁的男学生的学号与姓名。

（3）查询学号为"20121101"的学生所学课程的课程名与任课教师名。

（4）查询至少选修"李四"老师所授课程中一门课的女学生的姓名。

（5）查询"钱"同学不学的课程的课程号。

（6）查询全部学生都选修的课程的课程号与课程名。

（7）查询选修课程包含"张三"老师所授全部课程的学生的学号。

2. 在教学管理数据库中，查询女同学选修课程的课程名和任课教师名，并且要求：

（1）写出该查询的关系代数表达式。

（2）画出该查询初始的关系代数表达式的语法树。

（3）使用优化算法，对语法树进行优化，并画出优化后的语法树。

（4）写出查询优化的关系代数表达式。

3. 设教学管理数据库中有两个关系模式：Student(Sno，Sname，Age，Sex)；SC(Sno，Cno，Grade)。查询选修了课程 Cno='C110'的学生姓名，要求给出查询优化语法树。

第3章 结构化查询语言——SQL

【问题引出】结构化查询语言（Structured Query Language，SQL）是一种介于关系代数和关系演算之间的结构化非过程查询语言，是专为数据库而建立的通用数据库语言。由于 SQL 功能强大、简单易学，已成为关系数据库的标准语言，广泛应用于关系数据库管理系统之中，目前几乎所有的关系数据库管理系统都支持 SQL。那么，SQL 具有哪些功能特点？它在关系数据库管理系统中有哪些功能作用？有哪些语句类型？怎样实现各种操作的？等等，这就是本章所要讨论的问题。

【教学重点】本章主要讨论 SQL 的形成与发展过程，SQL 的功能特点，SQL 中的数据定义、数据查询、数据操纵、数据控制和嵌入式 SQL。

【教学目标】了解 SQL 在关系数据库中的作用地位、发展过程和功能特点；掌握 SQL 的数据定义、数据查询、数据操纵、数据控制等功能；熟悉嵌入式 SQL 的应用及使用方法等。

§3.1 SQL 概述

在第 2 章介绍了关系模型和关系演算，它们都是基于集合理论的，集合及其相关理论构成了整个关系数据库领域中最重要的理论基础，这样就使得关系数据查询优化有了理论探讨上的可行性。人们正是以关系数据理论为基础，建立起由系统通过机器自动完成查询优化工作的有效机制，这种机制最为引人注目的结果就是关系数据库查询语言可以设计成"非过程语言"。用户只需要表述"做什么"，而不需要关心"如何做"，使得在关系数据库中用户只需要向系统表述查询的条件和要求，查询处理和查询优化过程的具体实施完全由系统自动完成。人们把这种具有"非过程（Non Procedural）"特征的语言称为关系数据查询语言，其典型代表是结构化查询语言（Structured Query Language，SQL）。

SQL 不同于其它过程式的高级语言，虽然它本身也具有简单逻辑功能，并可以利用 SQL 进行编程，但更为重要的是数据查询是介于关系代数与关系演算之间的一种标准查询语言。正是 SQL 的出现，关系数据库才真正开始了其蓬勃发展的辉煌历程。

3.1.1 SQL 的发展过程

SQL 是 1974 年由美国 IBM 圣约瑟研究实验室的 R. F. Boyce 和 D. D. Chamberlin 首先提出来的。1975～1979 年 IBM 公司圣约瑟研究实验室研制了著名的关系数据库管理系统原型 System R，并研制出一套结构化英语查询语言（Structured English Query Language，SEQUEL），1980 年改名为（Structured Query Language，SQL）。由于它功能丰富、语言简洁，使用方法灵活，备受用户和计算机业界的青睐，因而被众多计算机公司和软件公司所采用。经过不断修改及完善，最终成为关系数据库的国际标准化语言。SQL 的发展经历了如下阶段：

1981 年 IBM 推出关系数据库系统 SQL/DS 后，SQL 得到了广泛应用，美国国家标准协会（American National Standard Institute，ANSI）着手开始进行 SQL 标准化工作。

1986 年 10 月，ANSI 作出决定，将 SQL 作为关系数据库语言的美国标准，公布了第一个 SQL 标准——SQL86。

1987 年国际标准化组织（International Organization for Standardization，ISO）也通过了这一标

准，将 SQL 作为关系数据库语言的国际标准。

1989 年，ISO 制订了 SQL89 标准，在 SQL86 基础上增补了完整性描述。

1990 年，我国制订了等同 SQL89 的国家标准。

1992 年，ISO/IEC 对 SQL89 进行了修改补充，称为国际标准化数据库语言（International Standard Database Language，ISDL）SQL92，即 SQL2，实现了对远程数据库的访问支持。

1999 年，ANSI/IEC 在 SQL2 基础上扩充了面向对象功能，制订并发布了 SQL99 标准（SQL3），支持自定义数据类型，提供递归、临时视图、更新一般的授权、嵌套的检索结构、异步 DML 等操作。

2003 年 ISO/IEC 发布了 SQL3，即 SQL2003 标准。该标准包括 3 个核心部分、6 个可选部分和 7 个可选程序包。

随着数据库管理系统应用的深化，相继在 2006 年发布了 SQL2006 标准，2008 年发布了 SQL2008 标准。从 SQL99 到 SQL2008，SQL 标准修订的周期越来越短，反映了 SQL 技术的需求变化非常快。

SQL 成为国际标准语言以后，随着数据库技术的不断发展。各个数据库厂商纷纷推出了自己的数据库系统软件或与 SQL 相关的接口软件。这使大多数数据库将 SQL 作为共同的数据存取语言和标准接口，使不同数据库系统之间的相互操作有了共同的基础。SQL 已经成为数据库领域中的主流核心语言。

SQL 从诞生到现在已经有 30 多年的历史，经历了从厂家标准到国家和国际标准的升迁，而且还在不断的完善。SQL 不仅可以在数据库管理系统（DBMS）中应用，也可以在数据库应用系统的开发平台中使用，还可以在数据库连接中使用，但最重要的功能是用于数据查询。目前所有主要的关系数据库管理系统都支持某种形式的 SQL，大部分都遵守 SQL3 标准。

3.1.2　SQL 的功能特点

SQL 由于其功能强大、简洁易学，从而被程序员、数据库管理员和终端用户广泛使用，其主要特点如下。

1．SQL 是非过程性的语言

使用形如 Fortran、C 语言一类过程性（Procedural）语言，当用户要完成某项数据请求时，需要用户了解数据的存储结构、存储方式等相关情况，需要详细说明如何做。而当使用 SQL 这种非过程性（Non Procedural）语言进行数据操作时，只要提出"做什么"，而不必指明"如何做"，对于存取路径的选择和语句的操作过程均由系统自动完成。在关系数据库管理系统（RDBMS）中，所有 SQL 语句均使用查询优化器，由它来决定对指定数据使用何种存取手段以保证最快的速度，这既减轻了用户的负担，又提高了数据的独立性与安全性。

2．SQL 是一体化的语言

SQL 集数据定义语言（DDL）、数据查询语言（DQL）、数据操纵语言（DML）、数据控制语言（DCL）及附加语言元素于一体，具有数据定义、数据查询、数据操纵和数据控制等功能，可以完成数据库活动中的全部工作。SQL 风格统一，能够完成包括关系模式定义，数据库对象的创建、修改和删除，数据记录的插入、修改和删除，数据查询，数据库完整性、一致性保持与安全性控制等一系列操作要求。SQL 的功能一体化特点使得系统管理员、数据库管理员、应用程序员、决策支持系统管理员以及其它各种类型的终端用户只需要学习一种语言形式即可完成多种平台的数据请求。

3. SQL 是易学易用的语言

虽然 SQL 功能很强大，但语法却非常简单，它只包含了为数不多的 9 个命令动词，而且语法接近英语口语，符合人类的思维习惯，因此容易学习和掌握。命令动词如表 3-1 所示。

表 3-1　SQL 命令动词

SQL 功能	命令动词	SQL 功能	命令动词
数据查询	SELECT	数据操纵	INSERT、UPDATE、DELETE
数据定义	CREATE、DROP、ALTER	数据控制	GRANT、REVOKE

4. SQL 是移植性好的语言

SQL 既可以作为一种自含式语言，由用户在终端键盘上直接输入 SQL 命令来对数据库进行操作，又可以作为一种嵌入式语言，被程序设计人员在开发应用程序时直接嵌入到某种高级语言（C/C++、Java）中。不论在何种使用方式下，SQL 语法结构都是基本一致的，具有较好的灵活性与方便性。

5. SQL 是面向集合操作的语言

非关系数据模型采用的是面向记录的操作方式，任何一个操作对象都是一条记录。例如查询平均成绩 90 分以上的学生姓名，用户必须使用相关语句一条一条地查找满足条件的学生记录。而 SQL 采用集合操作方式，可对记录的集合（记录集）进行操作。不仅操纵对象、查询结果可以是元组的集合，而且一次插入、删除、更新操作的对象也可以是元组的集合。

6. SQL 是支持关系数据库三级模式的语言

SQL 支持关系数据库的三级模式结构。其中，视图对应于外模式，基本表对应于概念模式，存储文件对应于内模式，如图 3-1 所示。

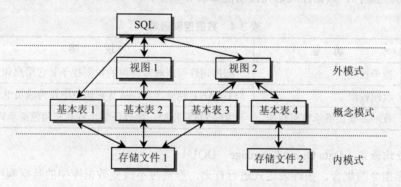

图 3-1　SQL 对关系数据模式的支持

在 SQL 中，一个或多个基本表对应一个存储文件，并且一个表可以带若干个索引，索引也存放在存储文件中。存储文件的逻辑结构组成关系数据库的内模式，物理结构是任意的。

3.1.3　SQL 的语句类型与格式

SQL 是一个通用的、功能极强的关系数据库语言。按 SQL 的功能及命令方式，可分为以下 4 种语句类型。所有语句的命令格式类似于 DOS 命令规则。

1. 数据定义语言（Data Define Language，DDL）

SQL 的数据定义功能是通过 DDL 来实现的，用来定义关系数据库的概念模式、外模式和内模式，以实现对数据库、基本表、视图以及索引文件的定义、修改和删除等操作。数据定义语句及其功能如表 3-2 所示。

表 3-2　数据定义语句

语　句	功　能	说　明
CREATE	创建数据库或数据库对象	不同数据库对象，其 CREATE 语句的语法形式不同
ALTER	对数据库或数据库对象进行修改	不同数据库对象，其 ALTER 语句的语法形式不同
DROP	删除数据库或数据库对象	不同数据库对象，其 DROP 语句的语法形式不同

2．数据操纵语言（Data Manipulate Language，DML）

用户通过 DML，可以实现对数据库的基本操作，对已存在的数据库进行记录的插入、修改、删除等操作。数据操纵语句及其功能如表 3-3 所示。

表 3-3　数据操纵语句

语　句	功　能	说　明
INSERT	将数据插入到表或视图中	将一行数据或一个子查询的结果插入表或视图中
UPDATE	修改表或视图中的数据	既可修改表或视图的一行数据，也可修改一组或全部数据
DELETE	从表或视图中删除数据	可根据条件删除指定的数据

3．数据控制语言（Data Control Language，DCL）

数据库的控制是指数据的安全性和完整性控制，DCL 通过对数据库用户的授权和回收命令来实现数据的存取控制，以保证数据库的安全性，并且提供了数据完整性约束条件的定义和检查机制来保障数据库的完整性。数据控制语句及功能如表 3-4 所示。

表 3-4　数据控制语句

语　句	功　能	说　明
GRANT	授予权限	可把语句许可或对象许可的权限授予其它用户和角色
REVOKE	收回权限	与 GRANT 相反，允许从其它角色中作为成员继承许可权限
DENY	收回并禁止继承许可权限	与 REVOKE 相似，此外还禁止从其它角色继承许可权限

4．数据查询语言（Data Query Language，DQL）

DQL 按照指令的集合、条件表达式进行查询，查询时不改变数据库中的数据顺序。数据查询语句及其功能如表 3-5 所示。

表 3-5　数据查询语句

语　句	功　能	说　明
SELECT	从表或视图中检索数据	是使用最频繁的 SQL 语句之一

5．操作命令格式规约

SQL 通过上述 4 种类型语句对数据库中的数据进行操作，其操作命令格式类似于 DOS 命令格式。为了方便起见，下面对 SQL 操作命令格式规则（命令格式规约）进行简要说明。

<>标识必选项：括号中的内容多为表示数据类型的类型标识符、用户定义的变量名、函数名、

数组名、表达式等。如果该括号被包含在[ ]内，则表示<>及其内容均可以省略。

[ ] 标识可选项：该项参数可以缺省。例如在某些定义中，数据类型可以省略。

( ) 描述变量参数、条件等：可能是一项也可能是多项。如果有多项，则用逗号间隔。

… 标识省略后面的内容：省略的是与前面所给定参数、格式相同的重复部分。

/ 标识列举多个可选项：既可选用"/"前面的项，也可选用"/"后面的项。

以上列举的规约，不仅适合 SQL，而且大都适合其它语言，例如 C/C++、Fortran 语言等。事实上，这些约定源于磁盘操作系统（Disk Operating System，DOS），因而是通用规则。

§3.2　SQL 的数据定义

SQL 的数据定义的对象包括数据库、基本表、视图、索引，数据库的操作对象包括创建（CREATE）、修改（ALTER）和删除（DROP）。SQL 数据定义是关系数据库中其它操作的基础。

3.2.1　定义数据库

在 DBMS 中，数据库是用来存储数据库对象和数据的，数据对象包括基本表（Table）、视图（View）、索引（Index）、触发器（Trigger）、存储过程（Stored Procedure）等。在创建数据库对象之前，首先需要创建数据库。

1．创建数据库

所有的数据库都是由用户定义和创建的，创建数据库的用户将成为该数据库的所有者，拥有该数据库的所有权限。创建数据库的一般语法格式为：

CREATE　DATABASE <数据库名>

【语法说明】只要输入<数据库名>就可以建立一个新的数据库，所有设置都使用系统默认设置，<数据库名>必须遵循标识符命名规则。在 SQL Server 2008 中，可用于存储数据库的文件类型有三种：

① 主数据文件。这些文件包含数据库的启动信息。主数据文件还用于存储数据。每个数据库都包含一个主数据文件。

② 次要数据文件。这些文件含有不能置于主数据文件中的所有数据，如果主数据文件足够大，能够容纳数据库中的所有数据，则该数据库不需要次要数据文件。有些数据库可能非常大，因此需要多个次要数据文件，或可能在各自的磁盘驱动器上使用次要数据文件，以便在多个磁盘上存储数据。

③ 事务日志。这些文件包含用于恢复数据库的日志信息，每个数据库必须至少有一个事务日志文件，日志文件最小为 512 KB。

【实例 3-1】创建示例数据库 Student。

CREATE　DATABASE　Student

2．删除数据库

当不再需要用户定义的数据库，或已将其移到其它数据库或服务器上时，即可删除该数据库。数据库删除之后，对应的文件及其数据都从服务器上的磁盘中删除。数据库删除之后，即被永久删除，并且数据库中的所有对象都会被删除。如果不使用以前的备份，则无法恢复该数据库。因此，只有数据库的所有者（即创建数据库的用户）或超级用户可以删除数据库。删除数据库的一般语法格式为：

DROP　DATABASE <数据库名>

【语法说明】DROP 为删除数据库的命令，与创建数据库的区别就在于前者使用的是 CREATE 命令。

【实例 3-2】删除数据库 Student。

DROP　DATABASE　Student

3．创建模式

创建模式是利用 CREATE SCHEMA 语句，定义创建模式的一般语法格式为：

CREATE　DATABASE　SCHEMA[<模式名>]AUTHORIZATION <用户名>

[<表定义子句>]|[<视图定义子句> | <授权定义子句>]

【语法说明】若没有指定<模式名>，则模式名隐含为<用户名>。调用该命令的用户必须拥有 DBA 权限，或者被授予了 CREATE SCHEMA 的权限。

【实例 3-3】给用户 Steven 定义一个学生－课程模式 StudentCourse。

语句 1：CREATE SCHEMA StudentCourse AUTHORIZATION Steven；

语句 2：CREATE SCHEMA AUTHORIZATION Steven；

〖问题点拨〗语句 2 使用的是隐含模式名形式定义的。若使用完整语法格式，即表示 CREATE SCHEMA 语句可以接受基本表定义、视图定义和授权子句，表示创建模式的同时在此模式中创建基本表、视图和定义授权。

创建模式实际上是定义了一个命名空间，在此空间中可以进一步定义该模式所包含的数据库对象，如基本表、视图、索引等。

【实例 3-4】

CREATE SCHEMA StudentCourse AUTHONRIZATION Steven

CREATE TABLE Student

(　Sno CHAR(12),

　　Sname VARCHAR(10),

　　Sex CHAR(2),

　　Sbirthday DATETIME,

　　Sdept CHAR(4)

);

〖问题点拨〗该语句给用户 Steven 创建一个模式 StudentCourse，并在此模式中定义了一张表 Student。

4．删除模式

删除模式是利用 DROP SCHEMA 语句，定义删除模式的一般语法格式为：

DROP SCHEMA<模式名>[<CASCADE | RESTRICT>]

【语法说明】DROP 为删除命令；CASCADE（级联）和 RESTRICT（限制）两者必选其一。级联 CASCADE 表示删除模式时将该模式中所有的数据库对象同时删除；限制 RESTRICT 表示若该模式中存在数据库对象，则拒绝该模式的删除。

【实例 3-5】

DROP SCHEMA　StudentCourse　CASCADE

该语句删除模式 StudentCourse，同时也删除该模式中所有的数据库对象。

3.2.2　定义基本表

在关系型数据库中，数据以行和列的形式进行存储，这一系列的行和列的几何表示称为表（Table），而这样的一组表便组成了数据库。数据库中各数据项之间用关系（Relationship）来组织，关系是表与表之间的一种连接。通过关系，可以灵活地表示和操作数据。

在 SQL 中，一个关系对应一个基本表（Base Table），它是由行（Rows）和列（Columns）组成的二维数组，用来存放数据库中的数据。其中，列被称为表属性或字段，用来保存各类数据的元素，表中的每一列拥有一个名字，包含具体的数据类型；行是数据库表中的一条记录，由各字段组成。例如，学生表中的一行数据可能包含某特定学生的个人信息：

学号	姓名	性别	系别	专业	籍贯	身份证号	电话号码

一张表至少包含一行数据，多则有上万行数据，即一个基本信息表可以有上万条记录。

1. 创建基本表

关系数据库是表的集合，所以用户建立数据库时就要定义基本表，即建立一个数据库的命名空间，或称为表空间。创建基本表的一般语法格式为：

CREATE TABLE<表名>（<列名><数据类型>[<列级完整性约束条件>][，<列名>

<数据类型>[<列级完整性约束条件>]][，…n][，<表级完整性约束条件>][，…n]）;

【语法说明】创建基本表实际上就是定义一个表的结构，表结构中的基本内容包括：

（1）<表名>：是所要定义的基本表的名称，基本表可以由一个或多个属性（列）组成。

（2）<列名>：在 SQL 中将属性称为列，并且每一列必须有一个列名和相应的数据类型。

（3）<数据类型>：SQL 中典型的数据类型如表 3-6 所示。

表 3-6　SQL 中的典型数据类型

数据类型	表示符号	表示方式说明
字符型数据	CHAR(n)	长度为 n 的定长字符数据，长度不够时用空白字符补充
	VARCHAR(n)	长度为 n 的变长字符数据，长度不够时不需补充字符
数值型数据	SMALLINT	半字长整型数据，范围为 $-2^{15} \sim +2^{15}$，占用 2 个字节
	INT/INTEGER	全字长整型数据，范围为 $-2^{31} \sim +2^{31}$，占用 4 个字节
	DECIMAL(p[,q])	长度为 p 位的十进制数据，小数位数为 q，无小数时 q 可省略不写
	FLOAT	双字长浮点数，字长为 64 位
二进制数据	BINARY[(N)]	长度为 n 的定长二进制数据，占用 n+4 个字节
	VAR BINARY[(N)]	长度为 n 的变长二进制数据，占用实际字符数+4 个字节
	IMAGE	长度为 n 的变长二进制数据，最大长度 $2^{31}-1$ 个字节
日期型数据	DATETIME	日期型数据，形式为 YYYY-MM-DD
	TIME	时间型数据，形式为 HH:MM:SS

（4）[<列级完整性约束条件>]：该可选项是针对属性列赋值的限制条件，约束有以下几种：

① NOTNULL 或 NULL 约束。NOTNULL 约束不允许字段值为空，即非空，而 NULL 约束允许字段值为空。字段值为 NULL 的含义是该属性值"未知"、"不详"或"毫无意义"。关系的主属性必须限定为"NOT NULL"，以满足实体完整性要求。

② PRIMARY KEY 约束。当表中只有一个列是主键时，则在该列数据类型之后加入 PRIMARY KEY 即可。

③ UNIQUE 约束。唯一性约束，即不允许属性列中出现重复的取值。

④ DEFAULT 约束。缺省值约束，即属性列的默认取值。

⑤ CHECK 约束。检查约束，通过约束条件表达式设置属性列应满足的条件。

（5）[<表级完整性约束条件>]：该可选项涉及基本表中一个或多个字段列的限制条件。

【实例 3-6】创建学生－课程模式中的学生表 Student、课程表 Course、选课成绩表 SC。

```
Create table Student
(   Sno CHAR(12) PRIMARY KEY,              /*列级完整性约束条件，Sno 为主键*/
    Sname CHAR(10) UNIQUE,                 /*学生姓名 Shame 取唯一值*/
    Sex CHAR(2),                           /*学生性别*/
    Sbirthday DATETIME,                    /*出生年月*/
    Sdept CHAR(15)                         /*所在系别*/
);
CREATE TABLE Course
(   Cno CHAR(8) PRIMARY KEY,               /*列级完整性约束条件，Cno 为主键*/
    Cname CHAR(20),                        /*课程名称*/
    Cpno CHAR(8),                          /*先修课程*/
    Ccredit NUMERIC(3,1),                  /*学分*/
    FOREIGN KEY Cpno REFERENCES   Course(Cno)
);      /*  此表的外键定义表示了同表之间的联系  */
CREATE TABLE SC    /*表级完整性约束条件，Cno 为外键，被参照表是 Course，被参照列是 Cno */
(   Sno CHAR(12),                          /*学生编号*/
    Cno CHAR(8),                           /*课程编号*/
    Grade SMALLINT,                        /*成绩*/
    PRIMARY KEY(Sno,Cno),                  /*表级完整性约束条件，主键由两个属性列构成*/
    FOREIGN KEY(Sno) REFERENCES Student(Sno),
    FOREIGN KEY(Cno) REFERENCES Course(Cno),
);    /*表级完整性约束条件，Cno 为外键，被参照表是 Course，被参照列是 Cno*/
```

2. 修改基本表

对于已经建立的数据表，常常因为事先考虑不周或因为需求的变更导致了数据库表结构的变化，这时需要对已建好的基本表进行修改。修改的内容通常包括：改变表名、增加表列、删除表列、修改表的定义等。修改基本表的一般语法格式为：

ALTER TABLE<表名>[ADD<新列名><数据类型>[<完整性约束条件>]]

[DROP<完整性约束条件>]|[ALTER COLUMN<列名><数据类型>];

【语法说明】<表名>是要更改的表的名字；ADD 子句用于添加新列和新的完整性约束条件；DROP 子句用于删除指定的完整性约束条件；ALTER COLUMN 子句用于修改原有的列定义，包括列名和数据类型。

【实例 3-7】向课程表 Course 中增加"学时"字段列，其数据类型为短整型。

ALTER TABLE Course ADD Chour SMALLINT;

〖问题点拨〗对于新添加的列，基本表中无论有无数据都一律为空值。

修改选课成绩表 SC，将"成绩"字段类型改为带 1 位的小数类型。

ALTER TABLE SC ALTER COLUMN Grade Numeric(3,1);

【实例 3-8】修改课程表 Course，添加课程名称必须取唯一值的约束条件。

ALTER TABLE Course ADD UNIQUE(Cname);

〖问题点拨〗如果要删除约束条件，则需要建立约束时使用命名约束，如下示例所示：

ALTER TABLE Course ADD CONSTRAINT UQ_Course UNIQUE(Cname);

删除时使用：ALTER TABLE Course DROP UQ_Course;

3．删除基本表

当不需要某个基本表时，可以使用 DROP TABLE 语句删除。删除基本表的一般格式为：

DROP TABLE<表名>

【语法说明】DROP TABLE 是删除基本表的命令。SQL 基本表定义一旦删除，表中的数据、此表上建立的索引和视图都将自动全部删除。因此，使用该命令时要格外注意。

【实例 3-9】删除学生表 Student。

DROP TABLE Student

3.2.3　定义索引

索引是基本表的目录，是一种树型结构。一个基本表可以建立一个或多个(通常为两至三个)索引。使用索引的目的是提供多种存取路径，加快查找速度。

1．创建索引

有时候 DBA 或者表的属主（建立基本表的人）会根据使用环境的需要建立索引，其目的是为了加快查询速度。创建索引使用 CREATE INDEX 语句，其一般语法格式为：

CREATE [UNIQUE][CLUSTER] INDEX<索引名>

ON〈表名〉（〈列名〉［〈次序〉］[，〈列名〉[〈次序〉]]…）；

【语法说明】索引可分为普通索引、唯一索引和聚簇索引，因而语法格式中具有多个可选项，默认为指定列升序普通索引。

（1）[UNIQUE]：该可选项表示此索引的每一个索引值只对应唯一的数据记录。

（2）[CLUSTER]：该可选项表示要创建的索引是聚簇索引，即索引的排列顺序与基本表中数据的物理顺序一致。聚簇索引在很少对基本表进行增、减操作或很少对其中的变长列进行修改操作的场合下非常适用。

（3）<表名>：是要创建索引的基本表的名称。索引可以建立在该表的一列或多列上，各列名之间用逗号分隔。

（4）<列名>：每个<列名>后面还可以用<次序>来指定索引值的排列次序，次序可选 ASC（升序）或 DESC（降序），缺省值为 ASC。

【实例 3-10】给学生－课程数据库中的学生表 Student、课程表 Course、选课成绩表 SC 创建索引。其中 Student 表按学号升序建立唯一索引；Course 表按课程号升序建立唯一索引；SC 表按学号升序和课程号降序建立唯一索引。

CREATE　UNIQUE　INDEX 'Stusno ON Student(Sno);
CREATE　UNIQUE　INDEX　Coucno ON Course(Cno);
CREATE　UNIQUE　INDEX　Scno ON SC(Sno ASC,Cno DESC);

2．删除索引

索引建立后，并不需要用户干预，而是由系统使用和维护它。创建索引是为了减少查询操作的时间，但如果数据的增删改非常频繁，系统将会花费大量时间来维护索引，这样反而会降低查询效率。因此，有时需要删除一些不必要的索引。删除索引的一般语法格式为：

DROP　INDEX<索引名>；

【语法说明】执行该命令的结果是系统会从数据字典中删除有关该索引的描述。

【实例 3-11】删除学生 Student 表的聚簇索引 IX_Stusname。

DROP　INDEX　IX_Stusname;

〖**问题点拨**〗索引的创建和维护由数据库管理员和数据库管理系统完成。创建索引是加快数据查询的有效手段，但通常仅用于大表、表的记录很多的情况，否则，将适得其反。

§3.3 SQL 的数据查询

数据查询是根据用户的需要以一种可读的方式从数据库中提取所需数据，它是数据库的核心操作。SQL 提供了 SELECT 语句进行数据查询，对于已经定义的基本表和视图，用户可以通过查询操作得到需要的信息。SELECT 语句的一般语法格式为：

    SELECT [ALL | DISTINCT] <目标列表达式> [, <目标列表达式>]…
    FROM<表名或视图名>[, <表名或视图名>]…
    [WHERE <条件表达式>]
    [GROUP BY<分组列名 1>[, <分组列名 2>]…[HAVING<条件表达式>]]
    [ORDER BY<排序列名 1>[ASC | DESC][, <排序列名 2>[ASC | DESC]] …];

【**语法说明**】SELECT 语句具有数据查询、统计、分组和排序的功能，其表达能力非常强大。SELECT 语句共有 5 种子句，其中：SELECT 和 FROM 语句为必选子句，而 WHERE、GROUP BY 和 ORDER BY 子句为可选子句。5 种子句的具体功能如下：

① SELECT 子句。指明查询结果集的目标列，它可以是数据源中的字段及相关表达式、常量或数据统计的函数表达式。若目标列中使用了两个基本表（或视图）中的相同列名，则需要在列名前加上表名或视图名限定"<表名或视图名>. <列名>"。

② FROM 子句。指明查询的数据源，通常是基本表或视图，若存在多个的话则用逗号分隔。有时若有一表多用的则需要给表加上表别名以示区别。

③ WHERE 子句。通过该子句中的条件表达式来描述关系中元组的选择条件，即选择满足该子句中的条件表达式的元组数据。

④ GROUP BY 子句。按分组列的值对结果集分组，当 SELECT 子句的目标列表达式中有统计函数时，若也存在 GROUP BY 子句，则统计为分组统计，否则，对整个结果集统计。GROUP BY 子句可以带有 HAVING 短语，此时表示进一步对分组后的数据进行筛选，只有满足了组选择条件表达式的组才予以输出。

⑤ ORDER BY 子句。对结果集进行排序，查询结果集可以按多个排序列进行排序，每个排序列后可指定是升序还是降序排序，多个排序列之间用逗号分隔。

正是 SQL 提供了功能强大的 SELECT 语句，因而可完成各种数据的查询操作，包括单表查询、连接查询、嵌套查询和集合查询。

3.3.1 单表查询

SELECT 语句可以进行简单的单表查询，也可以进行复杂的多表关联查询和嵌套查询。单表查询是指仅仅涉及一个表的查询，因而它是最简单、最基本的一种查询语句。

1. 选择表中若干列

在很多情况下，用户只是选择表中所关心列（部分或全部），或者经过计算的值，这就是关系代数中的投影运算。这时可用 SELECT 子句指定需要查询的列或表达式。

（1）查询指定列：在很多时候，用户只需要表中的一部分属性列的信息，这时可以通过在 SELECT 子句指定<目标列表达式>来指定要查询的属性列。

【实例 3-12】查询全体学生的详细信息。

SELECT * FROM Student;

等价于：

SELECT Sno,Sname,Sex,Sbirthday,Sdept

FROM Student;

〖问题点拨〗查询全部列可以在 SELECT 子句后列出所有列名，如果列的显示顺序与其在表或视图中的顺序相同，则可简单写成 SELECT * 的形式。

（2）查询全部列：选出表中所有的属性列有两种方法；一种方法是在 SELECT 子句后面列出所有的列名；另一种方法是在 SELECT 子句中，简单地将<目标列表达式>设置"*"即可，此时列的显示顺序与其在表中定义的顺序是一致的。

【实例 3-13】查询选修课的情况。

SELECT Sno,Cno,Grade FROM SC;

等价于：

SELECT * FROM SC;

（3）查询经过计算的列：SELECT 子句中的<目标列表达式>既可以是表中已有的属性列，也可以是由表中的属性列组成的表达式。

【实例 3-14】查询全体学生的姓名、出生年月及年龄。

SELECT Sname, Sbirthday, DATEPART(year, getdate())－DATEPART(year, Sbirthday)

FROM Student;

〖问题点拨〗DATEPART 是求取日期，如年、月、日等；getdate()是获取当前时间的函数。本例是比较常用的一种根据出生年月来计算年龄的方法。

【实例 3-15】查询全体学生的姓名、出生年份和所在系别，且用小写字母表示所有系名。

SELECT Sname,DATEPART (year,Sbirthday) BirthYear,LOWER (Sdept) Department

FROM　Student;

〖问题点拨〗本例中使用 LOWER 函数转换字符串为小写，即将系名使用小写字母表示。用户可以通过指定别名来改变查询结果的标题，这对于含算术表达式、常量、函数名的目标列表达式尤为重要。

2. 选择表中若干元组

前面介绍的查询都是选择表中的全部元组。实际上，很多查询需要选择满足某些条件的元组，以检索满足用户要求的数据。选择表中若干元组有以下几种情况。

（1）消除取值重复的行：在一个基本表中并不存在两个完全相同的元组，但在选择指定列之后，就有可能出现相同的行。如果要去掉表中相同的行，可使用关键字 DISTINCT。

【实例 3-16】查询选修了课程的学生学号。

SELECT Sno FROM SC;

本例的语句执行结果可能包含有许多重复的行。若想去掉结果中的重复行，则必须使用DISTINCT 关键字：

SELECT DISTINCT Sno FROM SC;

通常没有指定 DISTINCT 关键字时，则默认为 ALL，即保留结果集中的重复行。例如

SELECT Sno FROM SC;

等价于：

SELECT ALL Sno FROM SC;

（2）查询满足条件的元组：在 SELECT 语句中，可以通过 WHERE 子句来设置查询条件，实

现对满足指定条件的元组进行查询。WHERE 子句常用的查询条件如表 3-7 所示。

表 3-7　常用的查询条件

查询条件	运 算 符
比较大小	=、＞、＜、>=、<=、!=、＜＞、!＞、!＜；NOT+上述比较运算符
确定范围	BETWEEN…AND…、NOT BETWEEN…AND…
确定集合	IN、NOT IN
字符匹配	LIKE、NOT LIKE
空值	IS NULL、IS NOT NULL
多重条件（逻辑运算符）	AND、OR、NOT

① 比较大小。在 SELECT 语句中，根据表 3-7 中比较大小的运算符进行比较判断查询。

【实例 3-17】查询计算机系全体学生的名单。

SELECT Sname FROM Student
WHERE Sdept='计算机';

【实例 3-18】查询考试成绩有不及格的学生的学号。

SELECT DISTINCT Sno FROM SC
WHERE Grade<60;

② 确定范围。在 SELECT 语句中，可以使用 BETWEEN…AND…和 NOT BETWEEN…AND…确定查询范围。前者表示查找属性值在指定范围内的元组，后者表示查找属性值不在指定范围内的元组，其中 BETWEEN 后是范围的下限值，AND 后是范围的上限值。

【实例 3-19】查询考试成绩在 80 至 100 分（包括 80 和 100 分）之间的学生的学号。

SELECT Sno
FROM SC
WHERE Grade BETWEEN 80 AND 100;

【实例 3-20】查询考试成绩不在 80 至 100 分（包括 80 和 100 分）之间的学生的学号。

SELECT Sno
FROM SC
WHERE Grade NOT BETWEEN 80 AND 100;

③ 确定集合。关键词 IN 可用来查找属性值属于指定集合的元组。相对立的关键词是 NOT IN，用来查找属性值不属于指定集合的元组。

【实例 3-21】查询属于计算机系 CS、信息工程系 IS 的学生姓名和性别。

SELECT Sname, Sex
FROM Student
WHERE Sdept IN ('CS','IS');

④ 字符匹配查询。许多应用中并不能够确定精确的查询条件，只知道需要查询内容的一部分，这时希望能够利用已知的部分信息去得到需要的查询结果。例如通过姓名、性别、年级来查找某个学生的所在系。由于对被查对象的许多信息是模糊的，因而将其称为模糊查询。SELECT 语句中可以通过 LIKE 和 NOT LIKE 实现字符匹配查询。一般语法格式为：

[<列名>｜<表达式>][NOT] LIKE<匹配串>[ESCAPE<换码字符>]

【语法说明】该语法表示查找指定的属性列值与<匹配串>相匹配的元组。其中<匹配串>可以是一个完整字符串，也可以含有通配符%和_。其中：

- "%"百分号代表任意长度的字符串,包括长度为 0。例如 DB%C 表示以 DB 开头,以 C 结尾的任意长度的字符串。如 DBC,DBAEC,DBMSC 等都属于满足匹配的字符串。
- "_"下划线代表任意单个字符。例如 DB_C 表示以 DB 开头,以 C 结尾的长度为 4 的任意字符串。如 DBMC,DBAC 等。

【实例 3-22】查询学号以 2012 开头的学生的详细信息。

SELECT * FROM Student

WHERE Sno LIKE '2012%';

如果 LIKE 后的匹配串不含通配符,则可用=(等于)运算符取代 LIKE 关键字,用!=或<>(不等于)运算符取代 NOT LIKE 关键字。

【实例 3-23】查询学号为"20121101"的学生的详细信息。

SELECT * FROM Student

WHERE Sno LIKE '20121101';

上面语句等价于:

SELECT * FROM Student

WHERE Sno='20121101';　　/*查询确定的学号,不需要使用通配符,所以直接使用=*/

【实例 3-24】查询所有姓赵的学生的姓名、学号等信息。

SELECT Sname,Sno FROM Student

WHERE Sname LIKE '赵%';

【实例 3-25】查询所有姓"欧阳"且全名为 4 个汉字的学生姓名及学号。

SELECT Sname,Sno FROM Student

WHERE Sname LIKE '欧阳____';

〖问题点拨〗一个汉字占两个字符的位置,所以匹配字符串"欧阳"后面需要跟 4 个下划线_。当然,具体在某个 DBMS 中,还需要看是否已经对汉字进行了存储处理,如果已经处理了则使用一个下划线代表占一个汉字。

有时查询的字符串本身就含有通配符%或下划线_,此时就需要使用 ESCAPE'<转义字符>'短语对通配符进行转义处理了。

【实例 3-26】查询课程名为"DB_"开头,且倒数第 3 个字符为 i 的课程的详细信息。

SELECT * FROM Course

WHERE Cname LIKE 'DB_%i__' ESCAPE'\';

〖问题点拨〗本例的匹配串为'DB_%i__'。第 1 个下划线_前面有转义字符 \,所以此下划线被转义为普通的下划线,而不再表示单个字符的占位。而 i 后面的两个下划线__的前面都没有转义字符 \,所以它们仍作为通配符。思考:如果倒数 3 个字符为"i__"的话,如何表达?

⑤ 空值查询。当需要判别是否存在空值 NULL 的情况下,可使用 IS NULL 或 IS NOT NULL 来进行。

【实例 3-27】查询缺少成绩的学生的学号和相应的课程号。

SELECT Sno,Cno

FROM SC

WHERE Grade IS NULL;

【实例 3-28】查询所有有成绩的学生的学号和课程号。

SELECT Sno,Cno

FROM SC

WHERE Grade IS NOT NULL;

⑥ 多重条件查询。可使用逻辑运算符 AND 和 OR 来连接多个查询条件。AND 的优先级高于

OR，但可用括号改变优先级。

实例 3-19 中的 BETWEEN…AND…可用 AND 运算符和比较运算符改成多重条件查询来替换：

SELECT Sno FROM SC
WHERE Grade>=80 AND Grade <=100;

实例 3-21 中的 IN 关键字实际上是多个 OR 运算符的缩写形式，因此可用 OR 运算符写成多重条件查询形式：

SELECT Sname,Sex
FROM Student
WHERE Sdept='CS' OR Sdept='IS';

3. 对查询结果进行排序

很多应用需要对查询结果按一定顺序显示，例如按从高到低显示考生的成绩。为此，SQL 使用 ORDER BY 子句对查询结果按照一个或多个属性列的升序或降序排列显示，ASC 和 DESC 分别表示升序和降序，系统默认为升序。

【实例 3-29】查询选修了课程号为"C1101"的学生的学号及其成绩，查询结果按分数的降序排列显示。

SELECT Sno,Grade FROM SC
WHERE Cno='C1101'
ORDER BY Grade DESC;

〖问题点拨〗对应空值，若按升序排，含空值的元组将最后显示；若按降序排，含空值的元组将最先显示。

【实例 3-30】查询全体学生信息，查询结果按所在系别的系号升序排列，同一系的学生按照出生年月降序排列。

SELECT * FROM Student
ORDER BY Sdept ASC,Sbirthday DESC;

〖问题点拨〗因为 ASC 升序是默认排序方式，本例中的 Sdept ASC 中的 ASC 可省略。

4. 使用聚集函数统计数据

在实际应用中，常常需要对一个数据集进行统计、求和、求平均值等汇总统计操作，一般的 DBMS 都提供了聚集函数来实现这类功能。表 3-8 列出了 SQL 提供的聚集函数。

表 3-8 聚集函数

聚集函数	功　能
COUNT（[DISTINCT | ALL]*）	计算总行数（统计元组个数）
COUNT（[DISTINCT | ALL]<列名>）	计算一列中不同值的个数，若有 DISTINCT 则计算列的非空个数
SUM（[DISTINCT | ALL]<列名>）	计算非空数字型列或表达式的总和，若有 DISTINCT，则计算不同值的总和，相同的值仅计算一次
AVG（[DISTINC | ALL]<列名>）	计算非空数字型列或表达式的平均值；若有 DISTINCT，则计算不同值的平均值，相同的值仅计算一次
MAX（[DISTINCT | ALL]<列名>）	计算一列值中的最大值
MIN（[DISTINCT | ALL]<列名>）	计算一列值中的最小值

〖问题点拨〗聚集函数遇到空值时，除 COUNT（*）外，都跳过空值而只处理非空值。另外，WHERE 子句中不能用聚集函数作为条件表达式。

【实例 3-31】求选修课程号是 C1101 课程的学生的平均成绩。

SELECT AVG(Grade) 课程 C1101 平均成绩 FROM SC WHERE Cno='C1101';

【实例 3-32】查询选修了 C1101 课程的学生的最高分和最低分。

SELECT MAX(Grade) 课程 C1101 的最高分，MIN(Grade) 课程 C1101 的最低分

FROM SC WHERE Cno='C1101';

【实例 3-33】查询学生的总人数。

SELECT COUNT(*) 学生总人数 FROM Student;

【实例 3-34】查询选修了课程的学生总人数。

SELECT COUNT (DISTINCT Sno) FROM SC;

〖问题点拨〗学生每选修一门课，在 SC 中都有一条相应的记录。一个学生会选修多门课程，为避免重复计算学生人数，必须在 COUNT 函数中用 DISTINCT 短语。

5. 对查询结果进行分组

聚集函数很多情况下需要配合 GROUP BY（分组）子句使用，以便完成分组统计和限定一些分组应满足的条件等。所谓分组，就是按照一个（一组）指定的列或表达式，值相同的分为一组。SQL 中由 GROUP BY 子句指定分组所依据的列或表达式，一般语法格式为：

GROUP BY<列或表达式>[HAVING<组选择条件表达式>]

【语法说明】GROUP BY 子句将查询结果按某一列或多列的值进行分组；HAVING 是短语，其作用是对 GROUP BY 分组以后的数据进行过滤。

【实例 3-35】查询各系的学生人数。

SELECT Sdept, COUNT(*) 学生数 FROM Student GROUP BY Sdept;

〖问题点拨〗该语句对查询结果按 Sdept 的值分组，所有具有相同 Sdept 值的元组为一组，然后对每组作用聚集函数 COUNT 计算，以求得该组的学生人数。

【实例 3-36】查询选修各门课程的平均成绩和选修该课程的人数。

SELECT Cno,AVG(Grade)平均成绩, COUNT(Sno) 选修人数 FROM SC GROUP BY Cno;

〖问题点拨〗使用 GROUP BY 子句和聚集函数对数据进行分组后，还可以使用 HAVING 子句对分组数据进行进一步的筛选。HAVING 子句中的查询条件与 WHERE 子句中的查询条件类似，并且可以使用聚集函数。

【实例 3-37】查询平均成绩在 80 分以上的学生的学号和平均成绩。

SELECT Sno,AVG(Grade) 平均成绩 FROM SC GROUP BY Sno HAVING AVG(Grade)>=80;

〖问题点拨〗这里先用 GROUP BY 子句按 Sno 进行分组，再用聚集函数 AVG 对每一组计算平均成绩。HAVING 短语指定选择组的条件，只有满足条件（即平均成绩>=80，表示此学生选修的课程的平均成绩在 80 分以上）的组才会被选出来。

【实例 3-38】查询选修课程超过三门且成绩都在 75 分以上的学生的学号。

SELECT Sno FROM SC WHERE Grade>=75 GROUP BY Sno HAVING COUNT(*)>3;

〖问题点拨〗在 SELECT 语句中，当 WHERE、GROUP BY 与 HAVING 子句都被使用时，要注意它们的作用和执行顺序：WHERE 用于筛选由 FROM 指定的数据对象；GROUP BY 用于对 WHERE 的结果进行分组；HAVING 则是对 GROUP BY 分组以后的数据进行过滤。

WHERE 子句与 HAVING 短语的区别在于作用对象不同。WHERE 子句作用于基本表或视图，从中选择满足条件的元组。HAVING 短语作用于组，从中选择满足条件的组。

3.3.2 连接查询

前面的查询都是针对一个表进行的，而实际查询中往往需要从多个表中获取需要的数据。当查

询涉及两个以上的表时，则称为连接查询（也称关联查询）。根据连接运算符的不同特点，连接运算可分为内连接（Inner Join）、外连接（Outer Join）和交叉连接（Cross Join）。由于交叉连接（相当于关系代数中的笛卡尔积）在实际中很少应用，这里仅介绍内连接和外连接。

1. 内连接

内连接是要求参与连接运算的基本表或视图满足给定的连接条件。根据连接条件的不同可分为等值连接、非等值连接、自然连接、自身连接。内连接的一般语法格式为：

[<表名 1 或视图名 1>.][<列名 1>]<比较运算符>[<(表名 2 或视图名 2>.)][<列名 2>]

【语法说明】根据上述格式，内连接实际上就是把表 1 在列名 1 指定的列上的取值与表 2 在列名 2 指定的列上的取值满足由"比较运算符"指定的关系的元组进行拼接，而不满足此关系的元组将被舍弃。连接运算过程可以这样理解：取出表 1 的第一个元组，然后依次扫描表 2 的每一个元组，在表 2 中每找到一个与表 1 中的第一个元组满足连接条件的元组，就用该元组与表 1 的第一个元组进行拼接形成新的元组；然后再取出表 1 的第二个元组重复上述过程，直到扫描完表 1 的所有元组一遍。

在连接条件中，比较运算符主要有：<、<=、=、>、>=、!=（或<>）等。当比较运算符为"="时，则称为等值连接；否则，称为非等值连接；当等值连接字段相同，并且在 SELECT 子句中去除重复字段时，则称为自然连接；当需要一个表与其自身进行连接，则称为自身连接。

（1）等值与非等值连接：对等值与非等值的判断依据是：连接运算符是否相等，并且参与比较运算的列的数据类型是否兼容。实际上，通常使用等值连接，而很少使用非等值连接。

【实例 3-39】查询每个学生及其选修课程的情况。

SELECT Student.*,SC.*
FROM　Student,SC
WHERE Student.Sno=SC.Sno;

〖问题点拨〗学生情况存放在 Student 表中，学生选课信息存放在 SC 表中，所以本查询涉及 Student 与 SC 两个表。两个表之间通过公共属性学号 Sno 建立联系。本例中为了避免同名属性间的混淆，SELECT 子句与 WHERE 子句中的属性列名前都加上了表名前缀。若属性列名在参加连接的各表中是唯一的，则可以省略表名前缀，但通常还是习惯加上表名前缀以示区分。本例中存在 Student.Sno 与 SC.Sno 列重复的情况。

（2）自然连接：若在等值连接中把目标列中重复的属性列去掉则称为自然连接，它是一种特殊的等值连接，即要求查询结果中列不重复的等值连接。

【实例 3-40】对查询选修了 3 门课程的学生学号使用自然连接实现。

SELECT Student.Sno,Sname,Sex,Sbirthday,Sdept,Cno,Grade
FROM Student,SC
WHERE Student.Sno=SC.Sno;

〖问题点拨〗由于两个表中只有 Sno 是相同的，所以 SELECT 子句中属性列不同的可以省略掉表名前缀，而 Sno 前面必须加上表名前缀，本例 Sno 前使用 Student 作为前缀，也可使用 SC 作为前缀。

（3）自身连接：SELECT 查询语句不仅支持不同表之间的连接，还支持同一表的自身的连接，称为自身连接，简称自连接。注意自身连接与自然连接的区别，可把自连接理解为同一张表或视图的两个副本之间的连接，使用不同别名来区分副本。自身连接是等值连接和自然连接的特例。

【实例 3-41】查询每一门课程的间接先修课（即先修课的先修课）。

SELECT FIRST.Cno,FIRST.Cname,SECOND.Cpno

FROM Course FIRST,Course SECOND WHERE FIRST.Cpno=SECOHD.Cno;

〖问题点拨〗在课程表 Course 中，只有每门课程的直接先修课信息，而没有先修课的先修课。要得到这个信息，必须先对一门课程找到其先修课，再按此先修课的课程号，查找它的先修课。这就需要将 Course 表与其自身连接。所以，需要给 Course 表取两个别名，即两个副本，一个命名为 FIRST，另一个命名为 SECOND。自身连接的条件是 FIRST 表的先修课与 SECOND 表的课程号等值连接，其结果中"SECOND 表的先修课号"为"FIRST 表的课程号"的间接先修课。

2．外连接

在某些应用中，两张表进行连接查询时，要求输出一张表的所有记录元组，而另一张表只输出满足连接条件的记录，对没有满足条件的记录，则用空值 NULL 匹配输出，这种连接查询称为外连接。外连接分为左外连接、右外连接和全外连接。左外连接是对连接条件中左边的表不加限制；右外连接是对右边的表不加限制；全外连接则对两个表都不加限制，两个表中的所有行都会包括在结果集中。

【实例 3-42】查询所有学生的基本情况及其选课情况。

SELECT Student.Sno,Sname,Sex,Sbirthday,Sdept,Cno,Grade

FROM Student LEFT OUTER JOIN SC ON(Student.Sno=SC.Sno);

〖问题点拨〗本例以 Student 表为主，列出所有学生的基本情况，加上学生的对应的选课情况信息，对于存在选课信息的则列出来，而对于不存在选课信息的则用空值 NULL 匹配显示。LEFT OUTER JOIN 表示左外连接，输出左边关系表中的所有元组，右边关系表中与左表匹配的则显示，否则使用空值 NULL 输出；RIGHT OUTER JOIN 表示右外连接，输出右边关系表的所有元组，左边关系表中与右表匹配的则显示，否则使用空值 NULL 输出。在 MS SQL Server 中还有一种全外连接，则是左外连接与右外连接所产生结果的并集。

3.3.3　集合查询

在第 2 章中介绍了集合运算。SQL 在查询结果的输出过程中引进了传统的集合运算，包括查询结果的并 UNION 操作、查询结果的交 Intersect 操作、查询结果的差 Minus 操作。集合查询的一般语法格式为：

<SELECT 语句>UNION [[ALL] | INTERSECT | EXCEPT<SELECT 语句>];

【语法说明】关键字 ALL 表示合并的结果中包含所有行，重复的行不删除；不使用 ALL 则表示在合并时相同的行要删除。需要注意的是，集合查询的各查询结果的列数必须相同，对应列的数据类型也必须相同。

1．并（UNION）操作

查询结果的并操作是指将两个或多个 SELECT 语句的查询结果组合在一起作为总的查询结果输出。并操作查询结果的基本数据单位是行（元组）。

【实例 3-43】查询性别是"男"的学生及年龄小于 22 岁的学生。

SELECT * FROM Student WHERE Sex='男'

UNION SELECT * FROM Student WHERE Sage<22;

〖问题点拨〗本查询实际上是求性别是"男"的所有学生与年龄小于 22 岁的学生的并集。系统会自动删除重复的行，如果要保留重复的行，可使用 UNION ALL。此外，本例也可以使用 OR 操作查询来代替，但 OR 操作查询不会去除重复的行。

2. 交（INTERSECT）操作

查询结果的交操作是指将同时属于两个或多个 SELECT 语句的查询结果作为总的查询结果输出。交操作查询结果的基本数据单位是行。

【实例 3-44】查询性别是"男"并且年龄小于 22 岁的学生。

SELECT * FROM Student WHERE Sex='男'

INTERSECT SELECT * FROM Student WHERE Sage<22;

〖问题点拨〗本例也可以使用 AND 操作查询代替。

SELECT * FROM Student

WHERE Sex='男' AND Sage<22;

3. 差（MINUS）操作

查询结果的差操作是指从第一个 SELECT 语句的查询结果中去掉属于第二个 SELECT 语句查询结果的行作为总的查询结果输出，差操作查询结果的基本数据单位是行。

【实例 3-45】查询选修了 C1101 号课程，但没有选修 C1103 号课程的学生的学号。

SELECT Sno FROM SC WHERE Cno='C1101'

MINUS SELECT Sno FROM SC WHERE Cno='C1103'

〖问题点拨〗本例不能用 AND 操作来代替，因为在 SC 中的任何行不能同时满足 Cno='C1101' 和 Cno='C1103'两个条件。

【实例 3-46】查询性别是"男"但年龄不小于 22 岁的学生。

SELECT * FROM Student WHERE Sex='男'

EXCEPT SELECT * FROM Student WHERE Sage<22;

〖问题点拨〗本例也就是查询"男"学生中年龄大于等于 22 岁的学生。也可写成：

SELECT * FROM Student WHERE Sex='男' AND Sage>=22;

3.3.4　嵌套查询

在 SQL 语言中，一个 SELECT-FROM-WHERE 语句称为一个查询块。一个 SELECT 语句可以在 WHERE 或 HAVING 短语中利用另一个查询来表达查询条件。将一个查询块嵌套在另一个查询块或更新语句的 WHERE 或 HAVING 短语的条件中称为嵌套查询。此时嵌入到 WHERE 或 HAVING 短语的条件中的查询称作子查询或内层查询，而包含子查询的语句称为父查询或外层查询。SQL 语言允许多层（最多 255）嵌套查询。由于子查询的结果是用来表达父查询条件的中间结果，并非最终结果，因此子查询中不能使用 ORDER BY 子句。

嵌套查询的求解方法是由里向外处理。即每个子查询在其上一级查询处理之前求解，子查询的每一次执行结果可以作为上一级父查询判定元组或计算是否满足条件的依据。

嵌套查询可以分为两类：不相关嵌套查询和相关嵌套查询。

（1）不相关嵌套查询：对于一个嵌套查询，如果子查询的查询条件不依赖于父查询，则称这类子查询为不相关子查询；而整个嵌套查询语句称为不相关嵌套查询。

（2）相关嵌套查询：对于一个嵌套查询，如果子查询的查询条件依赖于父查询，则称这类子查询为相关子查询；而整个嵌套查询语句称为相关嵌套查询。

不相关嵌套查询和相关嵌套查询通常使用 IN 或 NOT IN、比较运算符、谓词 ANY 或 OR 以及 EXISTS 或 NOT EXISTS 来实现，我们可将其分为以下 4 种嵌套查询方式。

1. 带有 IN 谓词的嵌套查询

带有 IN 谓词的子查询是指父查询与子查询之间用 IN 进行连接，判断某个属性列值是否在子查询的结果中。父查询在 WHERE 子句中使用 IN 或 NOT IN，主要通过判断元组的列值是否在子查询的结果中进行元组的选择。带有 IN 谓词的嵌套查询的一般语法格式为：

> **WHERE<表达式>[NOT] IN <子查询>**

【语法说明】WHERE 是嵌套查询关键字，<表达式>中的列的个数、数据类型和语义等必须与子查询的结果相同。带有 IN 谓词的嵌套查询是分步实现的，通常是先执行子查询，然后利用子查询的结果再执行父查询。

【实例 3-47】查询选修了 C1101 号课程的学生的信息。

SELECT * Sname FROM Student WHERE Sno IN

(SELECT Sno FROM SC WHERE Cno='C1101');

系统在执行该查询时，先执行子查询，然后在子查询产生的结果表中，再执行父查询。在本例中，系统先执行子查询：SELECT Sno FROM SC WHERE Cno='C1101'。

产生一个只含有 Sno 列的结果表，SC 中每个符合条件 Cno='C1101'的记录在结果表中都对应有一条记录。然后系统再执行外查询。若 Student 表中某条记录的学号值在子查询的结果集中，则该条记录的内容就为外查询结果集中的一条记录。

本例也可以使用连接查询实现：

SELECT * FROM Student,SC WHERE Student.Sno=SC.Sno AND Cno='C1101';

IN 子查询只能返回一列值，对于较复杂的查询，可以使用嵌套的子查询实现。

〖问题点拨〗本例中，子查询的查询条件不依赖于父查询，称为不相关子查询。

【实例 3-48】查询选修"数据库技术及应用"课程的学生的基本情况。

SELECT * FROM Student WHERE Sno IN

(SELECT Sno FROM SC WHERE Cno IN

(SELECT Cno FROM Course WHERE Cname='数据库技术及应用')

)

本例也可以使用连接查询实现：

SELECT * FROM Student,SC,Course WHERE Student.Sno=SC.Sno AND

Course.Cno =SC.Cno AND Cname='数据库技术及应用';

〖问题点拨〗由以上实例看出：当查询两个以上的关系时，仍可以使用连接查询，但采用嵌套查询层次清晰、易于构造，具有结构化程序设计的优点。

2. 带有比较运算符的嵌套查询

带有比较运算符的嵌套查询，是指在父查询与子查询中用比较运算符进行连接。其目的是与子查询的结果进行比较，要求能够确保子查询返回的结果是单值。该查询中的 IN 谓词用于一个值对多个值的比较，而比较运算符用于一个值与另一个值的比较。当用户能确切知道子查询返回的结果是单值时，可以使用<、<=、>、>=、=、!=或<>等比较运算符。

【实例 3-49】查询 C1101 号课程的成绩高于"李强"的学生的学号。

SELECT Sno FROM SC WHERE Cno='C1101'

AND Grade>(SELECT Grade FROM SC WHERE Cno='C1101'

AND Sno=(SELECT Sno FROM Student WHERE Sname='赵建国'));

本例是首先查找"赵建国"的学号，然后根据学号在 SC 表查找"赵建国"的 C1101 号课程的成绩，再根据成绩查找 C1101 号课程成绩高于这个成绩的学号。

3. 带有 ANY 或 ALL 谓词的嵌套查询

在直接使用比较运算符的嵌套查询中，要求子查询返回的结果必须是单值。如果子查询返回多值可以在比较运算符后使用 ANY（或 SOME）或 ALL 谓词进行修饰。但使用 ANY 或 ALL 谓词时必须与比较运算配合使用，其组合语义如表 3-9 所示。

表 3-9　ALL、ANY 与比较运算符结合的语义

关键字	含义	ALL、ANY 与运算符结合	结合语义
ALL	子查询中的所有值	>ALL	大于子查询结果中的所有值
		<ALL	小于子查询结果中的所有值
		>=ALL	大于等于子查询结果中的所有值
		<=ALL	小于等于子查询结果中的所有值
		=ALL	等于子查询结果中的所有值
		!=（或<>=）ALL	不等于子查询结果中的任何一个值
ANY	子查询中的任一值	>ANY	大于子查询结果中的某个值
		<ANY	小于子查询结果中的某个值
		>=ANY	大于等于子查询结果中的某个值
		<=ANY	小于等于子查询结果中的某个值
		=ANY	等于子查询结果中的某个值
		!=（或<>=）ANY	不等于子查询结果中的某个值

【实例 3-50】查询其它系中比计算机系某一学生年龄小的学生姓名和年龄。

SELECT * FROM Student WHERE Sage>ALL
　　(SELECT Sage FROM Student WHERE Sdept='计算机');

先处理子查询得到一个年龄的集合，然后处理父查询，找到年龄大于集合中所有值的学生信息。本例也可以使用聚集函数实现：

SELECT * FROM Student WHERE Sage>
(SELECT MAX(Sage) FROM Student WHERE Sdept='计算机');

【实例 3-51】查询课程号为 C1102 且成绩低于课程号为 C1101 的最高成绩的学生的学号、课程号和成绩。

SELECT Sno,Cno,Grade FROM SC
WHERE Cno='C1102'AND Grade<ANY
(SELECT Grade FROM SC WHERE Cno='C1101')

查询时首先处理子查询，课程号是 C1101 的所有学生的成绩构成一个集合。然后处理父查询，查找所有课程号是 C1102 且成绩小于集合中某个值的学生的学号、课程号和成绩。本例也可以使用聚集函数实现：

SELECT Sno,Cno,Grade FROM SC
WHERE Cno='C1102'AND Grade<
(SELECT MAX(Grade) FROM SC WHERE Cno='C1101')

事实上使用聚集函数的效率比使用 ANY 或 ALL 谓词的效率高。ANY、ALL 谓词与聚集函数及 IN 谓词的对应关系如表 3-10 所示。

表 3-10　ANY、ALL 谓词与聚集函数及 IN 谓词的对应关系

	=	<>或!=	<	<=	>	>=
ANY	IN		<MAX	<=MAX	>MIN	>=MIN
ALL		NOT IN	<MIN	<=MIN	>MAX	>=MAX

4. 带有 EXISTS 谓词的嵌套查询

EXISTS 代表存在量词，带有 EXISTS 谓词的子查询不返回任何数据，只得到"真"或"假"两个逻辑值。当子查询的结果为非空集合时，得到的值为"真"，否则得到的值为"假"。

【实例 3-52】查询选修了 C1102 号课程的学生姓名。

SELECT Sname FROM Student WHERE EXISTS
(SELECT * FROM SC WHERE Student. Sno=SC. Sno AND Cno='C1102');

〖问题点拨〗前面的例子中，子查询只处理一次，得到一个结果集，再依据该结果集处理父查询；而本例的子查询要处理多次，因为子查询与 Student.Sno 有关，父查询中 Student 表的不同行有不同的 Sno 值，这类子查询称为相关子查询（Correlated Subquery），即子查询的查询条件依赖于父查询的某个属性值（在本例中是 Student 的 Sno 值）。关于查询的一般处理过程是，首先取父查询中（Student）表的第 1 个元组，根据它与子查询相关的属性值（Sno 值）处理内层查询，若 WHERE 子句返回值为真，则取此元组放入结果表；然后再取 Student 表的下一个元组，重复这一过程，直至外层 Student 表的所有元组都查找完为止。另外，由 EXISTS 谓词引出的子查询，其目标列表达式通常都有*，因为带 EXISTS 的子查询只返回逻辑真值或假值，给出列名没有实际意义。

本例中的查询也可以用连接运算实现，读者可以参照有关的例子，给出相应的 SQL 语句。

【实例 3-53】查询没有选修 C1102 号课程的学生姓名。

SELECT Sname FROM Student WHERE NOT EXISTS
(SELECT * FROM SC WHERE Sno=Student. Sno AND Cno='C1102');

与 EXISTS 谓词相对应的是 NOT EXISTS 谓词，使用量词 NOT EXISTS 后，若子查询的结果为空，则父查询的 WHERE 子句返回逻辑真值；否则返回逻辑假值。

【实例 3-54】查询选修了全部课程的学生姓名。

SELECT Sname FROM Student WHERE NOT EXISTS
(SELECT * FROM Course WHERE NOT EXISTS
(SELECT * FROM SC WHERE Sno=Student.Sno AND Cno=Course.Cno));

由于 SQL 中没有全称量词，但总可以把带有全称量词的谓词转换为等价的带有存在量词的谓词。本例中由于没有全称量词，可将题目转换为等价的存在量词的形式，即选修了全部课程等价于没有一门功课不选修。

§3.4 SQL 的数据更新

SQL 的数据更新是指对基本表中已有的数据进行更新，包括插入数据、修改数据和删除数据。SQL 提供了相应的更新语句：INSERT 语句、UPDATE 语句和 DELETE 语句。更新操作是以查询操作为基础，所以 SQL 数据更新语句中基本上都带有查询子句。执行这些操作时可能会受到完整性约束，这种约束是为了保护数据库中数据的正确性和一致性。

3.4.1 插入数据

在创建基本表时，最初只有一个空的框架而没有数据，需要使用插入语句将数据插入到基本表中。SQL 提供的数据插入语句有两种使用形式：一种是使用常量，一次仅插入一个元组；另一种是插入子查询的结果，一次可以插入多个元组。

1. 插入单个元组

所谓插入单个元组，就是使用 INSERT 语句将新元组插入到指定表中。使用常量插入单个元组的一般语法格式为：

INSERT INTO <表名>[(<属性列 1>，<属性列 2>…)]

VALUES (<常量 1>[，<常量 2>]…);

【语法说明】INSERT INTO 语句的功能是将新元组插入指定表中，新元组的<属性列 1>的值为<常量 1>，<属性列 2>的值为<常量 2>……。如果 INTO 子句中有属性列选项，则没有出现在 INTO 子句中的属性列将取空值。

但需注意，在表定义时对已经指定为非空 NOT NULL 的属性列不能取空值，否则会出错。如果 INTO 子句没有指明任何属性列名，则新插入的单个元组必须在每个属性列上均有值。

【实例 3-55】将一个新生记录（学号为"20121209"，姓名"王莉"，性别"女"，出生年月为"1992 年 8 月 1 日"，所在系为"计算机"）插入到学生表 Student。

INSERT INTO Student(Sno,Sname,Ssex,Sbirthday,Sdept)
VALUES('20121209','王莉','女','1992-8-1','计算机');

本例 INTO 子句中指出了表名 Student，并指出了新增的记录在哪些属性上需要赋值，属性的顺序可以与该表 Student 的建立顺序不一样。VALUES 子句对应各属性赋值，其中字符串需要使用英文单引号括起来。另外，对于日期型字段数据也需按照日期格式书写且使用英文单引号括起来。由于学生表 Student 的字段顺序依次为：Sno、Sname、Ssex、Sbirthday、Sdept，所以上述语句还可以写成如下形式：

INSERT INTO Student
VALUES('20121209','王莉','女','1992-8-1','计算机');

【实例 3-56】插入一条选课记录（学号：20121103，课程号：C1103，成绩不详）。

INSERT INTO SC(Sno,Cno)　　　 或者　　　 INSERT INTO SC
VALUES('20121103','C1103');　　　　　　　 VALUES('20121103','C1103',NULL);

这里，对新插入的元组在 Grade 列上取 NULL。

2. 插入子查询的结果集

子查询不仅可以嵌套在 SELECT 语句中，作为构造父查询的条件，也可以嵌套在 INSERT 语句中用于批量插入数据。当插入的数据需要查询才能得到时，可使用插入子查询的结果集作为批量数据输入到基本表中。插入子查询结果集使用 INSERT 语句，一般语法格式为：

INSERT INTO <表名>[(<属性列 1>，<属性列 2>…)]

<子查询>;

【语法说明】INSERT INTO 语句的功能是将新元组插入到指定表中，新元组的<属性列 1>的值为<常量 1>，<属性列 2>的值为<常量 2>……。如果 INTO 子句中有属性列选项，则没有出现在 INTO 子句中的属性列将取空值。<子查询>是由 SELECT 语句引出的一个查询。

【实例 3-57】创建表 Student2，要求把 Student 表中"信息工程"系学生的 Sno、Sname、Sdept 字段的内容插入 Student2 中。

CREATET TABLE Student2
(Sno char(6) NOT NULL;
Sname char(8) NOT NULL;
Sdept char(20) NULL);

用 INSERT 语句将 Student 中的内容插入 Student2：

INSERT INTO Student2(Sno,Sname,Sdept)
SELECT Sno,Sname,Sdept
FROM Student WHERE Sdept='信息工程';

3.4.2 修改数据

随着数据库系统的实际运行，某些数据可能会发生变化，这时就需要对表中的数据进行修改。修改数据可以使用 UPDATE 语句，其一般语法格式为：

UPDATE <表名> SET <列名>=<表达式>[,<列名>=<表达式>]…

[WHERE <条件>];

【语法说明】UPDATE 语句的功能是修改指定表中满足 WHERE 子句条件的元组。由 SET 子句给出<表达式>的值取代相应属性列的值，如果省略 WHERE 子句，则表示要更新表中的所有记录；子查询可以嵌套在 UPDATE 的 WHERE 子句中，用以构造修改的条件。因此，我们可以把修改数据分为无条件修改和有条件修改。

1. 无条件修改

所谓无条件修改，就是指省略 WHERE 子句，对表中的所有元素进行修改。

【实例 3-58】将所有学生的成绩增加 10 分。

UPDATE SC SET Grade=Grade+10;　　　/* 本例没有 WHERE 子句，表示修改所有学生的记录 */

2. 有条件修改

有条件修改就是在 WHERE 子句中指定需要满足的条件，对表中的元组进行有选择修改。其修改过程是取出表中的第一个元组，判断其是否满足 WHERE 子句指定的条件，如果满足则对该元组进行修改，否则跳过，继续提取下一个元组；重复上述过程直到扫描整个表一遍。

【实例 3-59】将姓名为"赵建国"的同学年龄改为 20，所在系改为"计算机"。

UPDATE Student SET Sage=20,Sdept='计算机',WHERE Sname='赵建国';

【实例 3-60】将选修"离散数学"的学生成绩提高 5%。

UPDATE SC SET Grade=Grade * 1.05 WHERE Cno IN

(SELECT Cno FROM Course WHERE Cname='离散数学');

3.4.3 删除数据

随着系统的运行，表中可能产生一些无用的数据。这些数据不仅占用空间，而且还影响查询的速度，所以应该及时删除它们。删除数据可以使用 DELETE 语句，也可以使用 TRUNCATE TABLE（清空表格）语句。使用 DELETE 语句删除数据的一般语法格式为：

DELETE　FROM <表名>[WHERE <条件>];

【语法说明】DELETE 语句的功能是从指定表中删除满足 WHERE 条件的所有元组。如果省略了 WHERE 子句，则表示删除表中全部元组。DELETE 语句删除的是表中的数据，而不是表的定义，即使表中的数据全部被删除，表的定义仍在数据库中。因此，我们可以把删除数据分为无条件删除和有条件删除。

1. 无条件删除

所谓无条件删除，就是指省略 WHERE 子句，删除表中的全部数据。

【实例 3-61】删除姓名为"赵建国"的学生记录。

DELETE FROM Student

WHERE Sname='赵建国';

【实例 3-62】删除课程表 Course 中的所有记录。

DELETE FROM Course;

这条 DELETE 语句删除了 Course 中的所有记录，从而使 Course 成为一张空表。

2. 有条件删除

有条件删除就是在 WHERE 子句中指定需要满足的条件，对表中的元组进行有选择删除。有条件删除的过程与有条件修改语句类似。

【实例 3-63】 删除选修了课程名为"离散数学"的选课记录。

```
DELETE FROM SC
WHERE Cno IN
(SELECT Cno FROM COURSE WHERE Cname='离散数学');
```

§3.5 SQL 的视图操作

视图（View）是从一个或几个基本表（或视图）中选定某些记录或列而导出的特殊类型的表。它与基本表不同，视图本身并不存储数据，数据仍存储在原来的基本表中，视图数据是虚拟的，它只提供一种访问基本表中数据的方法。使用视图的目的一是限制用户直接存取基本表的某些列或记录，从而增加了数据安全性；二是屏蔽数据的复杂性，因为通过视图可得到多个基本表经过计算后的数据。当视图创建后，用户可以像基本表一样对视图进行数据查询，在某些特殊情况下，还可以对视图进行更新、删除和插入数据操作。

3.5.1 视图的创建与删除

1. 创建视图

如同创建基本表一样，创建视图就是定义视图。SQL 中使用 CREATE VIEW 命令来创建视图，创建视图的一般语法格式为：

CREATE VIEW <视图名>[(<列名>[，<列名>]…)]

AS <子查询> [WITH　CHECK　OPTION]

【语法说明】 <视图名>的命名规则与基本表的命名规则相同；<列名>是视图中包含的列；<子查询>可以是任意复杂的 SELECT 语句，但通常不允许含有 ORDER BY 子句和 DISTINCT 短语；[WITH CHECK OPTION]表示对视图进行 UPDATE、INSERT 和 DELETE 操作时要保证更新、插入或删除的行满足<子查询>中的条件表达式的条件。

视图的属性列名可多达 1024 个，可以全部省略或者全部指定。若没有指定属性列名，则该视图的列名隐含由<子查询>中指定的列名决定。通常下列三种情况下必须明确指定组成视图的所有列名：

① 视图是由多个表连接得到的，在不同的表中有列名相同的列，并且在视图中要包含这样的同名列。

② 生成视图的子查询的目标列不是单纯的列名，而是算术表达式或系统函数的计算结果，必须给计算结果指定别名。

③ 需要为视图中的某些列使用新的更合适的列名。

对于视图的创建，可分为以下 5 种情况。

（1）创建行列子集视图：该视图是由一个表导出的，只是从表中去除了某些行和某些列，并且保留了表的主键。

【实例 3-64】 建立计算机系的学生视图。

```
CREATE VIEW V_Student_CS
```

AS SELECT Sno,Sname,Sbirthday

FROM Student WHERE Sdept='CS';

〖问题点拨〗本例中省略了视图的列名，隐含列名由查询中 SELECT 子句中的 Sno、Sname、Sbirthday 组成。

（2）创建多表视图：视图不仅可以建立在单个表上，也可以建立在多个表上。如果创建视图的子查询中涉及多个表，则创建的视图就是多表视图。

【实例 3-65】建立计算机系选修了"数据库技术及应用"课程（C1103）的学生视图。

CREATE VIEW V_Student_CS1(Sno,Sname,Grade)

AS SELECT Student.Sno,Sname,Grade FROM Student,SC

WHERE Sdept='CS' AND Student.Sno=SC.Sno AND SC.Cno='C1103';

〖问题点拨〗本例中的视图是建立在多个基本表上。由于视图 V_Student_CS1 的属性列中包含了 Student 表和 SC 表的同名列 Sno，所以必须在视图名后明确指定视图的各属性列名。

（3）创建带表达式的视图：组成该视图的属性列不是导出该视图的表中的列，而是通过表达式派生出来的列。

【实例 3-66】建立计算机系的学生视图，并要求进行更新、插入或删除操作时仍需保证该视图只有计算机系的学生。

CREATE VIEW V_Student_CS

AS SELECT Sno,Sname,Sbirthday FROM Student WHERE Sdept='CS' WITH CHECK OPTION;

〖问题点拨〗由于定义视图时使用了 WITH CHECK OPTION 子句，则以后对该视图进行插入、更新和删除操作时，RDBMS 会自动加上 Sdept='CS'的条件。

（4）创建分组视图：分组视图指通过使用聚集函数和 GROUP BY 子句查询生成的视图。

【实例 3-67】使用视图来定义学生的学号及其平均成绩的信息。

CREATE VIEW V_Grade(Sno,Gavg)

AS SELECT Sno,AVG(Gavg) FROM SC GROUP BY Sno;

〖问题点拨〗本例建立的视图定义中使用了聚集函数 AVG 求平均值，并使用了 GROUP BY 子句来进行分组统计，这种视图称为分组视图。由于使用了 AVG 函数，所以定义视图时需要明确指定视图属性列名。

（5）在视图之上创建视图：视图不仅可以建立在基本表之上，还可以建立在已经存在的视图之上。这时子查询中的 FROM 子句中可以使用视图，也可以同时使用视图和基本表。

【实例 3-68】建立计算机系选修了"数据库技术与应用课程（C1103）且成绩在 90 分以上的学生视图。

CREATE VIEW V_Student_CS2

AS SELECT Sno,Sname,Grade FROM V_Student_CS1 WHERE Grade>=90;

〖问题点拨〗本例中建立的视图是在已存在的视图 V_Student_CS1 上建立的。

2. 删除视图

当视图不再使用时就需要删除，但删除视图不同于删除基本表。删除视图仅仅是从系统的数据字典中删除了视图的定义，并没有删除数据，不会影响基本表中的数据。基本表删除后，由该基本表导出的所有视图没有被删除，但均无法使用了，所以只有视图的拥有者或有 DBA 权限的用户才能删除。删除视图的一般语法格式为：

      DROP VIEW<视图名>[CASCADE];

【语法说明】执行 DROP VIEW<视图名>的结果是从数据字典中删除某个视图的定义，由该视图导出的其它视图通常不会被自动删除，但已经不能使用了。此时，可以带上 CASCADE 来级联删除本视图和导出引用的所有视图。

【实例 3-69】删除视图 V_Student_CS1。

DROP VIEW V_Student_CS1;

由于 V_Student CS1 视图上还导出了 V_Student_CS2 视图，所以执行此删除视图语句会被拒绝。如果确定要删除，则使用级联删除语句：

DROP VIEW V_Student_CS1 CASCADE;　　/*删除 V_Student_CS1 视图及导出的所有视图*/

3.5.2　视图的查询与更新

1. 查询视图

视图也是二维表，所以定义视图之后，用户就可以像操作基本表一样对视图进行操作。系统将用户的 SQL 语句和视图的定义语句结合起来，把视图查询转换为对基本表的查询。

【实例 3-70】查询选修了 C1103 课程的计算机系学生的学号和姓名。

SELECT Sno,Sname FROM V_Student_CS1;

或者

SELECT V_Student_CS.Sno,Sname

FROM V_Student_CS.SC WHERE V_Student_CS.Sno=SC.Sno AND SC.Cno='C1103';

〖问题点拨〗本例中前面使用了 V_Student_CS1 视图，该视图本来就是满足题目要求的视图。当然如果查询的是选修其它课程的学生信息，则需要使用第 2 种查询语句。

2. 更新视图

视图的更新是指通过视图来插入、修改、删除数据。同基本表一样，可以使用 INSERT、UPDATE 和 DELETE 语句对视图中的数据进行更新。并且是根据视图的更新语句转化为对基本表的更新语句，最终实现的仍然是对基本表中的数据的更新操作。

【实例 3-71】向计算机系的学生视图 V_Student_CS 中插入一新生的学生记录信息，该学生学号为"20121301"，姓名改为"张露"，出生年月为"1990-12-18"。

INSERT INTO V_Student_CS
VALUES('20121301','张露','1990-12-18');

本题使用视图来给 Student 表中增加新数据，转换后的等价插入语句为：

INSERT INTO Student
VALUES('20121301','张露','1990-12-18','CS');

系统自动将系别名'CS'放入 VALUES 子句中。

【实例 3-72】将计算机系的学生视图 V_Student_CS 中学号为"20121101"的学生姓名改为"张建"。

UPDATE V_Student_CS SET Sname='张建'
WHERE Sno='20121101';

〖问题点拨〗本题使用视图来更新 Student 基本表中的数据，转换后的等价更新语句为：

UPDATE　Student SET Sname='张建'
WHERE Sno='20121101' AND Sdept='CS';

【实例 3-73】删除计算机系学生视图 V_Student_CS 中学号为"20121101"的记录。

DELETE FROM V_Student_CS
WHERE Sno='20121101'

〖问题点拨〗本题使用视图来删除 Student 基本表中的数据，转换后的等价删除语句为：

UPDATE FROM Student

WHERE Sno='20121101' AND Sdept='CS';

　　由于视图是不存放数据的虚表，数据是来自其它基本表，因此对视图的更新最终将转换为对基本表的更新。SQL 标准规定只能对直接定义在一个基本表上的视图进行插入、删除、修改等操作，对定义在多个基本表或其它视图上的视图，不允许 DBMS 进行更新操作。为了防止用户通过视图对数据进行增加、删除、修改时，无意地对不属于视图范围内的基本表数据进行操作，在定义视图时尽量加上 WITH CHECK OPTION 子句。这样在视图上增删改数据时，RDBMS 会检查视图定义中的条件，若不满足条件则拒绝执行该操作。

本章小结

　　SQL 作为国际标准数据语言，具有功能强大、语言简洁、使用灵活等特点，得到广泛的应用。SQL 基于关系模型的集合理论，是具有关系代数和关系演算双重特点的标准查询语言。本章详细介绍了 SQL 的数据定义、数据查询、数据更新、视图操作等内容。

　　1. SQL 的数据定义包括创建数据库定义、模式定义、表定义、索引定义和视图定义。其中，创建数据库和模式定义的语法则针对不同数据库而不同。

　　2. SQL 数据查询的功能非常强大，主要有：单表查询、连接查询、分组查询、多表查询、结合查询、嵌套查询等。其中，连接查询与嵌套查询较难掌握，也是非常灵活的数据查询，需要多练多操作。另外，对于连接查询中的内连接和外连接，学习时不仅要掌握内连接的使用，更需要弄清外连接的含义，因为在实际应用中存在外连接的情况。

　　3. SQL 的数据更新操作包括插入、更新、删除。它们分别由 INSERT 语句、UPDATE 语句和 DELETE 语句来实现。使用时，插入语句 INSERT 需要注意表中的非空字段，删除语句 DELETE 与更新语句 UPDATE 需要注意是否有条件，也即删除或更新的数据范围。

　　4. SQL 中的视图是从一个或几个基本表（或视图）导出的虚表。它本身不存储数据，数据仍存储在原来的基本表中。视图创建后，可以使用视图进行数据查询，在某些特殊情况下，还可以对视图进行更新、删除和插入数据操作。但通常我们利用视图进行数据查询而很少更改基本表中的数据。由于使用视图增加了数据安全性，并且可以屏蔽数据的复杂性，因此我们在数据库设计时对一些复杂的数据表达可以采用视图。

习题三

一、选择题

1. SQL 语言是关系型数据库系统典型的数据库语言，它是（　　）。

　　A. 过程化语言　　　　　　　　　　B. 结构化查询语言

　　C. 格式化语言　　　　　　　　　　D. 导航式语言

2. SQL 语言集数据查询、数据操纵、数据定义和数据控制功能于一体，其中，CREATE、DROP、ALTER 语句是实现哪种功能（　　）。

　　A. 数据查询　　　B. 数据操纵　　　C. 数据定义　　　D. 数据控制

3. 下列的 SQL 语句中，（　　）不是数据定义语句。

　　A. CREATE TABLE　　　　　　　　B. DROP VIEW

C. CREATE VIEW   D. GRANT

4. 有关系 S（Sno，Sname，Sage），C（Cno，Cname），SC（Sno，Cno，Grade）。其中：

Sno 是学生号，Sname 是学生姓名，Sage 是学生年龄，Cno 是课程号，Cname 是课程名称。要查询选修"Access"课的年龄不小于 20 岁的全体学生姓名的 SQL 语句是 SELECT Sname FROM S,C,SC WHERE 子句。这里的 WHERE 子句的内容是（   ）。

     A. S.Sno=SC.Sno and C.Cno=SC.Cno and Sage＞=20 and Cname='Access'

     B. S.Sno=SC.Sno and C.Cno=SC.Cno and Sage in＞=20 and Cname in 'Access'

     C. Sage in＞=20 and Cname in 'Access'

     D. Sage＞=20 and Cname='Access'

5. 设关系数据库中一个表 S 的结构为 S（Sname，Cname，Grade），其中 Sname 为学生名，Cname 为课程名，二者均为字符型；Grade 为成绩，数值型，取值范围为 0～100。若要把"张建的数学成绩 96 分"插入表 S 中，则可用（   ）。

     A. ADD INTO S VALUES('张建','数学','96')

     B. INSERT INTO S VALUES('张建','数学','96')

     C. ADD INTO S VALUES('张建','数学',96)

     D. INSERT INTO S VALUES('张建','数学',96)

6. 设关系数据库中一个表 S 的结构为：S（Sname，Cname，Grade），其中 Sname 为学生名，Cname 为课程名，二者均为字符型；Grade 为成绩，数值型，取值范围为 0～100。若要更正张三的数学成绩为 85 分，则可用（   ）。

     A. UPDATE S SET grade=85 WHERE Sname='张建'AND Cname='数学'

     B. UPDATE S SET grade='85' WHERE Sname='张建'AND Cname='数学'

     C. UPDATE grade=85 WHERE Sname='张建'AND Cname='数学'

     D. UPDATE grade='85' WHERE Sname='张建'AND Cname='数学'

7. SQL 中的视图机制提高了数据库系统的（   ）。

     A. 完整性   B. 并发控制   C. 隔离性   D. 安全性

8. 在 SQL 的查询语句中，允许出现聚集函数的是（   ）。

     A. FROM 子句   B. WHERE 子句

     C. HAVING 短语   D. SELECT 子句和 HAVING 短语

9. 在 SQL 中，创建一个 SQL 模式，就定义了一个（   ）。

     A. 基本表的集合   B. 命名的存储空间

     C. 视图的存储空间   D. 索引表的存储空间

10. 在定义索引时，若使每一个索引值只对应唯一的数据记录，则使用（   ）保留字。

     A. CLUSTER   B，RESTRICT   C. UNIQUE   D. CASCADE

二、填空题

1. SQL 语言结构中，_____有对应的物理存储，而_____没有对应的物理存储。

2. 为了避免对表进行全表扫描，RDBMS 一般都对_____自动建立一个_____。

3. 基于关系运算的 SQL，其关系运算基础是介于_____和_____之间的运算。

4. 定义基本表时，若要求某一列的值不能为空值，则在定义时应使用_____保留字，但如果该列已被定义为_____，则可以省略。

5. 使用 DELETE 语句删除的最小数据单位是_____。

6. SQL 的集合处理方式与宿主语言的单记录处理方式之间用_____协调。

7. 在 SELECT 查询语句的 SELECT 子句中允许出现列名或_____。

8. 在 CREATE TABLE 语句中实现数据完整性约束的三个子句分别是_____、_____和_____。

9. 在 SELECT 语句中，_____子句可以带有 HAVING 短语，此时表示进一步对后面的数据进行筛选。

10. 假定学生关系为 S（学号，姓名，性别，年龄），课程关系为 C（课号，课名，教师号），选课关系是 SC（学号，课号，成绩）。

（1）若要查询选修了课程名为"计算机"的所有女同学的姓名，将涉及的关系是_____。

（2）查询所有比"张三"年龄大的学生的姓名、性别和年龄，正确的 SELECT 语句是_____。

（3）查询选修了"数学"或"计算机"课程的学生的学号和成绩，正确的 SELECT 语句是_____。

三、问答题

1. SQL 由哪些功能组成？SQL 具有哪些特点？

2. 什么是基本表？什么是视图？两者的区别和联系是什么？

3. 建立视图有什么优点？

4. 数据库语言与宿主语言有什么区别？

5. 基本表与视图的区别与联系是什么？

6. 所有视图是否都可以更新？为什么？

7. 建索引的目的是什么？是否建得越多越好？

8. 空值 NULL 在运算中起什么作用？

9. 嵌入式 SQL 中是如何区分 SQL 语句和宿主语言语句的？

10. 嵌入式 SQL 中是如何解决宿主语言和 DBMS 之间数据通信的？

四、应用题

1. 设有两个基本表 R(A，B，C)和 S(D，E，F)，试用 SQL 查询语句表示下列关系代数表达式：

（1）$\delta_{A='11'}(R)$；

（2）$R \times S$；

（3）$\Pi_{B,E}(\delta_{C='43'}(R \times S))$；

（4）$\Pi_{A,D}(\delta_{C=E \wedge B=F}(R \times S))$；

2. 设有两个基本表 R(A，B，C)和 S(A，B，C)，试用 SQL 查询语句表示下列关系代数表达式：

（1）$R \cup S$；

（2）$R \cap S$；

（3）$\Pi_A(R)$；

（4）$R - S$

（5）$\Pi_{A,B}(R) \infty \Pi_{B,C}(S)$

（6）$\Sigma_{B='17'}(R)$。

3. 有一个教学管理数据库，包含以下基本表：

学生（学号，姓名，性别，年龄，系编号）；

教师（教师编号，姓名，年龄，职称；系编号）；

院系（系编号，系名，教师编号）；

任课（课程号，课程名，教师编号）。

要求用 SQL 语句完成下列功能：

（1）建立学生表，主码为学号，性别为"男"或"女"。

（2）将学生张三从系编号为 001 的系转到编号为 002 的系。

（3）将计算机系教师张明的职称升为教授。

（4）统计计算机系教师张明的任课门数。

（5）建立一个存储过程，输入系编号显示学生的学号、姓名。

（6）建立一个存储过程，输入教师编号，显示教师的姓名、任课课程名、教师院系。

4．设有学生选课关系 SC（学号，课程号，成绩），试用 SQL 语句检索每门课程的最高分。

5．有关系模式如下：

学生关系 S（学号，姓名，性别）；课程关系 C（课程号，课程名）；成绩关系 SC（学号，课程号，分数），试用 SQL 语句完成如下功能的检索：

（1）用 SQL 语句检索选修课程号为'C1'且分数最高的学生的学号和分数。

（2）用 SQL 语句检索选修课程名为'DB'的学生姓名和分数。

第4章 Microsoft SQL Server 2008 基础

【问题引出】第3章介绍了 SQL，但标准的 SQL 只能用于数据查询，而且必须有数据库管理系统作为支撑。SQL Server 2008 是一个高性能、多用户的关系型数据库管理系统。由于它具有强大、灵活的功能，丰富的应用编程接口以及精巧的系统结构，因而深受广大用户的青睐，成为当前最流行的数据库管理系统之一。那么，SQL Server 2008 具有什么样的结构？它由哪些部分组成？SQL Server 2008 具有哪些功能作用？怎样实现对数据库的管理？SQL Server 2008 提供的 Transact-SQL 与 SQL 有哪些区别，能实现哪些编程？等等，这就是本章所要讨论的问题。

【教学重点】本章主要讨论 SQL Server 2008 的性能特点、SQL Server 2008 的结构组成、SQL Server 2008 的管理工具；Transact-SQL 程序设计基础，Transact-SQL 对游标和存储过程的支持。

【教学目标】了解 SQL Server 2008 的功能特点和结构组成；熟悉 SQL Server 2008 数据库管理系统、数据库对象和管理工具；掌握 Transact-SQL 编程基础以及游标和存储过程的使用。

§4.1 SQL Server 2008 概述

SQL Server 是 Microsoft 公司开发的系列数据库管理平台，自 1988 年推出第一个版本 SQL Server 1.0 到 2008 年推出 SQL Server 2008，该产品经历了 20 余年的重大变革和提升，由一个简单的数据库管理系统平台发展成为包含数据管理、数据库设计、数据分析服务、数据安全服务、数据智能服务等功能的综合性大型数据库系统平台。

SQL Server 2008 是一个典型的、面向高端用户的大型关系型数据库管理系统，具有强大的数据管理功能，提供了丰富的管理工具支持数据的完整性管理、安全性管理和作业管理等。SQL Server 2008 支持标准 ANSI SQL，并把标准 SQL 扩展成为更实用的 Transact-SQL。SQL Server 2008 具有分布式数据库和数据仓库功能，能进行分布式事务处理和联机分析处理，支持客户机/服务器结构。另外 SQL Server 2008 还具有强大的网络功能，支持发布 Web 页面以及接收电子邮件。总之，SQL Server 2008 是目前最广为使用的数据库管理系统。

4.1.1 SQL Server 2008 的版本

自 1988 年推出第一个版本 OS/2 后，版本不断更新，在 1996 年推出了 SQL Server 6.5 版本。1998 年，SQL Server 7.0 版本和用户见面。2000 年，Microsoft 公司增强了 SQL Server 7.0 的功能，发布了 SQL Server 2000，包括企业版、标准版、开发版和个人版 4 个版本。2005 年，Microsoft 公司又推出了 SQL Server 2005，提供了一个完整的数据管理和分析解决方案，给不同需求的组织和个人带来帮助。

2008 年，SQL Server 2008 面世。SQL Server 2008 是一个重要的数据库产品版本，它在 SQL Server 2005 基础上推出了许多新的特性并进行了关键改进。为了满足不同需求的用户，Microsoft 设计出 SQL Server 2008 不同的版本。依操作位数分类，有 32 位和 64 位两大类版本，其中 32 位共有 6 个不同的版本，分别是企业版、标准版、工作组版、Web 版、学习（简易）版和 Compact 3.5 版。其使用人员包括数据库管理员、开发人员和普通用户等。每一种版本以某种需求的人员为目标，产生一种最合适的解决方案来满足这种需求的人员所特有的性能、运行时间和价格需求。SQL

Server 2008 的 6 个版本的基本概况如表 4-1 所示。

表 4-1　SQL Server 2008 32 位版本的基本概况

版本	描述	适用环境
SQL Server 2008 企业版（Enterprise Edition）	是一个全面的数据管理和商业智能平台，提供企业级的可扩展性、高可用性和高安全性以运行企业关键业务应用。这一版本作为完整的数据库解决方案，是大型企业的首选产品	作为生产数据库服务器使用，支持超大型企业进行联机事务处理（OLTP）、高度复杂的数据分析处理。是超大型企业理想的选择，能够满足最复杂的要求
SQL Server 2008 标准版（Standard Edition）	是一个完整的数据管理和商业智能平台，提供最好的易用性和可管理性来运行部门级应用	为部门级应用提供了最佳的易用性和可管理性，是全面数据管理和分析平台的中小型企业的理想选择
SQL Server 2008 工作组版（Workgroup Edition）	是一个理想的入门级数据库，具有可靠、功能强大且易于管理的特点，它包括 SQL Server 产品系列的核心数据库功能，可以轻松地升级至标准版或企业版	适用于需要在大小和用户数量上没有限制的数据库的小型企业，可用做前端 Web 服务器，也可用于部门或分支机构的运营
SQL Server 2008 Web 版	是针对运行于 Windows 服务器中要求高、面向 Internet Web 服务环境而设计的。这一版本为实现低成本、大规模、高可用性的 Web 应用或客户托管解决方案提供了必要的支持工具	主要是满足网站开发和管理的需要。对于提供可扩展性和可管理性功能的 Web 宿主和网站来说，SQL Server 2008 Web 版是一项总拥有成本较低的选择
SQL Server 2008 学习版（Express Edition）	是一个免费、易用且便于管理的数据库。与 Microsoft Visual Studio 2008 集成在一起，可以轻松开发功能丰富、存储安全、可快速部署的数据驱动应用程序	它是低端 ISV、低端服务器用户、创建 Web 应用程序的非专业开发人员以及创建客户端应用程序的编程爱好者的选择
SQL Server 2008 移动版（Compact Edition）	是一个针对开发人员设计的免费嵌入式数据库。SQL Server Compact 可运行于所有的微软 Windows 平台之上	这一版本的意图是构建独立、仅有少量连接需求的移动设备、桌面和 Web 客户端应用

4.1.2　SQL Server 2008 的性能

Microsoft SQL Server 2008 是建立在 SQL Server 2005 基础上的新一代数据库管理产品，是一个用于大规模联机事务处理（OLTP）、数据仓库和电子商务应用的数据库平台，也是用于数据集成、分析和报表解决方案的商业智能平台，该平台使用集成的商业智能工具提供企业级的数据管理。SQL Server 2008 提供了一套综合的、能满足不断增长的企业业务需求的数据平台，在安全可靠和可扩展的平台中运行关键业务型应用程序。在合理开发数据应用程序的同时，降低数据基础架构的管理成本。SQL Server 2008 中不仅包含了可以扩展服务器功能以及大型数据库的技术，而且提供了性能优化工具。无论在性能、稳定性、易用性方面都有相当大的改进，其性能提升主要体现以下几个方面。

1. 数据仓库和商业智能服务

SQL Server 2008 提供了一个全面的平台，可以在用户需要的时候发送观察信息，在整个企业中实现商业智能。SQL Server 2008 是真正意义上的企业级产品，支持数据仓库，可以组织大量的稳定数据以便于分析和检索。SQL Server 2008 的综合分析、集成和数据迁移功能使各个企业无论采用何种基础平台都可以扩展其现有应用程序的价值。构建于 SQL Server 2008 的商业智能（BI）

的解决方案使所有员工可以及时获得关键信息，从而在更短的时间内制定更好的决策。

2．集成的数据管理

SQL Server 2008 提供了一组综合性的数据管理组件，如 Microsoft Visual Studio、Analysis Services、Integration Services、Reporting Services，还有新的开发工具，如 Business Intelligence Development Studio 和 SQL Server Management Studio，这些组件的紧密集成使得 SQL Server 2008 与众不同。无论是开发人员、数据库管理贞、信息工作者还是决策者，SQL Server 2008 都可以为他们提供创新的解决方案，使他们从数据中更多地获益。

3．支持 XML 技术

XML 是可扩展标记语言（Extensible Markup Language）的简称，可以根据用户自定义标记来存储和处理数据，主要用来处理半结构化的数据。XML 具有很多优点：例如，建立在 Unicode 基础上、XML 解析器随处可见且与平台无关、可以跨平台传递数据、可在任意系统中使用。目前，应用程序在交换数据或存储设置时，大多数采用 XML 格式。SQL Server 2008 系统提供了 XML 数据类型，完全支持关系数据和 XML 数据，使企业单位能够以最合适自身需要的格式进行数据存储、管理和分析。

4．.NET Compact Framework

.NET Compact Framework 为快速开发应用程序提供了可重用的类。从用户界面开发、应用程序管理，再到数据库的访问，这些类可以缩短开发时间和简化编程任务。SQL Server 2008 与.NET Compact Framework 3.5 密切相关，数据库引擎中加入了.NET 的公共语言执行环境。使用.NET 语言（如 Visual C#.NET 和 Visual Basic.NET 等）可以创建数据库对象，方便了数据库应用程序的开发。

5．与 Microsoft Office 2007 完美结合

SQL Server 2008 能够与 Microsoft Office 2007 完美地结合。例如，SQL Server 报表服务能够直接把报表导出生成为 Word 文档。使用 Report Authoring 工具，Word 和 Excel 都可以作为 SSRS 报表的模板，Excel SSAS 新添了一个数据挖掘插件，更加提高了性能。

4.1.3　SQL Server 2008 的体系结构

SQL Server 2008 是一个提供了联机事务处理、数据仓库、电子商务应用的数据库和数据分析平台，SQL Server 2008 的体系结构是指对 SQL Server 2008 的组成和这些组成部分之间关系的描述。Microsoft SQL Server 2008 系统由 4 个部分组成：数据库引擎（Database Engine）、分析服务（Analysis Services）、集成服务（Integration Services）和报表服务（Reporting Services），它们之间的相互关系如图 4-1 所示。

图 4-1　SQL Server 2008 的体系结构

1．数据库引擎（Database Engine，DE）

数据库引擎是 Microsoft SQL Server 2008 系统提供的核心服务，负责完成数据的存储、处理和保护数据（安全管理）。数据库引擎提供了受控访问和快速事务处理，因而也称为联机事务处理（OnLink Transaction Processing，OLTP）。数据库引擎使用 SQL Server Management Studio 管理数据库对象，例如，创建数据库、创建表、执行各种数据查询、访问数据库等。数据库引擎包含了许多功能组件，例如复制、全文搜索、Service Broker 等。

2. 分析服务（Analysis Services，AS）

分析服务是一种核心服务，它建立在分析工具的强大基础上，包括 Analysis Services 多维数据和 Analysis Services 数据挖掘两部分。可支持对业务数据的快速分析，为商业智能应用程序提供联机分析处理和数据挖掘功能。使用分析服务，用户可以设计、创建和管理包含来自于其它数据源数据的多维结构，通过对多维数据进行多角度的分析，可以使管理人员对业务数据有更全面的理解。另外，通过使用分析服务，用户可以完成数据挖掘模型的构造和应用，实现知识的发现、表示和管理。

3. 集成服务（Integration Services，IS）

集成服务是用于生成高性能企业级数据集成和数据转换解决方案的平台。使用集成服务可解决复杂的业务问题，包括复制或下载文件，发送电子邮件以响应事件，更新数据仓库，清除和挖掘数据以及管理 SQL Server 对象和数据。集成服务可以高效地处理 SQL Server 数据和 Oracle、Excel、XML 文档、文本文件等数据源中的数据，并加载到分析服务（SSAS）中，以便进行数据挖掘和数据服务。

4. 报表服务（Reporting Services，RS）

报表服务是基于服务器的报表平台，提供来自关系和多维数据源的综合数据表。利用报表服务，可以创建交互式报表、表格式报表或自由格式报表，可以根据计划时间间隔检索数据或在用户打开报表时按需检索数据。此外，报表服务还允许通过交互方式浏览模型中的数据，所有报表可按桌面格式或面向 Web 格式呈现。

§4.2　SQL Server 2008 的基本组成

数据库是 Microsoft SQL Server 2008 中存储数据和数据对象的容器，从组成结构角度讲，它由各类数据库、数据文件和数据对象所组成。

4.2.1　SQL Server 2008 数据库的类型

SQL Server 2008 系统提供了两种类型的数据库，即系统数据库和用户数据库。系统数据库存放 SQL Server 2008 系统的系统级信息，例如系统配置、数据库信息、登录账户信息、数据库文件信息、数据库备份信息、警报、作业等。DBMS 使用这些系统级信息管理和控制整个数据库服务器系统。用户数据库也称为示例数据库，是由用户创建的，用来存放用户数据。

1. 系统数据库

当 SQL Server 2008 安装成功之后，系统自动创建 5 个系统数据库和多个用户示例数据库。

数据库是建立在操作系统文件上的，当 SQL Server 发出 CREATE DATABASE 命令建立数据库时，会同时发出建立操作系统文件、申请物理存储空间的请求；当 CREATE DATABASE 命令成功执行后，在物理上和逻辑上都建立了一个新的数据库；然后就可以在数据库中建立各种用户所需要的逻辑组件，如基本表和视图等，其组成结构如图 4-2 所示。

图 4-2　SQL Server 2008 组成结构

（1）Master 数据库：是 SQL Server 的主数据库，包含了 SQL Server 系统中的系统级信息，如系统配置信息、登陆账号、系统错误信息、系统存储过程、系统视图等。此外，Master 数据库还记录了所有其它数据库的存在、数据库文件的位置以及 SQL Server 的初始化信息。因此，如果 Master 数据库不可用，则 SQL Server 无法启动。在 SQL Server 2008 中，系统对象不再存储在 Master 数据库中，而是存储在 Resource 数据库中。

（2）Tempdb 数据库：为临时表和其它临时存储需求提供存储空间，是一个由 SQL Server 2008 上所有数据库共享使用的工作空间。每次启动 SQL Server 时，都要重新创建 Tempdb 数据库，所以系统启动时该数据库总是空的。在用户离开或系统关机时，临时数据库中创建的临时表将被删除，当它的空间不够时，系统会自动增加它的空间。

（3）Model 数据库：是 SQL Server 2008 中的模板数据库，Model 数据库中包含每个数据库所需的系统表格。每次启动 SQL Server 时都会创建 Tempdb 数据库，当创建数据库时，系统会将 Model 数据库中的内容复制到新建的数据库中去，所以 Model 数据库始终存在于 SQL Server 系统中。通过修改模板数据库中的表格，可以实现用户自定义配置新建数据库的对象，例如数据库的最小容量、数据库的选项设置、数据类型、函数、规则和默认值等。

（4）Resource 数据库：是只读数据库，它包含了 SQL Server 中的所有系统对象。SQL Server 系统对象（如 sys.objects）在物理上保留在 Resource 数据库中，但在逻辑上却显示在每个数据库的 sys 架构中。Resource 数据库不包含用户数据或用户元数据。

（5）Msdb 数据库：SQL Server 用 Resource 支持 SQL Server 代理、安排作业、报警等，也可以由其它功能（如 Service Broker 和数据库邮件）使用。

2. 用户数据库

用户数据库主要包括 Adventure Works、Adventure WorksDW、Northwind 和 Pubs 数据库。

（1）Adventure Works 数据库：是一个示例 OLTP 数据库，存储了某公司的业务数据。用户可以利用该数据库来学习 SQL Server 的操作，也可以模仿该数据库的结构设计用户自己的数据库。

（2）Adventure WorksDW 数据库：是一个示例 OLAP 库，用于在线事务分析，用户可以利用该数据库来学习 SQL Server 的 OLAP 操作，也可以模仿该数据库的结构设计用户自己的 OLAP 数据库。

Pubs 和 Northwind 虽属于用户数据库，但 SQL Server 2008 不自动安装 Pubs 和 Northwind 这两个示例数据库。其中，Pubs 数据库是以一个图书出版公司为模型，Northwind 数据库是以 Northwind Traders 的虚构公司为模型，存放了一些公司的销售数据，该公司从事世界各地的特产食品进出口贸易。需要时，用户可以从微软网站上下载安装这两个示例数据库。

4.2.2　SQL Server 2008 数据库文件

SQL Server 数据库是数据库对象的容器，它以操作系统文件的形式存储在磁盘上，这类文件分为两种类型：SQL Server 数据库文件和 SQL Server 数据库文件组。

1. SQL Server 数据库文件

在 SQL Server 中，数据库的物理存储结构在磁盘上是以文件为单位存储的，因而常称为物理文件。存储数据库数据的物理文件（也称为操作系统文件）可以分为以下三类：包括主数据文件、辅助数据文件和事务日志文件。

（1）主数据文件（Primary file）：用来存储数据库的启动信息和部分或全部数据。每个数据库必须有且只能有一个主数据文件。主数据文件是数据库的起点，指向数据库中文件的其它部分。主数据文件的推荐文件扩展名是.mdf。

（2）辅助数据文件（Secondary file）：也称为辅助数据文件。除主数据文件以外的所有其它数据文件都是辅助数据文件，可以用来存放表、视图和存储过程等用户文件，但不能存储系统对象。有些数据库可能没有辅助数据文件，而有些数据库则可能有多个辅助数据文件。辅助数据文件的推荐文件扩展名是.ndf。

（3）事务日志文件（Transaction log file）：用来存放数据库的事务日志，例如使用 INSERT、UPDATE、DELETE 等语句对数据库进行更改的操作都会记录在事务日志文件中。每个数据库必须至少有一个日志文件，也可以有多个。日志文件的推荐文件扩展名是.ldf。

2．SQL Server 数据库文件组

为了提高数据的查询速度和便于数据库的维护，SQL Server 可以将构成数据库的数个文件集合起来组织成为一个群体，并给定一组名，故称为文件组。文件组是当在数据库中创建数据库对象时，可以特别指定要将某些对象存储在某一特定的组上。SQL Server 有两种类型的文件组：主文件组和用户定义文件组。

（1）主文件组：包含主数据文件和任何没有明确分配给其它文件组的其它文件，系统表的所有页均分配在主文件组中。

（2）用户定义文件组：用户定义文件组是通过在 CREATE DATABASE 或 ALTER DATABASE 语句中使用 FILEGROUP 关键字指定的任何文件组。日志文件不包括在文件组内，日志空间与数据空间分开管理。

每个数据库中均有一个文件组被指定为默认文件组。如果创建表或索引时未指定文件组，则将假定所有页都以默认文件组分配。一次只能有一个文件组作为默认文件组。

4.2.3 SQL Server 2008 数据库对象

SQL Server 2008 数据库是有组织的数据集合，这种数据集合具有逻辑结构，并得到数据库系统的管理和维护。数据库的数据按不同的形式组织在一起构成了数据库对象，它是存储、管理和使用数据的不同结构形式。例如，以二维表的形式组织在一起的数据就构成了数据库的表对象。在SQL Server 2008 系统中主要的数据库对象包括数据库关系图、表、视图、同义词、存储过程、函数、触发器、程序集、类型、规则、默认值等。在某种程度上讲，设计数据库的过程实际上就是设计和实现数据库对象的过程。在 SQL Server 2008 系统中，SQL Server Management Studio 中连接数据库服务器后看到的数据库对象是逻辑对象，而不是存放在物理磁盘上的文件，数据库对象没有对应的磁盘文件，整个数据库对应磁盘上的文件与文件组。如果使用 SQL Server Management Studio 工具的"对象资源管理器"，可以把数据库中的对象表示成树型结点形式，这和磁盘操作系统（DOS）中的文件结构形式是一样的。数据对象与数据文件和日志文件之间的逻辑关系如图4-3 所示。

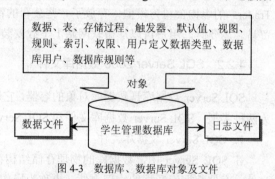

图 4-3 数据库、数据库对象及文件

§4.3 SQL Server 2008 的管理工具

Microsoft SQL Server 2008 系统提供了大量的管理工具，通过这些管理工具，可以实现对系统快速高效的管理。这些管理工具主要包括 SQL Server Management Studio、SQL Server 2008 配置管理器、SQL Server Profiler、数据库引擎优化顾问以及大量的命令行实用工具。下面分别介绍这些工具的主要作用和特点。

4.3.1　SQL Server Management Studio

SQL Server Management Studio 是 SQL Server 2008 中提供的一种新的集成环境，是 Visual Studio IDE 环境的一个子集，是用户操作使用 SQL Server 2008 的管理平台，用于访问、配置、管理和开发 SQL Server 的所有组件。SQL Server Management Studio 组合了大量图形工具和丰富的脚本编辑器，可以通过简单的、可视化的图形化用户界面来管理服务器的各种功能，极大地方便了技术人员和数据库管理员对 SQL Server 的各种访问。

1．SQL Server Management Studio 的功能

SQL Server 中的大部分任务管理工作都是使用 SQL Server Management Studio 来完成的，使用它可以配置数据库系统、建立或删除数据库对象、设置或取消用户的访问权限等。利用该工具还可以维护服务器与数据库的安全、浏览错误日志等。具体功能为：

- 支持 SQL Server 2008 和 SQL Server 2005 的多数管理任务。
- 用于 SQL Server 数据库引擎管理和创作的单一集成环境。
- 用于管理 SQL Server 数据库引擎、Analysis Services、Reporting Services、Notification Services 以及 SQL Server 2008 Compact Edition 中的对象的新管理对话框，使用这些对话框可以立即执行操作，将操作发送到代码编辑器或将其编写为脚本以供以后执行。
- 常用的计划对话框用来在以后执行管理对话框的操作。
- 在 SQL Server 环境之间导出或导入 Management Studio 服务器注册。
- 保存或打印由 SQL Server Profiler 生成的 XML 显示计划或死锁文件，以后进行查看，或将其发送给管理员以进行分析。
- 新的错误和信息性消息框提供了详细信息，用来向 Microsoft 发送有关消息的注释，将消息复制到剪贴板，还可以通过电子邮件将消息发送给支持组。
- 集成的 Web 浏览器可以快速浏览 MSDN 或联机帮助。
- 从网上社区集成帮助。
- SQL Server Management Studio 教程可以充分利用许多新功能，提高效率。
- 具有筛选和自动刷新功能的新活动监视器。
- 集成的数据库邮件接口。

2．脚本编辑器

SQL Server Management Studio 的代码编辑器组件包含集成的脚本编辑器，用来撰写 Transact-SQL、MDX、DMX、XML/A 和 XML 脚本。主要功能包括：

- 工作时显示动态帮助以便快速访问相关的信息。
- 一套功能齐全的模板可用于创建自定义模板。
- 可以编写和编辑查询或脚本，而无须连接到服务器。
- 支持撰写 SQL CMD 查询和脚本。
- 用于查看 XML 结果的新接口。
- 用于解决方案和脚本项目的集成源代码管理，随着脚本的演化可存储和维护脚本的副本。
- 用于 MDX 语句的 Microsoft Intelligence 支持。

3. 对象资源管理器

SQL Server Management Studio 的对象资源管理器组件是一种集成工具，可以查看和管理所有服务器类型的对象。主要功能包括：

- 按完整名称或部分名称、架构或日期进行筛选。
- 异步填充对象，并可以根据对象的元数据筛选对象。
- 访问复制服务器上的 SQL Server 代理以进行管理。

在 "连接到服务器" 对话框中有 "服务器类型"、"服务器名称"、"身份验证" 三个选项。

（1）服务器类型：在 SQL Server 2008 中，存在不同类型的服务器，包括数据库引擎、Analysis Services、Reporting Services、SQL Server Compact Edition、Integration Services，登录时要选择正确的服务器类型，因为在 SQL Server 中不同类型的服务器可以使用相同的名称。

（2）服务器名称：是用户想要登录的服务器的一个标识符，在同一种服务器类型下，服务器名称是唯一的标识符。默认情况下登录的服务器是本机的默认 SQL Server 实例，其服务器名称为 "(local)"，并不管本机如何命名。可以使用 "." 来代替 local，二者是等价的。

（3）身份验证：在 SQL Server 中，有两种身份验证方式可以选择：Windows 身份验证和 SQL Server 身份验证。

使用 Microsoft SQL Server 安装向导的 "身份验证模式" 页，可以选择用于验证该 SQL Server Express 实例连接的身份验证形式。如果选择 "混合模式"，则必须输入并确认 SQL Server 系统管理员密码。在设备与 SQL Server 成功建立连接之后，用于 Windows 身份验证和混合模式的安全机制相同。

启动 SQL Server Management Studio 的步骤是：在 "开始" 菜单中选择 "所有程序" →Microsoft SQL Server 2008→SQL Server Management Studio，便可进入 SQL Server Management Studio 界面。

4.3.2 SQL Server 2008 配置管理器

SQL Server 2008 配置管理器是一种用来配置数据库访问的工具，用于管理与 SQL Server 2008 相关联的服务、配置 SQL Server 2008 使用的网络协议以及从 SQL Server 2008 客户端计算机管理网络连接配置。

1. 配置 SQL Server 2008 服务

SQL Server 作为一个大型产品，在服务器后台需要运行许多不同的服务，数据库引擎和 SQL Server 代理都是作为服务运行在 Microsoft 操作系统上。SQL Server 2008 服务包括 SQL Server 数据库服务器服务、服务器代理、全文检索、报表服务和分析服务器等服务。使用配置管理器可以启动、暂停、恢复或停止服务，还可以查看或更改服务属性。完整安装的 SQL Server 包括 9 个服务，其中 7 个服务可使用配置管理器来管理（另外两个是作为后台支持的服务）。SQL Server 配置管理器可以代替 SQL Server 服务管理器。

2. SQL Server 2008 网络配置

SQL Server 网络配置管理器可以配置服务器和客户端网络协议以及连接选项。在正确安装后，通常不需要更改服务器网络连接。如果需要重新配置服务器连接，以使 SQL Server 监听特定的网络协议、端口或管道，则可以使用 SQL Server 配置管理器对网络进行重新配置。使用 SQL Server 配置管理器可以创建或删除别名、更改使用协议的顺序或查看服务器别名的属性，其中包括：

- 服务器别名——客户端连接到计算机的服务器别名。
- 协议——用于配置条目的网络协议。

● 连接参数——与用于网络协议配置连接地址关联的参数。

使用 SQL Server 配置管理器可以管理服务器和客户端网络协议，其中包括强制协议加密、查看别名属性或启用/禁用协议等功能。SQL Server 支持 Shared Memory、TCP/IP、Named Pipes 以及 VIA 协议等网络协议。

（1）Shared Memory：是最简单的协议，没有可配置的设置。由于使用 Shared Memory 协议的客户端仅可以连接到同一台计算机上运行的 SQL Server 实例，因此它对于大多数数据库活动而言是没用的。如果怀疑其它协议配置有误，可使用 Shared Memory 协议进行故障排除。

（2）TCP/IP：是 Internet 上广泛使用的通用协议，实现与互联网中硬件结构和操作系统各异的计算机进行通信。TCP/IP 包括路由网络流量的标准，并能够提供高级安全功能。

（3）Named Pipes：是为局域网而开发的协议。内存的一部分被某个进程用来向另一个进程传递信息，因此一个进程的输出就是另一个进程的输入。第二个进程可以是本地的（与第一个进程位于同一台计算机上），也可以是远程的（位于互联网中的其它计算机上）。

（4）VIA：虚拟接口适配器（VIA）协议和 VIA 硬件一同使用。

3. SQL Native Client 配置

客户端应用程序可以使用 TCP/IP、命名管道、VIA 或共享内存协议连接到 Microsoft SQL Server。SQL Server Native Client 主要用来配置客户端和服务器进行通信所使用的协议。展开 SQL Native Client 配置，可以看到其中包括"客户端协议"和"别名"两个选项。

（1）客户端协议：配置客户端计算机的网络协议属性。在任何一个协议上单击鼠标右键，在弹出的快捷菜单中选择"属性"菜单项，即可对该协议进行配置。

（2）别名：配置用于单个服务器连接的网络协议选项。

无论 SQL Server 2008 使用什么协议，只有服务器端和客户端都使用了相同的协议，才能进行正常的通信。启动 SQL Server 2008 配置管理器的步骤是：从"开始"→"所有程序"→Microsoft SQL Server 2008→"配置工具"→"SQL Server 2008 配置管理器"，便可进入配置管理器界面。

4.3.3　其它管理工具

1. 商务智能开发平台

SQL Server 2008 商务智能开发平台（Business Intelligence Development Studio）是一个集成的环境，主要用于开发商务智能构造（如多维数据集、数据源、报告和 Integration Services 软件包）。它重用了 Visual Studio 2008，包括了创建报表服务报表模型的模板和其它 DI 相关的项目模板。商务智能开发平台是设计和创建 SQL Server 报表服务的主要开发工具。

商务智能开发平台是用于开发商务智能解决方案的主要环境，其中包括 Analysis Services、Integration Services 和 Reporting Services 项目。每个项目类型都提供了用于创建商务智能解决方案所需对象的模板，并提供了用于处理这些对象的各种设计器、工具和向导。

启动商务智能开发平台的步骤是：在"开始"菜单中选择"所有程序"→Microsoft SQL Server 2008→SQL Server Business Intelligence Development Studio，便可进入商务智能开发平台界面。

2. SQL Server 分析器

SQL Server 分析器（SQL Server Profiler）是一个功能强大的图形化管理工具，能够显示一些服务器信息。用于监督、记录和检查 SQL Server 数据库的使用情况，并从服务器捕获 SQL Server 事件保存在一个跟踪文件中，以便在以后对该文件进行分析，也可以在试图诊断某个问题时，用它来重播某一系列的步骤。对系统管理员来说，SQL Server Profiler 是一个连续实时地捕获用户活动情况的间谍。

启动 SQL Server 分析器的步骤是：在"开始"菜单中选择"所有程序"→Microsoft SQL Server 2008→"性能工具"→SQL Server Profiler，便可进入 SQL Server Profiler 界面。

3. 数据库引擎优化顾问

SQL Server 2008 提供了数据库引擎优化顾问（Database Engine Tuning Advisor），这是分析一个或多个数据库上工作负荷的性能效果的工具。企业数据库系统的性能依赖于组成这些系统的数据库中物理设计结构的有效配置。这些物理设计结构包括索引、聚集索引、索引视图和分区，其目的在于提高数据库的性能和可管理性。

数据库引擎优化顾问工具用于分析在一个或多个数据库中运行的工作负荷的性能效果。工作负荷是对将要优化的一个或多个数据库执行的一组 Transact-SQL 语句。数据库引擎优化顾问会提供在 Microsoft SQL Server 数据库中添加、删除或修改物理设计结构的建议。这些物理性能结构包括聚集索引、非聚集索引、索引视图和分区。用户不必详细了解数据库的结构就可以选择和创建最佳的索引、索引视图、分区等。

数据库引擎优化顾问提供两个用户界面：图形用户界面（GUI）和 dta 命令提示实用工具。使用 GUI 可以方便快捷地查看优化会话结果，而使用 dta 实用工具可将数据库引擎优化顾问功能并入脚本中，从而实现自动优化。具体地说，数据库引擎优化顾问具备下列功能：

- 通过使用查询优化器分析工作负荷中的查询，推荐数据库的最佳索引组合。
- 为工作负荷中引用的数据库推荐对齐分区或非对齐分区。
- 推荐工作负荷中引用的数据库的索引视图。
- 分析所建议的更改将会产生的影响，包括索引的使用、查询在表之间的分布以及查询在工作负荷中的性能。
- 推荐为执行一个小型的问题查询集而对数据库进行优化的方法。
- 允许通过指定磁盘空间约束等高级选项对推荐进行自定义。
- 提供对所给工作负荷的建议执行效果的汇总报告。
- 考虑备选方案，即可以以假定配置的形式提供可能的设计结构方案，供数据库引擎优化顾问进行评估。

启动数据库引擎优化顾问的步骤是：在"开始"菜单中，选择"所有程序"→Microsoft SQL Server 2008→"性能工具"→"数据库引擎优化顾问"，便可进入数据库引擎优化顾问界面。

4. 分析服务（Analysis Services）

Microsoft SQL Server 2008 中的分析服务（Analysis Services）为商务智能应用程序提供联机分析处理和数据挖掘功能。Analysis Services 允许设计、创建和管理包含从其它数据源（如关系数据库）聚合的数据的多维结构，以实现对联机分析处理的支持。对于数据挖掘应用程序，分析服务允许设计、创建和可视化处理那些通过使用各种行业标准数据挖掘算法，并根据其它数据源构造出来的数据挖掘模型。

启动分析服务的步骤是：在"开始"菜单中，选择"所有程序"→Microsoft SQL Server 2008→Analysis Services→Deployment Wizard，便可进入 Analysis Services 界面。

4.3.4　实用工具

Microsoft SQL Server 2008 系统不仅提供了 Management Studio 图形工具，还提供了大量的命令行工具来管理和使用数据库，并且可利用联机帮助来解决操作过程中遇到的问题。

1. 命令行实用工具

命令行实用工具包括 bcp、dta、dtexec、dtutil、Microsoft.AnalysisServices. Deployment、osql、profier、rs、rsconfig、rskeymgmt、sqlagent90、sqlcmd、SQLdiag、sqllogship 应用程序、sqlmaint、sqlservr、Ssms、tablediff 等。

（1）bcp 实用工具：可以在 Microsoft SQL Server 2008 实例和用户指定格式的数据文件之间进行大容量的数据复制。也就是说，使用 bcp 实用工具可以将大量数据导入 SQL Server 表中，或者将表中的数据导出到数据文件中。

（2）dta 实用工具：是数据库引擎优化顾问的命令提示符版本。通过使用 dta 实用工具，用户可以在应用程序和脚本中使用数据库引擎优化顾问功能，从而扩大数据库引擎优化顾问的作用范围。

（3）dtexec 实用工具：用于配置和执行 Microsoft SQL Server 2008 Integration Services（SSIS）。用户通过使用 dtexec 实用工具，可以访问所有 SSIS 包的配置信息和执行功能，这些信息包括连接、属性、变量、日志、进度指示器等。

（4）dtutil 实用工具：类似 dtexec，执行与 SSIS 包有关的操作，但它主要用于管理 SSIS 包，这些管理操作包括验证包的存在性以及对包进行复制、移动、删除等操作。

（5）Microsoft.AnalysisServices.Deployment 实用工具：用来执行与 Analysis Services 有关的部署操作。该工具部署到使用的输入文件，是在 Business Intelligence Development Studio 中生成的 XML 输出文件。这些文件可以提供对象定义、部署目标、部署选项和配置设置。同时，该实用工具将使用指定的部署选项和配置设置，尝试将对象定义部署到指定的部署目标。

（6）osql 实用工具：用来输入 Transact-SQL 语句、系统过程和脚本文件。该工具通过 ODBC 与服务器通信。

（7）profier 实用工具：用于在命令提示符下启动 SQL Server Profiler。利用该命令后面列出的可选参数，可以控制应用程序的启动方式。

（8）rs 实用工具：用于运行专门管理 Reporting Services 报表服务器的脚本。使用此实用工具，可以实现报表服务器部署与管理任务的自动化。

（9）rsconfig 配置工具：用于配置报表服务器连接。利用该工具可在 RSReportServer.config 文件中加密并存储连接和账户值。加密值包括用于无人参与报表处理的报表服务器数据库连接信息和账户值。

（10）rskeymgmt 实用工具：用于管理报表服务器上的加密密钥。该工具可以用来提取、还原、创建以及删除对称密钥，该密钥用于保护敏感报表服务器数据免受未经授权的访问。

（11）sqlagent90 应用程序：用于在命令提示符下启动 SQL Server 代理。通常情况下应从 SQL Server Management Studio 或在应用程序中使用 SQL-SMO 方法来运行 SQL Server 代理。只有在诊断 SQL Server 代理或被主要支持提供程序定向到命令提示符时，才从命令提示符处运行 sqlagent90。

（12）sqlcmd 实用工具：在命令提示符处、在 sqlcmd 模式下的查询编辑器中、在 Windows 脚本文件中或者在 SQL Server 代理作业的操作系统（Cmd.exe）作业步骤中，输入 Transact-SQL 语句、系统过程和脚本文件。此实用工具使用 OLE DB 执行 Transact-SQL 批处理。

（13）SQLdiag 实用工具：用于为 Microsoft 客户服务和支持部门收集诊断信息。使用该工具可以从 SQL Server 和其它类型的服务器中收集日志和数据文件，同时还可将其用于一直监视服务器或对服务器的特定问题进行故障排除。

（14）sqllogship 实用工具：用于执行日志传送配置中的备份、复制或还原操作，以及相关的清除任务，无须运行备份、复制和还原作业。

（15）sqlmaint 实用工具：用于对一个或多个数据库执行一组指定的维护操作，这些操作包括 DBCC 检查、备份数据库及其事务日志、更新统计以及重建索引，并且生成报表，发送到指定的文本文件、HTML 文件或电子邮件账户。

（16）sqlservr 实用工具：用于在命令提示符下启动、停止、暂停和继续 Microsoft SQL Server 的实例。

（17）Ssms 实用工具：用于打开 SQL Server Management Studio，并且还用于与服务器建立连接以及打开查询、脚本、文件、项目和解决方案。

（18）tablediff 实用工具：用于比较两个表中的数据以查看数据是否无法收敛，这对于排除复制拓扑中的非收敛故障非常有用。用户可以从命令提示符或在批处理文件中使用该实用工具执行比较任务。

2．联机丛书

联机丛书是 SQL Server 2008 帮助文档的主要来源，是 SQL Server 中最重要的工具之一。SQL Server 联机丛书涵盖了 SQL Server 的丰富信息，当用户遇到困难时可以从中找到答案。SQL Server 2008 中的联机丛书用最新的.NET 联机帮助界面替代了以前 Microsoft 技术产品系列中使用的联机帮助界面（MSDN）。

§4.4　Transact-SQL 程序设计基础

标准 SQL 中的数据操纵语言（DML）只能用于修改或者返回数据，而没有提供用于开发过程和算法的编程结构，也没有包含用于控制和调整服务器的数据库专用命令。为此，每种功能完备的数据库产品都会使用一些各自专有的 SQL 语言来扩展弥补标准 SQL 的不足。Transact-SQL 便是微软公司在关系型数据库管理系统 Microsoft SQL Server 中使用的语言，简称 T-SQL。T-SQL 是 SQL Server 中的 SQL3 标准的实现，也是微软公司对 SQL 的扩充。

T-SQL 的目的在于为事务型数据库开发提供一套过程化的开发工具。SQL Server 2008 中 T-SQL 对 SQL 的扩充主要包括 3 个方面：一是增加了流程控制语句；二是加入了局部变量、全局变量等许多新概念，可以写出更复杂的查询语句；三是增加了新的数据类型，处理能力更强。T-SQL 主要包括 4 个部分：数据定义语句（包括创建 CREATE、修改 ALTER 和删除 DROP 等）；数据操纵语言（包括查询 SELECT、插入 INSERT、修改 UPDATE 和删除 DELETE 等）；数据控制语句（包括完整性控制、并发控制和恢复、安全性控制等）；附加的语言元素。其中，前 3 项是对标准 SQL 的增强，而附加的语言元素就是对 SQL 的扩充部分，它包括：注释、变量、运算符、函数和流程控制语句，以此提高编写复杂程序的能力。

T-SQL 是 SQL Server 2008 的核心组件，SQL Server 中使用图形界面能够完成的所有功能，都可以利用 T-SQL 来实现。使用 T-SQL 操作时，与 SQL Server 通信的所有应用程序都通过向服务器发送 T-SQL 语句来进行，而与应用程序的界面无关。T-SQL 既允许用户直接查询数据库中的数据，也可以把语句嵌入到某种高级程序设计语言中来使用。

4.4.1　Transact-SQL 的语言要素

T-SQL 除了提供标准的 SQL 命令外，还提供了类似于 C/C++等编程语言的语言要素。

1. 程序注释语句

注释也称为注解，它是程序代码中不执行的文本字符串，用来描述复杂计算或解释编程方法，使程序代码更易于维护。注释通常用于记录程序名称、作者姓名和主要代码更改的日期。Microsoft SQL Server 2008 支持 2 种类型的注释字符：

（1）--：这些注释字符可与要执行的代码处在同一行；也可另起一行。从双连字符开始到行尾均为注释。对于多行注释，必须在每个注释行的开始使用双连字符。

（2）/*…*/：这些注释字符可与要执行的代码处在同一行，也可另起一行，甚至在可执行代码内。从开始注释符"/*"到结束注释符"*/"之间的全部内容均视为注释部分。对于多行注释，必须使用开始注释符"/*"开始注释；使用结束注释符"*/"结束注释。注释行上不应出现其它注释字符。这种注释字符和 C 语言中的注释方法是一样的。

2. 批处理

批处理是包含 1 个或多个 T-SQL 语句的组，从应用程序一次性地发送到 SQL Server 执行。SQL Server 将批处理语句编译成 1 个可执行单元，此单元称为执行计划，执行计划中的语句每次执行 1 条。所有的批处理语句都以 GO 作为结束的标志，当编译器读到 GO 时，它会把 GO 前面所有的语句作为 1 个批处理进行处理，并打包成 1 个数据包发送给服务器。例如：

```
USE Student MIS
GO
SELECT * FROM Student                        /*从表 Student 中查询学生信息 */
GO
```

3. 常量

常量也称文字值或标量值，是表示一个特定数据值的符号。常量的格式取决于它所表示的值的数据类型，常量的格式按其所代表的数据值的数据类型而有所不同。

（1）字符串常量：由字母、数字和符号组成，并包含在一对单引号内。比如'SQL Sserver 2008'。如果字符串常量中含有一个单引号，则要用两个单引号表示字符串常量中的单引号。比如，需要把 It 's time to go 表示成'It' 's time to go'。

如果在字符串常量前面加上字符 N，则表示该字符串常量是 Unicode 字符串常量。比如 N'SQL Server 2008'。Unicode 字符串常量中的每个字符占用两个字节存储，而传统意义上的字符占用一个字节存储。

（2）数值常量：分为二进制常量、bit 常量、int 常量、decimal 常量、float 常量、real 常量、money 常量等。其中：

● 二进制常量是以前缀 0x 开头的十六进制数值常量，例如：0x16AF。
● bit 常量是由 1 和 0 组成的常量。
● int 常量是整型常量，例如：365。
● decimal 常量是包含小数点的数值常量，例如：3.1415926。
● float 常量和 real 常量是用科学记数法表示的浮点型数值常量，例如：314.15926E-2。
● money 常量为货币常量，以$为前缀，可以包含小数点，例如：$1597。

（3）日期时间常量：包含在一对单引号中，可以只包含日期、只包含时间或日期时间都包含。在 T-SQL 中，提供了一组设置日期时间数据格式的命令。

4. 变量

T-SQL 中的变量形如 C/C++语言，在程序设计时可定义局部变量和全局变量。

（1）局部变量（Local Variable）：是用户自定义的变量，创建批处理时经常需要保存一些临时值，这时可以通过为已经声明了的局部变量指定值来保存这些临时值。SQL 的局部变量是 T-SQL 批处理和脚本中可以保存数据值的对象。

在 T-SQL 中可以利用 DECLARE 关键字声明或定义 SQL 局部变量。一般语法格式为：

DECLARE @<变量名><变量类型>[, @<变量名><变量类型>[, …]]

【语法说明】<变量类型>可以是用户定义的数据类型，也可以由系统提供的数据的数据类型决定。一次可以声明多个局部变量。局部变量在声明后但未赋值前，其值为 NULL。

同其它高级语言一样，所定义的变量必须对它赋值。给局部变量赋值的一般语法格式为：

SELECT @<变量名=表达式><变量类型>[, …]

FROM<表名>[<条件语句>]

【语法说明】当变量的值是确切值或者是其它变量时，使用 SET 语句，且 SET 语句一次只能给一个局部变量赋值。当变量赋值基于一个查询时，可以使用 SELECT 语句给一个或同时给多个变量赋值，而且在使用 SELECT 语句赋值时如果省略了赋值号及其后的表达式，则可以将局部变量的值显示出来，起到与 PRINT 语句相同的作用。

当为 SQL 变量赋值之后，接下来就可以使用该 SQL 变量了。SQL 变量的值可以作为参数传给其它函数或存储过程，也可以作为 SQL 语句的一部分参与其它操作。

【实例 4-1】查询学生关系表 S 中女同学的信息。

```
USE JXGL                          /* 打开 JXGL 数据库 */
GO
DECLARE @sex CHAR(2)              /* 声明局部变量 */
SET@Sex='女'
SELECT S#   AS 学号,SNAME AS 姓名,SBIRTHIN AS 出生年月,   /* 根据局部变量值进行查询 */
      PLACEOFB AS 籍贯,SCODE# AS 专业编号,CLASS AS 班级
FROM   S
WHERE SEX=@sex
GO
```

（2）全局变量（Global Variable）：不是由用户定义的，而是由服务器级定义的，通常用来跟踪服务器的服务范围和特定会话期间的信息。在 SQL Server 中，全局变量是一组特定的无参函数，其名称以@@开始，一般是将全局变量的值赋给局部变量。SQL Server 提供了 30 多个全局变量，表 4-1 给出了 T-SQL 常用的全局变量。

表 4-1   常用的全局变量

名称	功能说明
@@ERROR	返回上一条 T-SQL 语句执行后的错误号，如无错误则返回 0
@@ROWCOUNT	返回上一条 T-SQL 语句影响的数据行数
@@IDENTITY	返回最后插入的标识值，作为最后 INSERT 或者 SELECT INTO 语句的结果
@@FETCH_STATUS	和 FETCH 配合使用。返回 0 表示 FETCH 有效，-1 表示超出结果集，-2 表示不存在该行
@@TRANCOUNT	返回活动事务的数量
@@CONNECTIONS	返回当前服务器连接的数目
@@SERVICENAME	返回正在运行 SQL Server 服务器所使用的实例名
@@SERVERNAME	返回脚本正在运行的本地服务器的名字

由于全局变量是系统提供的变量，所以局部变量的名称不能和全局变量的名称相同。另外，全局变量一般是系统返回的状态或特征参数值，所以全局变量对用户来说是只读的。

5. 运算符

在 SQL Server 2008 中，运算符可分为 6 类：赋值运算符、算术运算符、位运算符、比较运算符、逻辑运算符和字符串连接运算符。

（1）赋值运算符：在 T-SQL 中只有一个赋值运算符，即"="。赋值运算符能够将数据值指派给特定的对象。另外，还可以使用赋值运算符在列标题和为列定义值的表达式之间建立关系。

【实例 4-2】从学生表中查询出女生的信息。

SELECT *
FROM Student_info
WHERE Sgender = '女'

（2）算术运算符：算术运算符通过连接两个表达式来执行数学运算。T-SQL 支持的算术运算符包括：加（+）、减（−）、乘（×）、除（/）、求余（%）。两个表达式可以是数字数据类型分类的任何数据类型。

（3）位运算符：位运算符仅用于整型数据或者二进制数据（image 数据类型除外）之间执行位操作。T-SQL 支持的位运算符包括：按位与操作（&）、按位或操作（|）、按位异或操作（^）、对操作数按位取反（~）。

【实例 4-3】对 170 和 75 进行"位与"、"位或"、"位异或"运算，对 170 进行"位非"运算。

SELECT　170&75　位与
SELECT　170|75　位或
SELECT　170^75　位异或
SELECT　~170　位非

（4）比较运算符：也称为关系运算符，用于比较两个表达式的大小是否相同，比较的结果是布尔值，即 TRUE（表示表达式的结果为真）、FALSE（表示表达式的结果为假）以及 UNKNOWN。T-SQL 支持的比较运算符包括：大于（>）、等于（=）、大于等于（>=）、小于（<）、不等于（<>、!=）、不大于（!>）、不小于（!<）等。比较运算符可以用于除 text、ntext、image 数据类型以外的所有表达式。

（5）逻辑运算符：可以把多个逻辑表达式连接起来。逻辑运算符包括：与运算（AND）、或运算（OR）、取反运算（NOT），其优先级别顺序为 NOT、AND、OR。逻辑运算符和比较运算符一样，返回带有 TRUE 或 FALSE 值的布尔数据类型。

【实例 4-4】从学生表中查询出年龄超过 22 岁的女生的信息。

SELECT *
FROM Student_info
WHERE year(getdate()) - year(Sbirth) + 1>22 and Sgender = '女'

另外，SELECT 查询语句中的 LIKE、BETWEEN、IN、EXISTS、ANY、ALL、SOME 也属于 T-SQL 中的逻辑运算。

【实例 4-5】从选课表中查询出成绩在 80 到 90 分之间的学号与课程信息。

SELECT　Sid AS 学号,Cid AS 课程号
FROM　SC
WHERE Grade BETWEEN 80 AND 90

（6）字符串连接运算符：与加号（+）相同，用于实现两个字符串的串联连接。被连接的两个字符串要用双单引号（'）括住。比如：SELECT 'ab'+'cde'，结果为 abcde。

运算符存在优先级问题，在 T-SQL 中运算符的优先级从高到低，如表 4-2 所示。

表 4-2　T-SQL 的运算符优先级

优先级	运算符类别	功能说明
1	圆括号	（）
2	正、负、位非运算符	+，－，～
3	乘、除、取模运算符	*，/，%
4	加与连接、减、位与运算符	+，－，&
5	比较运算符	=，>，>=，<，<=，<>，!=，!>，!<
6	位异或、位或运算符	^，|
7	逻辑非	NOT
8	逻辑与	AND
9	逻辑或、查询逻辑运算符	OR，LIKE，BETWEEN，IN，ANY，SOME，ALL，EXISTS
10	赋值	=

6. 表达式

在程序设计语言中，表达式与运算符是相辅相成的，表达式是表示求值的规则，由运算符和配对的圆括号将常量、变量、函数等操作数以合理的形式组合、连接而成的一个有意义的算式。表达式的类型由运算符的种类和操作数的类型来决定，每个表达式都产生唯一的值。

4.4.2　Transact-SQL 的函数

为了方便用户对数据库的查询和更新操作，SQL Server 不仅在 T-SQL 中提供了大量内部函数供编程调用，而且也为用户提供了自己创建函数的机制。系统提供的函数称为内置函数，也称为系统函数；用户创建的函数称为用户自定义函数。与 C/C++中的函数概念完全一致。

1. 内置函数

为了使用户对数据库进行查询和修改更加方便，SQL Server 2008 提供了丰富的具有执行某些运算功能的内置函数，可分为行集函数、聚合函数、排名函数和标量函数 4 大类，如表 4-3 所示。

表 4-3　Microsoft SQL Server 2008 提供的内置函数分类

函数类型	说　　明
行集函数	返回可在 SQL 语句中像表一样使用的对象
聚合函数	对一组值进行运算，但返回一个汇总值
排名函数	对分区中的每一行均返回一个排名值
标量函数	对单一值进行运算，然后返回单一值。只要表达式有效，即可使用标量函数

其中，标量函数包括字符串函数、数学函数、日期时间函数、系统函数。标量函数能返回在 RETURNS 子句中定义的单个数据值，函数返回类型可以是除 text、ntext、image、cursor 和 timestamp 外的任何数据类型。

内置函数是系统中已设置好了的函数，可以在 T-SQL 语句中使用，但不能修改，用户只要按照函数使用规则使用即可。例如一种典型的数据类型转换函数 CAST，其使用格式为：

CAST（expression AS data_type）

该函数的功能是将某种数据类型的表达式 expression 的值，显式地转换为另一种数据类型 data_type 值。

【实例 4-6】按学号分组查询每个学生的平均成绩，并按"201201001 同学的平均成绩为 86 分"的格式显示每个学生的平均成绩。

```
USE JXGL                                        /* 打开 JXGL 数据库 */
GO
SELECT S# + '同学的平均成绩为'+CAST(AVG(成绩)AS CHAR((2))+'分'
FROM SC
GROUP BY S#
GO
```

所有的内置函数均可以在 SQL Server 2008 在线手册中找到，这里不详细介绍各类函数的使用规则，使用时查阅相关手册即可。

2．用户自定义函数

在 SQL Server 中，用户在数据库中可以自己定义函数来补充和扩展系统支持的内置函数。自定义函数是由一个或多个 T-SQL 语句组成的子程序，可用于封装代码以便重复使用。

Microsoft SQL Server 2008 允许用户用 CREATE FUNCTION 语句创建，使用 ALTER FUNCTION 语句修改，以及使用 DROP FUNCTION 语句删除用户定义函数。每个完全合法的用户定义函数名必须唯一。

（1）用 CREATE FUNCTION 语句创建标量函数：在查询分析器中，可以使用 CREATE FUNCTION 创建用户自定义标量函数。一般语法格式为：

```
CREATE FUNCTION[owner_name．] function_name
    ([{@ parameter_name[AS] scalar_parameter_data_type[=default]} [，…．n]])
    RETURNS scalar_return_data_type
    [AS]
        BEGIN
            function_body
            RETURN scalar_expression
        END
```

【语法说明】CREATE FUNCTION 是创建用户自定义函数的关键字。创建时涉及以下参数：

① function_name。用户自定义函数的名称，其名称必须符合标识符的命名规则，并且对其所有者来说，该名称在数据库中必须唯一。

② @ parameter_namer。用户自定义函数的参数，可以是一个或多个。每个函数的参数仅用于该函数本身；相同的参数名称可以用在其它函数中。参数只能代替常量，不能用于代替表名、列名或其它数据库对象的名称。函数执行时每个已声明参数的值必须由用户指定，除非该参数的默认值已经定义。如果函数的参数有默认值，在调用该函数时必须指定"default"关键字才能获得默认值。

③ scalar_parameter_data_type。参数的数据类型。

④ scalar_return_data_type：是用户自定义函数的返回值的数据类型。可以是 SQL Server 支持的任何标量数据类型（text、ntext、image 和 timestamp 除外）。

⑤ function body。位于 BEGIN 和 END 之间的一系列 T-SQL 语句，其只用于标量函数和多语句表值函数。函数体中可使用的有效语句类型如下：

- declare 语句，该语句可用于定义函数局部的数据变量和游标。
- 为函数局部对象赋值，如使用 SET 给标量和局部变量赋值。
- 游标操作，该操作应用在函数中声明、打开、关闭和释放局部游标。不允许使用 FETCH 语句将数据返回到客户端。仅允许使用 FETCH 语句通过 INTO 子句给局部变量赋值。
- 控制流语句。
- SELECT 语句，包含带有表达式的选择列表，其中的表达式将值赋予函数的局部变量。
- INSERT、UPDATE 和 DELETE 语句。
- EXECUTE 语句，用于调用扩展存储过程。

⑥ scalar_expression。函数返回值的表达式。

【实例 4-7】创建一个返回今天是一周的第几天的用户自定义标量函数。创建语句为：

```
create function get_weekday
(@ date datetime)
returns int
    as
begin
    return datepart(weekday,@date)
end
```

（2）用 CREATE FUNCTION 语句创建单语句表值函数：又称为内联表值函数，用于返回一个 SELECT 语句查询结果的表（即以表的形式返回一个值），它相当于一个参数化的视图。一般语法格式为：

> CREATE FUNCTION [owner_name.] function_name
>> ([{@parameter_name[AS]scalar_parameter_data_type[=default]}{，…n}])
>>> RETURNS TABLE
>>> [WITH{ENCRYPTION ∣ SCHEMABINDING}]
>>> [AS]
>>> RETURN（select sentence）

【语法说明】CREATE FUNCTION 为创建单语句表值函数的关键字，它涉及以下参数：

① [WITH{ENCRYPTION ∣ SCHEMABINDING}]中，ENCRYPTION 关键字用于指定 SQL Server 加密包含 CREATE FUNCTION 语句文本的系统表列，使用 ENCRYPTION 可以避免将函数作为 SQL Server 复制的一部分发布；SCHEMABINDING 关键字用于指定将函数绑定到它所引用的数据库对象上。

② select sentence 代表一个 SELECT 查询语句。

【实例 4-8】创建一个自定义函数，用于返回某班的学生关系表，创建语句格式为：

```
USE JXGL
GO
CREATE FUNCTION s_table
( @classl VARCHAR(7))
RETURNS TABLE
AS
RETURN(SELECT *FROM S WHERE CLASS=@classl)
GO
```

（3）用 CREATE FUNCTION 语句创建多语句表值函数：是标量函数和单语句函数的结合体，该函数返回的是一个表，可以进行多次查询。一般语法格式为：

CREATE FUNCTION[owner_name．]function_name

　　　　([{*parameter_name[AS] scalar_parameter_data_type[=default]}[, …．n]])

　　　　　　RETURNS @local_variable TABLE

　　　　　　[AS]

　　　　　　　BEGIN

　　　　　　　　function body

　　　　　　　　RETURN scalar_expression

　　　　　　　END

【语法说明】@local_variable 为 T-SQL 中的局部变量。其它参数的语法内容与前面参数使用规则相同。

4.4.3　Transact-SQL 流程控制语句

Transaet-SQL 提供了高级语言（C/C++、BASIC 等）具有的、用于控制程序运行与流程分支的语句。在 SQL Server 2008 中的流程控制语句有 BEGIN…END、IF…ELSE、CASE、WHILE、WAITFOR、RETURN 等。使用这些语句，可以构成条件判断和循环结构，使程序更具结构性和逻辑性，以完成较复杂的操作。

1．BEGIN…END 语句

在条件和循环等流程控制语句中，如果要执行两个或两个以上的 T-SQL 语句时，就需要使用 BEGIN…END 语句将这些语句组合为一个具有逻辑性的语句块整体，并看成一条简单的 T-SQL 语句来执行。BEGIN…END 语句的一般语法格式为：

BEGIN

　　　{ sql_statement | statement_block}

END

【语法说明】BEGIN…END 必须成对使用，不能单独使用。它将语句块 sql_statement 和 statement_block 构成一个整体。在实际应用中，通常采用嵌套结构，并常与 IF…ELSE、WHILE 等语句联用，以实现复杂控制。

【实例 4-9】使用 BEGIN…END 语句显示"系部代码"为"06"的班级代码和班级名称。程序代码如下：

```
USE Student
IF EXISTS (SELECT * FROM  班级  WHERE  系部代码='06')
BEGIN
    PRINT '满足条件的班级有：'
    SELECT  班级代码，班级名称  FROM  班级  WHERE 系部代码='06'
END
```

2．IF…EISE 语句

在程序设计中，为了控制程序的执行方向，引入了 IF…EISE 语句，该语句使程序有不同的条件分支，从而完成各种不同条件环境下的操作。IF…EISE 语句的一般语法格式为：

IF boolean_expression

　　　{sql_statement | statement_block}

```
        [ELSE
            {sql_statement | statement_block}]
```

【语法说明】IF…ELSE 是单条件判断语句，使用时要注意以下几点：

① IF 后面是逻辑（布尔）表达式，表示一个测试条件，其取值为 "TRUE（真）" 或 "FALSE（假）"。如果表达式结果为真，则程序执行 IF 后面的语句，否则，执行 ELSE 后面的语句。

② boolean_expression 返回 TRUE 或者 FALSE 的表达式。如果布尔表达式中含有 SELECT 语句，则必须用圆括号将 SELECT 语句括起来。

③ {sql_statement | statement_block}表示任何 T-SQL 语句或用语句块定义的语句分组。除非使用语句块，否则 IF 或 ELSE 条件只能执行一个 T-SQL 语句。

④ 若要定义语句块，需要使用控制流关键字 BEGIN 和 END。

⑤ IF…ELSE 语句可以嵌套，最多可嵌套 32 层。

【实例 4-10】使用 IF…ELSE 语句打印，如果存在职称为副教授或教授的教师，那么输出这些教师的姓名、学历、职称，否则输出 "没有满足条件的教师" 信息。程序代码如下：

```
USE Student
IF EXISTS(SELECT * FROM  教师  WHERE  职称='副教授' OR  职称='教授')
    BEGIN
        PRINT '具有高级职称的教师是： '
        SELECT  姓名,学历,职称  FROM  教师  WHERE  职称='副教授' OR  职称='教授'
    END
ELSE
    BEGIN
        PRINT '没有满足条件的教师'
    END
```

3. CASE 语句

CASE 语句是针对多个条件设计的多分支语句结构，它能够实现多重选择的情况。虽然 IF…ELSE 语句也能实现多分支语句结构，但 CASE 语句可实现当表达式为多值时分别执行相应的语句，从而使程序结构更加精炼、清晰。CASE 语句有两种类型：简单 CASE 语句及搜索 CASE 语句。

（1）简单 CASE 语句：是指 CASE 关键字后面有 input_expression 表达式的 CASE 结构。简单 CASE 语句的一般语法格式为：

```
        CASE input_expression
            WHEN when_expression THEN result_expression[…n]
            [ ELSE else_result_expression]
        END
```

【语法说明】简单 CASE 语句必须以 CASE 开头，并以 END 结尾，用于把一个表达式与一系列的简单表达式进行比较，并返回符合条件的结果表达式。简单 CASE 表达式的执行过程是：用测试表达式的值依次与 WHEN 子句的测试值进行比较,如果找到相匹配的测试值时,便返回该 WHEN 子句指定的结果表达式，并结束 CASE 语句；如果没有找到一个匹配的测试值时，SQL Server 将检查是否有 ELSE 子句。如果有 ELSE 子句，返回该子句之后的结果表达式的值；如果没有，返回一个 NULL 值。使用中应注意以下事项：

① input_expression 为计算的表达式，可以是任意有效的表达式。

② when_expression 为与 input_expression 进行比较的简单表达式，input_expression 及每个

when_expression 表达式的数据类型必须相同或必须是隐式转换的数据类型。

③ result_expression 为当 when 子句计算结果为 true 时返回的标量值。

④ else_result_expression 为当没有任何 when 子句的计算结果为 true 时返回的标量值。

【实例 4-11】使用简单 CASE 语句实现以下功能：分别输出课程号和课程名称，并且在课程名称后添加备注。程序代码如下：

```
USE  Student
SELECT 课程号,课程名称,备注=
CASE 课程名称
    WHEN 'SQL Server 2008 'THEN '数据库应用技术'
    WHEN 'ASP.NET 程序设计' THEN 'WEB 程序设计'
    WHEN '计算机基础课程' THEN '计算机科学导论'
    WHEN '计算机网络课程' THEN '计算机网络技术'
END
FROM 课程
```

〖问题点拨〗在一个简单 CASE 语句中，一次只能有一个 WHEN 子句指定的结果表达式返回，如果同时有多个测试值与测试表达式的值相同，则只有第一个与测试表达式的值相同的 WHEN 子句指定的结果表达式返回。

（2）搜索 CASE 语句：与简单 CASE 语句相比较，搜索 CASE 语句是表达更清晰的一种结构形式。在搜索 CASE 语句中，CASE 关键字后面没有任何表达式，而各个 WHEN 子句后都是布尔表达式。搜索 CASE 语句的一般语法格式为：

CASE

　　WHEN boolean_expression THEN result_expression[…n]

　　[ELSE else_result_expression]

　　END

【语法说明】搜索 CASE 表达式的执行过程是：首先依次测试 WHEN 子句后的布尔表达式 boolean_expression，找到第一个 WHEN 子句后的值为真的分支，返回相应的结果表达式；如果所有的 WHEN 子句后的 boolean_expression 的结果都为假，则检查是否有 ELSE 子句存在。如果存在 ELSE 子句，便返回 ELSE 子句后的结果表达式；如果没有 ELSE 子句，便返回一个 NULL 值。

〖问题点拨〗在一个搜索 CASE 语句中，一次只能返回一个 WHEN 子句指定的结果表达式，即返回第一个为真的 WHEN 子句指定的结果表达式。

【实例 4-12】使用搜索 CASE 语句实现分别输出班级代码、班级名称，并根据班级代码判别年级。程序代码如下：

```
USE  Student
SELECT 班级代码,班级名称,年级=
CASE
    WHEN LEFT(班级名称,2)='01'   THEN   '三年级'
    WHEN LEFT(班级名称,2)='02'   THEN   '二年级'
    WHEN LEFT(班级名称,2)='03'   THEN   '一年级'
END
FROM 班级
```

〖问题点拨〗在一个 CASE 搜索语句中，如果同时有多个 WHEN 参数的 boolean_expression 返回 TRUE，则只有第一个返回 TRUE 的 result_expression 会被返回。

4. WHILE 语句

在程序设计中，使用 WHILE 语句重复执行一组 SQL 语句，完成重复处理的某项工作。WHILE 语句的一般语法格式为：

WHILE boolean_expression

{sql_statement | statement_block}

【语法说明】其中，WHILE 语句是一个循环语句，用来处理一个操作在满足某个特定条件后需要反复执行的情况。boolean_expression 为布尔表达式，程序执行时首先检查布尔表达式的值是否为真，如果为真则执行程序块 sql_statement。执行完毕后又再次检查布尔表达式的值。如此不断循环，直到布尔表达式的值为假。

与 IF…END 语句一样，WHILE 语句只能执行紧随其后的一条 SQL 语句。如果希望包含多条语句，则应该使用 BEGIN…END 结构。

在实际应用中，WHILE 语句经常和 BREAK 语句与 CONTINUE 语句配合使用，它们都用于控制 WHILE 循环的执行过程，但两者之间存在一些区别。

（1）BREAK 语句：当程序执行到 BREAK 语句时，强行跳出当前的 WHILE 循环。

（2）CONTINUE 语句：当程序执行到 CONTINUE 语句后，结束本次循环，返回循环开始处再次对判断条件 boolean_expression 进行求值，重新开始下一次循环。

【实例 4-13】利用 WHILE 语句计算从 1 加到 100 的和。程序代码如下：

```
declare @value int,@number int
set @value=0
set @number=0
WHILE @number<=100
    BEGIN
        set @value=@value+number
        set @number=@number+1
    END
print   '1+2+…+100='+cast(@value as char(25))
```

执行结果：

```
1+2+…+100=5050
```

5. WAITFOR 语句

WAITFOR 语句可以使程序段在指定的某个时间点或指定的一段时间间隔之后自动执行，WAITFOR 是定期自动维护数据库的有力工具。WAITFOR 语句的一般语法格式为：

WAITFOR {DELAY 'time' | TIME 'time'}

【语法说明】DELAY 'time'表示希望系统在指定的时间间隔后执行程序块。具体的等待时间可通过 time 参数确定，最长可达 24 小时。TIME 'time'表示希望系统在指定的时间点执行程序块。具体的时间点可通过 time 参数确定。

【实例 4-14】指定在 11 时 30 分时执行一个提示语句。实现该功能的 SQL 语句如下：

```
BEGIN
    WAITFOR time '11:30:00'
    print '现在是 11:30:00'
END
```

执行后，等计算机上的时间到了 11 时 30 分时，出现下面结果：

```
现在是 11:30:00
```

6. TRY…CATCH 语句

TRY…CATCH 语句可以实现与 Microsoft Visual C#和 Microsoft Visual C++语言中的异常处理类似的错误处理。TRY…CATCH 语句的一般语法格式为：

> **BEGIN TRY {sql_statement | statement_block}**
>> **END TRY**
> **BEGIN CATCH [{sql_statement | statement_block}]**
>> **END CATCH**

【语法说明】SQL 语句组可以包含在 TRY 块中，如果 TRY 块内部发生错误，则会将控制传递给 CATCH 块中包含的另一个语句组。

【实例 4-15】显示生成被零除错误的 SELECT 语句，返回发生错误。程序代码如下：

```
BEGIN TRY
    select 1/0;                                /* 产生一个除 0 的错误 */
END TRY
BEGIN CATCH
    select error_line() as errorline;
END CATCH
```

7. GOTO 语句

使用 GOTO 语句可使执行流程无条件地跳转到用户指定的标签处。GOTO 语句将执行流更改到标签处，并从标签位置继续处理。GOTO 语句和标签可在过程、批处理或语句块中的任何位置使用，并且可以嵌套使用。GOTO 语句的一般语法格式：

> **label；**
>> **…**
> **GOTO label**

【语法说明】label 为标签语句，标示语句行。GOTO 语句常用在 WHILE 或 IF 语句中，使程序跳出循环或进行分支处理。

【实例 4-16】使用 GOTO 语句求 28 的阶乘。

```
DECLARE    @answer INT，@times INT
SET @answer=1
SET@times=1
Repeat：
SET@answer=@answer * @times
SET@times=@times+1
IF@times<28
GOTO Repeat
SELECT @ answer，@times
```

8. RETURN 语句

RETURN 语句使程序从一个查询或存储过程中无条件返回，其后面的其它语句将不再执行。RETURN 语句的一般语法格式为：

> **RETURN [integer_expression]**

【语法说明】存储过程可以使用 RETURN 语句向调用它的应用程序返回一个整数值。

RETURN 语句保留了 0～99 之间的整数值（目前只用到–14）来表示各种存储过程的特定状态，如表 4-4 所示。用户在自定义的存储过程中，只能使用 0～99 之外的数字作为返回值。

表 4-4　SQL Server 定义的存储过程返回值及其含义

返回值	含义	返回值	含义
0	过程执行成功	−8	产生非致命性内部错误
−1	未找到数据库对象	−9	达到了系统配置参数的极限
−2	数据类型错误	−10	内部一致性错误
−3	进程死锁错误	−11	内部一致性错误
−4	许可错误	−12	表或索引崩溃
−5	语法错误	−13	数据库崩溃
−6	其它用户错误	−14	硬件错误
−7	资源错误，如空间用尽等		

§4.5　Transact-SQL 对游标和存储过程的支持

游标和存储过程是数据库编程中常用的技术，合理地使用游标和存储过程，可以提高应用程序的执行效率，实现复杂的业务规则，增加数据处理的灵活性，它对进行高水平的数据库应用系统开发具有重要的意义。Transact-SQL 支持游标和存储过程的使用。

4.5.1　Transact-SQL 对游标的支持

通常情况下，数据库执行的大多数 SQL 命令都是同时处理数据记录中的所有数据，但有时用户需要处理数据记录中的某一行，如果没有其它手段，必须借助高级语言来实现。但这将导致不必要的数据传输，从而延长执行时间。为此，SQL Server 中的"游标"（Cursor）提供了一种对从表中检索出的数据进行灵活操作的手段，即系统为用户开设一个数据缓冲区，存放 SQL 语句的执行结果。每个游标区都有一个名字，用户可以用 SQL 语句逐一从游标中获取记录，并赋给主变量，交由主语言进一步处理。由此可见，游标实际上是一种能从包括多条数据记录的结果集中每次提取一条记录的机制。

利用 Transact-SQL 语句实现游标操作的方法包括：声明游标、打开游标、读取游标数据、利用游标更新和删除数据、关闭游标和释放游标。

1．声明游标

在使用一个游标之前，首先必须声明它。游标的声明包括两个部分：游标的名称和这个游标所用到的 SQL 语句。声明游标使用 DECLARE Cursor 语句的一般语法格式为：

```
DECLARE Cursor_name CURSOR[LOCAL｜GLOBAL]
[FORWARD_ONLY｜SCROLL]
[STATIC｜KEYSET｜DYNAMIC｜FAST_FORWARD]
[READ_ONLY｜[SCROLL_LOCKS｜OPTIMISTIC]
[TYPE_WARNING]
FOR SELECT_statement
[FOR UPDATE[OF column_name[，…n]]][；]
```

【语法说明】DECLARE Cursor 既接受 ISO 标准的语法，也接受 Transact-SQL 语法。

● Cursor_name 是所定义的 Transact-SQL 服务器游标的名称。

- LOCAL 指明游标是局部的，它只能在它所声明的过程中使用。
- GLOBAL 关键字使得游标对于整个连接全局可见。全局的游标在连接激活的任何时候都是可用的。只有当连接结束时，游标才不再可用，该游标仅在断开连接时隐式释放。如果 GLOBAL 和 LOCAL 参数都未指定，则默认值由 default to local CURSOR 数据库选项的设置控制。
- FORWARD_ONLY 指定游标只能向前滚动，从第一行滚动到最后一行。
- STATIC 与 SQL92 标准的 INSENSITIVE 的游标是相同的。
- KEYSET 指明选取行的顺序。SQL Server 将从结果集中创建一个临时关键字集。如果对数据表的非关键字列进行修改，则它们对游标是可见的。因为是固定的关键字集合，所以对关键字列进行修改或新插入列是不可见的。
- DYNAMIC 指明游标将反映所有对结果集的修改。
- FAST_FORWARD 指定启用了性能优化的 FORWARD_ONLY、READ_ONLY 游标。
- READ_ONLY 禁止通过该游标进行更新。
- SCROLL_LOCKS 为了保证游标操作的成功，当将行读入游标时，SQL Server 将锁定这些行，以确保随后可对它们进行修改。
- OPTIMISTIC（乐观方式），不锁定基表数据行，如果行自读入游标以来已得到更新，则通过游标进行的定位更新或定位删除不一定成功。
- TYPE_WARNING 指定将游标从所请求的类型隐式转换为另一种类型时向客户端发送警告消息。
- SELECT_statement 是定义游标结果集的标准 SELECT 语句。在游标声明的 SELECT_statement 中不允许使用关键字 COMPUTE、COMPUTE BY、FOR BROWSE 和 INTO。
- FOR UPDATE[OF column_name[，…n]]定义游标中可更新的列。如果提供了 OF column_name[，…n]，则只允许修改所列出的列。如果指定了 UPDATE，但未指定列的列表，则除非指定了 READ_ONLY 并发选项；否则，可以更新所有的列。

【实例 4-17】使用教学管理数据库为学生基本信息表声明一个 Updata 游标，代码如下：

```
DECLARE Student_cursor SCROLL CURSOR
FOR SELECT * FROM 学生基本信息表
FOR UPDATE
```

2．打开游标

在使用 DECLARE CURSOR 语句声明游标之后，必须用 OPEN 语句打开游标，才能将游标的 SQL 语句执行并填充数据到游标。打开游标的一般语法格式为：

OPEN((([GLOBAL]Cursor_name)|Cursor_variable_name)

【语法说明】OPEN 语句非常简单，它只使用了以下两个选项参数：

- GLOBAL 指定 Cursor_name 是指全局游标。
- Cursor_name 是已声明游标的名称。如果全局游标和局部游标都使用其作为名称，那么指定了 GLOBAL，则 Cursor_name 指的是全局游标；否则，Cursor_name 指的是局部游标。

【实例 4-18】使用教学管理数据库系统，打开学生基本信息表的游标，代码如下：

```
OPEN Student_ cursor
```

3．读取游标数据

一旦游标被打开，就可以使用 FETCH 语句从游标集合中读取数据。使用 FETCH 语句一次可以读取一条记录，读取游标数据的一般语法格式为：

FETCH
[[NEXT|PRIOR|FIRST|LAST|ABSOLUTE(n|@nvar)|RELATIVE
(n|@nvar)|FROM]((([GLOBAL]Cursor_name))|@Cursor_variable_name)
[INTO @variable_name[,…n]]

【语法说明】可以使用 FETCH 语句检索特定的行，实现游标的读取。

- NEXT 紧跟当前行返回结果行，并且当前行递增为返回行。如果 FETCH NEXT 为对游标的第一次提取操作，则返回结果集中的第一行。NEXT 为默认的游标提取选项。
- PRIOR 返回紧邻当前行前面的结果行，并且当前行递减为返回行。如果 FETCH PRIOR 为对游标的第一次提取操作，则游标置于第一行之前，无返回行。
- FIRST 返回游标中的第一行并将其作为当前行。
- LAST 返回游标中的最后一行并将其作为当前行。
- ABSOLUTE(n | @nvar)绝对行定位：如果 n 或@nvar 为正，则返回从游标头开始向后的第 n 行，并将返回行变成新的当前行；如果 n 或@nvar 为负，则返回从游标末尾开始向前的第 n 行，并将返回行变成新的当前行；如果 n 或@nvar 为 0，则不返回行。n 必须是整数常量，并且@nvar 的数据类型必须为 SMALLINT、TINYINT 或 INT。
- RELATIVE(n | @nvar)相对行定位：如果 n 或@nvar 为正，则返回从当前行开始向后的第 n 行，并将返回行变成新的当前行；如果 n 或@nvar 为负，则返回从当前行开始向前的第 n 行，并将返回行变成新的当前行；如果 n 或@nvar 为 0，则返回当前行。在对游标进行第一次提取时，如果在将 n 或@nvar 设置为负数或 0 的情况下指定 FETCH RELATIVE，则不返回行。n 必须是整数常量，@nvar 的数据类型必须为 SMALLINT、TINYINT 或 INT。
- GLOBAL 指定 Cursor_name 是全局游标。
- Cursor_name 为要从中进行提取打开的游标的名称。如果全局游标和局部游标都使用 Cursor_name 作为它们的名称，那么指定 GLOBAL 时，Cursor_name 指的是全局游标；未指定 GLOBAL 时，Cursor_name 指的是局部游标。
- @Cursor_variable_name 游标变量名，该变量引用一个打开的游标。
- INTO @variable_name[，…n]允许将提取操作的列数据放到局部变量中。列表中的各个变量从左到右与游标结果集中的对应列相关联。各变量的数据类型必须与相应的结果集列的数据类型匹配，或是结果集列数据类型所支持的隐式转换。变量的数目必须与游标选择列表中的列数一致。

【实例 4-19】使用教学管理数据库系统，打开学生基本信息表的游标 Student_cursor，提取结果集中的一行。代码如下：

```
DECLARE @ name varchar(20)          /*定义一个变量，存放提取的结果 */
OPEN Student_cursor
FETCH NEXT FROM Student_cursor
INTO @ name
PRINT @ name
```

4. 利用游标更新和删除数据

一般来说，游标最常用的是从基本表中检索数据，以实现对数据进行处理，但在某些情况下，还需要通过修改游标中的数据将数据更新到游标的基本表。为此，游标提供了将游标数据的变化反映到基本表的定位修改及删除方法。如果游标在声明的时候使用的是 FOR UPDATE 选项，就可以用 UPDATE 或 DELETE 命令以 WHERE CURRENT OF 关键字直接修改或删除游标中的数据，以便达到更新基本表的目的。

用 UPDATE 语句定位修改游标数据的一般语法格式为：

    UPDATE table_name
    SET(column_name=(expression | default | NULL)[, …n])
    WHERE CURRENT of(cursor_name | cursor_variable_name)

用 DELETE 语句删除游标数据的一般语法格式为：

    DELETE FROM table_name
    WHERE CURRENT of(cursor_name | cursor_variable_name)

【语法说明】UPDATE 和 DELETE 命令的语法结构是相似的，因此一起予以介绍。

- table_name 是要更新或删除数据的表名。
- column_name 是要更新的列名。
- expression 是使用表达式的值替换 column_name 列现有的值。
- default | NULL 指定的是用本列的默认值或者 NULL 替换 column_name 现有的值。
- cursor_name | cursor_variable_name 是游标名或者游标变量名。

【实例4-20】使用可更新游标 Student_cursor 对数据库中学生成绩表中成绩列定位到某一行后，更新当前行，然后删除当前行。代码如下：

```
UPDATE  学生成绩表                    /*更新当前行*/
SET  成绩=100
WHERE CURRENT of Student_cursor
DELETE FROM  学生成绩表               /*删除当前行*/
WHERE CURRENT of Student_cursor
```

5. 关闭游标

游标打开之后，服务器会专门为游标开辟一定的内存空间存放游标操作的数据结果集，同时使用游标也会对某些数据进行封锁。所以，在长时间不用游标的时候，一定要关闭游标，通知服务器释放游标所占用的资源。游标关闭后，可以再次打开，在一个处理过程中，可以多次打开和关闭游标。关闭游标的一般语法格式为：

    CLOSE((([GLOBAL]Cursor_name)|Cursor_variable_name)

【语法说明】CLOSE 语句负责关闭游标，但不释放游标所占用的数据结构。在游标被关闭之后，仍然可以再用 OPEN 语句再次打开。CLOSE 语句中的参数与 OPEN 语句相同。

6. 释放游标

使用完游标之后应该将游标释放，以释放被游标占用的资源。释放游标可用 DEALLOCATE 命令，它相当于 C 语言中用来释放内存变量的 Free 函数。释放游标的一般语法格式为：

    DEALLOCATE((([GLOBAL]Cursor_name)|Cursor_variable_name)

【语法说明】DEALLOCATE 语句中的参数与 CLOSE 语句相同。这里需要说明的是：当游标被释放之后，如果要重新使用游标，必须重新执行声明游标的语句。

〖问题点拨〗游标及后面将要介绍的存储过程和触发器，在数据库的完整性和安全性中有着重要作用。

【实例4-21】使用游标遍历 Patron 表，并输出序号 PatronID 和 Name。

```
DECLARE @ iNo INT
```

```
DECLARE @sPatronID VARCHAR(20)
DECLARE @sName VARCHAR(30)
DECLARE cMyCURSOR CURSOR FORWARD_ONLY FOR SELECT PatronID，Name FROM Patron
OPEN cMyCURSOR                        /*使用 OPEN 语句执行 SELECT 语句，并填充游标*/
SELECT @iNo=0
FETCH NEXT FROM cMyCURSOR INTO @sPatronID，@sName        /*使用 FETCH INTO 提取单行，
                                                          并赋值*/
WHILE @@FETCH_STATUS=0        /*用 WHILE 循环进行遍历*/
BEGIN
SELECT @iNo=@iNo+1
PRINT CAST(@iNo AS CHAR(10))+@SpATRONid+@sName
PRINT CAST(@iNo AS CHAR(10))+@sPatronID+@sName
FETCH NEXT FROM cMyCURSOR INTO @ sPatronID，@sName
END
CLOSE cMyCURSOR                        /*关闭游标*/
DEALLOCATE cMyCURSOR                   /*释放资源*/
```

4.5.2　Transact-SQL 对存储过程的支持

Transact-SQL 语句是应用程序与 SQL Server 数据库之间的主要编程接口。在 SQL Server 中，为了实现特定任务，利用 Transact-SQL 将一些需要多次调用的固定操作编成子程序并集中以一个存储单元的形式存储在服务器上，由 SQL Server 数据库服务器通过子程序名来调用它们，我们把这种方法称为存储过程（Stored procedure）。由此可见，存储过程是一个被命名的存储在服务器上的 Transact-SQL 语句的集合，是封装重复性工作的一种方法，它支持用户声明的变量、条件执行和其它编程功能。

1. 创建存储过程

要使用存储过程，首先要创建一个存储过程。在创建存储过程时，需要根据拟创建的存储过程要完成的功能，提前确定以下要素。

● 存储过程的输入参数以及要传回给调用者的输出参数。

● 根据实现的功能要求确定对数据库的操作语句，是否要调用其它存储过程（语句）。

● 该存储过程返回给调用者的状态值，以及指明调用是成功还是失败的约定。

在 SQL Server 中，有两种创建存储过程的方法，一种方法是使用 SQL Server Management Studio 创建存储过程，另一种方法是使用 T-SQL 中的 CREATE PROCEDURE 命令创建存储过程。

（1）使用 Microsoft SQL Server Management Studio 创建：创建存储过程的操作步骤如下：

① 打开 Microsoft SQL Server Management Studio 并连接到目标服务器，在"对象资源管理器"窗口中找到"数据库"结点，打开要创建存储过程的数据库（如 StudentMIS）。

② 展开"可编程性"结点，然后右击"存储过程"项，在打开的快捷菜单中，执行"新建存储过程"命令。此时，右侧窗口显示了 CREATE PROCEDURE 语句的框架，可以修改要创建的存储过程的名称，然后加入存储过程所包含的 SQL 语句。

③ 在模板中输入完成后，单击工具栏上的"执行"按钮，可以立即执行 SQL 语句以创建存储过程，也可以单击"保存"按钮保存该存储过程的 SQL 语句。

（2）使用 T-SQL 语句创建：就是用 CREATE PROCEDURE 语句来创建存储过程。在创建时要考虑以下几个因素：

① 一个存储过程的最大容量为 128MB。

② 用户定义存储过程只能在当前数据库中创建，临时过程总是在 tempdb 数据库中创建。

③ 单个批处理中 CREATE PROCEDURE 语句不能与其它 T-SQL 语句组合使用。

④ 存储过程可以嵌套使用，在一个存储过程中可以调用其它的存储过程。嵌套的最大深度不能超过 32 层。

⑤ 存储过程如果创建了临时表，则该临时表只能用于该存储过程，而且当存储过程执行完毕后，临时表自动被删除。

利用 CREATE PROCEDURE 语句来创建存储过程的一般语法格式为：

```
CREATE PROC[EDURE] procedure_name[;number]
[{ @ parameter data_type} [VARYING][=default][OUTPUT]][, …n]
[WITH {RECOMPILE | ENCRYPTION | RECOMPILE，ENCRYPTION}]
[FOR REPLICATION] AS sql_ statement[…. n]
```

【语法说明】CREATE PROC[EDURE]为创建存储过程标识语句，其中各参数含义如下：

① procedure_name 为新存储过程的名称，必须符合标识符命名规则。

② number 是可选的整数，用来对同名的过程分组，以便用一条 DROP PROCEDURE 语句即可将同组的过程一起删除。例如名为 student 的应用程序使用的存储过程可以命名为 studentProc;1、studentProc;2 等。DROP PROCEDURE studentProc 语句将删除整个组。如果名称中包含分隔标识符，则数字不应包含在标识符中，只应在 procedure_name 前后使用适当的分隔符。

③ @parameter 是过程中的参数，在 CREATE PROCEDURE 语句中可以声明 1 个或多个参数。用户必须在执行过程时提供每个所声明参数的值，存储过程最多可以有 2100 个参数。

④ data_type 是参数的数据类型，所有数据类型均可以用作存储过程的参数。不过，cursor 数据类型只能用于 OUTPUT 参数。如果指定的数据类型为 cursor，也必须同时指定 VARYING 和 OUTPUT 关键字。

⑤ VARYING 指定作为输出参数支持的结果集（由存储过程动态构造，内容可以变化），仅适用于游标参数。

⑥ default 用于指定参数的默认值，默认值必须是常量或 NULL。

⑦ OUTPUT 表明参数是返回参数，该选项的值可以返回给 EXEC[UTE]。

⑧ {RECOMPILE | ENCRYPTION | RECOMPILE，ENCRYPTION}：RECOMPILE 表明 SQL Server 不会缓存该过程的计划，该过程将在运行时重新编译；ENCRYPTION 表示 SQL Server 加密 syscomments 表中包含 CREATE PROCEDURE 语句文本的条目。

⑨FOR REPLICATION 指定不能在订阅服务器上执行为复制创建的存储过程。

⑩ sql_statement 是存储过程中要包含的任意数目和类型的 T-SQL 语句。

在存储过程创建后，存储过程的名称放在 sysobject 表中，文本存放在 syscomments 表中。

【实例 4-22】创建一个简单的存储过程，其实现的功能是根据某学生的学号返回该学生的姓名、所学课程的课程名和成绩。

```
USE StudentMIS
GO
CREATE PROCEDURE StudentProc
@ S_number varchar(9)
AS SELECT Sname,Cname,Grade
```

```
FROM S,SC,C
WHERE S.S#=@ S_number AND S.S#=SC.S# AND SC.C#=C.C#
GO
```

2. 执行存储过程

存储过程创建成功后保存在数据库中，然后可以使用 T-SQL 的 EXECUTE 语句来直接执行存储过程。执行存储过程的一般语法格式为：

[EXEC[UTE]
 {[@ return_status=]
 {procedure_name[; number] | @procedure_name_var}
 [[@parameter=]{value | @variable[OUTPUT] | [DEFAULT]}][, …n]
 [WITH RECOMPILE]

【语法说明】[EXEC[UTE]为执行存储过程标识语句，其中各参数含义如下：

① @return_status 是一个可选的整型变量，用于保存存储过程的返回状态。这个变量用于 EXECUTE 语句前，必须在批处理、存储过程或函数中声明过。

② procedure_name 为调用的存储过程名称。

③ number 是可选的整数，用于将相同名称的过程进行组合，使得它们可以用一句 DROP PROCEDURE 语句除去。

④ @procedure_name_var 是局部定义变量名，代表存储过程名称。

⑤ @parameter 是存储过程参数，在 CREATE PROCEDURE 语句中定义，参数名称前必须加上符号@。

⑥ value 是存储过程中参数的值。

⑦ @variable 是用来保存参数或返回参数的变量。

⑧ OUTPUT 指定存储过程必须返回的一个参数，该存储过程的匹配参数也必须由关键字 OUTPUT 创建。

⑨ DEFAULT 是根据过程的定义提供参数的默认值。

⑩ WITH RECOMPILE 是强制编译新的计划。

在调用存储过程时，有两种传递参数的方法：第 1 种是在传递参数时，使传递的参数和定义时的参数顺序一致，对于使用默认值的参数可以用 DEFAULT 代替；第 2 种传递参数的方法是采用参数名字引导的形式（如@name='张三'），此时，各个参数的顺序可以任意排列。

【实例 4-23】通过调用实例 4-22 的存储过程，查询学号为"20121103"的学生所学课程和成绩。由于实例 4-22 是创建一个带有输入参数的存储过程，因此执行该存储过程的语句为：

```
USE StudentMIS
    EXECUTE StudentProc '20121103'
    GO
```

3. 修改存储过程

随着应用的升级和需求的变化，可能需要不断地修改已有的存储过程。在 SQL Server 中，DBMS 允许在不改变存储过程使用许可和不改变存储过程的情况下，对存储过程进行定义的修改，这一特性极大地方便了应用系统的升级或重建。同样地，修改存储过程也有两种方式。

（1）使用 Microsoft SQL Server Management Studio 修改：修改存储过程的操作步骤如下：

① 打开 Microsoft SQL Server Management Studio 并连接到目标服务器，在"对象资源管理器"窗口中找到"数据库"结点，然后选择存储过程所在的数据库（如 StudentMIS）。

②　依次展开"可编程性"结点和"存储过程"结点，然后右击要修改的存储过程名，如 studentProc，在弹出的快捷菜单中执行"修改"命令，则会在右侧窗口打开查询编辑器，显示该存储过程原来的代码。

③　修改代码后，重新执行，保存即可。

（2）使用 T-SQL 语句修改：就是用 ALTER PROCEDURE 语句来修改存储过程。修改存储过程的一般语法格式为：

  ALTER PRO[EDURE] procedure_name[；number]

  [{ @ parameter data_type} [VARYING][=default][OUTPUT]][，…n]

  [WITH {RECOMPILE｜ENCRYPTION｜RECOMPILE，ENCRYPTION}]

  [FOR REPLICATION] AS sql_statement[…．n]

【语法说明】ALTER PRO[EDURE]为修改存储过程标识语句。如果在创建该存储过程时使用了参数，则在修改语句中也应该使用这些参数，其参数与创建存储过程的 CREATE PROCEDURE 语句的参数描述一致。

【实例 4-24】修改实例 4-22 的存储过程，将其修改为根据某学生的学号，用输出参数返回学生的姓名、所学课程的课程名和成绩。修改语句如下：

ALTER PROCEDURE StudentProc

@ S_number varchar(9),

@ xinming char(10) OUTPUT,

@ kechenming char(16) output,

@ chenji int output

AS SELECT @xinming=SNAME,@kechenming=CNAME,@chenji=GRADE

FROM S,SC,C

WHERE S.S#=@ S_number AND S.S#=SC.S# AND SC.C#=C.C#

GO

4．删除存储过程

对于不再需要的存储过程，可以从数据库中永久地删除它。删除存储过程也有两种方式。

（1）使用 Microsoft SQL Server Management Studio 删除：删除存储过程的操作步骤如下：

①　打开 Microsoft SQL Server Management Studio 并连接到目标服务器，在"对象资源管理器"窗口中找到"数据库"结点，然后选择存储过程所在的数据库（如 StudentMIS）。

②　依次展开"可编程性"结点和"存储过程"结点，然后右击要删除的存储过程名，如 studentProc，在弹出的快捷菜单中执行"删除"命令，则弹出"删除对象"窗口，单击"确定"按钮，即可删除。

（2）使用 T-SQL 语句删除：就是用 DROP PROCEDURE 语句在当前数据库中删除一个或多个存储过程。删除存储过程的一般语法格式为：

  DROP PROC[EDURE] procedure_name […．n]

【语法说明】DROP PROC[EDURE]为删除存储过程标识语句，其后是要删除的过程名。

【实例 4-25】删除 studentProc 存储过程，使用如下语句：

DROP PROC studentProc

5．查看存储过程

（1）使用 SQL Server Management Studio 查看存储过程的操作步骤如下：

①　打开 Microsoft SQL Server Management Studio 并连接到目标服务器，在 SQL Server

Management Studio 中展开指定的服务器和数据库，选择并展开"可编程性"结点中的"存储过程"文件夹。

②　在要查看的存储过程名称上单击鼠标右键，从弹出的快捷菜单中选择"编写存储过程脚本为"→"CREATE 到"→"新查询编辑器窗口"命令，即可查看到该存储过程的源代码。新创建的存储过程需在"存储过程"结点上单击鼠标右键，选择"刷新"才能显示出来。

（2）使用 T-SQL 语句查看存储过程的操作步骤如下：

①存储过程被创建之后，它的名字存储在系统表 sysobjects 中，它的源代码存放在系统表 syscomments 中。

②　查看存储过程的信息。利用系统存储过程 sp_helptext 可查看有关存储过程的信息，一般语法格式为：

sp_helptext[@objname=]'name'

【实例 4-26】查看 studentProc 存储过程的定义信息，可执行下面的 T-SQL 语句：

EXEC sp_helptext studentProc

〖知识点拨〗存储过程在一定程度上实现数据的安全性，这种安全性源于用户对存储过程只有执行权限，没有查看权限。存储过程特别适合统计和查询操作，很多情况下管理信息系统的设计者将复杂的查询和统计用存储过程来实现，免去客户端的大量编程。

本章小结

1. 本章简要介绍了 SQL Server 2008 的基本概况。SQL Server 2008 是目前最常用的关系型数据库管理系统，具有良好的性能和强大的功能。SQL Server 2008 是后续章节学习和实验的平台，熟悉和掌握 SQL Server 2008 的性能特点，为进一步学习后续章节打好基础。

2. Transact-SQL 是 SQL Server 2008 中的核心，是 SQL Server 2008 对 SQL 的扩充，包括 Microsoft SQL Server 2008 标识符命名规范、Microsoft SQL Server 2008 支持的数据类型、变量、运算符、控制流语句、函数等，为后续章节的学习打下了良好的基础。利用 Transact-SQL 语言所提供的功能，用户可以方便地进行数据库及其对象的创建、管理和维护工作。

3. 游标是对结果集进行逐行处理的方法，可以弥补常规 SQL 语言以结果集为最小单位进行数据处理的不足。使用游标的典型过程包括声明、打开游标、通过逐行读取数据并进行处理，使用完之后，关闭游标，释放游标的存储空间，分别使用 DECLARE、OPEN、FETCH、CLOSE 和 DEALLOCATE 语句完成。

4. 存储过程是一组 SQL 语句和流程控制的集合，以一个名字存储并作为一个单元进行处理。存储过程用于完成某项任务，它可以接收参数，返回参数值及状态值，可以嵌套调用。

习题四

一、选择题

1. 数据库管理系统软件的设计一般分为模式、内模式和外模式。对应于内模式，SQL Server 称为数据库的（　　）。

    A. 基本结构　　　　　B. 物理结构　　　　　C. 逻辑结构　　　　　D. 存储结构

2. SQL Server 2008 的体系结构是指其组成部分及其（　　　）关系的描述。

　　A. 基本结构　　　　　B. 物理结构　　　　　C. 逻辑结构　　　　　D. 组成之间

3. SQL Server 2008 系统提供了（　　　）两种类型的数据库。

　　A. 系统数据库和用户数据库　　　　　　B. 系统数据库和文件数据库

　　C. tempdb 数据库和 model 数据库　　　D. resource 数据库和 msdb 数据库

4. 在进行程序设计时，对于需要在程序中多次使用的那段功能程序可以设计为（　　　）。

　　A. 内置函数　　　　　B. 系统函数　　　　　C. 自定义函数　　　　D. 数据文件

5. Transact-SQL 是对（　　　）的扩展。

　　A. 过程化语言　　　　B. 非过程化语言　　　C. 高级语言　　　　　D. SQL

6. 在 SQL Server 2008 中，流程控制语句是指那些用来控制程序执行和（　　　）的语句。

　　A. 程序顺序　　　　　B. 程序检测　　　　　C. 流程分支　　　　　D. 程序结构

7. 在 SQL Server 2008 中，使用 BEGIN…END、IF…ELSE、CASE、WHILE、WAITFOR、RETURN 等语句，构成条件判断和循环结构，使程序更具结构性和逻辑性，以完成较复杂的操作。这些语句被称为（　　　）语句。

　　A. 条件判断　　　　　B. 条件控制　　　　　C. 循环控制　　　　　D. 流程控制

8. 下列哪个不属于使用游标的步骤（　　　）？

　　A. 说明游标　　　　　　　　　　　　　B. 删除游标

　　C. 打开游标　　　　　　　　　　　　　D. 推进游标指针并取当前记录

9. 必须使用游标的嵌入式 SQL 语句的情况是（　　　）。

　　A. INSERT　　　　　　　　　　　　　B. 对于已知查询结果确定为单元组时

　　C. DELETE　　　　　　　　　　　　　D. 对于已知查询结果确定为多元组时

10. 存储过程是 SQL 语句和可选控制流语句的预编译集合。为了便于由应用程序通过调用执行，存储过程应该存储在（　　　）。

　　A. 内存中　　　　　　　　　　　　　　B. 函数中

　　C. SQL 语句中　　　　　　　　　　　 D. 数据库内

二、填空题

1. SQL Server 2008 提供的 4 项基本服务分别是＿＿＿＿＿、＿＿＿＿＿、＿＿＿＿＿和＿＿＿＿＿。

2. SQL Server 2008 中有 5 个系统数据库，它们分别是＿＿＿＿＿、＿＿＿＿＿、＿＿＿＿＿、＿＿＿＿＿和＿＿＿＿＿。

3. 用户数据库也称为示例数据库，是由用户创建的，用来存放＿＿＿＿＿。

4. SQL Server2008 有两种类型的文件组，即＿＿＿＿＿和＿＿＿＿＿。

5. SQL Server 数据库是数据库对象的容器，它以＿＿＿＿＿的形式存储在＿＿＿＿＿上。

6. 存储数据库数据的物理文件（也称为操作系统文件）可以分为以下三类：＿＿＿＿＿、＿＿＿＿＿和＿＿＿＿＿。

7. Microsoft SQL Server 2008 提供了丰富的具有执行某些运算功能的内置函数，可分为＿＿＿＿＿、＿＿＿＿＿、＿＿＿＿＿和＿＿＿＿＿。行集函数、聚合函数、排名函数和标量函数 4 大类。

8. 在使用一个游标之前，首先必须声明它。游标的声明包括两个部分：＿＿＿＿＿和这个游标所用到的＿＿＿＿＿。

9. 在存储过程创建后，存储过程的名称放在＿＿＿＿＿表中，文本存放在＿＿＿＿＿表中。

10. 游标的使用，是通过游标与_____的结合来实现的。

三、问答题

1. SQL Server 2008 是哪个公司哪年发布的产品？

2. SQL Server 2008 的体系结构主要由哪 4 部分组成？

3. SQL Server 2008 中的系统数据库由哪些数据库所组成？

4. Transact-SQL 中的变量有哪几种类型？各有何作用？

5. 在 Transact-SQL 中的运算符主要有哪几类？

6. Transact-SQL 所支持的函数有几种类型？各有何功能特点？

7. 什么是游标？试述存储过程中使用游标的步骤？

8. 什么是存储过程？存储过程有哪些优点？

9. 存储过程与函数有何区别？

10. 存储过程与数据的安全性有何关系？

四、应用题

1. 利用游标，将选修了"计算机科学导论"课程且成绩不及格的学生选课记录显示出来，并从数据库中删除该选课记录。

2. 输入某同学的学号，使用游标统计该同学的平均分，并返回平均分，同时逐行显示该同学的姓名、选课名称和选课成绩。

第二部分 提升篇

第 5 章 数据库保护

【问题引出】随着计算机网络的普及和对资源共享的追求，人们在享受其带来的方便的同时，也面临着数据安全问题。对于数据库系统而言，更是如此。因为数据库应用系统运行时会受到来自各方面的干扰和破坏，比如硬件故障、软件错误、数据库管理员的误操作、黑客攻击、病毒破坏等。因此，数据库管理系统必须提供一定的数据保护功能，以保护数据库中数据的安全可靠和正确有效。那么，数据库管理系统应该采取哪些保护措施，保障数据库中数据的正确性、有效性和一致性呢？这就是本章所要讨论的问题。

【教学重点】本章主要讨论数据库的安全性、完整性、事务处理、并发控制、数据库的备份与恢复技术等。

【教学目标】通过本章学习，了解 SQL Server 2008 数据库的安全性和完整性的控制措施与机制；理解并发控制的原则和方法；掌握数据库的备份和恢复技术。

§5.1 数据库的安全性

数据库的安全性（Database Security）是指保护数据库以防止非法使用所造成数据的泄露、更改或破坏。在数据库系统中大量数据集中存放，并为许多用户直接共享，因此数据库的安全性相对于其它系统尤其重要。实现数据库的安全性是数据库管理系统的重要指标之一。

5.1.1 问题的提出

由于计算机软件故障、硬件故障、口令泄密、黑客攻击等因素，数据库系统不能正常运转，造成大量数据信息丢失，数据被恶意篡改，甚至使数据库系统崩溃。

1. 数据安全的分类

影响数据库安全性的因素很多，不仅有软、硬件因素，还有环境和人的因素；不仅涉及技术问题，还涉及管理问题、政策法律问题等。其内容包括计算机安全理论、策略、技术，计算机安全管理、评价、监督，计算机安全犯罪、侦察、法律等。概括起来，计算机系统的安全性问题可分为 3 大类，即技术安全类、管理安全类和政策法规类。其中，技术安全类是指系统采用具有一定安全性的硬件、软件来实现对计算机系统及其所存数据的安全保护，当计算机系统受到无意或恶意攻击时仍然能保证正常运行。管理安全类是指除了技术安全以外，如硬件意外故障、场地意外事故、管理不善导致的计算机设备和数据介质的物理破坏、丢失等安全问题。政策法规类是指政府部门建立的有关计算机犯罪、数据安全保密的法律道德准则和政策法规、法令。这里只在技术层面介绍数据库的安全性。

（1）操作系统层（Operating System）：数据库管理系统（DBMS）是运行在操作系统之上的，所以操作系统的安全是首要的。操作系统安全性方面的弱点总是可能成为对数据库进行未经授权访问的一种手段。

（2）网络层（Network）：由于几乎所有的数据库系统都允许通过终端或网络进行远程访问，因此网络软件的软件层安全性和物理安全性一样重要，不管在因特网上还是在私有的网络内。

（3）人员层（Human）：对用户的授权必须格外小心，以减少授权用户因接受贿赂或其它好处而给入侵者提供访问机会的可能性。

（4）数据库系统层（Database System）：数据库系统的某些用户获得的授权可能只允许它访问数据库中有限的部分，而另外一些用户获得的授权可能允许它提出查询，但不允许它修改数据。保证这样的授权限制不被违反是数据库系统的责任。

这里所讨论的安全性是数据库系统层的安全性问题，即考虑安全保护的策略，尤其是控制访问的策略。

2. 数据安全的威胁

严格来说，所有对数据库中数据的非授权读取、修改、添加、删除等，都属于对数据库安全的威胁。凡是在正常的业务中需要访问数据库时，使授权用户不能得到正常数据库服务的情况都是对数据库安全形成了威胁。对数据库数据的安全性威胁主要包括以下三个方面。

（1）数据损坏：指因存储设备全部或部分损坏引起的数据损坏，因敌意攻击或恶意破坏造成的整个数据库或部分数据库表被删除、移走或破坏。具体原因通常为：

① 自然的天灾或意外的事故导致数据存储设备损坏，导致数据库中数据的损坏和丢失。

② 硬件或软件故障，导致数据库中的数据损坏和丢失，或无法恢复。

③ "黑客"攻击或敌意破坏引起的信息丢失。

④ 数据库管理员或系统用户的误操作，导致应用系统的不正确使用而引起的信息丢失。

（2）数据篡改：指对数据库中数据未经授权进行修改，使数据失去原来的事实性。比如：

① 授权用户滥用权限而引起的信息窃取，或通过滥用权限而蓄意修改、添加、删除系统或别的用户的数据信息。

② "黑客"攻击、病毒感染、恶意破坏而导致数据库数据的篡改和被删除。

③ 非法授权用户绕过 DBMS 等，直接对数据进行的篡改。

（3）数据窃取：指对重要数据的非授权读取、非法拷贝、非法打印等。凡是通过不同手段从数据库中窃取国家机密、军事秘密、新产品实验数据、市场需求分析信息、市场营销策略、销售计划、客户档案、医疗档案、银行储蓄数据等，都属于数据窃取的范畴。

数据库管理系统对数据库的安全保护采取了安全性控制、完整性约束、事务处理、并发控制、数据备份与恢复等措施。

5.1.2　数据库的安全性控制

数据库的安全性控制是指尽可能地杜绝所有可能的数据库非法访问。数据库安全控制的核心是提供对数据库信息的安全存取服务，即在向授权用户提供可靠的信息和数据服务的同时，又拒绝非授权用户对数据的存取访问请求，保证数据库数据的可用性、完整性和安全性，进而保证所有合法数据库用户的合法权益。为了防止对数据库的非法访问，数据库的安全措施与计算机系统的安全性控制一样，也是逐级逐层设置的，其安全控制模型如图 5-1 所示。

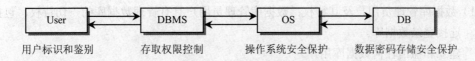

图 5-1　安全控制模型

1. 用户标识和鉴别（User Identification and Authentication）

用户标识（User Identification）和鉴别（Authentication）是数据库系统提供的最外层安全保护措施，其方法是由系统提供一定的方式让用户标识自己的身份，每次用户要求进入系统时，通过鉴别后才提供系统使用权。当用户要求进入计算机系统时，系统首先根据输入的用户标识进行身份的鉴别，只有合法的用户才允许进入系统。用户标识的鉴别方法有多种途径，可以委托操作系统进行鉴别，也可以委托专门的全局验证服务器进行鉴别。一般数据库管理系统都提供了用户标识和鉴别机制，常用的鉴别方法有以下几种。

（1）身份（Identification）鉴别：是指系统对输入的用户名或用户标识号与合法用户对照，鉴别该用户是否为合法用户。其鉴别机制是系统内部记录着所有合法用户的标识，鉴别用户是否合法。若是，则进入口令的核实；若不是，则不能使用系统。

（2）口令（Password）鉴别：是指用户记忆在头脑中的一串字符（密码），由于用户标识很容易被盗用，为了进一步鉴别用户的真假，系统常常要求用户输入口令。为保密起见，用户在终端上输入的口令不显示在屏幕上，系统核对口令以鉴别用户身份。

（3）函数（Function）鉴别：也称为随机数运算（Computing of Random Number）。通过用户名和口令来鉴定用户的方法简单易行，但用户名与口令容易被人窃取，因此还可以用更复杂的方法。例如，每个用户都预先约定好一个计算过程或函数，鉴别用户身份时，系统提供一个随机数，用户根据自己预先约定的计算过程或函数进行计算，系统根据用户计算结果是否正确进一步鉴定用户身份。例如，让用户记住函数 $2x+3y$，当鉴别用户身份时，系统随机告诉用户 $x=3$，$y=4$，如果用户回答 18，便证实了用户身份；也可以约定比较复杂的计算过程或函数，以使安全性更好。

此外，还可以使用磁卡、IC 卡、签名、指纹、声波纹等用户特征来鉴别用户身份。当然，系统必须具有这些识别设备。

2. 存取控制（Access Control）

通过了用户标识鉴别的用户不一定具有数据库的使用权，DBMS 还要进一步对用户进行识别和鉴定，以拒绝没有数据库使用权的非法用户对数据库进行存取操作。对数据库的存取访问权限的定义称为“授权（Authorization）”，数据库安全最重要的一点就是确保把访问数据库的权限只授权给有资格的用户，同时令所有未被授权的人员无法接近数据。存取控制分为自主存取控制（Discretionary Access Control）和强制存取控制（Mandatory Access Control）两种。在自主存取控制中，每个用户对各个数据对象授予不同的粗存取权力（Authority）或特权（Privilege），但是哪些用户对哪些数据对象具有哪些权限并没有固定的限制；而在强制存储控制中，每一个数据对象被标以一定的密级，每一个用户也被授予某一权限级别，只有具有一定权限的用户才能访问具有一定密级的数据对象。相比之下，自主存取控制更加灵活。

在数据库系统中的用户主要有两类：一类是数据库管理员（Data Base Administrator，DBA）用户；另一类是数据库应用系统用户，简称为数据库用户。用户对于不同的数据库对象有不同的存取权限，不同的用户对同一数据库对象也有不同的权限，而且用户还可以将自己拥有的存取权限转授给其它用户。

（1）数据库管理员用户及其特权：数据库管理员用户具有管理数据库的一切特权，包括：

- 连接登录数据库。
- 建立和撤消任何数据库用户。
- 授予和收回用户对数据库表的访问特权。
- 为任何用户的数据库表建立所有用户都可使用的别名（即 PUBLIC 同义词）。
- 利用 SQL 语句访问任何用户建立的数据库表中的数据。
- 对整个数据库或对某些数据库表进行跟踪审计。
- 进行数据库备份和恢复备份等。

在一个数据库管理系统软件初安装时，系统都要自动建立一个或两个具有约定用户名和口令的数据库管理员账号，一般通过重改其用户名和口令后用做数据库系统管理员用户。然后通过这些数据库管理员用户完成数据库应用系统建立中的一切有效操作和此后的数据库管理任务。

（2）数据库用户权限：数据库用户是使用数据库应用系统的用户，在建立数据库应用系统时，根据该数据库应用系统在使用过程中对其中数据库对象操作权限的要求而由数据库管理员用户创建。例如在一个大学的综合信息管理系统中，就教学信息管理来说，需要有学生学籍管理用户、教学计划管理用户、考试成绩管理用户等。数据库用户一般具有以下特权：

- 连接登录自己创建的数据库。
- 建立自己的数据库表、索引和聚簇等。
- 可以将自己所建的数据库表的查询（SELECT）权、插入（INSERT）新记录权、修改（UPDATE）记录权、删除（DELETE）记录权授予别的用户，或通过回收特权命令收回这些特权。
- 可以通过审计命令 AUDIT 对自己所建数据库表、索引和聚簇的访问进行跟踪审查。

当用户被授予了对数据库对象的操作权限后，用户的这些操作权限就存储在数据字典中。每当用户发出数据库的操作请求后，DBMS 查找数据字典，根据用户权限进行合法权限检查。若用户的操作请求超出了定义的权限时，系统将拒绝执行此操作。

3. 数据加密（Data Encryption）

通常的安全性措施都是防止从数据库系统窃取保密数据，不能防止通过不正常渠道非法访问数据，例如偷窃存储数据的磁盘、在通信线路窃取数据。防止数据库中数据在存储和传输中失密的有效手段是数据加密。对于高度敏感性数据，例如财务数据、军事数据、国家机密等，除采用一般安全性措施外，还可以采用数据加密技术。数据加密的基本思想是根据一定的算法将原始数据（明文，plain text）变换为不可直接识别的格式（密文，cipher text），从而使得不知道解密算法的人无法获知数据的内容。数据加密方法主要有以下两种：

（1）替换方法：使用密钥（Encryption Key）将明文中的每一个字符转换为密文字符。

（2）置换方法：将明文的字符按不同的顺序规则进行重新排列。

单独使用这两种方法的任意一种都是不够安全的，如果将这两种方法结合起来就能提供相当高的安全程度。采用这种结合算法的例子是美国 1977 年制定的官方加密标准——数据加密标准（Data Encryption Standard, DES）。有兴趣的读者可参考本节作者编著的《计算机科学导论》一书中的"计算机信息安全技术"部分。

目前有些数据库产品提供了数据加密例行程序，可根据用户的要求自动对存储和传输的数据进行加密处理。另一些数据库产品虽然本身未提供加密程序，但提供了接口，允许用户用其它厂商的加密程序对数据加密。由于数据加密与解密也是比较费时的操作，而且数据加密与解密程序会占用大量系统资源，因此数据加密功能通常也作为可选特征，允许用户自由选择，以便对高度机密的数据实行加密。

4. 审计管理（Audit Manage）

前面介绍的各种数据库安全控制措施，都可将用户操作限制在规定的安全范围内。但实际上，任何系统的安全保护措施都不是完美无缺的，蓄意盗窃、破坏数据的人总是想方设法打破这些控制。对于某些高度敏感的保密数据，必须以审计作为预防手段。审计功能把用户对数据库的所有操作自动记录下来，存放在审计日志（Audit Log）中。一旦发生数据非法存取，DBA 可以利用审计跟踪的信息，重现导致数据库现有状况的一系列事件，找出非法存取数据的人、时间和内容等。

审计很费时间和空间，所以 DBMS 往往都将其作为可选特征，允许 DBA 根据应用对安全性的要求，灵活地打开或关闭审计功能。审计功能一般主要用于安全性要求较高的部门。

5. 视图机制（View Mechanism）

出于数据独立性考虑，SQL 提供有视图定义功能，这种机制可以提供一定的数据库安全性保护。在数据库安全性问题中，一般用户使用数据库时需要对其使用范围设定必要的限制，即每个用户只能访问数据库中的一部分数据，这种必需的限制可以使用视图来实现。具体说，就是根据不同的用户定义不同的视图，通过视图机制将具体用户需要访问的数据加以确定，而将要保密的数据对无权存取这些数据的用户隐藏起来，使得用户只能在视图定义的范围内访问数据，不能随意访问视图定义以外的数据，从而自动地对数据提供相应的安全保护。

【实例 5-1】对于成绩表 SC（Sno，Sname，Cno，Grade），只允许学生查看课程 C1 的成绩。

CREATE VIEW Cl_G
AS SELECT Sno,Sname,Cno,Grade
FROM SC WHERE Cno='C1'

使用这个视图的用户只能看到基本表 SC 的一个"水平子集"，或称值依赖子集。它们无法访问到 SC 表的全部内容。

【实例 5-2】允许学生们访问所有 SC 记录，但看不到其姓名（Sname）字段的值。

CREATE VIEW S_C_G
ASSELECT Sno,Cno,Grade
FROM SC

使用这个视图的用户可看到基本表 SC 的一个"垂直子集"，或称值不相依赖子集。

【实例 5-3】允许学生了解各门课的平均成绩，但不需要它知道具体某一门课的成绩。

CREATE VIEW AVG(Sno,Avgrade)
AS SELECT Sno,AVG(Grade)
FROM SC GROUP BY Sno;

使用这个视图的用户只能看到在基本表 SC 上的一个统计汇总。

〖问题点拨〗视图机制最主要的功能在于提供数据独立性，因此"附加"提供的安全性保护功能尚不够精细，往往不能达到应用系统的要求。在实际应用中，通常是将视图机制与存取控制配合使用，首先用视图机制屏蔽掉一部分保密数据，然后在视图上再进一步定义存取权限。

5.1.3 用户的角色

存储权限控制看上去很直观很方便，然而一旦数据库的用户数量很多时，设置权限的工作将会变得繁琐复杂。为此，SQL Server 2008 通过"角色"设置权限来解决这个问题。

所谓"角色"，就是用来指定权限的一种数据库对象，每个数据库都有自己的角色对象，可以为每个角色设置不同的权限。SQL Server 管理者可以将某些用户设置为某一角色，这样只要对角色进行权限设置便可以实现对所有用户权限的设置，从而大大减少了管理员的工作量。SQL Server 2008 将角色分为三种类型：服务器角色，数据库角色和应用程序角色。

1. 服务器角色

服务器角色是指根据 SQL Server 的管理任务以及这些任务相对的重要性等级，把具有 SQL Server 管理职能的用户划分为不同的用户组，每个用户组的管理权限都是 SQL Server 内置的，服务器角色存在于各数据库中。SQL Server 2008 提供了 8 种常用的固定服务器角色，具体含义如下。

- 系统管理员（sysadmin）：拥有 SQL Server 所有的权限许可。
- 服务器管理员（serveradmin）：管理 SQL Server 服务器端的设置。
- 磁盘管理员（diskadmin）：管理磁盘文件。
- 进程管理员（processadmin）：管理 SQL Server 系统进程。
- 安全管理员（securityadmin）：管理和审核 SQL Server 系统登录。
- 安装管理员（setupadmin）：增加、删除连接服务器，建立数据库复制以及管理扩展存储过程。
- 数据库创建者（dbcreator）：创建数据库，并对数据库进行修改。
- 批量数据输入管理员（bulkadmin）：管理同时输入大量数据的操作。

2. 数据库角色

数据库角色是为某一用户或某一组用户授予不同级别的管理或访问数据库以及数据库对象的权限，这些权限是数据库专有的，并且可以使一个用户具有属于同一数据库的多个角色。SQL Server 提供了以下两种类型的数据库角色。

（1）固定的数据库角色：是指 SQL Server 已经定义了这些角色所具有的管理、访问数据库的权限，而且 SQL Server 管理者不能对其所具有的权限进行任何修改。SQL Server 中每个数据库都有一组固定的数据库角色，可以将不同级别的数据库管理工作分配给不同的角色，从而有效地实现工作权限的传递。SQL Server 提供了 10 种固定数据库角色来授予数据库用户权限，具体内容如下：

- public：每个数据库用户都属于 public 数据库角色，当尚未对某个用户授予或拒绝对安全对象的特定权限时，该用户将继承授予该安全对象的 public 角色的权限。
- db_owner：可以执行数据库的所有配置和维护活动。
- db_accessadmin：可以增加或者删除数据库用户、工作组和角色。
- db_ddladmin：可以在数据库中运行任何数据定义语言命令。
- db_securityadmin：可以修改角色成员身份和管理权限。
- db_backupoperator：可以备份和恢复数据库。
- db_datareader：只能对数据库中的任何表执行 SELECT 操作，从而读取所有表的信息。
- db_datawriter：只能进行 INSERT 操作，无法实现 UPDATE 和 DELETE 操作，也不能进行 SELECT 操作。
- db_denydatareader：不能读取数据库中任何表中的数据。
- db_denydatawriter：不能对数据库中的任何表执行增加、修改和删除数据操作。

（2）用户自定义的数据库角色：有时，固定的数据库角色可能不能满足要求。例如，有些用户可能只需数据库的"选择"、"修改"和"执行"权限。由于固定的数据库角色之中没有一个角色能提供这组权限，所以需要创建一个自定义的数据库角色。在创建数据库角色时，先给该角色指派权限，然后将用户指派给该角色。这样，用户将继承给这个角色指派的任何权限。显然，这种角色不同于固定数据库角色，因为在固定角色中不需要指派权限，只需要添加用户。

3. 应用程序角色

应用程序角色是特殊的数据库角色，用于允许用户通过特定应用程序获得特定数据，因而也称为应用程序角色。应用程序角色不包含任何成员，而且在使用之前要在当前连接中将它们激活。激活一个应用程序角色后，当前连接将丧失它所具备的特定用户权限，只获得应用程序角色所拥有的权限。

5.1.4　SQL Server 2008 安全机制

为了维护数据库的安全，SQL Server 2008 提供了一套完整的机制来保障数据的安全性，它为身份验证、授权机制、数据加密和访问审核提供了复杂的安全机制和策略。

1. SQL Server 的安全体系

SQL Server 安全体系结构建立在认证（Authentication）和访问许可（Permission）机制上，只有通过认证的用户才能登录到数据库，并在获取相关权限许可后才能访问相关数据。SQL Server 2008 由 4 层安全体系组成，其体系结构如图 5-2 所示。

图 5-2　SQL Server 2008 安全体系结构图

由图可知，用户操作使用数据库，首先必须具有使用 SQL Server 客户机的权限，才能访问 SQL Server 2008 服务器数据库中的各类对象。SQL Server 2008 服务器级的安全性建立在控制服务器登录账号和身份验证的基础上，当用户登录 SQL Server 2008 服务器后，只有经过授权才能访问相应数据库的数据对象。

2. SQL Server 的安全管理机制

SQL Server 的安全管理机制是通过身份验证、权限管理、数据加密和访问审核等实现的。

（1）身份验证：SQL Server 2008 提供了两种身份验证方式，即 Windows 身份验证（Windows Identification Authentication）和 SQL Server 身份验证（SQL Server Identification Authentication）。使用 Windows 验证的优点是可以利用 Windows 提供的功能很强的工具去管理用户账户，比如安全验证和密码加密、审核、密码过期、最短密码长度以及在多次失败的请求后锁定账户。使用 SQL Server 身份验证的优点是 SQL Server 2008 支持强制密码策略（Windows 2003 Server 操作系统），强制登录密码符合本地的密码安全策略，在验证过程中可以设置和重设口令，默认对所有登录进行策略检查，可以对每个登录独立设置密码策略检查。

（2）权限管理：通过认证阶段并不代表能够访问 SQL Server 中的数据，用户只有在获取访问数据库的权限之后，才能够对服务器上的数据库进行权限许可下的各种操作。在 SQL Server 2008 中有三种类型的管理权限，即对象权限、语句权限和默认权限。

① 对象权限：是针对表、视图、存储过程等数据库对象而言的，它决定了能对这些数据库对象执行哪些操作。如果用户想要对某一对象进行操作，必须具有相应的操作权限。例如，当用户想删除表中数据时，必须具有对数据表的 DELETE 权限。

② 语句权限：指用户能否对数据库及其对象执行操作的特定语句，例如创建类语句包括 CREATE DATABASE、CREATE TABLE、CREATE VIEW 等；备份类语句包括 BACKUP DATABASE 和 BACKUP LOG 语句。语句权限仅限于语句本身，而不是数据库对象。

③ 默认权限：指某些服务器角色、固定数据库角色和数据库对象所有者具有的默认权限。固定服务器角色和固定数据库角色的成员自动继承角色的默认权限，而数据库对象的所有者在其创建的数据对象上拥有全部权限，这就是数据库对象所有者的默认权限。

（3）数据加密：SQL Server 2008 内置对加密解密的支持，不需要自己创建函数和存储过程等，具有完整的密钥体制，可以使用 DDL 创建密钥和证书，包含很多加密、解密函数，支持多种加密算法。对数据的保护方法有很多种，可以使用对称密钥、非对称密钥、数字证书加密数据，使用证书对数据库中的模块进行数字签名，同时对称密钥和私钥都在 SQL 中加密存储。与授权机制相似，SQL Server 2008 具有层次化的加密体系，即服务主密钥、数据库主密钥、非对称密钥、数字证书和对称密钥。服务主密钥由 Windows DPAPI 加密，数据库主密钥由服务主密钥加密，非对称密钥和数字证书可以由数据库主密钥来加密，数字证书和非对称密钥又可以对对称密钥和数据进行保护。

（4）访问审核：是指审核 SQL Server 的实例或 SQL Server 数据库，涉及跟踪和记录系统中发生的事件，可以使用 Windows 事件查看器和 SQL Server 日志文件查看器来查看系统中发生的事件，主要包括以下几种审核：数据库引擎默认记录，失败的登录尝试，支持对分析服务的审核，Profiler 工具支持更多的审核事件，用 DDL 和 DML 触发器定制数据库变更的审核等。

3. 数据授权

存取权限控制是 DBMS 提供的内部安全性保护措施，其控制机制主要包括定义用户权限和合法权限检查两部分。定义用户权限是指预先定义不同的用户对不同的数据对象允许执行的操作权限，并将用户权限登记到数据字典中，这个过程也被称为授权。合法权限检查是指每当用户发出存取数据库的操作请求后，系统根据预先定义的用户操作权限对请求进行检查，确保它只能执行合法操作，若用户的操作请求超出了定义的权限，系统将拒绝执行此操作。

SQL Server SQL 用 GRANT 语句将对指定操作对象的指定操作权限授予指定的用户。实现数据授权的一般语法格式为：

**GRANT<权限>[，<权限>][，…n][on<对象类型><对象名> to <用户>[，<用户>][，…n]
[WITH GRANT OPTION]；**

【语法说明】GRANT 的语义是将指定操作对象的指定操作权限授予指定的用户。发出 GRANT 语句的可以是 DBA，也可以是该数据库对象的创建者，还可以是拥有该权限的用户。该授权的用户可以是一个或多个具体用户，也可以是全体用户。如果指定了 WITH GRANT OPTION 子句，则获得某种权限的用户还可以把这种权限再授予别的用户，但不许循环授权。对不同类型的操作对象有不同的操作权限，常见的操作权限如表 5-1 所示。

表 5-1 不同对象类型的操作权限

对象	对象类型	操作权限
属性列	TABLE	SELECT，INSERT，UPDATE，DELETE，ALL PRIVILEGES
视图	TABLE	SELECT，INSERT，UPDATE，DELETE，ALL PRIVILEGES
基本表	TABLE	SELECT，INSERT，UPDATE，DELETE，ALTER，INDEX，ALL PRIVILEGES
数据库	DATABASE	CREATE TABLE

【实例 5-4】把查询 Student 表权限授予用户 User1，User2。
GRANT SELECT
ON Student
TO User1,User2;

【实例 5-5】把对 Student 表和 Course 表的全部权限授予全体用户。

GRANT ALL PRIVILEGES

ON Student,Course

TO PUBLIC;

〖问题点拨〗如果在 SQL Server 中写此语句，还需要在单个表上来执行，即分成两个语句来执行。

【实例 5-6】把查询 Student 表和修改学生学号的权限授给用户 User3。

GRANT UPDATE(Sno),SELECT

ON Student

TO User3,

【实例 5-7】把对 SC 的 INSERT 权限授予 User4 用户，并允许再将此权限授予其它用户。

GRANT INSERT

ON SC

TO User4

WITH GRANT OPTION;

【实例 5-8】把在数据库 S_C 中建立表的权限授予用户 User5。

GRANT CREATE TABLE

ON DATABASE S_C

TO User5;

4. 收回权限

与授权操作相对应的是收回权限操作。授予的权限可以由 DBA 或其它授权者用 REVOKE 语句收回。实现收回权限操作的一般语句格式为：

　　　REVOKE<权限>[，<权限>][，…n]

　　　[ON<对象类型><对象名>]

　　　FROM<用户>[，<用户>][，…n];

【语法说明】REVOKE 是收回权限关键字，<权限>、<对象类型>、<对象名>含义同上。

【实例 5-9】把用户 User3 修改学生学号的权限收回。

REVOKE UPDATE(Sno)

ON Student

FROM User3;

【实例 5-10】收回所有用户对 Student 表的查询权限。

REVOKE SELECT

ON Student

FROM PUBLIC;

【实例 5-11】把用户 User4 对 SC 表的插入、更新权限收回。

REVOKE INSERT,UPDATE

ON TABLE SC

FROM User4;

〖问题点拨〗系统收回 User4 的插入权限后，其它用户直接或间接从 User4 处获得的对 SC 表的插入权限也将被系统收回。

§5.2　数据库的完整性

数据库的完整性和安全性是数据库保护的两个不同方面。安全性所保证的是允许用户做它们想做的事，而数据库的完整性（Database Integrity）则是保证它们想做的事情是正确的。安全性措施的防范对象是非法用户和非法操作，即防止非法使用所造成的数据的泄露、更改或破坏。完整性措施的防范对象是不合语义的数据，即防止合法用户的误操作、考虑不周造成的数据库中的数据不合语义，错误数据的输入输出所造成的无效操作和错误结果。

5.2.1 问题的提出

数据库系统在运行过程中，无论用户通过什么方式对数据库中的数据进行操作，都必须保证数据的正确性，即存入数据库中的数据具有确定的含义。因为只有正确的数据才是有效数据。为了说明完整性概念，我们考察一个高校教学管理数据库，其学生成绩如表 5-2 所示。

表 5-2   学生成绩表 Score

学 号	姓 名	性 别	班 级	考试课程	考试场地	考试时间	考试成绩

就表 5-2 而言，如何在学生成绩表 Score 中填入相关数据呢？对于"姓名"，在一个班中，可能存在同姓名的同学，而对于"学号"，必须是唯一的；又例如"性别"，只能取"男"或"女"；等等。

完整性就是要保证数据库中数据的正确性和相容性。为了维护数据库中数据的完整性，DBMS 将完整性约束定义作为模式的一部分存入数据字典中，然后提供完整性检查机制。

数据库的完整性的基本含义就是要保护数据库的正确性、有效性和相容性，其主要目的是防止错误的数据（用户误操作、考虑不周造成语意不合）进入数据库。其中：

（1）正确性：是指数据的合法性。例如，数据库中的年龄通常定义为数值型数据，只能含 0，1，2，…，9，不能含有字母或特殊字符。

（2）有效性：是指数据是否属于所定义域的有效范围。例如，月份只能用 1～12 之间的正整数表示；性别只能是男或女。

（3）相容性：是指表示同一事实的两个数据应当一致，不一致即是不相容。例如，一个人不能有两个学号。

数据库中的数据是否具备完整性，关系到数据能否真实地反映现实世界。因此，DBMS 必须提供相应的完整性约束条件、完整性约束控制等机制，实行监督、测试，确保数据库中数据的正确性，并避免不符合语义的错误数据或非法数据的输入和输出，以保证数据的有效性。另外，还要检查先后输入的数据是否一致，以保证数据的相容性。检查数据库中的数据是否满足规定的条件称为"完整性检查"。我们把数据库中数据应当满足的条件称为"完整性约束条件"，有时也称为完整性规则。

5.2.2 完整性约束类型

约束（Constraint）是 SQL Server 2008 提供的自动保持数据库中数据完整无缺的一种机制，它定义了可输入表或表的单个列中的数据的限制条件，完整性约束条件是完整性控制机制的核心。为了维护数据库的完整性，DBMS 必须提供一种机制检查数据库中的数据，看其是否满足语义规定的条件。这些加在数据库数据之上的语义约束条件称为数据库完整性约束条件，整个完整性控制都是围绕它进行的。

完整性约束条件涉及 3 类作用对象：属性级、元组级和关系级。这 3 类对象的状态可以是静态的，也可以是动态的。静态约束是指对数据库每一个确定状态所应满足的约束条件，是反映数据库状态合理性的约束，这是最重要的一类完整性约束。动态约束指数据库从一种状态转变为另一种状态时，新、旧值之间所应满足的约束条件，动态约束反映的是数据库状态变迁的约束。结合这两种状态，一般将约束条件分为下面 6 种类型。

1. 静态属性级约束

静态属性级约束是对一个列的取值域的说明，即对数据类型、数据格式和取值范围的约束。这是最常用、最简单、最容易实现的一类完整性约束。包括以下几个方面：

（1）对数据类型的约束：包括数据的类型、长度、单位和精度等。例如，规定学生姓名的数据类型应为字符型，长度为 8。

（2）对数据格式的约束：例如，规定出生年月的数据格式为 YY.MM.DD。

（3）对取值范围的约束：例如，月份的取值范围为 1～12，日期的取值范围为 1～31。

（4）对空值的约束：空值表示未定义或未知的值，它与零值和空格不同。有的列值允许空值，有的则不允许。例如，学号和课程号不可以为空值，但成绩可以为空值。

2. 静态元组级约束

静态元组级约束就是规定元组的各个列之间的约束关系，例如在高校学籍管理系统中，课程表中包含课程号、课程名等列，规定一个课程号对应一个课程名；又如教师基本信息表中包含职称、工资等列，规定讲师的工资不低于 2000 元。

3. 静态关系级约束

静态关系级约束是一个关系中各个元组之间或者若干个关系之间常常存在的各种联系的约束。常见的静态关系级约束有以下几种：

（1）实体完整性约束：说明关系键的属性列必须唯一，其值不能为空或部分为空。

（2）参照完整性约束：说明不同关系的属性之间的约束条件，即外键的值应能够在参照关系的主键值中找到或取空值。

实体完整性约束和参照完整性约束是关系模型的两个极其重要的约束，被称为关系的两个不变性。

（3）函数依赖约束：说明同一关系中不同属性之间应满足的约束条件。例如，2NF、3NF、BCNF 这些不同的范式应满足不同的约束条件。大部分函数依赖约束都是隐含在关系模式结构中的，特别是对于规范化程度较高的关系模式，都是由模式保持函数依赖。

（4）统计约束：说明多个基表的属性间存在一定统计值间的约束，规定某个属性值与一个关系多个元组的统计值之间必须满足某种约束条件。例如，在高校管理系统中，规定校长的奖金不得高于全校平均奖金的 40%，不得低于全校平均奖金的 20%。这里全校平均奖金的值就是一个统计计算值。

4. 动态属性级约束

动态属性级约束是修改属性定义或属性值时应满足的约束条件，它包括以下两个方面。

（1）修改属性定义时的约束：例如将原来允许空值的属性改为不允许空值时，如果该属性目前已存在空值，则规定拒绝这种修改。

（2）修改属性值时的约束：修改属性值有时需要参照其旧值，并且新旧值之间需要满足某种约束条件。例如，教师工资调整不得低于其原来工资，学生年龄只能增长等。

5. 动态元组级约束

动态元组级约束是指修改某个元组的值时要参照该元组的原有值，并且新值和原有值之间应当满足某种约束条件。例如，职工工资调整不得低于其原有工资+工龄×2 等。

6. 动态关系级约束

动态关系级约束是指加在关系变化前后状态上的限制条件。例如事务的一致性、原子性等。

5.2.3 完整性约束规则

为了实现完整性控制，数据库管理员应向 DBMS 提出一组完整性规则。完整性规则用来检查数据库中的数据是否满足语义约束。这些语义约束构成了数据库的完整性规则，以作为 DBMS 控制数据完整性的依据。完整性规则定义了何时检查、检查什么、查出错误怎样处理等事项。

1. 完整性约束

关系完整性通常包括域完整性、实体完整性、参照完整性和用户定义完整性，其中域完整性、实体完整性和参照完整性是关系模型必须满足的完整性约束条件。

（1）域完整性：组成记录的列称为域，域完整性是指向表的某列添加数据时，添加的数据类型必须与该列字段数据类型、格式及有效的数据长度相匹配。通常情况下，域完整性是通过 CHECK 约束、外键约束、默认约束、非空定义、规则以及在建表时设置的数据类型实现的。用户可以使用带有 CHECK 子句的 CREATE DOMAIN 语句定义带有域约束的列。定义域约束的语法格式为：

CREATE DOMAIN<域名>AS<数据类型>

[DEFAULT<默认值>]|[CHECK（条件）]；

【语法说明】CREATE DOMAIN 是定义域完整性的命令标识符，其后参数说明如下：

① DEFAULT 子句是可选项，并且允许当用户未给某属性赋值时，在该行的该属性处填写默认值。

② CHECK 子句也是可选项，允许定义这一属性域取值需要满足的条件。

在定义中，数据类型必须是一个 SQL 通用数据类型（char、number、decimal 等）。

【实例 5-12】定义一个职称域，并声明只包含高级职称的域约束条件。

```
CREATE DOMAIN position AS CHAR(6)
CHECK(value in('副教授','教授'))；
```

〖问题点拨〗使用域时可以在 CHECK 子句中包含一个 SELECT 语句，从其它表中引入域值语句实现创建一个职称域。例如下面的语句是实现创建一个职称域：

```
CREATE DOMAIN donyposition AS CHAR(6)
CHECK(value in(SELECT tposition from teacher))；
```

【实例 5-13】用域约束保证小时工资域的值必须大于某一指定值（如最低工资）。

```
CREATE DOMAIN hourly_wage numeric(5,2)
Constraint value_test CHAR(value>=6.00)
```

删除一个域定义，可使用 DROP DOMAIN 语句，语法格式如下：

DROP DOMAIN<域名>；

域完整性约束是最简单、最基本的约束。在当今的关系 DBMS 中，一般都有域完整性约束检查功能。

（2）实体完整性：是指关系的主键不能重复，也不能取空值。一个基本关系对应现实世界的一个实体集，这里的实体是指表中的记录，一个实体就是表中的一条记录。实体完整性要求在表中不能存在完全相同的记录，而且每条记录都要具有一个非空且不重复的键值，这样就可以保证数据所代表的任何事物都不存在重复。实现实体完整性的方法主要有主键约束、唯一索引、唯一约束和指定 IDENTITY 属性。根据上述考虑，人们建立实体完整性规则（Entity Integrity Rule）：当属性 A

是基本关系 R 的主属性时，属性 A 不能取空值。

当定义了表的实体完整性约束条件后，在表中插入（录入）数据记录操作时，系统就会自动进行实体完整性约束检查。

① 对主键值的唯一性检查方法是，如果出现主键值不唯一，则拒绝插入或修改。

② 对主键中各属性的非空的检查方法是，只要主键属性中有一个主属性为空，就拒绝插入或修改。

（3）参照完整性：也称为引用完整性，它是指相关联的两个表之间，一个表（主表）的主键与另一个表（从表）的外键的约束。其作用是当更新、删除、插入一个表中的数据时，通过参照引用相互关联的另一个表中的数据，就可检查对表中数据操作是否正确。

在参照完整性中，涉及两个基本概念，一个是关系的引用，另一个是参照与被参照。

① 关系引用。在关系模型中，实体与实体之间的联系都是用关系来描述的，这样就需要研究关系之间的相互引用。

【实例 5-14】学生实体和课程实体分别用关系 Student 和 Course 表示：

Student(Sno,Shame,Sex,Sage,Cno)

Course(Cno,Cname)

〖问题点拨〗这两个关系存在属性引用，带下划线的属性表示主键。关系 Student 中的 Cno 必须是确实存在的课程的课程号，即为关系 Course 中该课程的记录，而关系 Student 中的某个属性必须参照关系 Course 中的属性取值。

事实上，不仅关系之间存在引用联系，同一关系内部属性之间也会有引用联系。

【实例 5-15】设有下面 3 个关系：

Student(Sno,Sname,Sex,Sage,Cno)

Course(Cno,Cname)

SC(Sno,Cno,Grade)

其中，Student 和 Course 是学生关系和课程关系，SC 是学生－课程关系，属性 Grade 表示课程成绩。在这 3 个关系间也存在着属性引用联系。SC 引用 Student 的主键 Sno 和 Course 的主键 Cno。这样，SC 中的 Sno 必须是真正存在的学号，即 Student 中应当有该学生的记录；SC 中的 Cno 也必须是确实存在的课程号，即 Course 中应当有该门课程的记录。换句话说，关系 SC 中某些属性的取值需要参照关系 Student 和关系 Course 中的属性方可进行。

【实例 5-16】在关系 Student 中添加属性 Sm（班干部）从而定义关系 Student2 如下：

Student2(Sno,Sname,Sex,Sage,Cno,Sm)

在 Student2 中，属性 Sno 是主键，属性 Sm 表示该学生所在班级的班长的学号，它引用本关系 Student 的属性 Sno，即"班干部"必须是确实存在的学生的学号。

② 参照和被参照。参照完整性规则（Reference Integrity Rule）的基本定义是：对于两个关系 R 和 S，R 中存在的属性 F 是基本关系（对应于从表）R 的外键，它与基本关系（对应于主表）S 的主键 K 相对应（R 和 S 不一定是不同的关系），则对于 R 中每个元组在 F 上的取值应当满足：

● 或者取空值，即 F 的每个属性值均为空值。

● 或者等于 S 中某个元组的主键值。

这里，称 R 为参照关系（Referencing Relation），S 为被参照关系（Referenced Relation）或目标关系（Target Relation）。

在实例 5-14 中，被参照关系是 Course，参照关系是 Student，关系 Student 中每个元组的 Cno 只能取下面两类值：

- 空值（null）：表示尚未给该学生分配课程。
- 非空值（not null）：此时该值应当是关系 Course 中某个元组的课程号，它表示该学生不能分配到一个未开设的课程，即被参照关系 Course 中一定存在一个元组，其主键值等于参照关系 Student 中的外键值。

在实例 5-15 中，关系 SC 的 Sno 属性与关系 Student 中主键 Sno 相对应，Cno 属性与关系 Course 中主键 Cno 相对应，因此，Sno 和 Cno 是关系 SC 的外键，这里 Student 和 Course 均是被参照关系，SC 是参照关系。Sno 和 Cno 可以取两类值：空值和已经存在的值。由于 Sno 和 Cno 都是关系 SC 的主属性，根据实体完整性规则，它们均不能取空值，所以课程关系中的 Sno 和 Cno 属性实际上只能取相应被参照关系中已经存在的主键值。

按照参照完整性规则，参照关系和被参照关系可以是同一关系。在例 5-16 中，Sm 的属性值可以取空值和非空值，其中，空值表示该学生所在班级尚未选出班长；非空值表示该值必须是本关系中某个元组中的学号值。

（4）用户完整性：实体完整性规则和参照完整性规则是关系数据库所必须遵守的规则，任何一个 RDBMS 都必须支持，它们适用于任何关系数据库系统。根据具体应用环境的不同，不同的关系数据库往往还需要一些特殊的完整性约束条件，这就是用户定义的完整性约束规则（User-Defined Integrity Rule）。它针对一个具体的应用环境，反映其涉及数据的一个必须满足的特定的语义要求。例如，某个属性必须取唯一值，某个非主属性也不能取空值，某个属性有特定的取值范围等。一般说来，关系模型应该提供定义和检验这类完整性的机制，使用统一的系统方法进行处理，而不是将其推送给相应的应用程序。

在 SQL 中，用户定义完整性主要包括字段有效性约束和记录有效性约束，它是通过提供非空约束、对属性的 CHECK 约束、对元组的 CHECK 约束、触发器等来实现用户定义完整性要求的。

① 基于属性值的 CHECK 约束。使用检查 CHECK 子句可保证属性值满足某些前提条件。属性的 CHECK 约束既可跟在属性的定义后，也可在定义语句中另增一子句加以说明。

【实例 5-17】创建一个学生关系表，用 CHECK 的约束条件限定性别 Sex 的取值只能是"男"和"女"两个值中的一个。程序代码为：

```
CREATE TABLE Student
        (Sno CHAR(9) PRIMARY KEY,
        Sname CHAR(10) NOT NULL,
        Sex CHAR(2) CHECK(Sex in('男','女')),
        Sbirthin DATETIME NOT NULL,
        Placeofb CHAR(16),
        Scode CHAR(5) NOT NULL,
        Class CHAR(6) NOT NULL);
```

② 基于元组的约束。通过 CHECK 使得表中的若干字段的取值满足某种约束条件。

【实例 5-18】创建一张工资关系表，要求在职工（Eno 为职工号）的工资中，保险（Insure）和储蓄（Fund）的总金额要小于基本工资（Basepay）。程序代码为：

```
CREATE TABLE salary
        (Eno char(4),
        Basepay decimal(7,2),
        Insure decimal(7,2),
```

```
        Fund decimal(7,2),
        CHECK(Insure +Fund<Basepay));
```

显然，由于在一个 CHECK 约束中涉及表中的多个属性，所以称为元组约束。

2. 完整性控制

完整性控制都是围绕完整性约束条件进行的。上述完整性约束条件有的可能非常简单，有的则可能非常复杂。一个完善的完整性控制机制应该允许用户定义所有可能的约束条件，DBMS 为此提供了以下 3 个方面的功能。

（1）定义功能：提供定义完整性约束条件的机制，确定违反了什么样的条件就需要使用规则进行检查，这个条件称为规则的"触发条件"。

（2）检查功能：检查用户发出的操作请求是否违背了完整性约束条件；如果发现用户的操作请求使数据违背了完整性约束条件，则采取一定的措施保证数据的完整性。

（3）保护功能：如果发现用户的操作请求与完整性约束条件不符合，则采取一定的措施来保证数据的完整性，称为"完整性约束条件的保护"。

5.2.4 使用触发器

上述约束都属于静态约束，而静态约束属于被动的约束机制。在查出对数据库的操作违反约束后，只能做些比较简单的动作，例如拒绝操作。比较复杂的操作还需要由程序员去安排，如果希望在某个操作后，系统能自动根据条件转去执行各种操作，甚至执行与原操作无关的操作，就可以用 SQL 中的触发器（Trigger）机制实现。

触发器机制是一种动态约束，动态约束是指数据库从一种状态转变为另一种状态时，新、旧值之间所应满足的约束条件，它是反映数据库状态变迁的约束。触发器是现代数据库管理系统中常用的一种数据库完整性保护措施，是一种实施复杂的完整性约束的特殊存储过程。

1. 触发器的分类

触发器在某种事件发生时触发，以实现针对触发事件需要完成的一些处理。根据触发事件和执行方式的不同，触发器可分为不同的类型。如果按照触发事件分类，SQL Server 2008 提供的触发器主要包括：DML 触发器、DDL 触发器和登录触发器三种常规类型。

（1）DML 触发器：在 DML（数据操纵语言）事件发生时被调用。DML 事件包括在指定表或视图中修改数据的 INSERT 语句、UPDATE 语句或 DELETE 语句。DML 触发器可以查询其它表，还可以包含复杂的 T-SQL 语句。将触发器和触发它的语句作为可在触发器内回滚的单个事务对待。如果检测到错误（例如，磁盘空间不足），则整个事务即自动回滚。

（2）DDL 触发器：是一种特殊的在响应数据定义语言（DDL）语句时触发的触发器，这些事件主要与以关键字 CREATE、ALTER 和 DROP 开头的 T-SQL 语句对应。它们可以用于在数据库中执行管理任务，例如，审核以及规范数据库操作。

（3）登录触发器：为响应 LOGIN 事件而激发存储过程，与 SQL Server 实例建立用户会话时将引发此事件。登录触发器在登录的身份验证阶段完成之后，用户会话实际建立之前触发。如果身份验证失败，将不激发登录触发器，即使用登录触发器来审核和控制服务器会话。

2. 触发器的特性

触发器是数据库服务器中发生事件时自动执行的特殊的存储过程，其特殊性在于它不需要由用户调用执行，而是当用户对表进行 INSERT、DELETE、UPDATE 操作时，自动执行触发器所定义的 SQL 语句。

（1）触发器的行为特性：触发器不像一般的存储过程，不允许使用 EXECUTE 语句来调用或执行。当用户对指定的数据进行修改时，它能被系统自动激活，自动执行在相应触发器中的 SQL 语句，防止对数据进行不正确、未授权或不一致的修改。因此，触发器也称为主动规则（Active rule）或"事件－条件－动作－规则"（Event-Condition-Action-Rule，ECA 规则）。

触发器由 DBMS 自动调用，对数据库的特定改变进行响应。一个触发器由以下三部分组成：

① 事件。指对数据库的插入、删除、修改等操作。当发生这些事件时，触发器开始工作。

② 条件。测试条件是否成立。如果条件成立，就执行相应的动作，否则什么也不做。

③ 动作。如果触发器满足预定条件，那么就由 DBMS 执行这些动作。这些动作可以是一系列对数据库的操作，也可以是与触发事件本身无关的其它操作。因此，触发器的条件可以看成是一个监视数据库的"守护程序"，当对数据库的修改满足触发器的事件触发条件时，执行触发器。

（2）触发器的功能特性：SQL Server 2008 触发器具有以下功能特性或优点。

① 触发器是自动执行的。它们在对表的数据作了任何修改（比如手工输入或者应用程序采取的操作）之后立即被激活。

② 触发器可以对数据库中的相关表进行级联更改。例如，可以在表"院系"中定义触发器，当用户删除表"院系"中的记录时，触发器将删除表"学生"中对应院系的学生记录。

③ 触发器可以限制向表中插入无效的数据。这一点与 CHECK 约束的功能相似。但在 CHECK 约束中不能使用到其它表中的字段，而在触发器中则没有此限制。

（3）触发器的局限性：触发器性能通常比较低，当系统频繁进行数据操作时，触发器会频繁运行，尤其在处理参照其它表时，会消耗大量时间和资源。不恰当使用触发器容易造成数据库维护困难。触发器本身没有过错，但是不合理使用触发器会导致调试困难，因此在实际应用中，需要合理使用触发器来解决实际问题。

3. 创建触发器

在 Microsoft SQL Server 2008 中，可以使用 T-SQL 语句的 CREATE TRIGGER 语句创建触发器，也可以使用 Microsoft SQL Server Management Studio 创建触发器。这里介绍使用 T-SQL 语句创建触发器的语法。在创建触发器前，应该考虑下列问题：

- CREATE TRIGGER 语句必须是批处理中的第 1 个语句。将该批处理随后的其它所有语句解释为 CREATE TRIGGER 语句定义的一部分。

- 创建触发器的权限默认分配给表的所有者，且不能将该权限转给其它用户。

- 触发器为数据库对象，其名称必须遵循标识符的命名规则。

- 虽然触发器可以引用当前数据库以外的对象，但只能在当前数据库中创建触发器。

- 虽然不能在临时表或系统表上创建触发器，但是触发器可以引用临时表。不应引用系统表，而应使用信息架构视图。

- 在含有用 DELETE 或 UPDATE 操作定义的外键的表中，不能定义 INSTEAD OF 和 INSTEAD OF UPDATE 触发器。

- 虽然 TRUNCATE TABLE 语句类似没有 WHERE 子句（用于删除行）的 DELETE 语句，但它并不会引发 DELETE 触发器，因为 TRUNCATE TABLE 语句没有记录。

触发器可以由 CREATE TRIGGER 语句创建，创建触发器的一般语法格式为：

CREATE TRIGGER trigger_name ON {table｜view } [WITH ENCRYPTION]

{{FOR｜AFTER｜INSTEAD OF}{ [DELETE][,] [INSERT] [,] [UPDATE]}

[WITH APPEND] [NOT FOR REPLICATION]AS

    [{IF UPDATE (column) [{AND｜OR}UPDATE (column)] [···n]

    [IF (COLUMNS_UPDATED ( ) {bitwise_operator} updated_bitmask)

    {comparison_operator} column_bitmask[···n]}]

    sql_statement [···n]}

 【语法说明】CREATE TRIGGER 为创建触发器的标识符，其中各参数含义如下：

 ① trigger_name 为所建立的触发器的名称。

 ② table｜view 为在其上执行触发器的表或视图，有时也称为触发器表或触发器视图。

 ③ [WITH ENCRYPTION] 加密 syscomments 表中包含 CREATE TRIGGER 语句的条目。

 ④ AFTER 指定触发器只有在触发 SQL 语句中指定的所有操作都已成功执行后才激发，所有的引用级联操作和约束检查也必须成功完成后才能执行此触发器。如果仅指定 FOR 关键字，则 AFTER 是默认设置。不能在视图上定义 AFTER 触发器。

 ⑤ INSTEAD OF 指定执行触发器而不是执行触发 SQL 语句，从而替代触发语句的操作。

 ⑥ {[DELETE][，][INSERT][，][UPDATE]}是指定在表或视图上执行哪些数据修改语句时将激活触发器的关键字。当向表中插入或更新记录时，INSERT 或者 UPDATE 触发器被执行。一般情况下，这两种触发器常用来检查插入或者修改后的数据是否满足要求。DELETE 触发器通常用于以下情况：一是防止那些确实要删除，但可能会引起数据一致性问题的情况，一般是那些用作其它表的外键记录；二是用于级联删除操作。

 ⑦ [WITH APPEND]选项为指定应该添加现有类型的其它触发器。

 ⑧ [NOT FOR REPLICATION]选项是复制进程更改触发器所涉及的表时，不应执行该触发器。

 ⑨ AS 是触发器要执行的操作。

 ⑩ sql_statement 是触发器的条件和操作。

 【实例 5-19】为 StudentMIS 数据库中的 Student 表创建一个 INSERT 触发器，触发器名为 tr_student_ins，在插入记录时该触发器被触发，并自动显示表中的内容。程序代码如下：

```
USE StudentMIS
GO
IF EXISTS (SELECT name FROM sysobjects WHERE name='tr_student_ins' AND type='TR')
DROP TRIGGER tr_student_ins     /*如果触发器 tr_student_ins 存在，则删除*/
GO
CREATE TRIGGER tr_student_ins ON Student FOR INSERT AS     /*创建触发器 tr_student_ins*/
SELECT * FROM Student
GO
```

 【实例 5-20】为 StudentMIS 数据库中的 Student 表创建一个名为 tr_student_del 的 DELETE 触发器，因为 SC 表中包含学生的学号和成绩，如果还存在一个 Student 表，其中包含学生的学号和姓名，它们之间以学号相关联。如果要删除 Student 表中的一条记录，则与该记录的学号对应的学生成绩也应该删除。

```
USE StudentMIS
GO
/*如果触发器 tr_student_del 存在，则删除*/
IF EXISTS (SELECT name FROM sysobjects WHERE name='tr_student_del 'AND type='TR')
DROP TRIGGER tr_student_del
GO
CREATE TRIGGER tr_student_del ON Student FOR DELETE AS     /*创建触发器 tr_student_del*/
DELETE FROM SC WHERE SC.StuNo=deleted. StuNo
GO
```

此时，要删除 Student 表中的记录，则 SC 表中对应的记录也被删除。如果使用 SELECT 语句来查询 SC 表，将看到对应的记录已经被删除。

4．触发器的执行

触发器执行时会产生两个表：inserted 表和 deleted 表，它们是触发器专用的临时虚拟表。在触发器的执行过程中，SQL Server 根据触发器类型的不同创建其中的一个或两个表，其结构和触发器所在的表的结构相同，具体的创建情况如表 5-3 所示。

表 5-3　inserted 表和 deleted 表的建立

触发器类型	系统创建的临时表	触发器类型	系统创建的临时表
INSERT	inserted	DELETE	deleted 表
UPDATE	inserted 表和 deleted 表		

Microsoft SQL Server 2008 自动创建和管理这些表，并使用这两个临时驻留内存的表测试某些数据修改的效果及设置触发器操作的条件，但不允许用户对这两个表进行直接的更改。两个表的具体作用如下：

（1）inserted 表：存放 INSERT 或 UPDATE 语句的执行过程中，插入到触发表中的新数据行的副本。因此，在 inserted 表中的行和触发表中的新数据行相同。

（2）deleted 表：存放 DELETE 或 UPDATE 语句的执行过程中，从触发表中删除旧数据行的副本。因此，deleted 表和触发表不会有相同的行。

inserted 表和 deleted 表只能由创建它们的触发器引用。触发器工作完成后，与该触发器相关的两个表也会被删除。

INSERT 触发器和 UPDATE 触发器常用于确保用户某些复杂的、特殊的商业规则，并保证数据在插入数据表之前是有效的。在对具有触发器的表进行操作时，操作过程如下：

① 执行 INSERT 操作。插入到触发器表中的新行插入到 inserted 表中。

② 执行 DELETE 操作。从触发器表中删除的行插入到 deleted 表中。

③ 执行 UPDATE 操作。先从触发器表中删除旧行，然后再插入新行。其中被删除的旧行插入到 deleted 表中，插入的新行插入到 inserted 表中。

5．修改触发器

在实际应用中，用户可能需要修改一个已经存在的触发器，这时可以通过使用 SQL Server 提供的 ALTER TRIGGER 语句来实现。SQL Server 可以在保留现有触发器名称的同时，修改触发器的类型和执行的操作。使用 ALTER TRIGGER 语句修改触发器的一般语法格式为：

ALTER TRIGGER trigger_name ON {table｜view } [WITH ENCRYPTION]

{{FOR｜AFTER｜INSTEAD OF}{ [DELETE][,] [1NSERT] [,] [UPDATE]}

[WITH APPEND] [NOT FOR REPLICATION]AS

[{IF UPDATE (column) [{AND｜OR}UPDATE (column)] [⋯n]

[IF (COLUMNS_UPDATED ( ) {bitwise_operator} updated_bitmask)

{comparison_operator} column_bitmask[⋯n]}]

sql_statement [⋯n]}

【语法说明】ALTER TRIGGER 为修改触发器的标识符，其中各参数含义与创建触发器所使用的参数相同，这里不再复述。

6. 删除触发器

在 SQL Server Enterprise Manager 工具中，不能直接删除触发器，因此只能使用 T-SQL 中的 DROP TRIGGER 语句来删除触发器。删除触发器的一般语法格式为：

DROP TRIGGER {trigger_name} [，…n]

【语法说明】DROP TRIGGER 是删除触发器的命令标识符；trigger_name 是要删除的触发器名称；n 表示可以指定多个触发器的占位符。

例如，要删除 tr_student_ins 触发器，则可以执行下面的 SQL 语句：

DROP TRIGGER tr_student_ins

〖知识点拨〗触发器常用于保证数据的完整性，并在一定程度上实现安全性，例如可以用 DDL 触发器和登录触发器进行审计。

5.2.5　SQL Server 2008 完整性约束机制

Microsoft SQL Server 2008 提供了比较完善的完整性约束机制，不仅有实体完整性和参照完整性，还提供了多种自定义完整性的方法。

1. Microsoft SQL Server 2008 的实体完整性

实体完整性约束是定义主键并设置主键不为空（NOT NULL）。定义主键可以在建立表时使用 CREATE TABLE 语句。如果创建表时没有设置主键，可以使用 ALTER TABLE 语句增加主键。在增加主键时，如果原有数据中设置主键的列不符合主键约束条件（NOT NULL 和唯一性）会拒绝执行，要先对数据进行处理。

【实例 5-21】创建学生表时定义主键。

```
CREATE TABLE Student(
    id int IDENTITY(1,1)NOT NULL,        /* 自动编号 IDENTITY（起始值，递增量） */
    name nvarchar(64) NOT NULL,
    sex nvarchar(4),
    age int,
    address nvarchar(256)NULL,
    CONSTRAINT [PK_student] PRIMARY KEY(id))
```

首先定义 id 不为空 NOT NULL，使用关键字 PRIMARY KEY 定义 id 为主键，其约束名为 PK_student，SQL Server 根据主键自动建立索引，索引名为 PK_student。当主键由一个字段组成时，可以直接在字段后面定义主键，称为列约束，例如：

id int IDENTITY(1,1)　NOT NULL PRIMARY KEY

使用 ALTER TABLE 增加主键定义的示例如下：

假设在创建 Student 关系时已经定义了学号 id int IDENTITY(1,1)NOT NULL，但没有定义主键，则可以使用以下操作增加主键：

ALTER TABLE student ADD CONSTRAINT PK_student PRIMARY KEY(id);

2. Microsoft SQL Server 2008 的参照完整性

参照完整性是定义被参照关系及其主键后在参照关系中定义外键。一般语法格式为：

CONSTRAINT constraint_name FOREIGN KEY(column[，…])

REFERENCES ref_table(ref_column[，…])

[ON DELETE {CASCADE|NO ACTION}]

[ON UPDATE {CASCADE|NO ACTION}]

【语法说明】CONSTRAINT 是参照完整性定义命令标识符，具体参数说明如下：

① constraint_name 为约束名。

② FOREIGN KEY(column[，…])为外键，如果是单个字段，可作为列约束，省略限制名。

③ REFERENCES ref_table(ref_column[，…])是被参照关系及字段。

④ [ON DELETE {CASCADE｜NO ACTION}]选项是定义删除行为，CASCADE 为级联删除，NO ACTION 为不允许删除。

⑤ [ON UPDATE {CASCADE｜NO ACTION}]选项是定义更新行为，CASCADE 为级联更新，NO ACTION 为不允许更新。

3. Microsoft SQL Server 2008 的用户定义完整性

SQL Server 2008 用户定义完整性包括 NOT NULL 约束、CHECK 约束和 UNIQUE 约束。

（1）NOT NULL 约束：应用在单一的数据列上，保护该列必须要有数据值。默认情况下 Microsoft SQL Server 2008 允许任何列都可以有 NULL 值。主键必须有 NOT NULL 约束，设置 NOT NULL 约束可以使用 CREATE TABLE 语句，在表建立时一起设置。

【实例 5-22】创建学生表时设置 NOT NULL 约束。

```
CREATE TABLE Student(
    id int IDENTITY(1,1)NOT NULL,
    name nvarchar(64) NOT NULL,
    sex nvarchar(4));
```

如果创建表时没有设置 NOT NULL 约束，可以使用 ALTER TABLE 语句修改。在修改时如果原有数据中有 NULL 值，将拒绝执行，应先对数据进行处理。如增加 Student 表中 sex 列的 NOT NULL 约束。

```
ALTER TABLE Student MODIFY(sex nvarchar(4) NOT NULL);
```

（2）CHECK 约束：设置一个特殊的布尔条件，只有当布尔条件为 TRUE 时才接收数据。CHECK 约束用于增强表中数据的简单商业规则的一致性。如果用户的商业规则需要进行复杂的数据检查，可以使用触发器（TRIGGER）。CHECK 约束不保护 LOB 类型的数据列，单一数据列可以有多个 CHECK 约束保护，一个 CHECK 约束可以保护多个数据列。当 CHECK 约束保护多个数据列时必须使用表约束语法。这时可用 CREATE TABLE 语句在定义表时设置 CHECK 约束。

【实例 5-23】创建学生表时设置 CHECK 约束。

```
CREATE TABLE Student (
    id int IDENTITY(1,1) NOT NULL,      /* 自动编号 IDENTITY（起始值，递增量）*/
    name nvarchar(64) NOT NULL,
    age int,
    CONSTRAINT age_ck CHECK(age>18) )
```

如果 CHECK 只对一列进行约束，可以作为列约束直接写在列后面：

```
age int CHECK（age>18）
```

ALTER TABLE 语句可以增加或修改 CHECK 约束。如在 student 表中增加性别约束：

```
ALTER TABLE student ADD CONSTRAINT sex_ck CHECK(sex in('男','女'));
```

（3）UNIQUE 约束：是唯一性约束，它使数据列中任何两行的数据都不相同或为 NULL。唯一性约束与主键不同的是：唯一性约束可以为 NULL（指没有 NOT NULL 约束的情况下），一个表可以有多个唯一性约束，而主键只能有一个。可以使用 CREATE TABLE 语句在创建表时设置 UNIQUE 约束。

§5.3　数据库的事务处理

前面讨论的数据库操作都没有考虑不同操作之间的内在联系，而在现实应用中，数据库的操作与操作之间往往具有一定的语义和关联性。数据库应用希望将这些有关联的操作当作一个逻辑工作单元看待，要么都执行，要么都不执行。在数据库中，有时需要把多个步骤的命令当作一个整体来运行，这个整体要么全部成功，要么全部失败，这就需要用到事务处理。

5.3.1　问题的提出

从数据库用户的观点看，数据库中一些操作的集合通常被认为是一个独立单元。比如，从顾客的角度看，从支票账户到储蓄账户的资金转账是一次单独操作；而在数据库系统中这是由几个操作组成的。例如从支票账户 A 中取出 100 元，存入储蓄账户 B 的例子就包括两个操作，首先从账户 A 减去 100 元；然后给账户 B 加上 100 元。显然，这些操作要么全都发生，要么由于出错而全不发生，这一点是最基本的。我们无法接受资金从支票账户支出而未转入储蓄账户的情况。

事务（Transaction）是用户定义的一个操作序列，这些操作要么全做，要么全不做。事务是一个分割的工作单位，是数据库环境中的逻辑工作单位。事务和程序是两个不同的概念，一般而言，一个数据库应用程序由若干个事务组成，每个事务看做数据库的一个状态，形成了某种一致性，而整个应用程序的操作过程则是通过不同的事务使得数据库由某种一致性不断转换到新的一致性的过程。

在数据库系统中不论有无故障，必须保证事务的正确执行，即执行整个事务或者属于该事务的操作一个也不执行。此外，数据库系统必须以一种能避免引入不一致性的方式来管理事务的并发执行。在资金转账的例子中，如果计算顾客总金额的事务在资金转账事务从支票账户支出金额之前查看支票账户余额，而在资金存入储蓄账户之后查看储蓄账户余额，它就会得到不正确的结果。

5.3.2　事务处理特性

根据以上事务概念的引出可知，用户对数据库的更新操作可能是一个 SQL 语句，也可能是多个 SQL 语句系列，还可能是实现多种操作的一个完整程序。一个事务被定义为一个要么全做，要么全不做的不可分割的 T-SQL 语句系列，是数据库运行中的一个逻辑工作单元。因此，事务处理应具有：原子性（Atomicity）、一致性（Consistency）、隔离性（Isolation）和持续性（Durability）。这 4 个特性也简称 ACID 特性，这一缩写来自 4 条性质的第一个英文字母。为了保证数据完整性，要求数据库系统维护以下事务性质。

1.　原子性（Atomicity）

事务是数据库的逻辑工作单位，事务的所有操作在数据库中要么都做，要么都不做。如果一个事务要么不开始，要么保证完成，那么不一致状态除了在事务执行当中以外，在其它时刻是不可见的。这就是需要事务体现原子性的原因。如果具有原子性，某个事务的所有活动要么在数据库中全部反映出来，要么全部不反映。

2.　一致性（Consistency）

数据库的一致性是指每个事务看到的都是一致的数据库实例。如果没有一致性要求，数据库就会处于一种不正确的状态。容易验证，如果数据库在事务执行前是一致的，那么事务执行后仍将保持一致性。

假设事务执行前，账户 A 和账户 B 分别有 1000 美元和 2000 美元。现在假设执行从账户 A 转账 100 美元到账户 B 的事务。在事务 T_i 包含两个操作：第 1 个操作从账户 A 中减去 100 美元，第 2 个操作是向账户 B 中加入 100 美元。如果在事务执行过程时系统出现故障，就会导致 T_i 的执行不能成功完成。这种故障可能是电源故障、硬件故障或软件错误等。假定故障发生在第 1 个操作完成之后、第 2 个操作还未执行之时，数据库中账户 A 有 900 美元，而账户 B 有 2000 美元。这一故障使系统销毁了 100 美元，这时数据库处于不一致状态。

3. 隔离性（Isolation）

隔离性是指一个事务的执行不能被其它事务干扰，即一个事务内部的操作及使用的数据对其它并发事务是隔离的，并发执行的事务之间不能互相干扰。例如前面的例子中，在 A 至 B 转账事务执行过程中，当 A 账户中总金额已被减去转账额并已写回账户 A，而账户 B 中总金额被加上转账额后还未被写回时，数据库暂时是不一致的。如果另一个并发运行的事务在这个中间时刻读取账户 A 和账户 B 的值并计算 A+B，它将会得到不一致的值。此外，如果第二个事务基于它读取的不一致值对 A 和 B 进行更新，即使两个事务都完成后，数据库仍可能处于不一致状态。

一种避免事务并发执行产生问题的途径是串行地执行事务，即一个接一个地执行，因而事务的隔离性可以得到保证。例如，事务 T_1 和 T_2 并发执行，实际执行的结果可能和先执行 T_1 后执行 T_2 或者先执行 T_2 后执行 T_1 相同。如果每个事务将数据库从一个一致状态映射到另一个一致状态，那么若干个事务的连续执行仍将使数据库（初始处于一致状态）最终处于一致状态。

4. 持久性（Duarability）

持久性也称为永久性（Permanence），是指一个事务一旦提交成功后，它对数据库中的数据的改变应该是永久的，接下来的其它操作或故障不应该对其执行结果有任何影响，即使是系统出现故障时也是如此。

事务的 ACID 特性是密切相关的，原子性是保证数据库一致性的前提；隔离性与原子性相互依存；持续性则是保证事务正确执行的必然结果。保证事务 ACID 特性是事务处理的重要任务，ACID 特性可能遭到破坏的因素主要有两个：一是事务在运行过程中被强行停止；二是多个事务并发运行时不同事务的操作交叉执行。在第一种情况下，DBMS 必须保证被强行终止的事务对数据库和其它事务没有任何影响。在第二种情况下，DBMS 必须保证多个事务的交叉运行不影响事务的原子性。这些就是 DBMS 恢复机制和并发机制的责任。

5.3.3 事务的基本操作

事务的以上 4 个特性是密切相关的，原子性是保证数据库一致性的前提，隔离性与原子性相互依存，持续性则是保证事务正确执行的必然要求。

事务操作可以看作由事务开始、事务读写、事务提交、事务回滚等组成。在 SQL 语言中，对应于事务的基本状态，在应用程序中所嵌入的事务活动由 3 个语句组成，它们分别是一条事务开始语句 Begin 和两条事务结束语句 Commit 和 Rollback。事务的基本状态或活动过程如图 5-3 所示。

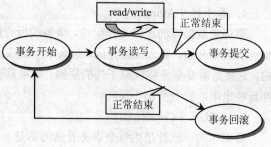

图 5-3 事务活动过程

1．事务开始（Begin Transaction）

事务开始语句 Begin Transaction 表示事务从此句开始执行，它标示对数据库进行操作的一个单元的起始点。同时，该语句也是事务回滚的标志点，在事务完成之前出现任何操作错误和故障，都可以撤消事务，使事务回滚到这个起始点。

2．事务读写（Read/Write Transaction）

事务读写也称为事务执行。对数据库的访问实际上是建立在对数据"读"和"写"两个操作之上的，所以事务中涉及的数据操作主要是由"读"、"写"语句组成，并分成只读型和读写型两种：

① 只读型（Read Only）。此时事务对数据库的操作只能是读语句，这种操作将数据 X 由数据库中取出读到内存的缓冲区中。定义此类型即表示随后的事务均是只读型，直到新的类型定义出现为止。当事务仅由读语句组成时，事务的最终提交就会变得十分简单。

② 读写型（Read/Write）。此时事务对数据库可以做读与写的操作，定义此类型后，表示随后的事务均为读/写型，直到新的类型定义出现为止。此类操作可以缺省。

在事务开始执行后不断做 Read 或 Write 操作，但此时所做的 Write 操作仅将数据写入磁盘缓冲区，而非真正写入磁盘内。

3．事务提交（Commit Transaction）

当前事务正常结束，用语句 Commit 通知系统，表示事务执行成功的结束，应当"提交"，数据库将进入一个新的正确状态，系统将该事务对数据库的所有更新数据由磁盘缓冲区写入磁盘，从而交付实施。如果其前没有使用"事务开始"语句，则该语句同时还表示一个新事务的开始。事务完成所有数据操作，同时保存操作结果，它标志着事务的成功完成。

4．事务回滚（Rollback Transaction）

当前事务非正常结束，用语句 Rollback 通知系统事务执行发生错误，是不成功的结束，应当"退回"，数据库可能处在不正确的状况，该事务对数据库的所有操作必须撤消，数据库应该将该事务回滚到事务的初始状态，即事务的开始之处并重新开始执行。事务未完成所有数据操作，重新返回到事务开始。

在事务执行过程中会产生两种状况，一是顺利执行，此时事务继续正常执行其后的内容；二是由于产生故障等原因而终止执行，对这种情况称为事务夭折（abort），此时根据事务的原子性质，事务需要返回开始处重新执行（事务回滚）。在一般情况下，事务正常执行直至全部操作执行完成，在执行事务提交后整个事务即宣告结束。事务提交即是将所有事务执行过程中写在磁盘缓冲区的数据真正地、物理地写入磁盘内，从而完成整个事务。因此，可把 SQL 的基本任务描述为如图 5-4 所示。

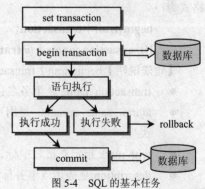

图 5-4　SQL 的基本任务

值得注意的是，SQL Server 标准还支持"事务保存点"技术。所谓"事务保存点"，就是在事务的过程中插入若干标记，这样当发现事务中有操作错误时，可以不撤消整个事务，只撤消部分事务，即将事务回滚到某个事务保存点。设置保存点的命令是 SAVE TRANSACTION（在 SQL 标准中是 SAVEPOINT 命令），具体格式是：

SAVE TRANSACTION savepoint_name

撤消部分事务或回到事务保存点的命令是 ROLLBACK TRANSACTION，其具体格式为：

ROLLBACK TRANSACTION savepoint_name

5.3.4 SQL Server 2008 的事务处理机制

根据事务处理运行模式，Microsoft SQL Server 2008 按照相应的事务类型进行事务处理。

1. 事务类型

为了便于事务处理的实现，SQL Server 2008 将事务处理分成以下几种类型：

（1）自动提交事务：是 SQL Server 的默认事务处理模式，当与 SQL Server 建立连接后便直接进入该模式。它将每条单独的 T-SQL 语句视为一个事务。如果成功执行，则自动提交；如果执行过程中产生错误，则自动回滚。例如，当执行一条 CREATE TABLE 语句后，立即提交该语句的结果。

（2）显式事务：每个事务均以 BEGIN TRANSACTION 语句显式开始，以 COMMIT 或 ROLLBACK 语句显式结束。

（3）隐式事务：在前一个事务完成时新事务隐式启动，但每个事务仍以 COMMIT 或 ROLLBACK 语句显式完成。可以隐式地启动一个事务的语句主要包括：CREATE、ALTER、TABLE、DELETE、DROP、FETCH、GRANT、INSERT、OPEN、REVOKE、UPDATE 等。

对于隐式事务的使用，是利用 set implicit_transaction on 语句将隐式事务模式打开。要隐式结束该事务，仍必须使用 Commit Transaction 或 Rollback Transaction 语句，而且在 Commit Transaction 或 Rollback Transaction 命令后又可以启动一个新的隐式事务。

（4）批处理级事务：只能应用于多个活动结果集（Multiple Active Result Sets，MARS），在 MARS 会话中启动的 T-SQL 显式或隐式事务变为批处理级事务。

2. 事务控制语句

所有的 T-SQL 语句都是内在的事务。SQL Server 2008 还提供事务控制语句，用于将 SQL Server 语句集合分组后形成单个的逻辑工作单元。

（1）begin transaction 语句：该语句标记一个显式本地事务的起始点，即事务的开始。其语法格式为：

begin{tran | transaction}

[{transaction_name | @tran_name_variable}[with mark['description']]]

【语法说明】begin{tran | transaction}是显式本地事务的起始点，其后各参数的含义如下：

- transaction_name 是事务名；
- @tran_name_variable 是用户定义的、含有有效事务名称的变量，该变量必须是字符数据类型；
- with mark 指定在日志中标记事务；
- description 是描述该事务标记的字符串。

（2）commit transaction 语句：该语句标记一个隐式或显式的事务成功结束。

（3）rollback transaction 语句：将显式事务或隐式事务回滚到事务的起点或事务内的某个保存点。其语法格式为：

rollback {tran | transaction}

[transaction_name | @tran_name_variable | savepoint_name | @savepoint_variable]

【语法说明】rollback {tran | transaction}事务回滚到事务的起点或事务内的某个保存点，其后各参数的含义如下：

- transaction_name 和@tran_name_variable 的含义与 begin transaction 同名参数一样。

- savepoint_name 是 save transaction 语句中设置的保存点，当条件回滚只影响事务的一部分时，可使用 savepoint_name。
- @savepoint_variable 是用户定义的、包含有效保存点名称的变量名。

（4）save transaction 语句：该语句在事务内设置保存点。其语法格式为：

save{tran｜transaction}{savepoint_name｜@savepoint_variable}

【语法说明】save{tran｜transaction}标示在事务内设置保存点，其后参数 savepoint_name 和 @savepoint_variable 的含义与 rollback transaction 语句中的同名参数一样。

下面是一个综合的事务例程，说明显式事务控制语句的应用。

【实例 5-24】用 T-SQL 描述银行把 10000 元资金从张三的账户转账到李四的账户的事务。用于说明以显式方式用 commit transaction 命令使成功执行的事务提交，用 rollback transaction 命令使执行不成功的事务回退到该事务执行前的状态的应用。

```
begin transaction tran_bank;                      /*开始事务*/
    declare @tran_error int;
    set@tran_error=0;
    begin try
        update bank set totalMoney=totalMoney-10000 where userName='张三';
        set @tran_error=@tran_error+@@error;
        update bank set totalMoney=totalNoney+10000 where userName='李四';
        set @tran_error=@tran_error+@@error;
    end try
    begin catch
        print '出现异常,错误编号:'+convert(varchar,error_number())+',错误消息:'+error_message();
        set @tran_error=@tran_error+1;
    end catch
if(@tran_error>0)
    begin                                         /*执行出错，回滚事务*/
        rollback transaction;
        print '转账失败,取消交易';
    end
else
    begin                                         /*没有异常，提交事务*/
        commit transaction;
        print '转账成功';
    end
go
```

§5.4　事务的并发控制

数据库是一个可以供多个用户共同使用的共享资源。在串行情况下，每个时刻只能有一个用户应用程序对数据库进行存取，其它用户程序必须等待。这种工作方式是制约数据库访问效率的瓶颈，不利于数据库资源的利用，解决这一问题的重要途径是通过并发控制机制允许多个用户并发地访问数据库。

5.4.1　问题的提出

事务是并发控制的基本单位，保证事务 ACID 的特性是事务处理的重要任务，而并发操作有可能会破坏其 ACID 特性。当多个用户并发地访问数据库时就会产生多个事务同时存取同一数据的情况，若对并发操作不加以控制就会造成错误地存取数据，破坏数据库的一致性。数据库的并发控制机制是衡量数据库管理系统性能的重要技术标志。

事务的并发执行可提高系统性能，但是若不对事务的并发执行加以控制，则可能破坏数据库的一致性。下面是数据库并发操作带来的数据不一致性问题。

【实例 5-25】 在一个飞机订票系统中，可能会出现下列的一些业务活动序列。

① 甲售票点读航班 X 的机票余额数为 A=25。

② 紧接着，乙售票点读同一航班 X 的机票余额数 A=25。

③ 甲售票点卖出一张机票，然后修改机票余额数 A=A−1 为 24，并把 A 写回数据库。

④ 乙售票点也卖出一张机票，同样接着修改机票余额数 A=A−1 为 24，并把 A 写回数据库。

而此时，实际上卖出了两张机票，但数据库中机票余额数却只减少了 1。假设上述的甲售票点对应于事务 T_1，乙售票点对应于事务 T_2，则上述事务过程的描述如图 5-5 所示。

仔细分析上述的飞机订票系统的运行机制可知，并发操作可能带来的数据不一致情况有三种：丢失修改、读过时数据和读"脏"数据。

（1）丢失修改：也称为丢失更新。两个事务 T_1 和 T_2 读入同一数据并修改，T_2 提交的结果破坏了 T_1 提交的结果，导致 T_1 的修改被丢失。上述的飞机订票的例子就属于此类。

（2）读过时数据：也称为不可重复读。两个事务 T_1 和 T_2 读入同一数据并进行处理，在事务 T_1 对其处理完并将新结果存入数据库（提交）后，事务 T_2 因某种原因还未来得及对其进行处理，也就是说此时 T_2 持有的仍然是原来读取的（未被 T_1 更新的）旧数据值。这相当于 T_2 读的是过时的数据，也即造成不一致分析问题。这类情况的事务过程描述如图 5-6 所示。

时间	T_1 事务	T_2 事务	库中的 A 值
t0			25
t1	read(A)		
t2		read(A)	
t3	A=A−1		
t4	write(A)		
t5			24
t6		A=A−1	
t7		write(A)	
t8			24

图 5-5　并发操作引例（丢失修改示例）

时间	T_1 事务	T_2 事务	库中的 A 值
t0			25
t1	read(A)		
t2		read(A)	
t3	A=A−1		
t4	write(A)		
t5			15

图 5-6　读过时数据示例

（3）读"脏"数据：事务 T_1 读某数据，并对其进行了修改，在还未提交时，事务 T_2 又读了同一数据。但由于某种原因 T_1 接着被撤消，撤消 T_1 的结果是把已修改过的数据值恢复成原来的数据值，结果就形成 T_2 读到的数据与数据库中的数据不一致。这种情况称为 T_2 读了"脏"数据，即不正确的数据。这类情况的事务过程描述如图 5-7 所示。

产生上述三类数据不一致性的主要原因是并发操作破坏了事务的隔离性。并发控制就是采用一定调度策略控制并发事务，使事务的执行不受其它事务的干

时间	T_1 事务	T_2 事务	库中的 A 值
t0			25
t1	read(A)		
t2	A=A−10		
t3	write(A)		
t4		read(A)	15
t5	rollkack		
t6			25

图 5-7　读"脏"数据示例

扰，从而避免造成数据不一致性。并发控制方法主要有封锁方法、时间戳方法、乐观方法等，较多使用的是封锁方法。

5.4.2　封锁

所谓封锁（Locking），就是事务 T 在对某个数据对象操作之前，先向系统发出请求，对其加锁。加锁后事务 T 就对该数据对象有了一定的控制，在事务 T 释放它的封锁之前，其它的事务不能更新此数据对象。例如在飞机订票例子中，甲事务要修改 A，若在读出 A 之前先锁住 A，其它事务就不能再读取和修改 A 了，直到甲 A 修改并写回 A 后解除了对 A 的封锁为止。这样，就不会丢失 A 的修改。因此，封锁是实现并发控制非常重要的技术。

1.　封锁方式

封锁是防止存取同一资源的用户之间出现不正确地修改数据或更改数据结构的一种机制。基本的封锁方式有两种：排它锁（Exclusive Locks，X 锁）和共享锁（Share Locks，S 锁）。

（1）排它锁：又称为写锁。当某个事务 T 修改某个数据项 A 且不允许其它事务修改该数据项，或不允许其它事务对该数据项加 S 锁时，则该事务可以对 A 加排它锁。若加锁的数据项为表时，则加排它锁的 SQL 语句格式为：

LOCK TABLE<表名>IN EXCLUSIVE MODE；

若事务 T 对数据项 A 加了 X 锁，则该事务可以读 A 和修改 A，但在事务 T 释放 A 上的 X 锁之前其它任何事务都不能再对 A 加任何类型的锁。这就保证了其它事务在事务 T 释放 A 上的 X 锁之前不能再读 A 和修改 A。

（2）共享锁：又称为读锁。当某个事务 T 希望阻止其它事务修改正为它读取的某个数据项 A 时，则该事务可以对 A 加共享锁，共享锁又称为读锁。若加锁的数据项为表时，则加共享锁的 SQL 语句格式为：

LOCK TABLE<表名>IN SHARED MODE；

若事务 T 对某个数据项 A 加了 S 锁，则该事务可以读 A 但不能修改 A，其它事务可以再对 A 加 S 锁，但在事务 T 释放 A 上的 S 锁之前不能对 A 加 X 锁。这就保证了其它事务可以读 A，但在事务 T 释放 A 上的 S 锁之前不能对 A 做任何修改。

排它锁与共享锁的控制方式可用表 5-4 的相容矩阵来表示。其中，F 表示相容的请求；N 表示不相容的请求；X、S、—分别表示 X 锁、S 锁和无锁。如果两个封锁是不相容的，则后提出封锁的事务要等待。

表 5-4　封锁类型的相容矩阵

已有锁 申请锁	X	S	—
X	N	N	Y
S	N	Y	Y
—	Y	Y	Y

2.　封锁协议

在运用 X 锁和 S 锁这 2 种基本封锁对数据对象加锁时，需要约定一些规则，比如在什么条件下可以申请 S 锁或 X 锁、持锁时间如何确定、何时释放锁等，这些规则称为封锁协议（Locking

Protocol）。对封锁方式规定不同的规则，针对不正确的并发操作可能带来的丢失修改、读过时数据和读"脏"数据等不一致性问题，就形成了 3 种不同的封锁协议，称为三级封锁协议。三级封锁协议分别在不同程度上解决对并发事务的不正确调度可能带来的丢失修改、读过时数据和读"脏"数据等不一致性问题，为并发事务的正确调度提供一定的保证。

（1）一级封锁协议：事务 T 在修改数据 D 之前必须先对其加 X 锁，直到事务结束才释放。如果未获准加 X 锁，则该事务 T 进入等待状态。

在一级封锁协议中，如果仅仅是读数据而不对其进行修改，则不需要加锁，所以它不能保证不读"脏"数据和可重复读。一级封锁协议可防止丢失更新，并保证事务 T 是可恢复的。

由于在一级封锁协议中，X 锁直到事务结束时才释放，所以 X 锁不是用 UNLOCK 操作释放，而是用 COMMIT 和 ROLLBACK 进行释放。

（2）二级封锁协议：是指在一级封锁协议的基础上，当事务 T 在读取数据 D 之前必须先对其加 S 锁，读完后即可释放 S 锁。

二级封锁协议不仅可以防止丢失修改，而且可以进一步防止读"脏"数据。由于读完后即可释放 S 锁，所以不能保证可重复读。二级封锁协议中的 S 锁用 UNLOCK 进行释放。

（3）三级封锁协议：是指一级封锁协议加上事务 T 在读取数据 R 之前必须先对其加 S 锁，直到事务结束才释放。三级封锁协议除防止了丢失更新和不读"脏"数据外，还进一步防止了不可重复读。由于三级封锁协议中的 S 锁直到事务结束时才释放，所以三级封锁协议中的 S 锁不是用 UNLOCK 操作释放，而是用 COMMIT 和 ROLLBACK 进行释放。

3. 封锁粒度

封锁对象的大小称为封锁粒度（Granularity）。封锁的对象可以是逻辑的，也可以是物理的。以关系数据库为例，根据对数据的不同处理，封锁的对象可以是这样一些逻辑单元：属性值、属性值的集合、元组、关系、索引项、整个索引值直至整个数据库等。

封锁粒度与系统的并发度和并发控制的开销密切相关。封锁粒度越小，系统中能够被封锁的对象就越多，并发度越高，但封锁机构也越复杂，系统开销也越大。相反，封锁粒度越大，系统能够被封锁的对象就越少；并发度越小，封锁机构越简单，相应系统开销也就越小。因此，在实际应用中，选择封锁粒度应同时考虑封锁机构和并发度两个因素，对系统开销与并发度进行权衡，以求得最优的效果。

5.4.3　封锁带来的问题

利用封锁的方法可以有效解决并行操作的一致性问题，但也会引发出新的问题，即活锁和死锁问题。

1. 活锁

如果在事务 T_1 对数据项 D 加锁后，事务 T_2 申请对数据项 D 加锁，于是 T_2 等待。此后，T_3 也申请对数据项 D 加锁。但当 T_1 释放了 D 上的锁后 T_3 先于 T_2 获得了对 D 的加锁，T_2 继续等待。接着，T_4 又申请对数据项 D 加锁，当 T_3 释放了 D 上的锁后 T_4 又先于 T_2 获得了对 D 的加锁。这种情况如此下去，就有可能使 T_2 永远处于等待状态。也就是说，虽然 T_2 有无限次获得对数据项 D 加锁的机会，但却总是由其它事务获得了对数据项 D 的加锁，以至于 T_2 有可能永远等待，这种情况称为活锁。

避免活锁的简单方法是采用先来先服务的策略。如果运行时事务有优先级，那么很可能使优先级低的事务，即使排队也很难轮上封锁的机会。此时可采用"升级"方法来解决，即当一个事务等待若干时间（如 3min）还轮不上封锁时，可以提高其优先级别，以便能轮上封锁。

2. 死锁

如果事务 T_1 对数据项 D_1 加了锁，T_2 对数据项 D_2 加了锁，然后 T_1 又申请对数据项 D_2 加锁，因 T_2 已锁了 D_2，于是 T_1 等待 T_2 释放 D_2 上的锁。接着 T_2 又申请对 D_1 加锁，因 T_1 已锁了 D_1，T_2 又等待 T_1 释放 D_1 上的锁。这样就出现了 T_1 等待 T_2 释放锁，T_2 等待 T_1 释放锁的情况，以至于 T_1 和 T_2 两个事务永远处于相互等待状态而不能结束，就形成了死锁。也即，如果两个或两个以上的事务都处于等待状态，且每个事务都需等到其中的另一个事务解除封锁时，才能继续执行下去，结果使任何一个事务都无法执行的现象。

（1）死锁的预防：在数据库中，产生死锁的原因是两个或多个事务都已封锁了一些数据对象，然后又都请求对已被其它事务封锁的数据对象加锁，从而出现死等待。防止死锁的发生其实就是要破坏产生死锁的条件。预防死锁通常有两种方法：

① 一次封锁法。一次封锁法要求每个事务必须一次将所有要使用的数据全部加锁，否则就不能继续执行。一次封锁法虽然可以有效地防止死锁的发生，但也存在问题，一次就将以后要用到的全部数据加锁，势必扩大了封锁的范围，从而降低了系统的并发度。

② 顺序封锁法。顺序封锁法是预先对数据对象规定一个封锁顺序，所有事务都按这个顺序实行封锁。顺序封锁法可以有效地防止死锁，但也同样存在问题。事务的封锁请求可以随着事务的执行而动态地决定，很难事先确定每一个事务要封锁哪些对象，因此也就很难按规定的顺序去施加封锁。

可见，使用一次封锁法和顺序封锁法可以预防死锁，但是不能根本消除死锁，因此 DBMS 在解决死锁的问题上还要有诊断并解除死锁的方法。

（2）死锁的诊断与解除：

① 超时法。如果一个事务的等待时间超过了规定的时限，就认为发生了死锁。超时法实现简单，但其不足也很明显。一是有可能误判死锁，事务因为其它原因使等待时间超过时限，系统会误认为发生了死锁；二是时限若设置得太长，死锁发生后不能及时发现。

② 等待图法。检测死锁的另一种方法是画一个表示事务等待关系的有向等待图 $G=（T，U）$。其中 T 为结点集合，每个结点表示一个正在运行的事务；U 为有向边集合，每条有向边表示事务的等待关系：若 T_1 正在等待给被 T_2 锁住的数据项加锁，则在 T_1 和 T_2 之间画一条有向边，方向是 T_1 指向 T_2。事务的有向等待图动态地反映了所有事务的等待情况，等待图中的每个回路意味着死锁的存在。如果无任何回路，则表示无死锁产生。并发控制子系统周期性地（比如每隔 0.5 分钟）检测事务的有向等待图，如果发现等待图中存在回路，则表示系统中出现了死锁。DBMS 的并发控制子系统一旦检测到系统中存在死锁，就要设法解除。通常采用的方法是选择一个处理死锁代价最小的事务，将其撤消，释放此事务持有的所有锁，使其它事务得以继续运行下去。当然，对撤消的事务所执行的数据修改操作必须加以恢复。

5.4.4　SQL Server 2008 的并发控制机制

Microsoft SQL Server 2008 允许多个事务并行执行，但如果多个用户同时访问同一数据库并且它们的事务同时使用相同的数据，就可能产生并发问题。这些并发问题主要包括丢失更新、读"脏"数据和不可重复读。

1. Microsoft SQL Server 2008 的锁粒度

Microsoft SQL Server 2008 具有多粒度锁，允许一个事务锁定不同类型的资源。为了使锁定的成本减至最少，Microsoft SQL Server 2008 自动将资源锁定在适合任务的级别，锁定在较小的粒度（例如行）可以加速并发但需要较大的开销，因为如果锁定了许多行，则需要控制更多的锁。锁定在较大的粒度（例如表）就并发而言是相当昂贵的，因为锁定整个表限制了其它事务对表中任意部分进行访问，但要求的开销较低，因为需要维护的锁较少。Microsoft SQL Server 2008 的锁粒度如表 5-5 所示（按粒度增加的顺序列出）。

表 5-5　Microsoft SQL Server 2008 的锁粒度

锁粒度	说明
行锁	单独对表中的一行加锁
键锁	索引中的行锁。用于保护可串行事务中的键范围
页锁	数据页或索引页锁，页大小 8KB
区锁	相邻的 8 个数据页或索引页构成一区
表锁	包括所有数据和索引在内的整个表
数据库锁	对数据库加锁。常用于数据库的恢复操作

2．Microsoft SQL Server 2008 的锁模式

Microsoft SQL Server 2008 使用不同的锁模式锁定资源，这些锁模式确定了并发事务访问资源的方式。Microsoft SQL Server 2008 使用如表 5-6 所列的资源锁模式。

表 5-6　Microsoft SQL Server 2008 的资源锁模式

锁模式	说明
共享锁（S）	用于不更新数据的只读操作，如 SELECT 语句
更新锁（U）	用于可更新的资源中。防止多个事务在读取、锁定以及随后可能进行的资源更新时发生的死锁
排它锁（X）	用于数据修改操作，如 INSERT、UPDATE 或 DELETE。确保不会同时对同一资源进行多重更新
意向锁（I）	用于建立锁的层次结构。意向锁的类型为意向共享（IS）、意向排它（IX）以及意向排它共享（SIX）
架构锁（Sch）	在执行依赖于表架构的操作时使用。有架构修改锁（Sch-M）和架构稳定性锁（Sch-S）
大容量更新锁（BU）	向表中大容量复制数据并指定了 TABLOCK 提示时使用

（1）共享锁（S）：允许并发事务读取（SELECT）一个资源。资源上存在共享锁时，任何其它事务都不能修改数据。一旦已经读取数据，便立即释放资源上的共享锁，除非将事务隔离级别设置为可重复读或更高级别，或者在事务生存周期用锁定提示保留共享锁。

（2）更新锁（U）：可以防止通常形式的死锁。一般更新模式由一个事务组成，此事务读取记录，获取资源（页或行）的共享锁，然后修改行，此操作要求锁转换为排它锁。如果两个事务获得了资源上的共享模式锁，然后试图同时更新数据，则一个事务尝试将锁转换为排它锁。共享模式到排它锁的转换必须等待一段时间，因为一个事务的排它锁与其它事务的共享模式锁不兼容，发生锁等待，另一个事务试图获取排它锁以进行更新。由于两个事务都要转换为排它锁，并且每个事务都等待另一个事务释放共享模式锁，因此发生死锁。若要避免这种潜在的死锁问题，应使用更新锁。

一次只有一个事务可以获得资源的更新锁。如果事务修改资源，则更新锁转换为排它锁。否则，转换为共享锁。

（3）排它锁（X）：可以防止并发事务对资源进行访问。其它事务不能读取或修改排它锁锁定的数据。

（4）意向锁（I）：表示 Microsoft SQL Server 2008 需要在层次结构中的某些底层资源上获取共享锁或排它锁。例如，放置在表级的共享意向锁表示事务打算在表中的页或行上放置共享锁。在表级设置意向锁可防止另一个事务随后在包含那一页的表上获取排它锁。意向锁可以提高性能，因为 SQL Server 仅在表级检查意向锁来确定事务是否可以安全地获取该表上的锁，而无须检查表中的每行或每页上的锁以确定事务是否可以锁定整个表。

意向锁包括意向共享（IS）锁、意向排它（IX）锁以及意向排它共享锁（SIX）锁。IS 锁是指通过在各资源上放置 IS 锁，表明事务的意向是读取层次结构中的部分，而不是全部底层资源。意向排它锁（IX）是通过在各资源上放置 IX 锁，表明事务的意向是修改层次结构中的部分，而不是全部底层资源。IX 是 IS 的超集。意向排它共享锁（SIX）是通过在各资源上放置 SIX 锁，表明事务的意向是读取层次结构中的全部底层资源并修改部分，而不是全部底层资源。允许顶层资源上的并发 IS 锁，例如表的 SIX 锁在表上放置一个 SIX 锁（允许并发 IS 锁），在当前修改页上放置 IX 锁（在已修改行上放置 X 锁）。虽然每个资源在一段时间内只能有一个 SIX 锁，以防止其它事务对资源进行更新，但是其它事务可以通过获取表级的 IS 锁来读取层次结构中的底层资源。

（5）架构锁（Sch）：是指执行表的数据定义语言（DDL）操作（如添加列或删除表）时，使用架构修改锁。当编译查询时，使用架构稳定性锁。架构稳定性锁不阻塞任何事务锁，包括排它锁。因此在编译查询时，其它事务都能继续运行，但不能在表上执行 DDL 操作。

（6）大容量更新锁（BU）：是将数据大容量复制到表，且指定了 TABLOCK 提示或使用 sp_tableoption 设置了 table lock on bulk 表选项时，将使用大容量更新锁。BU 允许进程将数据并发地大容量复制到同一表，同时防止其它不进行大容量复制数据的进程访问该表。

3. Microsoft SQL Server 2008 的锁提示

锁提示可以使用 SELECT、INSERT、UPDATE 和 DELETE 语句指定表级锁定提示的范围，以引导 SQL Server 2008 使用所需的锁类型。当需要对对象所获得锁类型进行更精细控制时，可以使用表级锁提示。这些锁提示取代了当前事务隔离级别。但是 SQL Server 2008 查询优化器会自动作出正确的决定。建议仅在必要时才使用表级锁提示更改默认的锁定行为。

§5.5 数据备份与恢复

尽管数据库管理系统采取了多种措施来保证数据库的安全性和完整性，但系统中的硬件故障、软件错误、计算机病毒、误操作、自然灾害或故意破坏仍然可能发生，从而破坏数据库并导致数据库数据部分或全部丢失。因此，数据库的备份和恢复是数据库管理员维护数据库安全性和完整性必不可少的技术措施，合理地进行备份和恢复可以将可预见的和不可预见的问题对数据库造成的伤害降到最低程度。当运行 SQL Server 的服务器出现故障，或数据库遭到某种程度的破坏时，可以利用以前对数据库所做的备份重建或恢复数据库。

5.5.1 数据库备份

数据库备份是防止数据丢失的一种重要手段，即在数据丢失的情况下，能及时恢复重要数据。

一个合理的数据库备份方案，应该能够在数据丢失时有效地恢复重要数据，同时需要考虑技术实现难度和有效地利用资源。

1. 备份的原因

由于自然的或人为的原因，例如服务器崩溃、存储介质故障、用户无意或恶意地对数据库执行非法操作等，数据库不可避免地会出现故障或遭到损坏。所以，在故障发生之前应该做好充分的备份工作，以便在意外发生之后能够尽快地恢复数据库的运行。

数据库在运行过程中出现的故障是多种多样的，但从总体上大致可以分为以下 3 种类型。

（1）系统故障：是指数据库在运行过程中由于硬件故障、操作系统或 DBMS 故障、数据库管理误操作、突然断电等情况导致所有正常运行的事务以非正常方式来终止的一类故障。当发生这类故障时，一些尚未完成的事务的结果可能已送入物理数据库，而有些已完成事务提交的结果可能还有一部分或全部留在缓冲区尚未写回到物理数据库中，从而导致数据库中数据的不一致状态。

（2）介质故障：是指数据库在运行过程中，由于存在磁头碰撞、磁盘损坏、瞬时强磁场的干扰等情况，使得数据库中的部分或全部数据丢失的一类故障。介质故障使数据库的数据全部或部分丢失，并影响正在存取出错介质上数据的事务。介质故障可能性小，但破坏性最大。

（3）事务故障：是指数据库在运行过程中出现的输入数据错误、运算溢出、应用程序错误、并发事务出现死锁等非预期的情况而使事务未能运行到正常结束就被夭折，从而导致事务非正常结束的一类错误。

2. 备份的内容

为了避免因数据库遭到破坏而造成数据丢失，必须对数据库进行备份。数据库备份的内容包括系统数据库和用户数据库。

系统数据库 master、msdb 和 model 记录的是重要的系统信息，是确保 SQL Server 2008 系统正常运行的重要依据。其中，master 记录了有关 SQL Server 2008 系统和用户数据库的全部信息（用户账户、环境变量、数据字典和系统错误信息等），msdb 记录了有关 SQL Server 2008 的 agent 服务的全部信息（作业历史和调度信息等），model 提供了创建用户数据库的模板信息。因此，系统数据库必须完全备份。

用户数据库记录用户的数据，包括非关键数据和关键数据。非关键数据通常可以比较容易地从其它来源重新创建，可以不备份。关键数据是用户的重要数据，不易甚至不能重新创建，应对其完善备份。例如，一个普通图书管理数据库中的数据可认为是一般数据，而银行业务数据库中的数据则是关键数据。

3. 备份的方式

数据备份的范围可以是完整的数据库、部分数据库或一组文件或文件组，对此，SQL Server 2008 提供 4 种备份方式，以满足不同数据库系统的备份需求。

（1）完整备份：是指备份整个数据库，不仅包括表、视图、存储过程和触发器等数据库对象，还包括能够恢复这些数据的足够的事务日志。完整备份的优点是操作比较简单，在恢复时只需要一步就可以将数据库恢复到以前的状态。但是仅依靠完整备份只能将数据库恢复到上一次备份操作结束时的状态，而从上次备份结束以后到数据库发生意外时的数据库的一切操作都将丢失。而且，因为完整备份对整个数据库进行备份，执行一次完整备份需要很大的磁盘空间和较长的时间，因此完整备份不能频繁地进行。

完整备份会备份数据库中所有的数据，它生成的备份文件大小和备份时间是由数据库中数据的容量决定的。还原的时候，可以直接从备份文件还原到备份时的状态，不需要其它文件的支持，还原过程最简单。

（2）差异备份：是指备份最近一次完整备份之后数据库发生改变的部分，最近一次完整备份称为"差异基准"。在做差异备份前，必须至少有一次完整备份。还原时，首先还原完整备份，然后再还原最新的差异备份。因为差异备份只备份上次完整备份以来修改的数据页，所以执行速度更快，备份时间更短，可以相对频繁地进行，以降低数据丢失的风险。通常，一个完整备份之后，会执行若干个相继的差异备份。与完整备份一样，使用差异备份只能将数据库恢复到最后一次差异备份结束时刻的状态，无法将数据库恢复到出现意外前的某一个指定时刻的状态。

（3）事务日志备份：是指自上次备份后对数据库执行的所有事务的一系列记录，这个上次备份可以是完全备份、差异备份、日志备份。使用事务日志备份可以在意外发生时将所有已经提交的事务全部恢复，因此使用这种备份方式可以将数据库恢复到意外发生前的状态或指定时间点的状态，从而使数据损失降到最小。事务日志备份需要的备份资源远远少于完整备份和差异备份，因此可以频繁使用事务日志备份，以便尽量减少数据丢失的可能性。

在使用事务日志备份前，至少有一次完整备份。还原时，必须先还原完整备份，再还原差异备份（如果有的话），再按照日志备份的先后顺序，依次还原各次日志备份的内容；事务日志备份生成的备份文件最小，需要的时间也最短，对 SQL Server 服务性能的影响也最小，适宜于经常备份。但是很显然，它的还原过程是最麻烦的，不但要对应它之前做的完整备份和差异备份（如果有的话），还要注意还原的顺序。

（4）文件和文件组备份：是指单独备份组成数据库的文件和文件组，在恢复数据库时可以只恢复遭到破坏的文件和文件组，而不需要恢复数据库的其它部分，从而加快了恢复的速度。这种备份方式适用于包含多个文件或文件组的 SQL Server 数据库，如果数据库由位于不同磁盘上的若干个文件组成，在其中一个磁盘发生故障时，只需还原故障磁盘上的文件，其它文件保持不变。

4. 备份的设备

数据库备份设备是指用来存储备份数据的存储介质，常用的备份设备类型包括磁盘、磁带和命名管道。

（1）磁盘：以硬盘或其它磁盘类设备为存储介质。磁盘备份设备可以存储在本地机器上，也可以存储在网络的远程磁盘上。如果数据备份存储在本地机器上，在由于存储介质故障或服务器崩溃而造成数据丢失的情况下，备份就没有意义了。因此，要及时将备份文件复制到远程磁盘上。如果采用远程磁盘作为备份设备，要采用统一命名方式（Universal Naming Convention，UNC）来表示备份文件，即"\远程服务器名\共享文件名\路径名\文件名"。

（2）磁带：使用磁带作为存储介质，必须将磁带物理地安装在运行 SQL Server 的计算机上，磁带备份不支持网络远程备份。在 SQL Server 的以后版本中将不再支持磁带备份设备。

（3）命名管道：微软专门为第三方软件供应商提供的一个备份和恢复方式。如果要将数据库备份到命名管道设备上，必须提供管道名。

5. 备份的策略

由于数据库故障发生的不可预见性，DBA 必须事先考虑备份时间、备份位置、备份操作员、备份内容和备份频率等，从而确定备份策略，备份策略包括以下内容。

（1）确定备份内容：数据库备份要保障在数据丢失的情况下，能恢复重要数据。因此，在数据库中的数据发生变化后，要及时对重要的数据进行备份。

（2）确定备份时机：数据备份不能影响业务处理的正常进行，因此要采取多种备份方法并用，将完整备份这类占用服务资源高的备份设置在业务处理的空闲时间段，而将日志备份这类占用服务资源少的备份方法应用在业务处理的高峰，但却需要及时备份的时候。

（3）确定备份频率：充分考虑故障出现时，业务处理可以接受的停机时间。不同的备份方法需要的还原时间不同，因此在照顾备份对业务处理影响的同时，还要考虑还原的时间。不能因为完整备份对业务处理影响很大，就几个月才做一次，这样的话，在还原的时候花费的时间就很长了。

（4）确定备份手段：考虑单位的技术力量，尽量避免采用超过单位掌握的技术程序的备份处理方法。

（5）确定备份方法：有效利用备份资源，要根据单位目前具备的备份资源，合理地使用 4 种备份方法进行备份，同时要考虑过期备份文件的清除和备份资源的再利用问题。

（6）确定备份设备：要考虑灾难性数据丢失造成的影响。对于重要的数据，要将数据库备份到多种介质和多个地方，这样一处备份损坏了，还有其它的备份可用。

数据库备份是一个周期性的工作，因此应该让 SQL Server 按照制订的备份方案自动完成各种备份，而不要手工来进行日常的备份处理。在 SQL Server 中定时执行某项操作，是由 SQL Agent 服务来完成的。因此，应把 SQL Agent 服务设置为自动启动以便于制定好的备份方案能自动完成。

5.5.2　数据库恢复

数据库备份后，一旦系统发生崩溃或执行了错误的数据库操作，就可以从备份文件中恢复数据库。数据库恢复是指将数据库备份加载到系统中的过程。

1. 恢复模式

在备份和恢复中总是存在着这样的矛盾：如果希望在发生所有故障的情况下都可以完全恢复数据库，则备份时需要占用很大的空间；如果希望使用较小的备份空间，则又不能完全保证数据库的顺利恢复。SQL Server 2008 提供了 3 种恢复模式：简单恢复模式、完整恢复模式和大容量日志恢复模式，以便给用户在空间需求和安全保障方面提供更多的选择。

（1）简单恢复模式：在简单恢复模式下不做事务日志备份，可最大程度地减少事务日志的管理开销。如果数据库损坏，则简单恢复模式将面临极大的数据丢失风险。数据只能恢复到最后一次备份时的状态。因此，在简单恢复模式下，备份间隔应尽可能短，以防止大量丢失数据。

（2）完整恢复模式：相对于简单恢复模式而言，完整恢复模式和大容量日志恢复模式提供了更强的数据保护功能。这些恢复模式基于备份事务日志来提供完整的可恢复性及在最大范围的故障情形内防止丢失数据。完整恢复模式需要日志备份，此模式完整记录所有事务，并将事务日志记录保留到对其备份完毕为止。如果能够在出现故障后备份日志尾部，则可以使用完整恢复模式将数据库恢复到故障点。完整恢复模式可以恢复到任意时点。

（3）大容量日志恢复模式：通常用作完整恢复模式的附加模式。对于某些大规模大容量操作（如大容量导入或索引创建），暂时切换到大容量日志恢复模式可提高性能并减少日志空间使用量，该模式需要日志备份。与完整恢复模式相同，大容量日志恢复模式也将事务日志记录保留到对其备份完毕为止，但是大容量日志恢复模式不支持时点恢复。

2. 恢复类型

数据库恢复最常用的技术是数据存储和建立日志文件，即利用后备副本、日志以及事务的 UNDO 和 REDO，对不同的数据实行不同的恢复策略。

（1）系统故障（System Failure）的恢复：系统故障造成的数据库不一致状态主要有两类：一是未完成的事务对数据库的更新可能已写入了数据库；二是已提交的事务对数据库的更新可能还留在缓冲区没来得及写入数据库。因此，在故障恢复时，需要先装入故障前的最新后援副本，把数据库恢复到最近的转储结束时刻的正确状态，然后就要撤消故障发生时未完成的事务，重做已完成的事务。假设日志文件中的内容是系统故障前的最近一次转储结束时刻以后的日志信息。

（2）介质故障（Media Failure）的恢复：介质故障是最严重的一种故障，一旦发生介质故障，磁盘上的物理数据和日志文件就会受到破坏。其恢复方法是重装数据库，然后重做已完成的事务。介质故障恢复需要数据库管理员（DBA）重装最近转储的数据库后援副本和有关的日志文件副本，并通过执行系统提供的恢复命令由 DBMS 完成恢复工作。

（3）事务故障（Transaction Failure）的恢复：对于事务故障，其恢复方法是利用事务的 UNDO 操作，将事务在非正常终止时利用 UNDO 恢复到事务起点。

5.5.3　数据库的复制与镜像

1．数据库复制（Database Copy）

数据库复制是使得数据库更具有容错性的技术，主要用于分布式结构的数据库系统中。其特点是在多个地方保留数据库的多个副本，这些副本可以是整个数据库的备份，也可以是部分数据库的备份。各个地方的用户可以并发存取不同的数据库副本。其作用在于：

- 当数据库出现故障时，系统可以用副本对其及时进行联机恢复。在恢复过程中，用户可以继续访问该数据库的副本，不必中断应用。
- 可以提高系统的并发程度：如果一个用户修改数据而对数据库施加了 X 锁，其它用户可以访问副本，不需要等待该用户释放 X 锁。当然，DBMS 应当采取一定的手段保证用户对数据的修改能及时反映到数据库的所有副本之上。

数据库的复制通常有 3 种方式：对等复制、主从复制和级联复制。不同的复制方式提供不同程度的数据一致性。

2．数据库镜像（Database Mirror）

存储介质故障属于数据库的大型故障，对系统破坏最为严重，其恢复方式也相当复杂。

随着磁盘容量的增大和价格趋低，数据库镜像的恢复方法得到了重视，并且逐渐为人们所接受。数据库镜像方法是由 DBMS 提供日志文件和数据库的镜像功能，根据 DBA 的要求，DBMS 自动将整个数据库或者其中的关键数据以及日志文件实时复制到另一个磁盘，每当数据库更新时，DBMS 会自动将更新的数据复制到磁盘镜像中，并保障主要数据与镜像数据的一致性。数据库镜像方法的基本功能在于：

- 一旦出现存储介质故障，可由磁盘镜像继续提供数据库的可使用性，同时由 DBMS 自动利用磁盘镜像对数据库进行修补恢复，而不需要关闭系统和重新装载数据库后备副本。
- 即使没有出现故障，数据库镜像还可以用于支持并发操作，即当一个用户对数据库加载 X 锁修改数据时，其它用户也可以直接读镜像数据库，而不必等待该用户释放 X 锁。

数据库镜像方法是一种较好的方法，不需要进行繁琐的恢复工作，但是它利用复制技术会占用大量系统时间开销，从而影响数据库的运行效率，因此只能是可以选择的方案之一。

5.5.4　Microsoft SQL Server 2008 备份和恢复机制

Microsoft SQL Server 2008 提供了功能强大的备份和恢复机制，按备份的对象分为数据库备份和日志文件备份，按备份的方式有完整备份和差异备份，在进行数据库备份时可以按指定的数据文件进行备份。Microsoft SQL Server 2008 备份和恢复既可以使用 Microsoft SQL Server Management Studio 图示方式实现，也可以使用 Transact-SQL 命令方式实现。

1. 备份方式

Microsoft SQL Server 2008 提供了如下 4 种备份数据库的方式：

（1）完整数据库备份：是指备份数据库中的所有当前数据，包括数据库文件、文件组、日志文件。完整数据库备份是差异数据库备份和日志备份的基础。

（2）差异数据库备份：是指备份上次完整数据库备份以来被修改的那些数据，并被称为差异基准。因此，使用差异备份可以加快进行频繁备份的速度，降低数据丢失的风险。

（3）事务日志备份。是指备份自上次备份以来数据库执行所有事务的事务日志记录。上次的备份可以是完整数据库备份、差异数据库备份和事务日志备份。

（4）文件和文件组备份。对于特别大型的数据库，可以将数据库的文件和文件组分别进行备份。使用文件和文件组备份可以还原损坏的文件，而不用还原数据库的其余部分，从而可加快恢复速度。文件和文件组备份又可分为完整文件和文件组备份以及差异文件和文件组备份。在创建数据库时，如果为数据库创建了多个数据库文件或文件组，可使用该备份方式。

2. 恢复模式

恢复模式旨在控制事务日志维护。Microsoft SQL Server 2008 提供了 3 种恢复模式：简单恢复模式、完整恢复模式和大容量日志恢复模式。

（1）简单恢复模式：该模式不备份事务日志，可最大程度地减少事务日志的管理开销。如果数据库损坏，则简单恢复模式将面临极大的工作丢失风险。由于数据只能恢复到已丢失数据的最新备份，因此在简单恢复模式下备份间隔应尽可能短，以防止大量丢失数据。该模式通常只在对安全要求不太高的数据库中使用。

（2）完整恢复模式：该模式基于备份事务日志来提供完整的可恢复性及在最大范围的故障情形内防止丢失工作，为需要事务持久性的数据库提供了常规数据库维护模式。

（3）大容量日志恢复模式：对于某些大规模大容量操作，例如大容量导入或索引创建，暂时切换到大容量日志恢复模式可提高性能并减少日志空间使用量，但仍需要日志备份。与完整恢复模式相同，大容量日志恢复模式也将事务日志记录保留到对其备份完毕为止。由于大容量日志恢复模式不支持时点恢复，因此必须在增大日志备份与增加工作丢失风险之间进行权衡。

在 Microsoft SQL Server Management Studio 中设置数据库恢复模式的步骤如下：

打开 Microsoft SQL Server Management Studio 并连接到目标服务器，在"对象资源管理器"窗口中选中将要设置恢复模式的数据库，单击鼠标右键，弹出快捷菜单，从中选择"属性"命令，出现"数据库属性-StudentMIS"窗口，选择"选择页"中的"选项"，进入设置数据库恢复模式页面。

3. 创建备份设备

备份设备是指用来存储数据库、事务日志的存储介质,包括磁带机和操作系统提供的磁盘文件。创建备份之前，必须先创建备份设备。Microsoft SQL Server 2008 允许将本地主机硬盘或远程主机的硬盘作为备份设备，备份设备在硬盘中是以文件的方式存储的。SQL Server 用逻辑设备名称和物理设备名称来标识设备,逻辑设备名称是物理设备名称的别名,它能够实现对物理设备的简单引用。比如，物理设备名称 D:\SQL\Backup\jxgl.bak 的逻辑设备名称可能是 jxgl_Backup。

4. 在 Microsoft SQL Server 2008 中备份数据库

设备备份创建好后，就可以开始备份数据库。Microsoft SQL Server 2008 可以使用 SQL Server Management Studio 和 Transact-SQL 两种方法备份数据库，这里仅介绍后一方法。

（1）使用 BACKUP DATABASE 语句进行完整数据库和差异数据库备份，其语法格式为：

BACKUP DATABASE<数据库名>TO<备份设备>

[WITH [INIT∣NOINIT] [，DIFFERENTIAL]]

【语法说明】BACKUP DATABASE 为完整数据库备份命令标识符，其参数说明如下：

① <备份设备>可以是备份设备的逻辑设备名称或物理设备名称。如果是物理设备名称，则要输入完整的路径和文件名。

② [INIT] 选项表示新的备份数据将覆盖备份设备上原来的备份数据。

③ [NOINIT] 选项表示新的备份数据将追加到备份设备上已备份数据的后面。

④ [DIFFERENTIAL] 选项表示为差异数据备份。如果是完整数据库备份，则不需要选择该选项；如果是差异数据备份，除按要求选择前面的两个选项 INIT 和 NOINIT 之一外，还必须选择该选项。

【实例 5-26】为 JXGL 数据库创建一个完整数据库备份，将备份内容保存到 jxgl_backup 备份设备上。其中，jxgl_backup 是一个逻辑设备名称。

BACKUP DATABASE JXGL

TO jxg_backup

WITH INIT

GO

（2）使用 Transact-SQL 语句进行事务日志备份：使用 BACKUP LOG 语句的语法格式为：

　　　BACKUP LOG<数据库名>TO<备份设备>

【语法说明】BACKUP LOG 为事务日志备份命令标识符，其它参数说明同上。

5. 数据库恢复

数据库恢复是通过加载备份内容并应用事务日志重建数据库的过程。在数据库恢复过程中，SQL Server 的恢复机制会自动进行安全检查，以防止从不完整、不正确的备份或其它数据库备份恢复数据库。

同样，Microsoft SQL Server 2008 可以使用 SQL Server Management Studio 和 Transact-SQL 两种方法恢复数据库，这里仅介绍后一方法，即使用 Transact-SQL 语句实现恢复完整数据库备份和差异数据库备份以及恢复事务日志。

（1）使用 RESTORE DATABASE 语句恢复完整数据库和差异数据库备份，其语句格式为：

　　　RESTORE DATABASE<数据库名>FROM<备份设备>

　　　[WITH [FILE=n] [，NORECOVERY∣RECOVERY][，REPLACE]]

【语法说明】RESTORE DATABASE 为恢复完整数据库和差异数据库备份命令标识符，其参数说明如下：

① <备份设备>可以是备份设备的逻辑名称或物理名称。如果是物理名称，则要输入完整的路径和文件名，且要用单引号将其括起。

② [FILE=n]选项中的 n 表示备份集序号。比如，当 n 为 1 时表示备份介质上的第一个备份集。

③ [NORECOVERY]选项表示恢复操作不回滚被恢复的数据库中所有未提交的事务，恢复后用户不能访问数据库。

④ [RECOVERY] 选项表示在数据库恢复后，回滚被恢复的数据库中所有未提交的事务，恢复完成后，用户可以访问数据库。因此在进行数据库恢复时，前面的恢复使用[NORECOVERY]选项，最后一个恢复使用[RECOVERY]选项。

⑤ [REPLACE]选项表示要创建一个新的数据库，并将备份内容恢复到这个新数据库。如果服务器上存在一个同名数据库，那么原来的数据库就会被删除。

（2）使用 RESTORE LOG 语句恢复事务日志：其语法格式为：

RESTORE LOG<数据库名>FROM<备份设备>

[WITH [[FILE=n] [，NORECOVERY | RECOVERY]]

【语法说明】RESTORE LOG 为恢复事务日志的命令标识符，其它各选项的含义与恢复数据库语句中的含义相同。

这里需要提示说明的是：在数据库恢复过程中，用户不能使用数据库。

本章小结

数据库保护技术包括数据库的完整性、数据库的事务处理、事务的并发控制、数据备份与恢复。这些技术是有效保护数据库的重要手段。

1. 数据库安全性是指保护数据库，以防止非法使用所造成数据的泄露、更改或破坏。绝对杜绝对数据库的恶意滥用是不可能的，但可以使那些企图在没有授权的情况下访问数据库的代价足够高，以阻止绝大多数的访问企图。

2. 数据库的完整性是为了保证数据库中存储的数据是正确的，而"正确"的含义是指符合现实世界语义。不同的数据库产品对完整性的支持策略和支持程度是不同的。关于完整性的基本要点是 DBMS 关于完整性实现机制，其中包括完整性约束机制、完整性检查机制以及违背完整性约束条件时 DBMS 应当采取的措施等。触发器是实现数据库完整性的一项重要技术，SQL Server 2008 支持 DML 触发器、DDL 触发器和登录触发器三种触发器。

3. 事务是一个用户定义的完整的工作单元，一个事务内的所有语句被作为整体执行，要么全部执行，要么全部不执行。遇到错误时，可以回滚事务，取消事务内所做的所有改变，从而保证数据库中数据的一致性和可恢复性。

4. 数据库中的数据是一个共享资源，可以由多个用户使用。这些用户程序可以一个一个地串行执行，也可以并行执行。在单 CPU 计算机上，为了充分利用数据库资源，应该允许多个用户程序并行地存取数据。这样就会产生多个用户程序并发地存取同一数据的情况，若对并发操作不加控制就会存取和存储不正确的数据，破坏数据库的完整性（这里也称为一致性）。在多 CPU 计算机或多计算机网络环境下，并发控制尤为重要。

5. 备份和恢复组件是数据库管理系统的重要组成部分。备份就是指对数据库或事务日志进行拷贝，数据库备份记录了在进行备份这一操作时数据库中所有数据的状态。如果数据库因意外而损坏，这些备份文件将在数据库恢复时被用来恢复数据库。恢复就是把遭受破坏或丢失的数据或出现错误的数据库恢复到原来的正常状态，这一状态是由备份决定的，但是为了维护数据库的一致性，在备份中未完成的事务并不进行恢复。

习题五

一、选择题

1. 数据库的安全性是指保护数据库，以防止不合法的使用而造成的数据泄露、更改或破坏，下列的措施中，（　）不属于实现安全性的措施。

    A. 数据备份　　　　B. 授权规则　　　　C. 数据加密　　　　D. 用户标识和鉴别

2. 日志文件主要是用来记录（　　　）。

  A．程序执行的结果　　　　　　　　　B．程序的运行过程

  C．数据操作　　　　　　　　　　　　D．对数据的所有更新操作

3. 数据的完整性是指数据的正确性、有效性和（　　　）。

  A．可维护性　　　　B．独立性　　　　C．安全性　　　　D．相容性

4. 触发器作为一种特殊类型的存储过程，它与存储过程的主要区别在于（　　　）。

  A．程序定义方式　　　　　　　　　　B．调用方式不同

  C．传递参数的格式不同　　　　　　　D．定义方式和执行方式不同

5. 当普通的约束（包括 CHECK 机制、DEFAULT 机制、RULE 机制）不足以加强数据的完整性时，就可以考虑使用（　　　）。

  A．游标　　　　　　B．存储过程　　　　C．触发器　　　　D．其它措施

6. 并发控制的主要技术是（　　　）。

  A．备份　　　　　　B．日志　　　　　　C．授权　　　　　D．封锁

7. "脏"数据的读出是（　　　）遭到破坏的情况。

  A．完整性　　　　　B．并发性　　　　　C．安全性　　　　D．一致性

8. 在 SQL Server 中，对确保数据的完整性最有效的技术措施是采用了（　　　）。

  A．系统检测　　　　B．系统监控　　　　C．处理机制　　　　D．触发器

9. SQL 中提供（　　　）语句用于实现数据存取的安全控制。

  A．CREATE TABLE　　　　　　　　　B．COMMIT

  C．GRANT　　　　　　　　　　　　　D．ROLLBACK

10. 数据库中后援副本的用途是（　　　）。

  A．故障恢复　　　　　　　　　　　　B．安全性保障

  C．一致性控制　　　　　　　　　　　D．数据的转储

二、填空题

1. 当使用 INSERT、DELETE、UPDATE 命令对触发器所保护的数据进行修改时，它能被系统_____，防止对数据进行不正确、未授权或不一致的修改。

2. 数据库系统中可能会发生各种各样的故障。这些故障主要有 4 类，即事务故障、系统故障、介质故障和_____。

3. 对数据对象施加封锁，可能会引起活锁和死锁。预防死锁通常有一次性封锁法和_____两种方法。

4. 数据库管理系统 DBMS 对数据库运行的控制主要通过 4 个方面来实现，它们分别是数据的_____、数据的完整性、故障恢复和并发操作。

5. 在并发控制中，事务是_____的逻辑工作单位，是用户定义的一组操作序列，一个程序可以包含多个事务，事务是并发控制的基本单位。

6. 若数据库中只包含成功事务提交的结果，则此数据库就称为处于_____状态。

7. 数据库恢复的基础是利用转储的冗余数据，这些转储的冗余数据指_____和_____。

8. 数据库系统一个明显的特点是_____共享数据库资源，尤其是_____可以同时存取相同数据。

9. 由于允许 CPU 和 I/O 操作并行执行，操作系统采用了多道程序设计技术，即允许多个程序_____，可提高 CPU 和设备的利用率。

10. 一种优秀的数据库应当提供优秀的服务质量，而数据库的服务质量首先应当是其所提供的数据质量。

这种对数据质量的要求充分体现了计算机界流行的一句话是＿＿＿＿＿，＿＿＿＿＿。

三、问答题

1. 数据库的完整性概念与数据库的安全性概念有什么区别和联系？

2. 什么是触发器？它有何功能特点？

3. 什么是事务？

4. 数据库在运行过程中可能产生的故障有哪几类？

5. 怎样进行介质故障的恢复？

6. 数据库中为什么要有恢复子系统？它的功能是什么？

7. 为什么要设立日志文件？

8. 数据库中产生死锁的原因是什么？怎样解决死锁问题？

9. 什么是数据库的并发控制？在数据库中为什么要有并发控制？

10. 什么是数据库中数据的一致性级别？

四、应用题

1. 用 SQL Server 的 CREATE TABLE 语句定义以下两个关系模式，并用 SQL Server 系统的完整性机制进行设置。

教师（教师编号，教师姓名，性别，出生年月，部门编号，职称）

部门（部门编号，部门名称，主管）

2. 设有两个关系模式：

职工（职工号，姓名，年龄，职务，工资，部门号）

部门（部门号，名称，经理名，地址，电话）

请用 SQL 的授权和回收语句（加上视图机制）完成以下定义和存取控制功能：

（1）用户张三对职工表有查询权力。

（2）用户李四对职工表有插入和删除权力。

（3）用户王五对职工表有查询权力，对工资字段有更新权力。

（4）用户赵六具有对两个表的查询、插入、删除数据的权力，并具有给其它用户授权的权力。

（5）用户钱七具有修改两个表的结构的权力。

（6）用户孙八具有从每个部门职工中查询最高工资、最低工资、平均工资的权力，但不能查看每个人的工资。

3. 根据上题（1）、（2）、（3）、（4）的每一种情况，撤消各用户被授予的权力。

4. 创建触发器，只有数据库拥有者才可以修改成绩表中的成绩，其它用户对成绩表的插入、删除和修改操作必须记录下来。

第 6 章 关系模式规范化设计

【问题引出】现实系统的数据及语义，通过高级语义数据模型（如实体关系数据模型、对象模型）抽象后得到相应的数据模型。为了便于关系数据库管理系统的实现，该数据模型需要向关系模型转换，变成相应的关系模式。然而，这样得到的关系模式还只是初步的关系模式，可能存在这样或那样的问题。因此，需要对这类初步的关系模式利用关系数据库设计理论进行规范化，以逐步消除其存在的异常，从而得到一定规程程度的关系模式。那么，什么样的关系模式是最佳模式？怎样获得规范的关系模式？涉及哪些理论支撑？具有哪些规范标准？等等，这些都是本章所要讨论的问题。

【教学重点】本章主要讨论关系数据库规范化设计理论是指导数据库应用系统设计的重要依据。本章围绕关系数据库的模式设计，揭示关系数据库中的一些特性——关系模式的规范化、函数依赖、函数依赖的公理体系、关系模式的分解以及关系模式的范式。

【教学目标】了解数据冗余和更新异常产生的根源和关系模式设计时的数据异常问题；理解函数依赖、多值依赖的基本概念；掌握关系模式分解的规则、各种范式设计的基本原则。

§6.1 关系模式的规范化

在关系数据库理论与设计中，有一个最基本而重要的问题，那就是在一个数据库中如何构造一个合适的关系模式，这样可以减少数据冗余以及由此带来的各种操作异常现象。由于构造合适的关系模式涉及到一系列的理论与技术，从而形成了关系数据库设计理论。同时，所构造的关系模式必须符合一定的规范化要求，因而把构造关系模式的理论技术称为关系模式的规范化。

6.1.1 问题的提出

1. 问题描述

在关系数据库中，关系模型包括一组关系模式，各个关系是相互关联的，而不是完全独立的。如何设计一个适合的关系模式，既提高系统的运行效率，减少数据冗余，又方便快捷，是数据库系统设计成败的关键。那么，什么样的关系模式才是好的关系模式？下面通过一个实例来进行分析。

【实例 6-1】设计一个教学信息管理的关系数据库，采用单一关系模式设计为 **R**(U)，其中 U 是由属性 Sno（学号）、Sname（学生名）、Dname（系名）、Mname（系主任）、Cno（课程号）、Cname（课程名）、Grade（成绩）组成的 SCD 属性集合模式：

SCD(Sno，Sname，Dname，Mname，Cno，Cname，Grade)

教学信息管理系统的关系模式如表 6-1 所示。

表 6-1 SCD 关系模式实例

Sno	Sname	Dname	Mname	Cno	Cname	Grade
20121001	赵建国	计算机系	李伟杰	C001	计算机导论	90
20121001	赵建国	计算机系	李伟杰	C002	计算机网络	78
20121002	钱学斌	计算机系	李伟杰	C001	计算机导论	86

续表

Sno	Sname	Dname	Mname	Cno	Cname	Grade
20122001	孙经文	自动化系	谢文展	C005	数据结构	87
20122001	孙经文	自动化系	谢文展	C006	操作系统	93
20122002	李莉莉	自动化系	谢文展	C006	操作系统	95
20123001	周志文	外语系	王莉芳	C008	口语	92
20123001	周志文	外语系	王莉芳	C009	听力	88

假定，该关系模式包含如下数据语义：

（1）学号与学生之间是 1∶1 联系：一个学生只有一个学号，一个学号只对应一个学生。

（2）系与学生之间是 1∶N 联系：一个系有若干学生，一个学生只属于一个系。

（3）系与系主任之间是 1∶1 联系：一个系只有一名系主任，一名系主任只在一个系任职。

（4）课程号与课程名之间是 1∶1 联系：一门课程只有一个课程编号。

（5）学生与课程之间是从 M∶N 联系：一名学生可以选修多门课程，一门课程可以由多名学生选修，且每个学生学习每门课程只有一个成绩。

由上述语义可以确定{学号，课程号}是该关系模式的唯一候选键，因此是主键。

2. 异常关系模式

由表 6-1 关系不难看出，关系模式 SCD 在使用过程中明显存在以下异常问题：

（1）存储冗余（Storage Redundancy）：也称为数据冗余（Data Redundancy），就是同一个数据被重复存储多次。例如在 SCD 关系中，每个系名和系主任存储的次数等于该系的学生人数乘以每个学生进修的课程门数，同时学生的姓名也要重复多次，每一个课程名均对选修该门课程的学生重复存储，并且随着选课学生人数的增加而被重复存储多次。存储冗余不仅浪费存储空间，而且引起数据修改的潜在不一致性，因而成为影响系统性能的重要问题之一。

（2）更改异常（Update Anomalies）：对冗余数据没有全部被修改而出现不一致性的问题。例如在 SCD 关系中，如果要更换系主任，则分布在不同元组中的负责人都要修改；如果一个学生转系，则对应此学生的所有元组都必须修改，否则，若有一个地方未改，就会造成数据的不一致性。

（3）插入异常（Insertion Anomalies）：由于主键中元素的属性值不能取空值，因此使应该插入到关系中的数据而不能插入。例如，新安排一位教师或新成立一个系，则系主任及新系名就无法插入，必须招生后才能插入；如果一门新课程无人选修或一门课程列入计划但目前不开课，Sno 和 Cno 是关键字中的属性，不允许取空值，因此，受实体完整性约束的限制，该插入操作无法完成。

（4）删除异常（Deletion Anomalies）：不应该删除的数据被从关系中删除了。例如在 SCD 中，如果某系的所有学生全部毕业，又没有在读生或新生，当从表中删除毕业学生的选修课信息时，那么就会连带把该系的信息一起删除，这显然是一种不合理的删除现象。

鉴于上述存在的种种问题，因而"学生信息"关系模式不是一个"好"模式，一个"好"的关系模式应当不会发生插入异常、删除异常和更新异常，数据冗余应尽可能少。

6.1.2 异常问题的解决

1. 异常原因分析

实例 6-1 中的关系模式，根据其语义，存在以下依赖关系：

（1）学号→姓名：每个学生只有一个学号，而不同学生的姓名有可能相同，故学号决定姓名。

（2）学号→所在系：系与学生之间是 1∶N 的联系。

（3）所在系→系主任：每个系只有一个系主任，而系主任的姓名有可能相同，故系决定系主任。

（4）课程号→课程名：每门课只有一个课程号，故课程号决定课程名。

（5）（学号，课程号）→成绩：学生的每门课程有一个成绩，故由所参与实体的键共同决定。

（6）学号→系主任：系主任与学生之间是 1∶N 的联系。

从上述事实，可以得到关系模式"学生信息"的属性集 U 上的一组依赖关系：

F={学号→姓名，学号→所在系，学号→系主任，所在系→系主任，课程号→课程名，（学号，课程号）→成绩}

学生信息的依赖关系如图 6-1 所示。上述异常现象产生的根源正是由于关系模式中属性间存在复杂的依赖关系。在关系模式中，各个属性一般来说是有关联的，通常有两种表现形式：一种是部分属性的取值决定所有其它属性的取值，即部分属性构成的子集合与关系的整个属性集合的关联；另一部分属性的取值决定其它部分属性的取值，即部分属性构成的子集合与另一部分属性组成的子集合的关联。在设计关系模式时，如果将各种有关联的实体数据集中于一个关系模式中，不仅会造成关系模式结果冗余、包含的语义过多，也使得其中的函数依赖变得错综复杂，不可避免地产生异常。

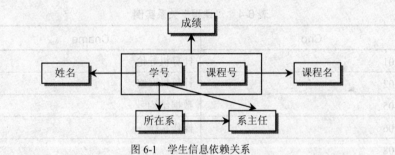

图 6-1　学生信息依赖关系

2. 异常问题的解决方案

由此可知，实例 6-1 所示教学管理数据库 SCD 关系看起来似乎满足一定的需求，但实际上存在的问题很多，因而它并不是一个合理的关系模式。

不合理的关系模式最突出的问题是数据冗余，而数据冗余的产生有着较为复杂的原因，虽然关系模式充分地考虑到文件之间的相互关联而有效地处理了多个文件间的联系所产生的冗余问题，但在关系内部数据之间的联系还没有得到充分的解决。

关系模式中，各属性之间相互依赖、相互制约的联系称为数据依赖。关系系统中数据冗余产生的重要原因在于对数据依赖的处理，从而影响到关系模式本身的结构设计。解决数据间的依赖关系常采用对关系的分解来消除不合理的部分，以减少数据冗余，解决插入异常、修改异常和删除异常的问题。

解决异常的方法是利用关系数据库规范化理论，对关系模式进行相应的分解，消除其中不合理的数据依赖，使得每一个关系模式表达的概念单一，属性间的数据依赖关系单纯化，从而消除异常关系。例如对于实例 6-1 所示的关系模式，可以分解为以下 4 个关系模式。

（1）学生模式的依赖关系：学号→姓名→所在系。

（2）系部模式的依赖关系：所在系→系主任。

（3）课程模式的依赖关系：课程号→课程名。

（4）选课模式的依赖关系：（学号，课程号）→成绩。

分解后的关系模式实例如表 6-2 至表 6-5 所示。

表 6-2　"学生" 关系实例

Sno	Sname	Dname
20121001	赵建国	计算机系
20121002	钱学斌	计算机系
20122001	孙经文	自动化系
20122002	李莉莉	自动化系
20123001	周志文	外语系

表 6-3　"系部" 关系实例

Dname	Mname
计算机系	李伟杰
自动化系	谢文展
外语系	王莉芳

表 6-4　"课程" 关系实例

Cno	Cname
C1101	计算机导论
C1102	计算机网络
C1105	数据结构
C1106	操作系统
C1108	口语
C1109	听力

表 6-5　"选课" 关系实例

Sno	Cno	Grade
20121001	C1101	90
20121001	C1102	78
20121002	C1101	86
20122001	C1105	87
20122001	C1106	93
20122002	C1106	95
20123001	C1108	92
20123001	C1109	88

经过分解后，上面提到的数据冗余和操作异常基本得到消除。

关系模式的分解是减少冗余和消除操作异常的主要方法，也是模式规范化所采用的一种主要手段。对关系模式进行分解后，极大地解决了插入异常、删除异常等问题，数据冗余也得到了控制。但同时，改进后的关系模式也会带来新的问题，例如当查询某个学生成绩时，就需要将 2 个关系连接后进行查询，从而增加了查询时关系的连接开销。此外，也并不是任何分解都是有效的。有时分解不但解决不了实际问题，反而会带来更多的问题。因此，这就引出了另一类的问题：

- 什么样的关系模式需要分解？分解关系模式的理论依据是什么？分解后是否能完全消除上述的问题？
- 如何利用理论依据检测模式中的操作异常和数据冗余问题？
- 模式分解应该注意什么问题？分解到什么程度为好？分解的衡量标准是什么？

上述问题即关系数据库规范化理论问题。关系模型有着严格的理论基础，主要包括四个方面：关系模式的数据依赖、数据依赖的公理体系、关系模式的分解，以及关系模式的范式。

关系模式的数据依赖是指各属性之间的相互依赖、相互制约和相互联系。数据依赖有多种，可分为函数依赖（Function Dependency，FD）、多值依赖（Multi Valued Dependency，MVD）和连接依赖（Link Dependency，LD）。其中，函数依赖反映了数据之间的内在联系，它是最重要的数据依赖，是研究关系数据库规范化问题的理论基础，因而也是我们讨论的重点。

§6.2 关系模式的函数依赖

实例 6-1 所讨论的问题是如何分解关系模式，分解关系模式的目的是为了消除关系模式中的数据冗余，而分解关系模式的理论依据是函数依赖。函数依赖是根据关系模式中各属性之间的相互依赖、相互制约和相互联系，通过对关系模式进行有效分解，解决数据冗余问题。

6.2.1 函数依赖的定义

现实世界中的事物是彼此联系，互相制约的。这种联系分为两类：一类是实体与实体之间的联系；另一类是实体内部各属性之间的联系。数据库系统用数据模型来实现概念模型的描述，任何一种数据模型都不仅描述单个实体及其属性，而且要描述实体间的联系。我们在概念模型和数据模型中详细讨论了实体之间的联系，函数依赖就是用来描述属性之间的联系。

函数依赖类似于变量之间的单值函数关系。设单值函数 $y=f(x)$，自变量 x 的值，决定一个唯一的函数值 y。而当 x 取不同值时，它们所对应的 y 值可能不同，也可能相同。如果属于前者，则 $f(x)$ 的反函数也是单值函数；如果属于后者，则 $f(x)$ 的反函数就是多值函数。

一个关系模式里的属性，由于它在不同元组里属性值可能不同，由此可以把关系中的属性看作变量。一个属性与另一个属性在取值上存在制约，这是由事物本身的客观性质决定的。

例如，学生的学号确定了本元组的姓名、性别等属性值；零件的型号决定它的规格，光的波长决定光的颜色。从前面的例子可以看出，这些联系在关系数据库模式中主要通过属性值相等与否反映出来，这就是函数依赖的概念，我们将其描述如下：

若对于一个关系模式中所有具体关系的属性之间都满足如下约束：对于 x 的每一个具体值，y 有唯一的具体值与之对应，则称 y 函数依赖于 x，或 x 函数决定 y，记作 $x \to y$。如果 $x \to y$，并且 y 不是 x 的子集，则称 $x \to y$ 是非平凡的函数依赖（我们讨论的总是非平凡的函数依赖）。全体总是能够决定部分的，若 y 是 x 的子集，则称 $x \to y$ 是平凡的函数依赖。

【定义 6.1】设有关系模式 R(U)，U 是 R 的属性集合，X 和 Y 是 U 的子集，r 是 R 的任一具体关系，如果对 r 任意两个元组 t_1，t_2，由 $t_1[X]=t_2[X]$ 导致 $t_1[Y]=t_2[Y]$，则称 X 函数决定 Y 或称 Y

函数依赖于 X，记为 X→Y，其中 X 称为决定因素（Determinant），Y 称为依赖因素（Dependent）。

对于函数依赖，需要说明以下几点：

（1）函数依赖约束条件：函数依赖不是指关系模式中的某一个或某些关系满足的约束条件，而是指 R 的一切关系均要满足的约束条件。

（2）函数依赖是一个语义范畴的概念：函数依赖只能根据属性间的语义来确定，而不能用数学方法证明。例如，"姓名→性别"函数依赖只有在没有同名同姓的条件下成立；如果允许相同姓名存在同一关系中，则"性别"就不再函数依赖于"姓名"了。如果数据库设计者强制规定不允许姓名相同，则"姓名→性别"函数依赖成立。

（3）属性间函数依赖与属性间的联系类型相关：根据函数依赖和联系类型概念可知，属性间的函数依赖与联系类型的关系具有如下性质：

① 当属性（或属性集）X 与属性（或属性集）Y 是 $1:N$ 的联系，则有 Y→X 成立；反之，X 函数不依赖于 Y，Y 记为 $\mapsto$ X。

② 当属性（或属性集）X 与属性（或属性集）Y 是 $1:1$ 的联系，则有 X→Y 和 Y→X，即它们相互依赖，简记为 X↔Y。

③ 若 X→Y，但 $Y \not\subseteq X$，则称 X→Y 是非平凡的函数依赖。若不特别声明，所讨论的总是非平凡的函数依赖。

④ 当属性（或属性集）X 与属性（或属性集）Y 是 $M:N$ 的联系，则 X 与 Y 之间无函数依赖关系。

通俗地说，在当前 r 的两个不同的元组值中，如果 X 值相同，就一定要求 Y 值也相同。因此，另一种易于理解的函数依赖的定义如下：

【定义 6.2】设有关系模式 R(U)，U 是 R 的属性集合，X 和 Y 是 U 的子集，对于 X 中每一个具体值，Y 中都有唯一具体值与之对应，则称 Y 函数依赖于 X，记为 X→Y。

【实例 6-2】设有关系模式 R(A，B，C，D)，其具体的关系 r 如表 6-6 所示。

表 6-6　R 的当前关系 r

A	B	C	D	
a_1	b_1	c_1	d_1	—— t_1
a_1	b_1	c_2	d_2	—— t_2
a_2	b_2	c_3	d_2	
a_3	b_3	c_4	d_3	

表中：属性 A 取一个值（如 a_1），则 B 中有唯一一个值（如 b_1）与之对应，反之亦然，即属性 A 与属性 B 是一对一的联系，A→B 且 B→A。又如，属性 B 取一个值 b_1，那么，属性 C 中有两个值 c_1 和 c_2 与之对应，即属性 B 与属性 C 是一对多的联系，C 不依赖于 B。反之，C 与 B 是多对一的联系，故 C→B。又如，属性 B 与属性 D 是多对多的联系，因此，B 与 D 相互没有函数依赖关系。

这里，不难用定义 6.1 验证属性 A 与属性 B 存在函数依赖：任取两元组 t_1 与 t_2，有 $t_1[A]=t_2[A]=a_1$，则导出 $t_2[B]=t_2[B]=b_1$，所以，A→B 成立。同理，B→A 成立。

〖提示〗函数依赖是指关系模式 R 的所有关系元组均应满足的约束条件，而不是指关系模式 R 的某个或某些元组满定的约束条件。当关系中的元组增加或者更新后都不能破坏函数依赖。因此，必须根据语义来确定数据之间的函数依赖，而不能单凭某一时刻关系中的实际数据值来判断。

6.2.2　函数依赖的类型

按照函数依赖的定义，当 Y 是 X 的子集时，Y 自然是函数依赖于 X 的，若不特别声明，我们总是讨论非平凡函数依赖。如果 X→Y，我们称 X 为这个函数依赖的决定属性集。一般情况下，根据依赖的程度，把函数依赖分为以下 5 种类型。

1. 非平凡函数依赖（Nontrivial Functional Dependency）

【定义 6.3】 在关系模式 R(U)中，对于 U 的子集 X 和 Y，如果 X→Y，但 Y⊄X，则称 X→Y 是非平凡函数依赖。

2. 平凡函数依赖（Trivial Functional Dependency）

【定义 6.4】 在关系模式 R(U)中，对于 U 的子集 X 和 Y，如果 X→Y，若 Y⊆X，则称 X→Y 是平凡函数依赖。

当 Y 是 X 的子集时，Y 函数依赖于 X，这里"依赖"不反映任何新的语义。不特别声明，后面提到函数依赖一般都是指非平凡依赖。

【实例 6-3】 在学生关系 SC(Sno，Cno，Grade)中，非平凡函数依赖为(Sno，Cno)→Grade。平凡函数依赖为(Sno，Cno)→Sno；(Sno，Cno)→Cno。

3. 完全函数依赖（Full Functional Dependency）

【定义 6.5】 在关系模式 R(U)中，对于 U 的子集 X 和 Y，满足 X→Y，且对任何 X 的真子集 X′都有 X→Y，则称 Y 完全依赖于 X，记作 $X \xrightarrow{F} Y$。

4. 部分函数依赖（Partial Functional Dependency）

【定义 6.6】 在关系 R(U)中，对于 U 的子集 X 和 Y，X′是 X 的真子集，若 X′→Y，且 X′→Y′，则称 Y 部分依赖 X，记作 $X \xrightarrow{P} Y$。

〖**问题点拨**〗当 X 为复合属性组时才有可能出现部分函数依赖，如果 Y 对 X 部分函数依赖，X 中的"部分"就可以确定对 Y 的关联，从数据依赖的角度来看，U 中应该存在数据"冗余"。

【实例 6-4】 在学生关系 SC(Sno，Cno，Sname，Grade)中，完全函数依赖为(Sno，Cno)→Grade。部分函数依赖为(Sno，Cno)→Sname。

5. 传递函数依赖（Transitive Functional Dependency）

【定义 6.7】 在关系 R(U)中，X、Y、Z 是 U 的子集，在 R(U)中，若 X→Y（Y⊄X），Y→Z（Z⊄Y），且 X↦Y，则称 Z 传递函数依赖于 X，记作 $X \xrightarrow{T} Z$。

〖**问题点拨**〗传递函数依赖定义中之所以要加上条件 Y↦X，是因为如果 Y→X，则 X↦Y，这实际上是 Z 直接依赖于 X，而不是传递函数了。

按照函数依赖的定义，可以知道，如果 Z 传递依赖于 X，则 Z 必然函数依赖于 X。如果 Z 传递依赖于 X，说明 Z 是"间接"依赖于 X，从而表明 X 和 Z 之间的关联较弱，表现出间接的弱数据依赖，因而亦是产生数据冗余的原因之一。

【实例 6-5】 在学生选课关系 SC(Sno，Sname，Cno，Grade)中，属性分别表示学生学号、姓名、选修课程的课程号、成绩。

由于 Sno↦Grade，Cno↦Grade，因此：

(Sno，Cno) $\xrightarrow{F}$ Grade，(Sno，Sname，Cno) $\xrightarrow{P}$ Grade

【实例 6-6】 在关系 STD(Sno，Dname，Mname)中，属性分别表示学号、系名、系主任，在该模式中显然存在下列函数依赖：

Sno→Dname，Dname→Mname，则 Sno $\xrightarrow{\text{T}}$ Mname

(Sno，Dname)→Dname，Dname→Mname，则(Sno，Dname) $\xrightarrow{\text{P}}$ Mname

6.2.3　函数依赖与键的联系

键是关系模型中一个重要的概念，在第 2 章中给出了键的基本概念，键是可以唯一地标识一个实体的属性。有了函数依赖的概念后，可以把键和函数依赖联系起来，即用函数依赖的概念来定义键。函数依赖是键概念的推广，函数依赖中最重要的键是候选键和外键。

1. 候选键

键是在关系模式 R 中，可以唯一标识一个元组的属性或属性组。从函数依赖概念可知，若 X 唯一确定 Y，则 X、Y 之间存在着函数依赖关系。因此，这里就从函数依赖的角度，给出候选键的形式化定义。

【定义 6.8】设 K 为关系模式 R(U，F)中的属性或属性集合。若 K→U 在 R 上成立，则称 K 为 R 的一个超键（Super key）；若 K $\xrightarrow{\text{F}}$ U，则称 K 为 R 的候选键（Candidate key），简称为键（key）；若候选键多于一个，则选定其中的一个为主键（Primary key）。

【实例 6-7】有学生关系模式：学生(学号，姓名，性别，年龄，专业，身份证号)。

由于每个学生有唯一的学号和身份证号，这两个属性分别都能决定学生关系模式的所有属性。因此，该关系模式的候选键有学号和身份证号两个，可以选择其中之一作为主键；其主属性包括学号、身份证号，非主属性包括姓名、性别、年龄和专业。

候选键可以唯一地识别关系的元组。一个关系模式中可能具有多个候选键。可以指定一个候选键作为识别关系元组的主键。包含在任何一个候选键中的属性称为主属性（Primary Attribute）。不包含在任何候选键中的属性称为非主属性（Nonprimary Attribute）。在最简单的情况下，候选键只包含一个属性，在最复杂的情况下，候选键包含关系模式的所有属性，称为全键（All-key）。

例如在关系模式：学生(学号，系部，年龄)中，学号是候选键，则学号为主属性，系部、年龄是非主属性；而在关系模式：学习(学号，课程号，成绩)中，属性组合(学号，课程号)是候选键，则学号、课程号是主属性，成绩是非主属性。

2. 关系间的联系

关系间的联系，可以通过同时存在于两个或多个关系中的主键和外键的取值建立。主键和外键提供了一个表示关系间联系的途径。

【定义 6.9】设 X 是关系模式 R 的属性子集合。如果 X 是另一个关系模式的候选键，则称 X 是 R 的外部键（Foreign key），简称外键。

【实例 6-8】设有以下两个关系模式：

专业(专业代码，专业名称，开设时间)；

学生(学号，姓名，性别，年龄，专业代码)。

其中，属性专业代码不是学生关系模式的键（该模式的键是学号），但专业代码是专业关系模式的主键，因此对于学生关系模式，专业代码是外键。主键与外键提供一个表示关系间联系的手段。上述的专业和学生关系就可以通过专业代码建立关联，表达"每个专业有若干学生，而每个学生只能属于一个专业"这样的语义联系。

【实例 6-9】设有以下三个关系模式：

学生(学号，姓名，性别，年龄，…)

课程(课程号，课程名，任课教师，…)

选课(<u>学号</u>，<u>课程号</u>，成绩)

在选课关系中，(学号，课程号)是该关系的主键，学号、课程号又分别是组成主键的属性（但单独不是键），它们分别是学生关系和课程关系的主键，所以它们是选课关系的两个外键。

关系间的联系，可以通过同时存在于两个或多个关系中的主键和外键的取值建立。主键和外键提供了一个表示关系间联系的途径。如要查询某个职工所在部门的情况，只需查询部门表中的部门号与该职工部门号相同的记录即可。

§6.3　函数依赖的公理体系

上节讨论了给定函数的依赖关系，但仅仅考虑给定函数依赖关系是不够的，还需要考虑模式上成立的所有函数依赖，即对于给定函数依赖集 F，推导出其它一些未知的函数依赖。例如，A→B 和 B→C 在关系模式 R 中成立，那么 A→C 是否也成立？对此，必须建立完整的理论依据和推理规则，这就是函数依赖的公理体系。具体内容包括函数依赖的逻辑蕴涵、函数依赖的推理规则、函数依赖集闭包 F^+ 和属性集闭包 X_F^+，以及最小函数依赖集。

6.3.1　函数依赖的逻辑蕴涵

在研究函数依赖时，有时需要根据已知的一组函数依赖来判断另外一个或一些函数依赖是否成立，或是否能从已知的函数依赖中推导出其它函数依赖，这就是函数依赖的逻辑蕴涵（Logically Implied）所要讨论的问题。

【定义 6.10】设有关系模式 R(U，F)，X、Y 是属性集 U={A_1，A_2，…，A_n}的子集，如果从 F 中的函数依赖能推导出 X→Y，则称 F 逻辑蕴涵 X→Y，或称 X→Y 是 F 的逻辑蕴涵。

该定义的涵义为：对于满足一组函数依赖 F 的关系模式 R(U，F)，其任何一个关系 r，若函数依赖 X→Y 都成立（即 r 中任意两元组 t，s，若 t[X]=s[X]，且 t[Y]=s[Y]），则称 F 逻辑蕴涵 X→Y。

【实例 6-10】给定关系模式 R=(A，B，C，G，H，I)及函数依赖集：A→B，A→C，CG→H，CG→I，B→H。证明函数依赖 A→H 被逻辑蕴涵，即证明如果给定的函数依赖集在关系 R 上成立，那么 A→H 一定也成立。

解析：假设有元组 t_1 及 t_2 满足：

$t_1[A]=t_2[A]$

由 A→B，根据函数依赖的定义可以推出：

$t_1[B]=t_2[B]$

又由 B→H，根据函数依赖的定义可以推出：

$t_1[H]=t_2[H]$

因此，已证明，对于任意两个元组 t_1 和 t_2，只要 $t_1[A]=t_2[A]$，均有 $t_1[H]=t_2[H]$，这就是 A→H 的定义。

6.3.2　函数依赖的推理规则

对于关系模式 R(U，F)，通常会满足一些函数依赖，如果根据这些依赖关系再推导出另外一些函数依赖，这就需要一套形式推理规则。1974 年 W. W. Armstrong 在一篇论文里总结了各种推理规则，把其中最主要、最基本的作为公理，这就是著名的 Armstrong（阿姆斯特朗）公理体系，包括公理和归则两部分。这套公理体系已成为模式分解算法的理论基础。

1. Armstrong 公理

人们把自反律、传递律和增广律称为 Armstrong 公理体系。设关系模式 R(U,F) 和属性集 U={A₁, A₂, …Aₙ} 的子集 X、Y、Z、W，那么有如下推理规则：

自反律（reflexivity）：若 Y⊆X⊆U，则 X→Y 为 F 所蕴涵。

增广律（augmentation）：若 X→Y 为 F 所蕴含，且 Z⊆U，则 XZ→YZ 为 F 所蕴涵。

传递律（transitivity）：若 X→Y，Y→Z 为 F 所蕴涵，则 X→Z 为 F 所蕴涵。

从理论上说，公理（定义）是永真而无须证明的。为了进一步加深对函数依赖和定理的理解，下面从函数依赖的定义出发，给出公理的正确性证明。

【定理 6-1】Armstrong 公理规则的正确性。所有函数依赖的推理规则都可以使用这三条规则推导出。

证明：

（1）自反律：对 R(U, F) 的任一关系 r 中的任意两个元组 u 和 v，如果 u[X]=v[X]，并且 Y⊆X，有 u[Y]=v[Y]，那么 X→Y 成立，自反律得证。

〖问题点拨〗由自反律得到的函数依赖属于平凡的函数依赖，自反律的使用不依赖于 F。

（2）增广律：对 R(U, F) 的任一关系 r 中的任意两个元组 u 和 v，如果 u[XZ]=v[XZ]，则一定有 u[X]=v[X]，并且 u[Z]=v[Z]；又根据 X→Y，于是 u[Y]=v[Y]；所以 u[YZ]=v[YZ]；由 u[X]=v[X] 和 u[Z]=v[Z]，可得出 u[XZ]=v[XZ]，从而导出 u[YZ]=v[YZ]，增广律得证。

（3）传递律：对 R(U, F) 的任一关系 r 中的任意两个元组 u 和 v，若 X→Y，Y→Z，若 u[X]=v[X]，由于 X→Y，有 u[Y]=v[Y]；再由 Y→Z，有 u[Z]=v[Z]，所以 X→Z 为 F 所蕴涵，传递律得证。

从定理 6-1 推理规则可以得出如下推论。

（1）合并规则（Union rule）：若 X→Y，X→Z，则 X→YZ 为 F 所蕴涵。

（2）伪传递规则（Pseudotransitivity rule）：若 X→Y，WY→Z，则 XW→Z 为 F 所蕴涵。

（3）分解规则（Decomposition rule）：若 X→YZ，则 X→Y，X→Z 为 F 所蕴涵。

根据合并规则和分解规则，可得如下引理。

【定理 6-2】Armstrong 公理三个推论的正确性。根据上面三条推论，可导出以下三条推理规则：

（1）合并规则：因 X→Y，X→XY。根据增广律有 XX→XY，XY→XY；根据传递律有 X→XY，合并规则得证。

（2）伪传递规则：因 X→Y，WY→Z。根据增广律有 WX→WY，根据传递律有 XW→Z，伪传递规则得证。

（3）分解规则：因 X→Y，X→ZY，根据自反律有 YZ→Y，YZ→Z；又根据传递律分别有 X→Y，X→Z，分解规则得证。

2. Armstrong 公理的有效性和完备性

（1）Armstrong 公理系统的有效性：对于关系模式 R(U, F)，根据 Armstrong 公理推导出来的每一个函数依赖一定是关系模式 R 所逻辑蕴涵的函数依赖。

（2）Armstrong 公理系统的完备性：对于关系模式 R(U, F) 所逻辑蕴涵的每一个函数依赖，必定可以由 R 出发根据 Armstrong 公理系统推导出来。

建立公理体系的目的在于有效而准确地计算函数依赖的逻辑蕴涵，即由已知的函数依赖推出未知的函数依赖。公理的有效性保证按公理推出的所有函数依赖都为真，公理的完备性保证了可以推出所有的函数依赖，这样就保证了计算和推导的可靠性和有效性。

【实例 6-11】设有关系模式 R(A，B，C，D，E)，R 上的 FD 集 F={A→B，C→D，BD→E，AC→E}。问在 F 中 AC→E 是否为冗余的函数依赖？

解析：所谓冗余的函数依赖，就是 AC→E 是否可由 F 中的其它 FD 推出，若是则冗余。

证：因为 A→B，所以 AC→BC（由增广律）

又因为 C→D 且 BD→E，所以 BC→E（由伪传递性）

由此得出 AC→E（由传递性），即 AG→E 是冗余的，说明 F 是一个有冗余的 FD 集。

上述规则，为推导 F 逻辑蕴涵的函数依赖集闭包提供了极大方便。

6.3.3　函数依赖集闭包 F^+ 及属性集闭包 X_F^+

判断某个函数依赖是否被 F 逻辑蕴涵最直接的方法需要计算 F^+，但由于 F^+ 的计算比较复杂，人们经过研究提出了一种利用 X 关于 F 的闭包 X_F^+ 来判断函数依赖 X→Y 是否被 F 逻辑蕴涵的方法，且由于 X_F^+ 的计算比较简单，在实际中得到了较好的应用。

1. 函数依赖集闭包

对于给定关系模式 R(U，F)及其函数依赖集 F，有时只考虑给定的函数依赖集是不够的，而需要考虑在 R(U，F)上总是成立的所有函数依赖。

【定义 6.11】关系模式 R(U，F)中为 F 所逻辑蕴涵的函数依赖的全体称为 F 的闭包（Cloure），记作 F^+。一般情况下，$F⊆F^+$，若 $F=F^+$，则称 F 为函数依赖的完备集。

【实例 6-12】已知关系模式 R(A，B，C)上有函数依赖 F={A→B，D→C}，求 X 分别等于 A、B、C 时的 X^+。

解析：

（1）对于 X=A，因为 A→A，A→B，且由 A→B，B→C 可推知有 A→C，所以 X^+=ABC。

（2）对于 X=B，因为 B→B，B→C，所以有 X^+=BC。

（3）对于 X=C，显然有 X^+=C。

由此可见，比起 F 的闭包 F^+ 的计算，X 关于 F 的闭包 X^+ 的计算要简单得多。

下面的定理将说明利用 X^+ 判断某一函数依赖 X→Y 能否从 F 导出的方法。

2. 属性集闭包

如果需要判断一个给定的函数依赖 α→β 是否在函数依赖集 F 的闭包中，不用计算 F^+ 就可以判断出来。

【定义 6.12】设 F 为属性集 U 上的一组函数依赖，X⊆U，X_F^+={A|X→A 能由 F 根据 Armstrong 公理导出}，则称 X_F^+ 为属性集 X 关于函数依赖集 F 的闭包。

算法：求属性集 X（X⊆U）关于 U 上的函数依赖集 F 的闭包 X_F^+。

输入 X，F；输出 X_F^+，求解步骤如下：

（1）令 $X^{(0)}$=X，i=0。

（2）求 B，B={A | (∃∨)(∃W)(V→W∈F∧V⊆$X^{(i)}$∧A∈W)}。

（3）$X^{(i+1)}$=B∪$X^{(i)}$。

（4）判断 $X^{(i+1)}$=$X^{(0)}$ 吗？

（5）若相等，或 $X^{(i)}$=U，则 $X^{(i)}$ 为属性集 X 关于函数依赖集 F 的闭包，且算法终止。

（6）若不相等，则 i=i+1，返回第 2 步。

【实例 6-13】已知关系模式 R(U，F)，U={A，B，C，D，E}，F={A→B，D→C，BC→E，

AC→B}，求 $(AE)_F^+$ 和 $(AD)_F^+$。

解析：设 $X^{(0)}$=AE；

计算 $X^{(1)}$：扫描 F 中的各个函数依赖，找到左部为 A、E 或 AE 的函数依赖，得到一个 A→B。故有 $X^{(1)}$=AE∪B，即 $X^{(1)}$=ABE。

计算 $X^{(2)}$：扫描 F 中的各个函数依赖，找到左部为 ABE 或 ABE 子集的函数依赖，因为找不到这样的函数依赖，故有 $X^{(2)}$=$X^{(1)}$，算法终止。

故 $(AE)_F^+$ = ABE。同理可得 $(AD)_F^+$ = ABCDE。

【定理 6-3】 设 F 为属性集 U 上的一组函数依赖，X，Y⊆U，X→Y 能由 F 根据 Armstrong 公理导出的充分必要条件是 Y⊆X_F^+。这个定理的作用在于：

（1）将判定 X→Y 是否能由 F 根据 Armstrong 公理导出的问题。

（2）转化为求出 X_F^+，判定 Y 是否为 X_F^+ 的子集的问题。

6.3.4 函数依赖集的等价和最小函数依赖集

函数依赖集 F 中包含若干个函数依赖，为了得到最为精简的函数依赖集，应该去掉其中平凡、无关的函数依赖和多余的属性。如果一个函数依赖可以由该集中其它函数依赖推导出来，则称该函数依赖在其函数依赖集中是冗余的。数据库设计的实现，就是基于无冗余的函数依赖集的，即最小函数依赖集。

1. 函数依赖集的等价与覆盖

在关系数据库中，关系的主键总是隐含着最小性（在不破坏候选键的唯一性情况下，没有任何一个属性能从候选键中删除），所以常常需要寻找与关系 R 的属性集 U 的依赖集 F 等价的最小依赖集。这些都涉及函数依赖集的等价与覆盖问题。

【定义 6.13】 关系模式 R(U，F)上的两个依赖集 F 和 G，如果 F^+=G^+，则称 F 和 G 是等价的，记做 F≡G。若 F≡G，则称 G 是 F 的一个正则覆盖（Canonical Cover），反之亦然。两个等价的函数依赖集在表达能力上是完全相同的。

2. 最小函数依赖集

函数依赖集 F 中包含若干个函数依赖，为了得到最为精简的函数依赖集，应该去掉其中平凡、无关的函数依赖和多余的属性。

【定义 6.14】 如果函数依赖集 F 满足下列条件，那么 F 就是最小的，则称 F 为函数依赖集或最小覆盖，记作 F_m。

（1）F 中的每一个函数依赖的依赖因素（右边）仅含有单个属性。

（2）F 中不存在冗余的函数依赖，即 F 中不存在这样的函数依赖 X→A，使得 F－{X→A}与 F 等价。

（3）F 中每个函数依赖的左边没有冗余的属性，即 F 中不存在这样的函数依赖 X→A，X 有真子集 Z，使得 F－{X→A}∪{Z→A}等价于 F。

在这个定义中，条件（1）保证了 F 中的每一个函数依赖的右端都是单个属性；条件（2）保证了 F 中不存在多余的函数依赖；条件（3）保证了 F 中的每一个函数依赖的左端没有多余的属性。所以 F 理应是最小的函数依赖集。

3. 最小函数依赖集的求解方法

（1）用分解规则将 F 中的所有函数依赖分解成右端为单个属性的函数依赖。

（2）去掉 F 中冗余的函数依赖，即对于 F 中任一函数依赖 X→Y。

① 设 G=F−{X→Y}。

② 求 X 关于 G 的闭包 X_G^+。

③ 判断 X_G^+ 是否包含 Y。如果 X_G^+ 包含 Y，则说明 G 逻辑蕴涵 X→Y，说明 X→Y 是多余的函数依赖，从而可得到较小的函数依赖集 F=G；如果 X_G^+ 不包含 Y，则说明 X→Y 不被 G 逻辑蕴涵，就需要保留 X→Y。

④ 按上述方法逐个考察 F 中的每个函数依赖，直到其中的所有函数依赖都考察完为止。

（3）去掉 F 中函数依赖左端多余的属性。即对于 F 中左端是非单属性的函数依赖（XY→A），当要判断 Y 是否是多余的属性时：

① 设 G=(F−{XY→A})∪{X→A}。

② 求 XY 关于 G 的闭包 XY_G^+。

③ 如果 XY_G^+ 包含 A，则说明 G 逻辑蕴涵 XY→A，也即可以用 X→A 代替 XY→A（Y 是多余的属性），从而可得到较小的函数依赖集 F=G；如果 XY_G^+ 不包含 A，则说明 XY→A 不被 G 逻辑蕴涵，Y 不是多余的属性，则要保留 XY→A。

④ 当 Y 不是多余属性时，要接着用类似的方法判断 X 是不是多余的属性（即设 G=(F−{XY→A})∪{Y→A}。按步骤②和③进行判断）。

⑤ 按上述方法逐个考察 F 中左端是非单属性的其它函数依赖，直到其中的所有左非单属性的函数依赖都考察完为止，则每一个函数依赖 F 至少等价于一个最小的函数依赖集 F_m。

【实例 6-14】设有关系模式 R(A，B，C)，其 FD 集 F={A→BC，B→AC，BC→A}，求 F 的最小依赖集 F_m。

解析：按最小依赖集的定义，分别考虑以下三个条件：

（1）用 FD 的分解规则，将 F 中的所有 FD 右部化为单属性，得到 F_1：

F₁={A→B，A→C，B→A，B→C，BC→A}

（2）去掉 F_1 中每个 FD 左部冗余属性。首先，逐一检查 F_1 中左部为非单属性的 FD，如 XY→A，若判 Y 是否为冗余属性，只要在 F_1 中求 X^+，如果 X^+ 包含 A，则 Y 为冗余，去掉。然后，考察 BC→A，如果 B^+=ABC，C 为冗余应去掉，即用 B→A 代替 BC→A，得到与 F_1 等价的 F_2：

F₂={A→B，A→C，B→A，B→C，B→A}

（3）去掉 F_2 中冗余的函数依赖：从 F_2 中第一个 FD 开始，将它从 F2 中去掉（设为 XY），然后从剩下的 FD 中求 X^+，检查 X^+ 是否包含 Y，若包含，则 X→Y 是冗余的 FD 应去掉。如此依次做下去，直至没有冗余的 FD 为止。

显然，在 F_2 中有两个 B→A，应去掉一个。再考察 A→C，A^+=ABC，所以，A→C 是冗余的，应去掉。最后由 F2 得到的就是与 F 等价的最小依赖集 F_m。

Fₘ={A→B，B→A，B→C}

这里也可先考察 B→C：B^+=ABC，可见 B→C 冗余，应去掉。这样可得到与 F 等价的另一个最小依赖集 F_m：

Fₘ={A→B，A→C，B→A}

由此可以得出，F 与它的最小函数依赖集是等价的。由于在求解过程中对属性和函数依赖处理顺序的关系，因此每个函数依赖集 F 不一定只有一个最小函数依赖集。

〖问题点拨〗本节所介绍的是函数依赖（FD）的公理体系。事实上，多值依赖（MVD）也有与此类似的公理体系，为了避免知识点的重复和定理与应用的脱节，因而将 MVD 的公理体系放在 6.5.5 节 "多值依赖与第四范式" 中介绍。FD 及 FD 公理体系是本书的重点。

§6.4   关系模式的分解

在前面的讨论中，已经知道关系模式中存在的函数依赖关系将影响到关系模式的性质。在数据库逻辑设计中，如果关系模式设计不好，即模式中存在某些不合适的数据依赖，就会导致数据冗余和操作异常。为了避免这些问题，有时需要把一个关系模式分解为若干个关系模式，这就是所谓的模式分解。通过对关系模式的分解，消除其中不合适的数据依赖，从而减少数据冗余和消除操作异常。模式分解涉及模式分解规则和模式分解方法等。

6.4.1   模式分解的规则

1. 模式分解定义

【定义 6.15】设有关系模式 R(U)，R_1，R_2，…，R_k 是 R 中的一些属性子集，R=$R_1 \cup R_2 \cup \cdots \cup R_k$，用 β={$R_1$，$R_2$，…，$R_k$}代替 R 的过程，则称 β 为关系模式 R 的一个分解（Decomposition），也称为关系数据库模式。

通常，把上述被分解的 R 称为泛关系模式，R 对应的当前值称为泛关系。计算机数据库的数据并不存储在泛关系中，而是存储在数据库 β 中。模式分解是建立在泛关系假设的基础之上，这就是关系数据库理论中著名的 "泛关系假设"。

2. 模式分解的特性

从定义上看，模式分解似乎没有很多限制，但实际上由于数据之间存在各种依赖关系，关系模式的分解不是随心所欲的，往往受到各种各样的约束，包括两个方面：一是对关系模型的分解必须确保不会引入新的问题；二是分解后的关系模式必须和原来的模式等价。这个等价，就是模式分解的两个重要特性：

（1）无损连接性（Lossless Join）：分解后的关系能否恢复原来的关系而不丢失信息。

（2）依赖保持性（Preserve Dependency）：分解不破坏属性之间存在的依赖关系。

无损连接性和依赖保持性是关系模式分解的两个基本原则，它不仅仅是对关系模式 R 中属性集合的分解，而且也是对关系模式上成立的函数依赖集以及关系模式当前值的分解。

【实例 6-15】设有关系模式 S(Sno，Dname，Mname)，其中 Sno、Dname，Mname 分别为学号、系名和系主任名。S 上成立的 FD 集 F={Sno→Dname，Dname→Mname}，S 中当前值的关系 r 如表 6-7 所示。

表 6-7   S 的一个关系 r

Sno	Dname	Mname
A1	D1	李伟杰
A2	D2	李伟杰
A3	D3	谢文展
A4	D4	王莉芳

S 中存在如下数据冗余和操作异常。

- 数据冗余：一个系有很多学生，则系名和系主任名就被重复存储很多次。
- 删除异常：如果 A4 学生毕业了，删除 A4，则会连带删除系名 D4 和系主任名。
- 插入异常：若成立了一个新系 D5，目前尚未招收学生。那么该系的系名和系主任名就无法插入到 S 中。

为讨论怎样分解 S 才能解决这些问题，可将 S 作如下 4 种形式的分解。

（1）将 S 分解为 β_1={S1(Sno)，S2(Dname)，S3(Mname)}，则 r 相应被分解为：

$r_1=\prod_{s1}(r)$={A1，A2，A3，A4}

$r_2=\prod_{s2}(r)$={D1，D2，D3}

$r_3=\prod_{s3}(r)$={李伟杰，谢文展，王莉芳}

显然，β_1 这样的分解是不可取的。原因有两个：其一，没有保持 F 中的函数依赖，即分割了属性间的语义关系。例如不能回答"A1 属于哪个系的学生？"和"D1 系的系主任是谁？"等问题；其二，分解以后的 r_1，r_2，r_3 做自然连接操作不能"恢复"成原来的 r，即 $r\neq r_1 \infty r_2 \infty r_3$，丢失了原 r 中一些信息，这个问题就是没有保持信息的无损连接性。

（2）将 S 分解成 β_2={S4(Sno，Dname)，S5(Sno，Mname)}，则 r 相应被分解为 r_4，r_5，分别如表 6-8 和表 6-9 所示。

在 β_2 中，只保持了 F 中的依赖 Sno→Dname，而没有保持依赖 Dname→Mname，虽然能够回答学生属于哪个系的问题，但是仍不能回答"D1 系的系主任是谁？"的问题。上述的异常和数据冗余问题仍然存在。但是，β_2 具有无损连接性，即 $r=r_4 \infty r_5$。

（3）将 S 分解成 β_3={S5(Sno，Mname)，S6(Dname，Mname)}，则 r 相应被分解为 r_5，r_6，分别如表 6-9 和表 6-10 所示。β_3 分解没有保持函数依赖性：Sno→Dname，但具有无损连接性，即 $r=r_5 \infty r_6$。在 β_3 中，数据冗余比 S 减少了很多，上述的插入和删除操作异常情况也不存在了，但是仍然不能回答"A1 属于哪个系的学生？"这类问题。

表 6-8　关系 r_4		表 6-9　关系 r_5		表 6-10　关系 r_6	
Sno	Dname	Sno	Mname	Dname	Mname
A1	D1	A1	李伟杰	A1	李伟杰
A2	D2	A2	李伟杰	A3	谢文展
A3	D3	A3	谢文展	A4	王莉芳
A4	D4	A4	王莉芳		

（4）将 S 分解成 β_4={S4(Sno，Dname)，S6(Dname，Mname)}，则 r 相应被分解为 r_4，r_6，分别如表 6-8 和表 6-10 所示。这种分解既保持函数依赖性，又具有无损连接性。即分解后既没有丢失属性间的语义，又没有丢失信息，而且解决了上述的操作异常和数据冗余问题，因而是一种比较理想的分解方法。

3．模式分解的标准

由上述实例分析中可以看到，一个关系模式的分解可以有以下三种不同的分解标准：

① 分解具有无损连接性。这种分解仍然存在插入和删除异常等问题。

② 分解保持函数依赖。这种分解有时也存在插入和删除异常等问题。

③ 分解既保持函数依赖性，又具有无损连接性。显然，这种分解是最好的分解。

6.4.2　保持无损分解

由上面的讨论可知，要求关系模式的分解具有无损连接性是必要的，因为它保证了分解子模式不会引起信息的失真。保持无损连接性是关系模式分解中的特性之一。

1. 保持无损分解概念

【定义 6.16】设 F 是关系模式 R 的一个依赖集，$\beta=\{R_1, R_2, \cdots, R_k\}$ 是 R 的一个分解，如果对于 R 的任意一个满足 F 的关系 r，都有 $r=\Pi_{R_1}(r) \infty \Pi_{R_2}(r) \infty \cdots \infty \Pi_{R_K}(r)$，则称分解 β 是相对 F 的无损连接分解（Lossingless Join Decomposition），简称无损分解；否则称为有损连接分解（Lossing Join Decomposition），简称有损分解。

其中：符号 $\Pi_{R_i}(r)$ 表示 r 在模式 R_i 属性上的投影。若用 $m_\beta(r)$ 符号表示 r 投影的自然连接表达式：

$$m_\beta(r)=\Pi_{R_1}(r) \infty \Pi_{R_2}(r) \infty \cdots \infty \Pi_{R_K}(r)=\overset{k}{\underset{i=1}{\infty}} \Pi R_i(r)$$

即对于关系模式 R 关于 F 的无损连接的条件是，任何满足 F 的关系 r，必有 $r=m_\beta(r)$。

例如，有关系模式 R(A，B，C)和具体关系，如表 6-11（a）所示，其中 R 被分解为两个模式 $\beta=\{AB，AC\}$，r 在这两个模式上的投影分别如表 6-11（b）和表 6-11（c）所示。显然，$r=r_1 \infty r_2$。即有 $r=m_\beta(r)$，β 是无损连接分解。

表 6-11　无损连接分解

（a）关系 r

A	B	C
2	2	5
2	3	5

（b）关系 r_1

A	B
2	2
2	3

（c）关系 r_2

A	C
2	2

如果是有损的分解，则 $r \neq m_\beta(r)$，一般是 $r \subseteq m_\beta(r)$。这说明了分解后的关系做自然连接的结果比分解前的 r 反而增加了元组，则称这样的元组为"寄生"元组，它使原来关系中一些确定的信息变成不确定的信息，因此它是有害的错误信息，对做连接查询操作是极为不利的。

【实例 6-16】设有关系模式 R(学号、课号、成绩)和具体关系 r 如表 6-12（a）所示。R 的一个分解为 $\beta=\{(学号，课号)，(学号，成绩)\}$，则 r 被分解的关系 r_1 和 r_2 分别如表 6-12（b）和表 6-12（c）所示。表 6-12（d）是 $r_1 \infty r_2$，此时 $r_1 \infty r_2 \neq r$，其中多出了两个寄生元组（值加粗的元组），这就是 $r \subseteq m_\beta(r)$。显然，这两个寄生元组值有悖于原来 r 中的元组值，使原来元组值变成了不确定的信息。如表 6-12（d）中，到底 2 号学生的 2 或 3 号课程的成绩是 90 分还是 80 分？使操作者感到茫然。

表 6-12　有损连接分解

（a）关系 r

学号	课号	成绩
2	2	90
2	3	80

（b）关系 r_1

学号	课号
2	2
2	3

（c）关系 r_2

学号	成绩
2	90
2	80

（d）$r_1 \infty r_2$

学号	课号	成绩
2	2	90
2	**2**	**80**
2	**3**	**90**
2	3	80

因此，有"损"不是指损失了元组，而是指"损失"了元组信息的真实性，这当然不是我们所希望产生的。

2．无损分解的判定

如果一个关系模式的分解不是无损分解，则分解后的关系通过自然连接运算就无法恢复到分解前的关系。因此，判断一个分解是否为无损分解是很重要的。将关系模式 R 分解成 β 以后，判定 β 是否为无损分解的方法有判定表法和判定式法。

（1）判定表法：判定表法的算法如下：

$\beta=\{R_1<U_1, F_1>, R_2<U_2, F_2>, \cdots, R_k<U_k, F_k>\}$ 是关系模式 R<U, F>的一个分解。其中，$U=\{A_1, A_2, \cdots, A_n\}$，$F=\{FD_1, FD_2, \cdots, FD_p\}$，并设 F 是一个最小依赖集，记 FD_i 为 $X_i \to A_{ij}$，其计算步骤如下：

① 构造一张 k 行 n 列的判定表。每一列对应一个属性 $A_j(1 \leqslant j \leqslant n)$，每一行对应一个分解模式 $R_i(1 \leqslant i \leqslant k)$；若 $A_j \in U_i$，则在第 i 行与第 j 列交叉处填入符号 a_j，否则，填入符号 b_{ij}。

② 反复修改表中元素，直到不能修改为止。其方法是逐一取 F 中的每一个 FD：$X \to Y$，在 X 的分量中寻找相同的行，然后将这些行中 Y 的分量改为相同的符号，若其中有 a_j，则将 b_{ij} 改为 a_j；若其中无 a_j，则将 b_{ij} 改为下标 i，j 相同的符号 b_{ij}，直到表中元素不能修改为止。

③ 如果发现表中某一行变成了 a_1, a_2, $\cdots$, a_k，即全为符号 a_i 的行，那么称 β 相对 F 是无损连接分解，否则称为有损连接分解，算法终止。

【实例 6-17】设有关系模式 R(A, B, C, D)，R 被分解成 β={AB, BC, CD}。若 R 上成立的 FD 集 $F_1=\{B \to A, C \to D\}$，那么 β 相对 F_1 是否具有无损连接分解？如果 R 上成立的 FD 集为 $F_2=\{A \to B, C \to D\}$，其连接性又如何呢？

解析：构造如表 6-13 所示初始判定表。修改表 6-13，考察 F_1 中的 B→A，B 列中有相同的符号行 a_2，则 A 列中相应行将符号 b_{21} 改为 a_1；对 C→D，C 列中有相同符号 a_3 的行，故将 D 列中与之对应的行 b_{24} 改为 a_4。最后，修改后的判定表如表 6-14 所示。可见该表中有全为符号 $a_i(i=1, 2, 3, 4)$ 的行。

表 6-13　β 初始判定表

R_i	A	B	C	D
AB	a_1	a_2	b_{13}	b_{14}
BC	b_{21}	a_2	a_3	b_{24}
CD	b_{31}	b_{41}	a_3	a_4

表 6-14　β 结果判定表

Ri	A	B	C	D
AB	a_1	a_2	b_{13}	b_{14}
BC	a_1	a_2	a_3	a_4
CD	b_{31}	b_{41}	a_3	a_4

因此，相对 F_1，R 的分解 β 具有无损连接性。再考察 F_2，根据 A→B，表不修改；对于 C→D，将 b_{24} 改为 a_4；反复考察 F_2 后，得到的结果表中（读者自己完成）没有相同的符号为 a_i 的行。因此，相对 F_2，R 的分解 β 是有损连接分解。

（2）判定式法：是一种基于属性集闭包的判定方法，其判定定理如下。

如果关系模式 R 的分解为 β={R_1，R_2}，F 为 R 的 FD 集，则对于 F^+，β 具有无损连接性的充分必要条件是：

$(R_1 \cap R_2) \rightarrow (R_1 - R_2)$ 或者 $(R_1 \cap R_2) \rightarrow (R_2 - R_1)$

其中，$R_1 \cap R_2$ 表示模式的交集，为 R_1 和 R_2 的公共属性；$R_1 - R_2$ 或 $R_2 - R_1$ 表示模式的差集；如 $R_1 - R_2$ 由在 R_1 中去掉了 R_1 与 R_2 的公共属性所组成。

这里需要注意两点：一是由于定理是只对分解为两个模式而定义的，因此判定式法只能对分解为两个模式进行无损连接性判定，但判定表法可用于对分解成多个模式的无损连接性判定。

二是判定式 $(R_1 \cap R_2) \rightarrow (R_1 - R_2)$ 或者 $(R_1 \cap R_2) \rightarrow (R_2 - R_1)$ 均可独立使用，只要有一个成立，则分解为无损的。判定时，不仅注意判定式的依赖是否存在于 F 中，而且更要注意依赖是否在 F^+ 中成立。

【实例 6-18】设有关系模式 R(A，B，C，D，E，G)，若 R 上成立的 FD 集 F={A→B，C→G，E→A，CE→D}，请用判定表法和判定式法分别判定 R 被分解成 β={ABE，CDEG}是否具有无损连接性。

（1）判定表法：按照判定表法的基本步骤，构造初始判定表，如表 6-15 所示。

表 6-15　初始判定表

R_i	A	B	C	D	E	G
ABE	a_1	a_2	b_{13}	b_{14}	a_5	b_{16}
CDEG	b_{21}	b_{22}	a_3	a_4	a_5	a_6

考察 F：A→B，C→G，不修改表。

第一次：对于 E→A，将 A 列中的 b_{21} 改为符号 a_1；对于 CE→D，C 和 E 列中均无相同的符号行，不修改表。此次修改后的表如表 6-16 所示。

表 6-16　第一次修改后的判定表

R_i	A	B	C	D	E	G
ABE	a_1	a_2	b_{13}	b_{14}	a_5	b_{16}
CDEG	a_1	b_{22}	a_3	a_4	a_5	a_6

第二次：再一次在 F 中逐一考察每个 FD：A→B，发现 A 列有相同符号 a_1，则 B 列对应的行中 b_{22} 改为 a_2。

此时表中有全为 a_i 的行，β 相对 F 为无损连接分解。

（2）判定式法：因为(ABE)∩(CDEG)=E，而(ABE)−(CDEG)=AB，现判断 E→AB 是否在 F^+ 中？为此 E^+=EAB，所以 E→AB 成立，虽然 E→AB 不在 F 中，但在 F^+ 中。因此，β 相对 F 为无损连接分解。

6.4.3　保持依赖分解

在关系模式的分解中的另一个重要的性质就是分解后模式还应保持原有的函数依赖，即分解后的子模式应保持原有关系模式的完整性。这就是保持依赖分解所要讨论的问题。

【定义 6.17】设有关系模式 R(U，F)，β={R_1，R_2，…，R_k}是 R 上的一个分解。如果所有函

数依赖集 $\prod_{R_i}(F)(i=1, 2, \cdots, k)$ 的并集逻辑蕴含 F 中的每一个函数依赖，则称分解 β 具有依赖保持性，也即分解 β 保持依赖集 F。

【实例 6-19】已知有关系模式 R(Sno, Dname, Mname)，函数依赖集 F={Sno→Dname, Dname→Mname}。验证分解 $β_1$ 既能保持信息无损，又能保持函数依赖。

解析：（1）验证 $β_1$ 保持信息无损

设 $β_1$={R_1({Sno, Dname}, {Sno→Dname}), R_2({Dname, Mname}, {Dname→Mname})}。

虽然 $(R_1 \cap R_2) \rightarrow (R_1 - R_2) = (\{Sno \rightarrow Dname\} \cap \{Dname, Mname\}) \rightarrow (\{Sno \rightarrow Dname\}$
$$- \{Dname, Mname\}) = Dname \rightarrow Sno \notin F^+$$

但是 $(R_2 \cap R_1) \rightarrow (R_2 - R_1) = (\{Dname, Mname\} \cap \{Sno, Dname\}) \rightarrow (\{Dname \rightarrow Mname\}$
$$- \{Sno, Dname\}) = Dname \rightarrow Mname \notin F^+$$

所以，分解 $β_1$ 具有保持依赖性。

（2）验证 $β_1$ 保持函数依赖

因为 $\prod_{R_1}(F) \cup \prod_{R_2}(F)$ = {Sno→Dname} ∪ {Dname→Mname}

$$= \{Sno \rightarrow Dname, Dname \rightarrow Mname\} = F$$

所以分解 $β_1$ 具有无损连接性。

【实例 6-20】对于实例 6-19，已知分解 $β_2$={R_1({Sno, Dname}, {Sno→Dname}), R_2({Sno, Mname}, {Sno→Mname})}。验证 $β_2$ 具有无损连接性，但不具有保持函数依赖性。

解析：（1）验证 $β_2$ 保持信息无损

因为 $(R_1 \cap R_2) \rightarrow (R_1 - R_2) = (\{Sno \rightarrow Dname\} \cap \{Sno, Mname\}) \rightarrow (\{Sno \rightarrow Dname\}$
$$- \{Sno, Mname\}) = Sno \rightarrow Dname \notin F$$

所以分解 $β_2$ 具有无损连接性。

（2）验证 $β_2$ 不具有保持函数依赖性

因为 $\prod_{R_1}(F) \cup \prod_{R_2}(F)$ = {Sno→Dname} ∪ {Sno→Mname}

$$= \{Sno \rightarrow Dname, Sno \rightarrow Mname\}$$

显然，(Dname→Mname) $\notin$ {Sno→Dname, Sno→Mname}，即 $\prod_{R_1}(F)$ 和 $\prod_{R_2}(F)$ 的并集不具有逻辑蕴含 F 中的函数依赖 Dname→Mname。所以分解 $β_2$ 不具有保持依赖性。

由以上两个实例可知，无损连接性和函数依赖性是从不同角度对分解提出的要求，它们是两个不同的概念，两者之间没有必然的联系。一个无损连接的分解不一定具有函数依赖保持性；反之，一个具有函数依赖保持性的分解也不一定是无损连接的。因此，一个关系模式的分解有以下 4 种情况：

（1）既具有无损连接性，又具有保持依救性。

（2）具有无损连接性，但不具有保持依赖性。

（3）不具有无损连接性，但具有保持依赖性。

（4）既不具有无损连接性，又不具有保持依赖性。

〖问题点拨〗无损分解性与保持依赖性是模式分解中的两个重要特性，这两种特性涉及两个模式的等价问题——数据等价和依赖等价。其中：数据等价是指关系分解后的数据做自然连接的结果与分解前的数据相同，不会出现错误的信息，用无损连接性保证；依赖等价是指分解前后的两个模式应有相同的依赖集闭包，只有在保证依赖集闭包等价情况下，才会保证数据的语义不会出现差错。如果违反数据等价或依赖等价，很难说是一种好的模式设计。

§6.5　关系模式的范式

在上一节中我们介绍了关系模式的分解。关系模式分解到什么程度？用什么标准衡量？这个标准就是模式的范式（Normal Form，NF）。范式是模式的一种规范形式，是符合某一种级别的关系模式的集合，是衡量关系模式规范化程度的标准。范式的实质就是能够使数据库模式避免发生某些问题（数据冗余和操作异常）的限制。

范式的概念最早是由 E.P.Codd 提出的。1971 年至 1972 年，他先后提出了 1NF、2NF、3NF 的概念。1974 年，Codd 又和 Boyce 共同提出了 BCNF 的概念，即 BC 范式。1976 年 Fagin 提出了 4NF 的概念，后来又有人提出了 5NF 的概念。在这些范式中，最重要的是 3NF 和 BCNF，它们是进行规范化的主要目标。将一个低一级范式的关系模式分解为若干个满足高一级范式关系模式的集合的过程称为规范化。目前主要有 6 种范式：第一范式、第二范式、第三范式、BC 范式、第四范式和第五范式。

6.5.1　第一范式

1. 1NF 概念

【定义 6.18】 设 R 是一个关系模式，如果关系模式 R 中每个属性的值域都是不可分解的简单数据项（不可分解的原子值）的集合，则称这个关系模式 R 为第一范式（First Normal Form，1NF）模式，简称为 1NF，记作 R∈1NF。

第一范式规定了一个关系中的属性值必须是"原子"的，它排斥了属性值为元组、数组或某种复合数据的可能性，即属性域是一个最基本的类型（整型、实型、字符型等），使得关系数据库中所有关系的属性值都是"最简形式"。满足 1NF 的关系称为规范化的关系，否则称为非规范化关系。关系数据库中研究和存储的都是规范化的关系，即每一个关系模式都必须满足第一范式，1NF 关系是作为关系数据库的最起码的关系条件。不是规范化的关系都必须转化成规范化的关系，这种转化并不难，只要在非规范化的关系中去掉组项或重复组就可以达到 1NF 的关系了。

【实例 6-21】 设有一关系模式 SCD=（学号，姓名，系名，系主任，课程名，成绩）

如果模式中的成绩不可再分，则符合第一范式；若成绩是由平时成绩和试卷成绩两部分组成，则该关系模式就不符合第一范式，需要将成绩分成平时成绩和试卷成绩两项才能满足第一范式，即表示为 SCD=（学号，姓名，系名，系主任，课程名，平时成绩，试卷成绩）。

2. 1NF 存在的问题

满足第一范式的关系模式并不一定是合理的关系模式。例如 SCD 虽然满足了第一范式的要求，但仍存在着数据冗余、插入异常和删除异常等问题。主要原因是存在以下函数依赖：

（学号，课程名）$\xrightarrow{F}$ 平时成绩，（学号，课程名）$\xrightarrow{F}$ 试卷成绩；

学号→姓名，（学号，课程名）$\xrightarrow{P}$ 姓名；

学号→系名，（学号，课程名）$\xrightarrow{P}$ 系名；

学号 $\xrightarrow{T}$ 系主任，（学号，课程名）$\xrightarrow{P}$ 系主任。

在关系模式 SCD 中，既存在完全函数依赖，又存在部分函数依赖和传递函数依赖。该模式存在以下 4 个方面的问题：

（1）插入异常：假若新生刚入学，只知道学号、系别、系主任，但还未选课，无课程名，这样的元组不能插入 SCD 中，因为插入时必须给定键值，而这种情况键值的一部分为空，因而学生的信息无法插入。

（2）删除异常：假设学号为 20121101 的学生本来选修了一门"音乐欣赏"课程，现在他不选修该门课了。那么，"音乐欣赏"这个数据项就要删除。课程名"音乐欣赏"是主属性，删除了课程"音乐欣赏"，整个元组就不能存在，也必须跟着删除，从而删除了学号为 20121101 的学生的其它信息，产生了删除异常，即不应删除的信息也删除了。

（3）数据冗余度大：如果一个学生选修了 8 门课程，那么他的系别和系主任值就要重复存储 8 次。

（4）修改复杂：某个学生从计算机系转到信息系，这本来只是一件事，只需修改此学生元组中的系名。因为关系模式 SCD 还含有系主任属性，学生转系将同时改变系主任，因而还必须修改元组中系主任的值。另外，如果这个学生选修了 M 门课，由于系名、系主任重复存储了 M 次，当数据更新时必须无遗漏地修改 M 个元组中全部系名、系主任信息，这就造成了修改的复杂化。

第一范式虽然是关系数据库中对关系结构最基本的要求，但还不是理想的结构形式，因为仍然存在大量的数据冗余和操作异常问题。为了解决这些问题，就要消除模式中属性之间存在的部分函数依赖，将其转化成高一级的第二范式。

6.5.2　第二范式

1．2NF 概念

【定义 6.19】如果一个关系模式 R∈2NF，并且 R 中每个非主属性都完全函数依赖于 R 的每个候选关键字（主要是主关键字），则称这个关系模式 R 为第二范式（Second Normal Form，2NF）模式，简称为 2NF，记作 R∈2NF。

【实例 6-22】在关系模式 SCD=（学号，姓名，系名，系主任，课程名，成绩）中，主键是（学号，课程名），姓名、系名、系主任均为非主属性。由于该关系模式中存在非主属性对主键的部分函数依赖，所以关系模式 SCD 不符合第二范式，如图 6-2 所示。

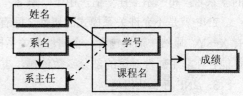

图 6-2　SCD 关系模式函数依赖

2．2NF 应满足的条件

在 2NF 定义中，强调了非主属性和候选键所组成的函数依赖关系。非主属性对候选键的函数依赖总是成立的，若出现对候选键的部分函数依赖，该模式就不满足 2NF 的条件。换言之，2NF 关系中不存在非主属性对候选键的部分函数依赖。

为了消除这些部分函数依赖，可以采用投影分解法转换成符合 2NF 的关系模式。分解时遵循的原则是"一事一地"，让一个关系只描述一个实体或者实体间的联系。因此，SCD 可分解为两个关系模式：

SD（学号，姓名，系名，系主任），描述学生实体，主键为"学号"；

SC（学号，课程名，成绩），描述学生选课实体，主键为"（学号，课程名）"。

关系 SD 的实例如表 6-17 所示，关系 SC 的实例如表 6-18 所示。

显然，在分解后的关系模式中，非主属性都完全函数依赖于键，因而符合 2NF。通过分解后，从而使上述 3 个问题在一定程度上得到部分解决。

（1）不存在插入异常：在 SD 关系中可以插入尚未选课的学生。

（2）不存在删除异常：删除学生选课情况涉及的是 SC 关系，如果一名学生所有的选课记录全部删除，只是 SC 关系中没有关于该学生的记录，不会牵涉 SD 关系中关于该学生的记录。

表 6-17　关系模式 SD 的实例

Sno	Sname	Dname	Mname
20121101	赵建国	计算机系	李伟杰
20121102	钱学斌	计算机系	李伟杰
20122101	李建华	自动化系	谢文展
20122102	周志文	自动化系	谢文展

表 6-18　关系模式 SC 的实例

Sno	Cname	Score
20121101	计算机导论	90
20121102	计算机网络	92
20121103	程序设计基础	86
20121201	数据库技术	77
20121202	CAD 基础	87

（3）数据冗余降低：由于学生选课情况与学生基本情况是分开存储在两个关系中的，因此不论该学生选多少门课程，他的"系名"和"系主任"值都只存储了一次。这就极大地降低了数据冗余程度。

（4）不存在更新异常：如果学生从计算机系转到自动化系，只需修改 SD 关系中该学生元组的"系名"和"系主任"值，由于"系名"和"系主任"并未重复存储，因此简化了修改操作。

2NF 就是不允许关系模式的属性之间有这样的依赖：设 X 是键的真子集，Y 是非主属性，则有 X→Y。显然，键只包含一个属性的关系模式，如果属于 2NF，那么也一定属于 1NF，因为它不可能存在非主属性对键的部分函数依赖，上例中的 SC 关系和 SD 关系都属于 2NF。

3. 2NF 存在的问题

采用投影分解法将一个 1NF 的关系分解为多个 2NF 的关系，可以在一定程度上减轻原 1NF 关系中存在的插入异常、删除异常、数据冗余等问题。然而，将一个 1NF 关系分解为多个 2NF 的关系并不能完全消除关系模式中的各种异常情况和数据冗余，即属于 2NF 的关系模式并不一定是一个好的关系模式。例如满足 2NF 的关系模式 SD（学号，姓名，系名，系主任）中有下列函数依赖：

学号→系名，系名→系主任，学号→系主任

由上可知，系主任传递函数依赖于学号，即 SD 中存在非主属性对键的传递函数依赖，SD 关系中仍然存在插入异常、删除异常和数据冗余的问题。

（1）插入异常：当一个系没有招生时，有关该系的信息无法插入。

（2）删除异常：如果某个系的学生全部毕业了，在删除该系学生信息的同时也把这个系的信息删除了。

（3）数据冗余：每个系名和系主任的存储次数等于该系的学生人数。

（4）更新异常：当更换系主任时，必须同时更新该系所有学生的系主任属性值。

2NF 之所以存在这些问题，是由于在关系模式 SD 中存在着非主属性对主键的传递函数依赖。为此，对关系模式 SCD 还需进一步简化，消除传递函数依赖。换句话说，第二范式虽然消除了由于非主属性对候选关键字的部分依赖所引起的冗余及各种异常，但并没有排除传递依赖，故仍然存在冗余及各种异常。因此，还需要对其进一步规范化。

6.5.3 第三范式

1. 3NF 概念

【定义 6.20】 如果一个关系模式 R 为 2NF，并且 R 中每个非主属性都不传递函数依赖于 R 中任何的候选关键字，则称这个关系模式 R 为第三范式（Third Normal Form，3NF）模式，简称为 3NF，记作 R∈3NF。

满足 3NF 范式的另一个等价的定义是判断是否存在非主属性对候选键的传递函数依赖。

【定义 6.21】 设 F 是关系模式 R 上成立的 FD 集，如果对 F 中每个非平凡的 FD：X→Y，都有 X 是 R 的超关键字，或者 Y 的每个属性都是主属性，则称 R 是第三范式模式。

由此定义可知 X→Y 不满足 3NF 的约束条件可分为以下两种情况。

（1）Y 是非主属性，而 X 是候选关键字的真子集，则 Y 就部分函数依赖于候选关键字。

（2）Y 是非主属性，X 既不是候选关键字，又不是候选关键字的真子集，则 R 中必存在着候选关键字 K，就有 K→X，X→K，X→Y，此时 K→Y 是传递函数依赖。显然，Y 的每个属性都是主属性，则 X→Y 不违反 3NF 的条件。

【实例 6-23】 关系模式 SD 出现上述问题的原因是非主属性系主任传递函数依赖于学号，所以 SD 不符合 3NF。为了消除该传递函数依赖，可以采用投影分解法，把 SD 分解为两个关系模式：

S（学号，姓名，系名），描述学生实体，主键为"学号"；

D（系名，系主任），描述系实体，主键为"系名"。

表 6-19 为关系 S 的实例，表 6-20 为关系 D 的实例。

表 6-19 关系 S 的实例

Sno	Sname	Dname	Mname
20120001	张三	信息工程系	李伟杰
20120002	李四	信息工程系	李伟杰
20120032	王五	机电工程系	王 芳
20120033	赵六	机电工程系	王 芳

表 6-20 关系 D 的实例

Sno	Cname	Score
20120001	计算机导论	90
20120001	计算机网络	92
20120002	程序设计基础	86
20120002	数据库技术	77
20120033	CAD 基础	87

显然，在分解后的两个关系模式 S 和 D 中，既没有非主属性对主键的部分函数依赖，也没有非主属性对主键的传递函数依赖，因此满足 3NF，解决了 2NF 中存在的 4 个问题。

（1）不存在插入异常：当一个新系没有学生时，有关该系的信息可直接插入到关系 D 中。

（2）不存在删除异常：如果某个系的学生全部毕业了，在删除该系学生信息时，可以只删除学生关系 S 中的相关学生记录，而不影响关系 D 中的数据。

（3）数据冗余降低：每个系主任只在关系 D 中存储一次，与该系学生人数无关。

（4）不存在更新异常：当更换系主任时，只需修改关系 D 中一个系主任的属性值，从而不会出现数据的不一致现象。

可见，采用投影分解法将一个 2NF 的关系分解为多个 3NF 的关系，可以在一定程度上解决原 2NF 关系中存在的插入异常、删除异常、数据冗余度大、更新异常等问题。

2．3NF 存在的问题

将一个 2NF 关系分解为多个 3NF 的关系后，只是限制了非主属性对键的依赖关系，而没有限制主属性对键的依赖关系。如果发生这种依赖，仍有可能存在以下问题。

（1）插入异常：如果某个学生刚刚入校，尚未选修课程，则因受主属性不能为空的限制，有关信息无法存入数据库中。同样的原因，如果某个教师开设了某门课程，但尚未有学生选修，则有关信息也无法存入数据库中。

（2）删除异常：如果选修过某门课程的学生全部毕业了，在删除这些学生元组的同时，相应教师开设该门课程的信息也同时删除了。

（3）数据冗余度大：虽然一个教师只教一门课，但每个选修该教师该门课程的学生元组都要记录这一信息。

（4）修改复杂：某个教师开设的某门课程改名后，所有选修了该教师该门课程的学生元组都要进行相应修改。

因此，虽然 SCD∈3NF，但仍不是一个理想的关系模式，需要进一步规范化。为了解决 3NF 有时出现的插入异常和删除异常等问题，R.F.Boyce 和 E.F.Codd 提出了 3NF 的改进形式 BCNF。

6.5.4   BCNF

1．BCNF 概念

部分函数依赖和传递函数依赖是产生存储异常的两个重要原因，3NF 消除了大部分存储异常，会使数据库具有较好的性能。2NF 和 3NF 都是对非主属性的函数依赖提出的限定，并没有要求消除主属性对候选关键字的传递依赖，如果存在这种情况，符合 3NF 的关系模式仍然可能发生存储异常现象，这是因为关系中可能存在由主属性对候选关键字的部分和传递函数依赖所引起。针对这个问题，R.F.Boyee 和 E.F.Codd 两人提出了 3NF 的改进形式 BC 范式（Boyee-Codd Normal Form，BCNF）。

【定义 6.22】设有关系模式 R∈1NF，且所有的函数依赖 X→Y（Y 不包含于 X，即 Y$\nsubseteq$X），决定因素 X 都包含了 R 的一个候选键，则称 R 属于 BC 范式，记作 R∈BCNF。

由 BCNF 的定义可以看到，每个 BCNF 的关系模式都具有如下 3 个性质：

（1）所有非主属性都完全函数依赖于每个候选键。

（2）所有主属性都完全函数依赖于每个不包含它的候选键。

（3）没有任何属性完全函数依赖于非键的任何一组属性。

显然，满足 BCNF 的条件要强于满足 3NF 的条件。

BCNF 是从 1NF 直接定义而成的，可以证明，如果 R∈BCNF，则 R∈3NF。如果关系模式 R∈BCNF，由定义可知，R 中不存在任何属性传递函数依赖于或部分函数依赖于任何候选键，所以必定有 R∈3NF。但是，如果 R∈3NF，R 未必属于 BCNF。

【实例 6-24】设有关系模式 SCT(Sno，Cname，Tname)，每门课程由多个教师讲授，但每个教师只讲一门课程，每个学生选定一门课程就对应一个教师。

根据语义，SCT 模式具有以下函数依赖关系：

(Sno，Cname)→Tname，(Sno，Tname)→Cname，Tname→Cname

显然，S 的候选关键字为(Sno，Cname)和(Sno，Tname)，且它们的公共属性为 Sno。可见 S 中都是主属性，所以 S 是 3NF 模式，该模式中仍然存在以下问题：

（1）数据冗余：教师名随着选课的学生人数增加会重复存储多次。

（2）插入异常：插入一个任课的教师名，必须要有学生选修该课程。

（3）删除异常：删除学生毕业了的学生号，则担任该课程教师的教师名也会连带被删除。

出现插入删除异常问题的原因在于主属性 Cname 依赖于 Tname，即主属性 Cname 部分依赖于键(Sno，Tname)。解决这一问题仍然可以采用投影分解法，将 SCT 分解为两个关系模式：ST(Sno，Tname)，TC(Tname，Cname)。其中，ST 的键为 Sno；TC 的键为 Tname。

显然，在分解后的关系模式中没有任何属性对键的部分函数依赖和传递函数依赖，因而解决了以下 4 个问题：

（1）ST 关系中可以存储尚未选修课程的学生信息。TC 关系中可以存储尚未有学生选修课程的教师信息。

（2）选修过某门课程的学生全部毕业了，只是删除 ST 关系中的相应元组，不会影响 TC 关系中相应教师开设该门课程的信息。

（3）关于每个教师开设课程的信息只在 TC 关系中存储一次。

（4）某个教师开设的某门课程改名后，只需修改 TC 关系中的一个相应元组即可。

2．3NF 与 BCNF 的区别

3NF 和 BCNF 是在函数依赖的条件下对模式分解所能达到的分离程度的测度。如果一个关系数据库中的所有关系模式都属于 BCNF，那么在函数依赖范畴内它已实现了模式的彻底分解，已消除了插入和删除的异常，达到了最高的规范化程度。3NF 的"不彻底"性就表现在可能存在主属性对候选键的部分函数依赖或传递函数依赖。

建立在函数依赖概念基础之上的 3NF 和 BCNF 是两种重要特性的范式，在实际数据库的设计中具有特别的意义。一般设计的模式如果都达到 3NF 或 BCNF，其关系的更新操作性能和存储性能是比较好的。目前在信息系统的设计中，普遍采用的是"基于 3NF 的系统设计"方法，就是由于 3NF 是无条件可以达到的，并且基本解决了"异常"的问题。如果仅考虑函数依赖这一种数据依赖，属于 BCNF 的关系模式已经很完美了。但如果考虑其它数据依赖，例如多值依赖，属于 BCNF 的关系模式仍存在问题，不能算作完美的关系模式。

6.5.5　多值依赖与第四范式

函数依赖有效地表达了属性之间的"多对一"联系，但不能表达属性之间"一对多"的联系。为了刻画现实世界事物之间"一对多"的联系，因而引出了多值依赖（Multi Valued Dependency，MVD）的概念。同样，MVD 中也存在数据冗余，从而引发各种数据异常现象。第四范式就是为了解决（消除）"一对多"联系引发的各种数据异常现象而出现的。

1．多值依赖概念

一个关系模式，即使在函数依赖范畴内已经属于 BCNF，但若存在多值依赖，仍然会出现数据冗余过多、插入异常和删除异常等问题。以下先看一个实例。

【实例6-25】关系模式 CTR（课程名，教师，参考书）用来存放课程、教师及参考书信息。一名教师可讲授多门课程，一门课程可由多名教师讲授，有多本参考书，一本参考书可用于多门课程。表 6-21 用非规范化的方式描述了这个关系，将该表变成一张规范化的二维表，则如表 6-22 所示。

表 6-21　非规范化关系 CTR

课程名称 C	任课教师 T	参考书 R
数据结构	张三	C/C++
	李四	计算机算法基础
数据库技术	李四	VB 程序设计
	王五	VB 程序设计
C/C++	赵六	计算机导论
	赵六	程序设计基础

表 6-22　规范化关系 CTR

课程名称 C	任课教师 T	参考书 R
数据结构	张三	C/C++
数据结构	张三	计算机算法基础
数据结构	李四	C/C++
数据结构	李四	计算机算法基础
数据库技术	李四	VB 程序设计
数据库技术	王五	VB 程序设计
C/C++	赵六	程序设计基础
C/C++	赵六	计算机导论

由语义可得，该关系模式没有函数依赖，具有唯一的候选键（课程名，教师，参考书），即全键，因而 CTR∈BCNF。但仍然存在以下问题。

（1）插入异常：当某门课程增加一名授课教师后，因该课程有多本参考书，故必须插入多个元组。这是插入异常的表现之二。

（2）删除异常：当某门课程去掉一本参考书后，因该课程授课教师有多名，故必须删除多个元组。这是删除异常的表现之二。

（3）数据冗余：由于有多名授课教师，故每门课程的参考书必须存储多次，这就造成了大量的数据冗余。

（4）更新异常：修改一名课程的参考书，因该课程涉及多名教师，故必须修改多个元组。

由此可见，该关系虽然已是 BCNF，但其数据的增、删、改很不方便，数据的冗余也十分明显。该关系模式产生问题的根源是，参考书独立于教师，它们都取决于课程名。该约束不能用函数依赖来表示，其具有一种称为多值依赖的数据依赖。

2. 多值依赖公理

如同函数依赖一样，多值依赖也有一组完备而有效的 MVD 推理规则和性质。

【定义 6.23】设 R(U) 是属性集 U 上的一个关系模式，X、Y、Z 是 U 的子集，且 Z=U−X−Y。如果对 R(U) 的任一关系 r，r 在 (X, Z) 上的每一个值对应一组 Y 值，这组 Y 值仅仅决定于 X 值而与 Z 值无关，则称 Y 多值依赖于 X，或 X 多值决定 Y，记为 X→→Y。

根据上述定义，MVD 有如下推理规则：

（1）对称性：若 $X \rightarrow\rightarrow Y$，则 $X \rightarrow\rightarrow Z$，其中 $Z = U-X-Y$。我们可用图 6-3 来表示关系模式 CTR 中的多值对应关系。

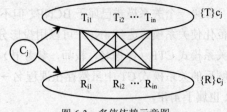

图 6-3　多值依赖示意图

C 的某一个值 c_i 对应的全部 T 值记作 $\{T\}c_j$（表示教此课程的全体教师），全部 R 值记作 $\{R\}c_j$（表示此课程使用的所有参考书），则 $\{T\}c_j$ 中的每一个 T 值和 $\{R\}c_j$ 中的每一个 R 值对应，于是 $\{T\}c_j$ 与 $\{R\}c_j$ 之间正好形成一个完全二分图。$C \rightarrow\rightarrow T$，而 R 与 T 是完全对称的，必然有 $C \rightarrow\rightarrow R$。

（2）传递性：若 $X \rightarrow\rightarrow Y$，$Y \rightarrow\rightarrow Z$，则 $X \rightarrow\rightarrow Z-Y$。

（3）合并性：若 $X \rightarrow\rightarrow Y$，$X \rightarrow\rightarrow Z$，则 $X \rightarrow\rightarrow YZ$，$X \rightarrow\rightarrow Y \cap Z$。

（4）增广性：若 $X \rightarrow\rightarrow Y$，且 $V \subseteq W$，则 $WX \rightarrow\rightarrow VT$。

（5）分解性：若 $X \rightarrow\rightarrow Y$，$X \rightarrow\rightarrow Z$，则 $X \rightarrow\rightarrow Y-Z$，$X \rightarrow\rightarrow Z-Y$。

3. 多值依赖与函数依赖的区别

函数依赖可以看做是多值依赖的特殊情况。即若 $X \rightarrow Y$，则 $X \rightarrow\rightarrow Y$。因为当 $X \rightarrow Y$ 时，对 X 的每一个值 x，Y 有一个确定的值 y 与之对应，有 $X \rightarrow\rightarrow Y$。多值依赖与函数依赖相比，具有以下两个基本区别。

（1）多值依赖的有效性与属性集的范围有关：若 $X \rightarrow\rightarrow Y$ 在 U 上成立，则在 $W(XY \subseteq U)$ 上一定成立；反之则不然，即 $X \rightarrow\rightarrow Y$ 在 W（$W \subset U$）上成立，在 U 上并不一定成立。因为多值依赖的定义中不仅涉及属性组 X 和 Y，而且涉及 U 中其余属性 Z。

一般地，在 R(U) 上若有 $X \rightarrow\rightarrow Y$ 在 W（$W \subset U$）上成立，则称 $X \rightarrow\rightarrow Y$ 为 R(U) 的嵌入型多值依赖。但在关系模式 R(U) 中函数依赖 $X \rightarrow Y$ 的有效性仅决定于 X、Y 这两个属性集的值。只要在 R(U) 的任何一个关系 r 中，元组在 X 和 Y 上的值满足定义 6.1，则函数依赖 $X \rightarrow Y$ 在任何属性集 W（$XY \subseteq W \subseteq U$）上成立。

（2）若函数依赖 $X \rightarrow Y$ 在 R(U) 上成立，则对于任何 $Y' \subset Y$ 均有 $X \rightarrow Y'$ 成立。而多值依赖 $X \rightarrow\rightarrow Y$ 若在 R(U) 上成立，则不能确定对于任何 $Y' \subset Y$，均有 $X \rightarrow\rightarrow Y'$ 成立。

4. 第四范式

在给出第四范式定义之前，先来介绍什么是平凡多值依赖和非平凡多值依赖。

设 R 是一个具有属性集 U 的关系模式，X、Y 和 Z 是属性集 U 的子集，并且 $Z = U-X-Y$。在多值依赖中，若 $X \rightarrow\rightarrow Y$ 且 $Z = U-X-Y \neq \beta$，则称 $X \rightarrow\rightarrow Y$ 是非平凡多值依赖，否则称为平凡多值依赖。

【定义 6.24】 关系模式 $R \in 1NF$，如果对于 R 的每个非平凡的多值依赖 $X \rightarrow\rightarrow Y(Y \not\subset X)$，X 都含有候选键，则称 R 属于第四范式，即 $R \in 4NF$。

4NF 就是限制关系模式的属性之间不允许有非平凡且非函数依赖的多值依赖。根据定义，对于每一个非平凡的多值依赖 $X \rightarrow\rightarrow Y$，X 都含有键，于是有 $X \rightarrow Y$，以 4NF 所允许的非平凡的多值依赖实际上是函数依赖。

若 $R(U) \in 4NF$，则 $R(U) \in BCNF$，即 R(U) 满足第四范式必满足 BCNF 范式，但满足 BCNF 范式不一定就是第四范式。在实例 6-25 中，关系模式 CTR（课程名，教师，参考书）唯一的候选键是 {课程名，教师，参考书}，并且没有非主属性，因而没有非主属性对候选键的部分函数依赖和传递函数依赖，所以关系 CTR 满足 BCNF 范式。但在多值依赖（课程名 $\rightarrow\rightarrow$ 教师和课程名 $\rightarrow\rightarrow$ 参考书）中的"课程名"不是键，所以关系 CTR 不属于 4NF。

如果一个关系模式已属于 BCNF，但不是 4NF，这样的模式仍然可能存在各种异常，需要继续规范化使关系模式达到 4NF。可以用投影分解的方法消除非平凡且非函数依赖的多值依赖。例如，将关系模式 CTR（课程名，教师，参考书）分解为 CT（课程名，教师）和 CR（课程名，参考书），分解后的关系模式 CT 中虽然存在课程名→→教师，但这是平凡多值依赖，故 CT 属于 4NF，同理，CR 也属于 4NF。

BCNF 分解的一般方法是：若在关系模式 R(XYZ)中，X→→Y | Z，则 R 可分解为 R_1(XY)和 R_2(XZ)两个 4NF 关系模式。

函数依赖和多值依赖是两种最重要的数据依赖，如果只考虑函数依赖，则属于 BCNF 的关系模式规范化程度已经是最高的。如果只考虑多值依赖，则属于 4NF 的关系模式规范化程度是最高的。如果消除了属于 4NF 的关系模式中存在的连接依赖，可以进一步达到 5NF 的关系模式。

6.5.6　连接依赖与第五范式

数据依赖中除了函数依赖和多值依赖之外，还有一种连接依赖（Join Dependence）。引入多值依赖之后，函数依赖就成为多值依赖的一种特例，而引入连接依赖概念之后，多值依赖就可以作为连接依赖的特例。存在连接依赖的关系模式仍可能遇到数据冗余及插入、修改、删除异常等问题。如果消除了属于 4NF 的关系模式中存在的连接依赖，则可以进一步投影分解为 5NF 的关系模式。到目前为止，5NF 是最高范式。

1. 连接依赖

连接依赖与函数依赖、多值依赖一样，反映了属性间的相互约束。但是，连接依赖不像函数依赖和多值依赖可由语义直接导出，而是在关系进行连接运算时才反映出来。

【定义 6.25】设有关系模式 R(U)，{R_1，R_2，…，R_n}是 U 的子集，同时满足 U=R_1∪R_2∪…∪R_n，关系模式集合 β={R_1，R_2，…，R_n}是 R 的一个模式分解，其中 R_i 是对应于 U_i（i=1，2，…，n）的关系模式。如果对于 R 的每一个关系实例 r，r=Π(r)∞Π(r)∞…∞Π(r)都成立，称连接依赖在关系模式 R 上成立，记为∞(R_1，R_2，…，R_n)。

如果连接依赖中 R_i(i=1，2，…，n)中的某个 R_i 就是 R，则称此为平凡连接依赖。如果连接依赖中每一个 R_i(i=1，2，…，n)都不是 R，则称此为非平凡连接依赖。

根据连接依赖定义，多值依赖是模式的无损分解集合中只有两个分解元素的连接依赖，因而是连接依赖的特例，连接依赖是多值依赖的推广。

【实例 6-26】设有管理关系 DST（系部编号，学生编号，教师编号）。令 DS=（系部编号，学生编号），ST=（学生编号，教师编号），TD=（教师编号，系部编号），则有连接依赖∞(DS，ST，TD)在 DST 上成立。

2. 第五范式

【定义 6.26】假设关系模式 R(U)上任意一个非平凡连接依赖∞(R_1，R_2，…，R_n)都由 R 的某个候选键所蕴涵，则关系模式 R 称为第五范式，记为 R(U)∈5NF。第五范式也称为投影连接范式（Project-Join Normal Form）。

这里所说的由 R 的候选键所蕴涵，是指∞(R_1，R_2，…，R_n)可以由候选键推导得到。如果∞(R_1，R_2，…，R_n)中的某个 R_i 就是 R，那么这个连接依赖是平凡的连接依赖；如果连接依赖中的某个 R_i 包含 R 的键，那么这个连接依赖可以验证。

在实例 6-26 中，∞(DS，ST，TD)中的 DS、ST 和 TD 都不等于 DST，是非平凡的连接依赖，但∞(DS，ST，TD)并不被 DST 的唯一候选键{系部编号，学生编号，教师编号}蕴涵，因此不是 5NF。将 DST 分解成 DS、ST 和 TD 三个模式，此时分解是无损分解，并且每一个模式都是 5NF，可以消除冗余及其操作异常现象。

一些特别情况下，一个关系有冗余和非法更新的情况，却不能通过分解成两种关系来解决。在这种情况下，可通过使用 5NF 将它分解成 3 个或更多关系来解决问题。具体说明：

（1）5NF 处理的是连接依赖，是由多值依赖泛化来的（多值依赖是它的一种特例）。

（2）5NF 的目标是将关系分解到不能再分解的地步。

（3）5NF 无法通过几个更小的关系构建出来。

（4）不同级别范式之间关系为：5NF $\subseteq$ 4NF $\subseteq$ BCNF $\subseteq$ 3NF $\subseteq$ 2NF $\subseteq$ 1NF。

一般说来，判断一个已知的关系模式 R 是否为 5NF，远不如判断 4NF 那样直观，它要求计算所有的连接依赖及模式中所包含的候选键，然后检查每一个连接依赖是否为候选键所蕴涵，但这项工作是比较困难的。目前，5NF 在实践中很少用到，只是一种理论研究和探索。

6.5.7 关系模式的规范化步骤

关系模式的规范化过程是通过对关系模式的分解来实现的。把低一级的关系模式分解为若干个高一级的关系模式，这个过程被称为关系模式的规范化，并且这种分解不是唯一的。

1. 分解规范化遵循的原则

分解规范化遵从概念单一化，"一事一地"的原则，即一个关系模式描述一个实体或实体间的一种联系。规范的实质就是概念的单一化。

2. 分解规范化的方法

将关系模式投影分解成两个或两个以上的关系模式，关系规范化的基本步骤如图 6-4 所示。

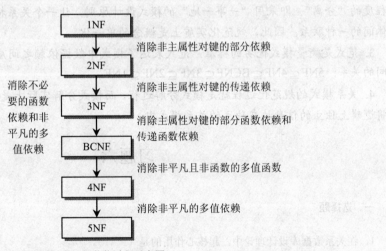

图 6-4 规范化过程示意图

① 对 1NF 关系模式进行投影，消除原来关系模式中的非主属性对键的部分函数依赖，将 1NF 关系模式转换成 N 个 2NF 关系模式。

② 对 2NF 关系模式进行投影，消除原来关系模式中的非主属性对键的传递函数依赖，将 2NF 关系模式转换成 N 个 3NF 关系模式。

③ 对 3NF 关系模式进行投影，消除原来关系模式中的主属性对键的部分函数依赖和传递函数依赖，使决定因素都包含一个候选键，得到较 3NF 更高级的 N 个 BCNF 关系模式。

④ 对 BCNF 关系模式进行投影，消除关系模式中非平凡且非函数依赖的多值依赖，得到一组 4NF。

⑤ 消除了属于 4NF 的关系模式中存在的连接依赖，则可以进一步投影分解为 5NF。

3. 分解规范化的要求

分解后的关系模式集合应当与原来的关系模式"等价"，并且分解还需要满足一定的约束条件，不能破坏原来的语义；模式分解要具有无损连接性并保持函数的依赖特性，即分解的自然连接可以恢复原来关系而不丢失信息，并保持属性间合理的联系。分解的主要任务是避免数据不一致性，降低数据冗余度，提高对关系的操作效率，同时满足应用需求。

在数据库开发过程中，并不一定要求全部模式都非达到 BCNF 不可，有时故意保留部分冗余可能更方便数据查询；尤其对于那些更新频度不高，查询频度却极高的数据库系统更是如此。因此在设计数据库模型时，必须以现实世界的实际情况和用户应用需求作进一步分析，确定一个合适的、能够反映现实世界的模式。

本章小结

关系模式设计的好坏，对消除数据冗余和保持数据一致性等重要问题有直接影响。好的关系模式设计必须有相应理论作为基础，这就是关系设计中的规范化理论。

1. 在数据库中，数据冗余的一个主要原因是数据之间的相互依赖关系的存在，而数据间的依赖关系表现为函数依赖、多值依赖和连接依赖等。需要注意的是，多值依赖是广义的函数依赖。函数依赖和多值依赖都是基于语义。

2. 规范化的基本思想是，逐步消除数据依赖中不合适的部分，使模式中的各关系模式达到某种程度的"分离"。即采用"一事一地"的模式设计原则，让一个关系描述一个概念、一个实体或实体间的一种联系。因此，规范化实质上是概念的单一化。

3. 范式是衡量模式优劣的标准。范式表达了模式中数据依赖之间应当满足的联系。各种范式之间的关系：$5NF \subseteq 4NF \subseteq BCNF \subseteq 3NF \subseteq 2NF \subseteq 1NF$。

4. 关系模式的规范化过程就是模式分解过程，而模式分解实际上是将模式中的属性重新分组，它将逻辑上独立的信息放在独立的关系模式中。

习题六

一、选择题

1. 在关系数据库设计理论中，起核心作用的是（　　）。

　　A. 模式分解　　　　B. 范式　　　　　C. 数据依赖　　　　D. 数据完整性

2. 当属性 Y 函数依赖于 X 属性时，属性 X 与 Y 的联系是（　　）。

　　A. 一对一联系　　　　　　　　　　B. 多对一联系

　　C. 多对多联系　　　　　　　　　　D. A 或 B

3. 关系中删除操作异常是指（　　）。

　　A. 应该删除的数据未被删除　　　　B. 不该删除的数据不删除

　　C. 不该删除的数据被删除　　　　　D. 应该删除的数据被删除

4．关系模式分解是为了解决关系数据库（　　　）问题而引入的。

  A．更新异常和数据冗余　　　　　　　　B．提高查询速度

  C．减少数据存储空间　　　　　　　　　D．减少数据操作的复杂性

5．关系规范化的实质是针对（　　　）进行的。

  A．函数　　　　　　　B．函数依赖　　　　　　C．范式　　　　　　D．关系

6．关系 R(ABCDE)中，F={A→DCE，D→E}，该关系属于（　　　）。

  A．1NF　　　　　　　B．2NF　　　　　　　C．3NF　　　　　　D．无法确定

7．{X→Y，WY→Z}├=XW→Z 这是（　　　）。

  A．合并规则　　　　　　　　　　　　　　B．伪传递规则

  C．分解规则　　　　　　　　　　　　　　D．合并及伪传递规则

8．关系模式规范化，各种范式之间的联系为（　　　）。

  A．BCNF ⊆ 4NF ⊆ 3NF ⊆ 2NF ⊆ 1NF　　　　B．1NF ⊆ 2NF ⊆ 3NF ⊆ 4NF ⊆ BCNF

  C．4NF ⊆ BCNF ⊆ 3NF ⊆ 2NF ⊆ 1NF　　　　D．1NF ⊆ 2NF ⊆ 3NF ⊆ BCNF ⊆ 4NF

9．数据库一般使用（　　　）以上的关系。

  A．1NF　　　　　　　B．3NF　　　　　　　C．BCNF　　　　　　D．4NF

10．在关系规范化过程中，消除了（　　　），使得 2NF 变成了 3NF。

  A．部分函数依赖　　　　　　　　　　　　B．部分依赖和传递依赖

  C．传递函数依赖　　　　　　　　　　　　D．完全函数依赖

二、填空题

1．不合理的关系模式最突出的问题是_____，影响到关系模式本身的结构设计。

2．关系模式设计理论主要包括三个方面的内容：_____、_____和_____，其中_____起着核心的作用。

3．在关系模式中，影响其性能的基本问题是_____。

4．对于函数依赖 X→Y，如果 Y ⊆ X，则称 X→Y 是一个_____函数依赖。

5．如果 R 的分解为 β={R1，R2}，F 为 R 成立的 FD 集，则 β 具有无损连接性的充要条件是_____或_____。

6．如果 R∈1NF，且在 R 上成立的 FD 集中，每个函数依赖的左部都包含候选关键字，则 R∈_____。

7．设有关系模式 R(A，B，C，D)，R 上成立的 FD 集 F={AB→C，D→A}，则(CD)⁺=_____。

8．设关系模式 R(A，B，C，D)，R 上成立的 FD 集 F={A→C，AB→C}，则 R 候选关键字是_____。

9．设关系模式 R=(X，Y，Z)，R 上成立的 FD 集 F={X→Y，X→Z}，则 R 的最高范式为_____。

10．FD 有效地表达了属性之间的_____联系，但不能表达属性之间_____的联系。

三、问答题

1．为什么要对关系进行关系规范化处理？

2．关系规范化的实质是什么？关系模式规范化有哪些利弊？

3．为什么要进行关系模式的分解？分解的依据是什么？分解有什么优缺点？

4．什么是函数依赖？函数依赖与属性间联系的关系是什么？

5．关系模式的分解有何特性？这些特性之间有何关系？

6．设有关系模式 R（课程号、课程名、教师名、教师地址），存储有课程与教师讲课安排的信息：一门

课程只由一名教师讲授；一名教师可以讲授多门课程；一名教师只有一个地址。试问：

（1）R 最高为第几范式？为什么？

（2）是否存在删除操作异常？若存在，则说明在什么情况下发生？

（3）将 R 分解成高一级范式；分解后的关系是如何解决分解前可能存在的删除操作异常问题？

7．下面的说法正确吗？为什么？

（1）任何一个二目关系都是 3NF 的。

（2）任何一个二目关系都是 BCNF 的。

（3）当且仅当函数依赖 A→B 在 R 上成立，R(ABC)等于其投影 $R_1(AB)$ 和 $R_2(AC)$ 的连接。

（4）若 A→B，B→C，则 A→C 成立。

（5）若 A→B，A→C，则 A→BC 成立。

（6）若 BC→A，则 B→A，C→A 成立。

8．简述 FD 公理 A1，A2，A3 三条推理规则，其中哪一条规则可以推出平凡的函数依赖？

9．什么是关系模式的范式？有哪几种范式？其关系如何？

10．关系模式设计理论对数据库的设计有何帮助和影响？

四、应用题

1．设有关系 SG(Sno，Sdept，Group，Addr，Lead，Date)满足下列函数依赖：

F={Sno→Sdept，Sno→Addr，Sdept→Addr，Group→Lead，(Sno，Group)→Date}，(Sno，Group)为键。

关系 SG 中(Sno，Group)是键，所以 Sno 和 Group 是主属性。其它属性都是非主属性。由于存在非主属性 Lead 对键(Sno，Group)的部分函数依赖，所以 SG 不是第二范式，只是第一范式，现已肯定它存在几种异常，为了取消几种异常，要对其进行规范化。

2．在上题分解关系 S(Sno，Sdept，Adept，Addr)中，F={Sno→Sdept，Sno→Addr，Sdept→Addr}，Sno 是键，由于存在非主属性 Addr 对键 Sno 的传递函数依赖，所以 S 不是第三范式，只是第二范式，它仍然存在数据冗余。因为一个系有多少学生参加了团体，该系学生的住址就会重复多少次，所以仍需对其进行规范化。

3．在一订货系统数据库中，有一关系模式：订货（订单号，订购单位名，地址，产品型号，产品名，单价，数量）。要求：

（1）给出你认为合理的函数依赖。

（2）给出一组满足第三范式的关系模型。

第7章 关系数据库设计

【问题引出】关系数据库设计是指对于一个给定的应用环境，构造最优的数据库模式、建立关系数据库及其应用系统，使之能够有效地存储数据，满足各种用户的应用需求（信息要求和处理要求）。那么，如何按照第 6 章 "关系模式规范化设计" 理论，设计出一个结构合理、灵活方便、具有一定可扩充性的数据库信息管理应用系统呢？这就是本章所要讨论的问题。

【教学重点】本章主要讨论关系数据库设计的基本概念、需求分析、概念结构设计、逻辑结构设计、物理结构设计、数据库的实施与维护。

【教学目标】了解关系数据库设计的主要特点、基本方法、基本要求和基本步骤；掌握关系数据库的概念结构设计方法、逻辑结构设计方法、物理结构设计方法、数据库的实施与维护等。

§7.1 数据库设计概述

在当今信息时代，一切对信息的管理均离不开数据，而对数据的管理则离不开数据库。数据库设计（Database Design）是指根据给定的软、硬件环境，针对现实问题，设计一个较优的数据模型，依据此模型建立数据库中表的结构，并以此为基础构建数据库信息管理应用系统。数据库信息管理应用系统是指由系统开发人员利用数据库系统资源开发出来的、面向某一类实际应用的应用软件，它已成为现代信息技术的重要组成部分，是现代计算机信息管理以及应用系统的基础和核心。

数据库信息管理应用系统在某一数据库系统的支持下，进行数据的采集、整理和存储，并对其进行查询、修改、删除、统计等操作。那么如何建立一个具体的应用系统呢？如何才能得到一个结构合理、灵活、具有一定可扩充性的应用系统呢？数据库设计理论正是针对这样的问题提出的。数据库设计是对于一个给定的应用领域，设计合理、优化的数据库逻辑存储结构和物理存储结构，建立一个既能反映现实世界信息，满足用户工作要求，又能在一定的软、硬件条件下实现的有效的应用系统。数据库设计的目标就是为用户和各种不同的应用系统提供一个信息基础设施和高效率的运行环境。

7.1.1 数据库设计的基本方法

到目前为止，数据库的设计并没有一种公认的、统一的规范化设计方法，设计步骤千差万别。早期数据库设计主要采用手工与经验相结合的方法，设计的质量完全取决于设计人员的经验与水平。由于缺乏科学理论和工程方法的支持，数据库设计成为一种技艺，设计质量难以得到保证。为此，人们努力探索，提出了各种数据库设计方法。

目前，数据库设计主要采用以逻辑数据库设计和物理数据库设计为核心的规范设计方法。其中，逻辑数据库设计是根据用户要求和特定数据库管理系统的具体特点，以数据库设计理论为依据，设计数据库的全局逻辑结构和每个用户的局部逻辑结构。数据库的物理设计是在逻辑结构确定之后，设计数据库的存储结构及其它实现细节。具体说，有以下 5 种设计方法。

1. 新奥尔良方法

新奥尔良（New Orleans）法是著名的、目前公认比较完整和权威的一种规范设计方法。规范设计法从本质上看仍然是手工设计方法，其基本思想是过程迭代和逐步求精。它将数据库设计分为4个阶段：需求分析（分析用户需求）、概念设计（信息分析和定义）、逻辑设计（设计实现）和物理设计（物理数据库设计）。其后，S.B.Yao 等人又对此方法进行了扩充，将数据库设计分为6个步骤：需求分析、模式构成、模式汇总、模式重构、模式分析和物理数据库设计。I.R.Palmer 等人则主张把数据库设计当成一步接一步的过程，并需要在每一步采用一些辅助手段实现每一过程。目前，大多数设计方法都起源于新奥尔良法，并在设计的每个阶段采用一些辅助方法来具体实现。

从本质上看，规范设计法仍然是遵循手工设计方法的步骤，所不同的是在一定的理论和方法指导下和计算机辅助工具的支持下，通过过程迭代和逐步求精逐步得到规范化的数据模式和应用系统的功能。

2. 基于 E-R 模型的数据库设计方法

E-R 模型是概念数据模型，是美籍华人陈平山（Peter Ping Shan Chen，P.P.S.Chen）在 1976 年提出的实体－联系（Entity-Relationship Approach）方法，简称 E-R 方法。该方法是用 E-R 图来描述客观世界并建立概念模型的工程方法。E-R 方法的基本步骤是：①确定实体类型；②确定实体联系；③画出 E-R 图；④确定属性；⑤将 E-R 图转换成某个 DBMS 可接受的逻辑数据模型；⑥设计记录格式。

3. 基于 3NF 的数据库设计方法

基于 3NF 的数据库设计方法的基本思想是在需求分析的基础上，确定数据库模式中的全部属性与属性之间的依赖关系，并将所有属性组织在一个单一的关系模式中。然后，再将其投影分解，消除其中不符合 3NF 的约束条件，把其规范成若干个 3NF 关系模式的集合。

4. 计算机辅助数据库设计方法

计算机辅助数据库设计方法是数据库工作者和数据库厂商一直在研究探索的现代方法。计算机辅助数据库设计主要分为需求分析、逻辑结构设计、物理结构设计等几个步骤。设计过程中，哪些可在计算机辅助下进行？能否实现全自动化设计呢？这是计算机辅助数据库设计需要研究的课题。

经过多年的努力，数据库设计工具已经实用化和产品化。例如 Oracle 公司推出的 Designer 2000、Sybase 公司推出的 Power Designer、IBM 公司推出的 ROSE、Microsoft 公司推出的 Visio 等都是数据库分析设计工具软件。这些工具软件可以自动地辅助设计人员完成数据库设计过程中的很多任务。人们已经越来越认识到自动数据库设计工具的重要性，特别是大型数据库的设计需要自动设计工具的支持。另外，人们也日益认识到数据库设计和应用设计应该同时进行，目前许多计算机辅助软件工程（Computer Aided Software Engineering，CASE）工具都强调这两个方面的综合应用。

5. 对象定义语言设计方法

对象定义语言（Object Definition Language，ODL）是用面向对象的概念和术语说明数据库结构。ODL 可以描述面向对象数据库结构设计，可以直接转换为面向对象的数据库。但是，到目前为止，面向对象数据库及其面向对象数据库设计仍在研究探索中。

7.1.2　数据库设计的基本要求

建立数据库的目的是为了实现数据资源的共享。因此，建库之初，在数据的采集上必须制定出采集的标准要求，一个成功的数据库建库应满足以下基本要求。

1. 良好的共享性

在数据库规划之时必须把各个部门、各方面常用的数据项全部抽取到位，能为每一用户提供执行其业务职能所要求的数据的准确视图，而无须知道整个数据库的全部复杂组成。同时，还必须有并发共享的功能，即存在多个不同用户同时存取同一个数据的可能性。此外，不仅要为现有的用户提供共享，还要为开发新的应用留有余地，也就是要有良好的扩展性。

2. 数据冗余最小

数据的重复采集和存储将降低数据库的效率，要求数据冗余最小。比如在一个单位数据库中，可能多个管理职能部门都要用到职工号、姓名、性别、职务（称）、工资等，若重复采集势必造成大量的数据重复（冗余）。因此，像这样的公用数据必须统一规划以减小冗余。

3. 数据的一致性要求

数据的一致性是数据库重要的设计指标，否则会产生错误。引起不一致性的根源往往是数据冗余。若一个数据在数据库中只存储一次，则根本不可能发生不一致性。虽然冗余难免，但它是受控的，所以数据库在更新、存储数据时必须保证所有的副本同时更新，以保证数据的一致性要求。

4. 实施统一的管理控制

数据库对数据进行集中统一有效的管理控制，是保证数据库正常运行的根本保证。所以必须组成一个称为数据库管理的组织机构（DBA），由它根据统一的标准更新、交换数据，设置管理权限，进行正常的管理控制。

5. 数据独立

数据独立就是数据说明和使用数据的程序分离，即数据说明或应用程序对数据的修改不引起对方的修改。数据库系统提供了两层数据独立：其一，不同的用户对同样的数据可以使用不同的视图。例如人事部门在调资前事先从数据库中把每个职工的工资结构调出来，根据标准进行数据修改，此时只在人事部门的视图范围内更改，而没有宣布最后执行新工资标准前，数据库中的工资还是原来的标准，此时若其它部门要调用工资的信息，还是原来的。这种独立称为数据的逻辑独立性。其二，可改变数据的存储结构或存取方式以适应变化的需求，而无须修改现有的应用程序。这种独立称为数据的物理独立性。

6. 减少应用程序开发与维护的代价

设计的数据库必须具有良好的可移植性和可维护性，这是在数据库建设中必须充分考虑的问题。

7. 安全、保密和完整性要求

数据库系统的建立必须保障数据信息的一致、安全与完整，避免受到外界因素的破坏。

8. 良好的用户界面和易于操作性

在设计时除了设计好例行程序进行常规的数据处理外，还要允许用户对数据库执行某些功能而不需要编写任何程序，努力实现操作的简单化与便捷化。

7.1.3 数据库设计的主要特点

数据库应用系统设计的目标是对一个给定的应用环境，在 DBMS 的支持下，按照应用要求构造最优的数据库模式，建立数据库，并在数据库逻辑模式、子模式的制约下，根据功能要求，开发出使用方便、效率较高的应用系统。那么，如何才能为用户开发出高效、可靠、好用的数据库应用系统呢？在进行数据库设计之前，必须对数据库系统的功能要求进行科学合理的系统分析与设计。数据库设计包含数据库结构设计和相应的应用程序设计，分别对应于数据库结构特性设计和数据库行为特性设计。

1. 结构特性设计

结构特性设计是指数据库结构的设计，设计结果是得到一个合理的数据模型，以反映现实世界中事物间的联系，它包括各级数据库模式（模式、外模式和内模式）的设计。

2. 行为特性设计

行为特性设计是指应用程序设计，包括功能组织、流程控制等方面的设计。行为特性设计的结果是根据行为特性设计出数据库的外模式，然后用应用程序将数据库的行为和动作（如数据查询和统计、事物处理及报表处理）表达出来。

结构特性设计与行为特性设计两者是相辅相成的，共同组成统一的数据库工程，其设计流程如图 7-1 所示。

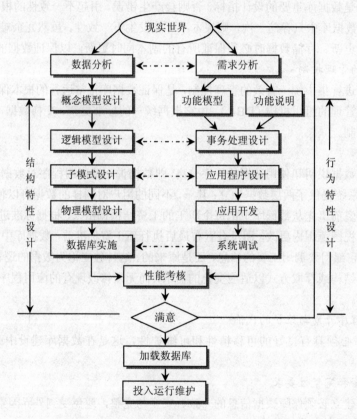

图 7-1　数据库设计特点

从图中可以看出：动态行为设计从需求分析阶段就开始了，与结构设计中的数据库设计各阶段并行进行，图中的双向箭头说明两阶段需共享设计结果。在需求分析阶段，数据分析和功能分析可同步进行，功能分析可根据数据分析的数据流图，分析围绕数据的各种业务处理功能，并以带说明的系统功能结构图给出系统的功能模型及功能说明书。在数据库的逻辑设计阶段（设计数据库的模式和外模式）进行事务处理设计，并产生编程说明书，这是行为设计的主要任务。利用数据库结构设计产生的模式、外模式以及行为特性设计产生的程序设计说明书，选用一种数据库应用程序开发工具（如 VB、Delphi、Java、C#等）就可以进行应用程序的编制了。按数据库的各级模式建立数据库后，就可以对编制的应用程序进行运行和调试。

7.1.4　数据库设计的基本步骤

数据库应用系统以数据库为核心和基础。数据库设计要与整个数据库应用系统的设计开发结合起来进行，只有设计出高质量的数据库，才能开发出高质量的数据库应用系统。换句话说，只有着眼于整个数据库应用系统的功能要求，才能设计出高质量的数据库。

数据库应用系统设计是指对于给定的应用环境，构造最优的数据库模式，建立数据库及其应用系统，使之能够有效地存储数据。数据库设计是否合理的一个重要指标是消除不必要的数据冗余、避免数据异常、防止数据不一致性，这也是数据库设计要解决的基本问题。

1. 数据库设计的 6 个阶段

数据库设计遵循软件工程的方法，按照软件生存周期划分为：需求分析→概念结构设计→逻辑结构设计→物理结构设计→数据库实施→运行和维护 6 个阶段，如图 7-2 所示。

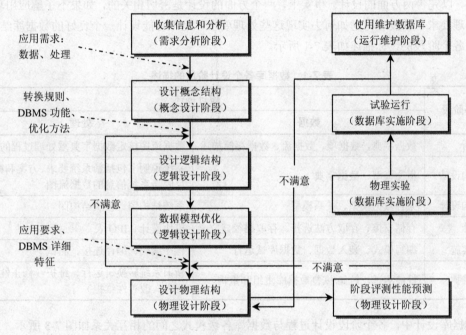

图 7-2　数据库设计的基本步骤

事实上，设计出一个数据库不可能一蹴而就，它往往是上述 6 个阶段不断反复的过程。在设计过程中我们必须把数据库的设计和对数据库中数据处理的设计紧密结合起来，将这两方面的需求分析、抽象、设计、实现在各个阶段同时进行，相互参照，相互补充，以完善两方面的设计。

（1）需求分析：通过收集和分析，得到用数据字典描述的数据需求和用数据流图描述的处理需求，其目的是为了准确了解与分析用户的需求（包括数据与处理）。需求分析是整个设计过程的基础，同时也是最困难、最耗费时间的一步。

（2）概念结构设计：对需求分析中收集的信息和数据进行分析和抽象，确定实体、属性及它们之间的联系，是对需求进行综合、归纳与抽象，形成一个独立于具体 DBMS 的概念模型（用 E-R 图表示）。概念设计的目的是描述数据库的信息内容，是整个数据库设计的关键。

（3）逻辑结构设计：是将概念结构转换为某个 DBMS 所支持的数据模型（例如关系模型），并对其进行优化。

（4）物理设计：根据 DBMS 的特点和处理的需要，进行物理存储的安排，建立索引，形成数据库的内模式。

（5）数据库实施：运用 DBMS 提供的数据语言（例如 SQL）及其宿主语言（例如 C），根据逻辑设计和物理设计的结果，建立实际数据库结构，装入数据，完成编码和调试（测试）应用程序，最终使系统投入使用。

（6）运行和维护：数据库应用系统经过测试成功后即可投入正式运行。根据系统运行中产生的问题及用户的新需求不断完善系统功能和提高系统的性能，以延长数据库的使用时间。

2. 各阶段的设计描述

上述 6 个阶段是从数据库应用系统设计和开发的全过程来考察数据库设计的问题，它既是数据库的设计过程，也是应用系统的设计过程。因此，在设计过程中，应努力使数据库设计和系统其它部分的设计紧密结合，将这两方面的需求分析、抽象、设计、实现在各阶段同时进行，相互参照，相互补充，以完善两方面的设计。事实上，两个方面的设计是密切相关的，如果不了解应用环境对数据的处理要求，或没有考虑如何去实现这些处理要求，是不可能设计一个良好的数据库结构的。设计过程各个阶段的设计描述如表 7-1 所示。

表 7-1　数据库各个设计阶段的描述

设计各阶段	设计描述	
	数据	处理
需求分析	数据字典，数据项、数据流、数据存储描述	数据流图核定数据字典重处理过程的描述
概念结构设计	概念模型、数据字典	系统说明书包括新系统要求、方案和概图，反映新系统信息的数据流图
逻辑结构设计	某种数据模型、关系模型	系统结构图、模块结构图
物理设计	存储安排、存取方法选择、存取路径建立	模块设计、IPO 表
数据库实施	编写模式、装入数据、数据库试运行	程序编码、编译连接、测试
运行与维护	性能测试，转储/恢复数据库重组和重构	新旧系统转换、运行、维护（修正性、适应性、改善性维护）

在数据库设计中，各个阶段设计过程与数据库各级模式之间的相互关系如图 7-3 所示。

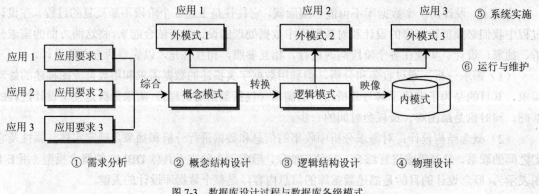

图 7-3　数据库设计过程与数据库各级模式

① 在需求分析阶段，综合各个用户的应用需求；

② 在概念设计阶段，独立于计算机，独立于各个 DBMS 产品的概念模型；

③ 在逻辑设计阶段，将 E-R 图转换成具体的数据库产品支持的数据模型，如关系模型中的关系模式；然后根据用户处理的要求、安全性完整性要求的考虑等，在基本表的基础上再建立必要的视图，即外模式；

④ 在物理设计阶段，根据 DBMS 特点和处理性能等的需要，进行物理结构的设计，形成数据库内模式；

⑤ 在实施阶段，开发设计人员基于外模式，进行系统功能模块的编码与调试；

⑥ 在运行与维护阶段，若设计成功，即可进入系统的运行与维护阶段。

下面以图 7-1 的设计过程为主线，以高校教学管理系统为案例，讨论各阶段具体内容。

§7.2　需求分析

所谓需求分析，就是要分析用户需要做什么、要求做什么。只有知道用户的需求才能设计出令用户满意的系统。显然，需求分析结果是否准确反映了用户的实际需求，将直接影响后面各个阶段设计结果的合理性和实用性。

需求分析的主要任务是通过详细调查要处理的对象，包括某个组织、某个部门、某个企业的业务管理等，充分了解原手工或原计算机系统的工作概况及工作流程，明确用户的各种需求，产生数据流图和数据字典，然后在此基础上确定新系统的功能，并产生需求说明书。值得注意的是，新系统必须充分考虑今后可能的扩充和改变，不能仅按当前应用的需求来设计数据库。需求分析可按照收集用户需求、分析用户需求、撰写需求说明书等步骤进行。

7.2.1　收集用户需求

数据库设计是因为不同用户的不同要求而提出来的。因此，在进行数据库设计时首先必须收集用户信息，明确用户对环境、功能等要求，这是数据库设计的第一步。

需求分析的重点是调查、收集和分析用户数据管理中的信息需求、处理需求、安全性与完整性要求。信息需求是指用户需要从数据库中获得的信息的内容和性质。由用户的信息需求可以导出数据需求，即在数据库中应该存储哪些数据。处理需求是指用户要求完成什么处理功能，对某种处理要求的响应时间，处理方式是联机处理还是批处理等。明确用户的处理需求，将有利于后期应用程序模块的设计。调查、收集用户需求的具体做法是：

（1）了解组织机构的情况：调查这个组织由哪些部门组成，各部门的职责是什么，为分析信息流程做准备。

（2）了解各部门的业务活动情况：调查各部门输入和使用什么数据，如何加工处理这些数据，输出什么信息，输出到什么部门，输出的格式等。

在调查活动的同时，要注意对各种资料的收集，如票证、单据、报表、档案、计划、合同等，要特别注意了解这些报表之间的关系，各数据项的含义等。

（3）确定新系统的边界：确定哪些功能由计算机完成或将来准备让计算机完成，哪些活动由人工完成。由计算机完成的功能就是新系统应该实现的功能。

收集用户需求的过程实质上是数据库设计者对各类管理活动进行调查研究的过程。在调查研究过程中，根据不同的问题和条件，可采用多种调查方式，如跟班作业、咨询业务权威、设计调查问卷、查阅历史记录等。但无论采用哪种方法，都必须有用户的积极参与和配合，强调用户的参与是数据库设计的一大特点。然后，设计人员与各类管理人员通过相互交流，逐步取得对系统功能的一致的认识。对于那些很难设想新的系统及具体需求的用户，可应用原型化方法来帮助用户确定他们的需求，即先给用户一个比较简单的、易调整的真实系统，让用户在熟悉使用它的过程中不断发现自己的需求，而设计人员则根据用户的反馈调整原型，反复验证最终协助用户发现和确定他们的真实需求。

7.2.2　分析用户需求

通过调查了解用户的需求后，还需要进一步分析和抽象用户的需求，使之转换为后续各设计阶段可用的形式。用来分析和表达用户需求的常用描述方法有结构化分析、数据流图和数据字典等。

1. 结构化分析（Structured Analysis，SA）

SA方法是20世纪70年代末由Yourdon、Constaintine及DeMarco等人提出并在此基础上发展起来的面向数据流的简单实用的方法。该方法的特点是采用自顶向下或自底向上的结构化分析，它从最上层系统组织机构入手，采用逐层分解的方式分析系统，并用数据流图和数据字典描述系统，给出满足功能要求的软件模型。SA方法的基本思想是分解和抽象。

（1）分解：是指把一个复杂的系统分割成相对独立的若干个较简单、较小的问题，然后分别解决。分解可以逐层进行，即逐层添加细节并逐层分解。

（2）抽象：是指先考虑问题最本质的属性，暂时先略去细节，以后再逐层添加细节，直至设计最详细的内容。

使用SA方法，设计人员首先需要把任何一个系统都理解为一个大的功能模块，然后将处理功能的具体内容按照某种原则分解为若干子功能，再将每个子功能继续分解，直到把系统的工作过程表达清楚为止，其流程如图7-4所示。

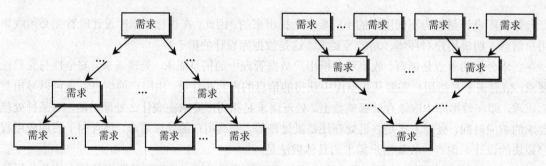

　　　（a）自顶向下的需求分析方法　　　　　　　（b）自底向上的需求分析方法

图7-4　需求分析方法

对用户需求进行进一步分析与表达后，必须再次提交给用户，取得用户的认可。如此反复，直至双方满意为止。

2. 数据流图（Data Flow Diagram，DFD）

数据流图是软件工程中专门描绘信息在系统中流动和处理过程的图形化工具，并独立于系统的实现机制。由于数据流图是逻辑系统的图形表示，即使不是专业的计算机技术人员也容易理解，所以是极好的交流工具。数据流图可以表达数据和处理过程的关系等详细情况，是对系统的一种逻辑抽象，其分析方法如同SA方法。数据流图中常用的符号如表7-2所示。

【实例7-1】用数据流图描述高校教学管理中的成绩管理，其数据流图如图7-5所示。

表 7-2　数据流图中常用的 4 种符号元素

符号	含义
○	圆圈表示处理，其中注明处理的名称。输入数据在此进行变换产生输出数据
□	矩形描述一个输入源点或输出汇点，其中注明源点或汇点的名称
⊃	表示要求在系统中存储的数据。在系统分析阶段，不必确定数据的具体存储方式
→	箭头描述数据的流动及流动方向，即数据的来源和去向。流线上应注明数据名称

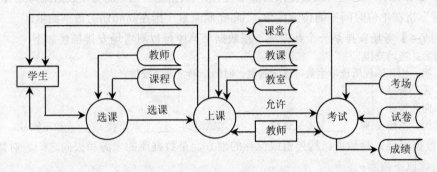

图 7-5　高校教学管理系统数据流图

3. 数据字典（Data Dictionary，DD）

数据字典是结构化设计方法的另一个工具，用来对系统中的各类数据进行详尽的描述。数据字典中的内容通常包括数据项、数据结构、数据流、数据存储和处理过程 5 个部分。其中数据项是数据的最小组成单位，若干个数据项可以组成一个数据结构，数据字典通过对数据项和数据结构的定义来描述数据流和数据存储的逻辑内容。

（1）数据项：是最小（不可再分）的数据组成单位。对数据项的描述通常包含以下内容：

数据项描述={数据项名，数据项含义说明，别名，类型，长度，取值范围，与其它数据项的逻辑关系}

其中：取值范围和与其它数据项的逻辑关系（例如该数据项等于另几个数据项的和，该数据项的值等于另一数据项的值等）定义了数据的完整性约束条件，是设计数据检验功能的依据。

【实例 7-2】在教学信息管理系统中，学生的学号就是一个数据项，它的数据描述如下：

数据项名：学号
含义说明：能够标识学生的一个代号
别　　名：学生编号
类　　型：字符型 CHAR(8)
长　　度：8
取值范围：00000000～99999999
存取含义：前 4 位代表年级，后 4 位代表该学生的顺序号

（2）数据结构：是若干数据项有意义的集合，它反映了数据之间的组合关系。一个数据结构可以由若干个数据项组成，也可以由若干个数据结构组成，或由若干个数据项和数据结构混合而成。对数据结构的描述通常包含以下内容：

数据结构描述={数据结构名，含义说明，组成：{数据项或数据结构}}

【实例 7-3】在教学信息管理系统中，学生就是一个数据结构，因为表达学生概念时涉及很多属性，必须将这些属性描述清楚。它的数据描述如下：

数据结构：学生

含义说明：学生信息管理系统中的主要数据结构，定义学生信息，并为管理提供信息

组　　成：学号、姓名、年龄、性别、政治面貌等

（3）数据流：可以是数据项，也可以是数据结构，表示某一处理过程的输入或输出数据，是与之对应的数据结构在系统内接受处理的过程。对数据流的描述通常包含以下内容：

数据流描述={数据流名，说明，数据流来源，数据流去向，组成：{数据结构}，平均流量、高峰期流量}

其中，"数据来源"是说明该数据来自哪个过程；"数据流去向"说明该数据流将到哪个过程去；"平均流量"指在单位时间里的传输次数；"高峰期流量"指在高峰期的数据流量。

【实例7-4】考场安排是一个数据流，在数据字典中可以对考场安排描述如下：

数据流名：考场安排

说　　明：由各课程所选学生数，选定教室、时间，确定考试安排。

来　　源：考试

去　　向：教师

数据结构：考场安排 ＿＿＿＿考试课程 ＿＿＿＿考试时间 ＿＿＿＿教学楼 ＿＿＿＿教室编号

（4）数据存储：是数据结构停留或保存的地方，是数据流的来源和去向之一。对数据存储的描述通常包含以下内容：

数据存储描述={数据存储名，说明，编号，输入的数据流，输出的数据流，组成：

{数据结构}，数据量，存取频度，存取方式}

其中，"存取频度"指单位时间的存取次数及数据量信息；"存取方式"包括是批处理还是联机处理，是检索还是更新，是顺序检索还是随机检索，要尽可能详细收集，并加以说明。

【实例7-5】在教学信息管理系统中，数据存储"学生登记表"的描述如下：

数据存储名：学生登记表

说　　明：记录学生的基本情况

输入数据流：手工录入……

输出数据流：为成绩管理等提供数据

数　据　量：每年2000条

存取的方式：随机存取

（5）处理过程：处理过程的具体处理逻辑一般用判定表或判定树来描述。数据字典中只需要给出处理过程的说明性信息。对处理过程的描述通常包含以下内容：

处理过程={处理过程名、说明、输入：{数据流}，输出：{数据流}，处理{简要说明}}

其中，"简要说明"中主要说明该处理过程的功能及处理要求。功能是指该处理过程用来做什么（而不是怎么做），处理要求包括处理频度要求（如单位时间内处理多少事务、多少数据量，响应时间要求等），这些处理要求是物理设计阶段对性能进行评价时依据的标准。

【实例7-6】在教学信息管理系统中，处理过程"成绩管理"的描述如下：

处理过程：成绩管理

说　　明：每学期进行的学生成绩管理工作

输　　入：学生，课程名称，考试成绩

输　　出：进行归档，并确定补考名单等

处　　理：对学生的选课情况进行确定，并为其分配教室及教师，在期末安排考试时间及地点，考试结束后填写成绩单，确定补考名单等，根据不及格的课程数确定是否降级、退学等。

数据字典是对数据库中数据的描述，数据本身将存放在物理数据库中，由 DBMS 管理。数据字典有助于对这些数据进行进一步管理和控制，为设计人员和数据库管理员在数据库设计、实现和

运行阶段提供依据。数据流图和数据字典是下一步进行概念结构设计的基础。

7.2.3　撰写需求说明书

需求分析形成的数据流图和数据字典最终要以需求说明书的形式呈现。因此，需求说明书是在调查与分析的基础上，依据一定的规范要求所建立的文档资料，是对开发项目需求分析的全面的描述。需求说明书需要依据一定的规范要求编写。我国有国家标准与部委标准，也有企业标准，其制定的目的是为了规范说明书的编写，规范需求分析的内容，同时也为了统一编写格式。需求说明书的基本要求是可读性强、无二义性，为数据库的概念设计和物理设计提供准确和详细资料。

需求说明书一般用自然语言并辅之必要的表格书写，目前也有一些用计算机辅助的书写工具，但由于使用上存在一些问题，应用尚不够普及。需求说明书的内容一般包括：

（1）需求分析的目标和任务、具体需求说明、系统功能和性能、系统运行环境。

（2）需求调查原始资料，包括数据边界、环境及数据的内部关系。

（3）数据数量分析、数据流图。

（4）数据字典、功能结构图和系统配置图。

（5）数据性能分析。

需求说明书在细节上可以有所不同，但是总体要求不外乎上述 5 个方面。设计者在完成需求说明书之后要交由用户审查，充分核实将要建立的系统是否符合用户的全部需求。这个过程需要反复进行，直到双方达成一致，方可进入概念结构设计。

§7.3　概念结构设计

将需求分析阶段得到的用户需求（已用数据字典或数据流图）抽象为信息结构及概念模型表示的过程就是概念结构设计，简称概念设计。概念设计的目的是在需求分析阶段产生的需求说明书的基础上，按照特定的方法把它们抽象为一个不依赖于任何具体机器的概念模型。概念模型是数据模型的前身，它既独立于数据库逻辑结构，又独立于具体的数据库管理系统，因而使设计者的注意力能够从复杂的实现细节中解脱出来，而集中在最重要的信息组织结构和处理模式上。

7.3.1　概念模型与 E-R 表示

概念数据模型（Concept Data Model）通常简称为概念模型，是从概念和视图等抽象级别上描述数据，是现实世界到信息世界的第一层抽象，用来直接表达用户需求所涉及的事物及联系的语义。这种数据模型具有较强的语义表达能力，能够方便、直观地表达客观对象或抽象概念，而且描述简单、清晰、易于理解。因此，概念模型是数据库设计人员进行数据库设计的有力工具，也是数据库设计人员和用户之间进行交流的语言。

概念模型的表示方法很多，其中最著名、目前使用最广的是美籍华人陈平山（Peter Ping Shan Chen，P.P.S.Chen）在 1976 年提出的实体－联系（Entity-Relationship Approach，E-R）方法，该方法是用 E-R 图来描述客观世界并建立概念模型的工程方法，简称 E-R 方法。

1. 描述概念模型的基本要素

概念模型通常用 7 个基本要素来描述，即：实体、实体属性、实体型、实体值、实体集、属性值域和实体标识符。

（1）实体（Entity）：指客观存在并可相互区别的事物，是用户组织中独立的客体。

客体可以是具体的对象，例如一个学校、一个教学班；

客体可以是抽象的对象，例如一次考试、一次讲课、一次借书等；

客体可以是有形的对象，例如一个学生、一把椅子，一个部门、一门课程等；

客体可以是无形的对象，例如专业、导弹飞行的一种轨迹、飞机飞行的一条航线等。

（2）实体属性（Entity Attribute）：指实体所具有的共同特征的具体描述，是实体不可缺少的组成部分。一个实体可以由若干个属性来刻画。例如"人"是一个实体，而"姓名"、"性别"、"工作单位"、"特长"等都是人的属性。又如不同专业学生的实体属性包括："学号"、"性名"、"性别"、"出生年月"等。

（3）实体型（Entity Type）：指具有相同属性的特征和性质。用实体名及其属性名集合来抽象和刻画同类实体。例如，学生（学号、姓名、性别、出生年月、专业）就是一个实体型。

（4）实体值（Entity Value）：是实体型的一个具体值，如（20121101，赵建国，男，02/05/1990，S1101）。

（5）实体集（Entity Set）：指同型实体的集合。例如，全体学生就是一个实体集。在这种意义下，实体集与实体型同义。例如，全体学生就可以用上面的学生实体型来表示学生实体集，即实体集由实体型来表示。

（6）属性值域（Domain）：指一个属性的取值范围。例如，定义学号的值域为 6 位整数，姓名的值域为 6 个字符组成的字符串等。

（7）实体标识符（Identifier）：指能唯一标识一个实体的属性或属性集，通常称为实体标识符，也称为关键字（Key）或简称键和码。例如，学号就可作为学生实体的关键字。

2. 概念模型的 E-R 图表示

E-R 图使用图解的方法描述数据库的概念模型，也称为 E-R 模型或 E-R 图。E-R 图提供了表示实体型、属性和联系的图形表示法。图 7-6 所示是用 E-R 图来表示建立学生选课的概念模型，它用 4 种基本图形符号分别表示实体集、联系、属性及它们之间的连接。

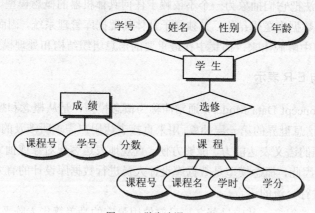

图 7-6　学生选课 E-R 图

（1）椭圆框：用来表示实体或联系的属性，并且用无向边与其相应的实体相连。椭圆框内写明属性名。若是实体标识符属性，则在名字下加横线表示。

（2）菱形框：用来表示实体集之间的联系，而实体与无向边连接，并且在无向边旁边标注上联系的类型。菱形框内标明联系名。

（3）矩形框：用来表示实体集，矩形框内写明实体集的名字。

（4）连线：用来连接椭圆框、矩形框、菱形框，并且要求给出连线关系（1∶1, 1∶N, N∶M）。

3. 用 E-R 图表示联系

概念模型一般用 E-R 图来表示不同实体集之间的联系（Relationship），例如"班级"、"学生"、"课程"是三个实体，它们之间有着"一个班级有多少学生"，"一个学生需要修读多少门课程"等联系。用 E-R 图表示联系时，在实体框与菱形框之间的连线旁要标注联系的类型。两个实体之间的联系可分为以下 3 类。

（1）一对一联系（One-to-one Relationship）：如果实体集 A 中的每一个实体至多与实体集 B 中的一个实体有联系，反之亦然，则称实体集 A 与实体集 B 具有一对一的联系，记为 1∶1。例如夫妻之间的婚姻关系、校长与学校的管理关系等都是一对一的联系，如图 7-7（a）所示。

（2）一对多联系（One-to-many Relationship）：如果实体集 A 中的每一个实体与实体集 B 中的几个实体（N≥0）有联系，反之，实体集 B 中的每一个实体与实体集 A 中至多只有一个实体相联系，则称实体集 A 与实体集 B 具有一对多的联系，记为 1∶N。例如一个班级可以有多个学生，而一个学生只能属于一个班级。班主任与学生的管理关系、学校与教师、班级与学生的所属关系等都是一对多的联系，如图 7-7（b）所示。

（3）多对多联系（Many-to-many Relationship）：如果实体集 A 中的每一个实体与实体集 B 中的 N 个实体（M≥0）有联系，或实体集 B 中的每一个实体与实体集 A 中的 N 个实体（N≥0）相联系，则称实体集 A 与实体集 B 具有多对多的联系，记为 N∶M。例如一个学生可以修读多门课程，而一门课程又有很多学生选修。学生与课程的选课关系、教师与学生的教学关系等都是多对多联系，如图 7-7（c）所示。

除了上述 3 种关系外，还有如图 7-7（d）所示的实体集内部实体间的 1∶N 联系以及图 7-7（e）所示的三个实体集之间的 P∶N∶M 联系。

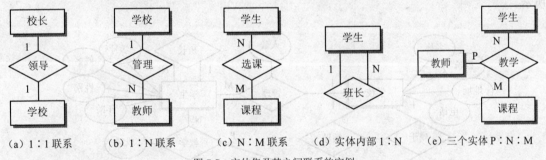

（a）1∶1 联系　（b）1∶N 联系　（c）N∶M 联系　（d）实体内部 1∶N　（e）三个实体 P∶N∶M

图 7-7　实体集及其之间联系的实例

4. 实体和属性

实体—联系模型简称为 E-R 模型，实体是 E-R 模型的对象，是对现实世界事物的抽象。每个实体都有一些特征或性质，称为实体的属性。

假设图 7-7 中的 4 个实体集：学校、学生、教师、课程分别具有以下属性：

学校：名称、校长、地址、电话。

学生：学号、姓名、性别、年龄。

教师：姓名、性别、年龄、职称。

课程：课程号、课程名、学时。

这 4 个实体集的属性用 E-R 图表示，则如图 7-8 所示。

如果将这 4 个实体集按其联系的语义集成起来，就是一个关于学校教学管理的实体和联系表示的 E-R 图，如图 7-9 所示。

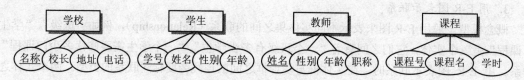

图 7-8 实体集的属性表示

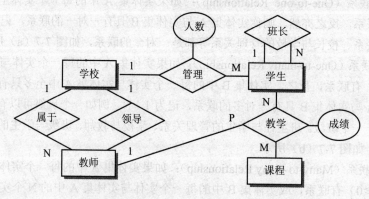

图 7-9 教学管理的实体和联系表示的 E-R 图

图中"学校"与"教师"两个实体集之间有"领导"和"属于"两种联系，分别为 1∶1 与 1∶N，描述的语义是：一个学校的校长是由一名教师担任；一个学校有多名教师，一名教师只属于一个学校。此外，"管理"和"教学"联系都有属性。

若将图 7-8 和图 7-9 组合起来，便是一个完整的 E-R 图。表示高校教学管理的概念模型如图 7-10 所示。

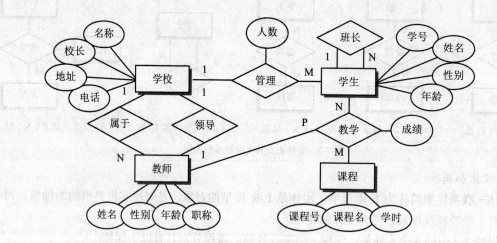

图 7-10 高校教学管理的 E-R 图

5. 概念模型的特点

E-R 模型是抽象和描述现实世界事物及其联系的有力工具，其特点主要体现在以下方面。

（1）独立实际系统：该模型既独立于数据库逻辑结构，也独立于支持数据库的 DBMS。这与第 1 章中提到的 4 种数据模型（层次、网状、关系、对象）不同，它只描述现实世界，不涉及实现，不依赖于任何具体的 DBMS 系统。这种独立性对进行概念设计是非常重要的。

（2）便于描述：概念模型是对现实世界的抽象和概括，它真实、充分地反映了事物和事物之间的联系，能满足用户对数据的处理要求。

（3）便于转换：概念模型能很方便地向关系型、网状型、层次型等各种数据模型转换。

（4）便于更新：由于概念模型独立于 DBMS，当应用环境和应用要求改变时，容易对概念模型进行修改和扩充。

（5）便于交流：用图形方式表示的概念模式不仅直观易懂，而且有利于数据库设计者、用户（不懂计算机）和系统分析员进行信息交流。高级数据模型通常都具有图形表达能力。

概念模型的特点也反映了概念结构设计的特点。在需求分析阶段，数据库设计人员应充分调查并描述用户的应用需求，并把现实世界的具体应用需求抽象为信息世界的结构，才能更好、更准确地用某一个 DBMS 实现用户的这些需求。

7.3.2　概念设计的方法和步骤

概念设计的主要目的是分析数据之间的内在语义关联，并在此基础上建立数据抽象模型。概念设计的方法和步骤，实际上就是建立信息数据的内在逻辑关系和语义关联的过程。

1. 概念设计的方法

概念设计的方法很多，目前常用的有实体—联系（E-R）方法和统一建模语言（Unified Modeling Language，UML）类图方法，这里我们仅介绍 E-R 方法。E-R 方法通常有以下 4 种。

（1）自顶向下（up-down）：先定义全局概念结构框架，然后逐步细化，形成最终概念模型。

（2）自底向上（bottom-up）：先定义各局部应用的概念结构，然后将它们集成，形成全局概念模型。

（3）逐步扩张（inside-out）：先定义最重要的核心概念模型，然后向外扩充，生成其它概念模型，直至完成总体概念模型。

（4）混合策略：采用自顶向下和自底向上相结合，即先以自顶向下的方法，设计一个全局概念模型的框架，以此为骨架，然后自底向上设计集成各局部概念模型。

最常用的策略是自顶向下进行需求分析，然后自底向上进行概念设计，如图 7-11 所示。

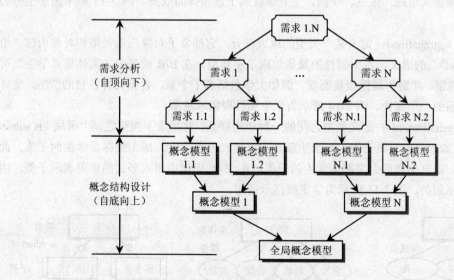

图 7-11　自底向上的概念模型设计方法

2. 概念设计的步骤

概念结构设计的步骤与设计方法有关，采用自底向上的方法时一般分成两步，首先根据需求分析结果（数据流图、数据字典等）对现实世界的数据进行抽象，设计各个局部视图，即分 E-R 视图；然后集成局部视图，设计全局 E-R 视图，其设计步骤如图 7-12 所示。

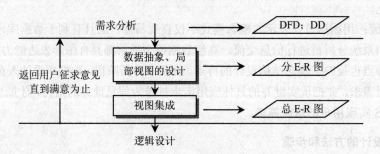

图 7-12　概念设计步骤

7.3.3　局部概念设计

局部概念设计是根据需求分析的结果（数据流图、数据字典）对现实世界的数据进行抽象，然后设计成各个局部视图（分 E-R 图）。具体说，将各局部应用涉及的数据分别从数据字典中抽取出来，参照数据流图，标定各局部应用中的实体、实体的属性，标识实体的键、确定实体之间的联系及其类型（1∶1，1∶N，M∶N）。

1. 数据抽象

概念模型是对现实世界的抽象，即抽取现实世界的共同特性而忽略非本质的细节，并把这些共同特性用各种概念精确地加以描述，形成某种模型。通常，可采用分类、聚集、概括等方法来进行数据抽象，用实体－联系图进行描述，以得到概念模型的实体集及其属性。

（1）分类（classification）：定义某一类概念作为现实世界中一组对象的类型，这些对象具有某些共同的特性和行为，它抽象了"成员（is member of）"的语义。在 E-R 模型中，"学生"就属于实体，学生由很多人组成，张三、李四、王五等就属于该实体的成员。图 7-13 所示为学生分类示意图。

（2）聚集（aggregation）：定义某一类型的组成部分，它抽象了对象内部类型和对象内部"组成部分（is part of）"的语义，若干属性的聚集组成了实体型。在 E-R 模型中，实体集"学生"可由学号、姓名、性别、年龄等属性聚集而成。例如大学包括若干个系，各系又有各自的学生，实体集"学生"又是系的一个属性。图 7-14 所示为学生属性聚集示意图。

（3）概括（genalization）：定义类型之间的一种子集联系，它抽象了类型之间"所属（is subset of）"的语义。例如本科生、硕士生、博士生都是实体集，但硕士生、博士生都是学生的子集。此处学生即为超类，研究生和博士生都为学生的子类。在 E-R 模型中用双竖边的矩形表示子类，用直线加小圆圈表示超类，图 7-15 所示为学生概括示意图。

图 7-13　学生分类示意图　　　图 7-14　学生属性聚集示意图　　　图 7-15　学生概括示意图

2. 设计局部 E-R 图

在 E-R 方法中，局部概念结构又称为局部 E-R 模式，局部 E-R 模式的设计过程通常按以下步骤进行。

（1）明确局部应用的范围：就是根据应用系统的具体情况，根据需求说明书中的数据流图（DFD）和数据字典（DD），在多层数据流图中选择一个适当层次的数据流图作为 E-R 图的出发点，并让数据流图中的每一部分都对应一个局部应用。

（2）确定实体和属性：实体和属性之间并不存在截然的界限，在一种应用环境中某一事物可能作为"属性"出现，而在另一种应用环境中可能作为"实体"出现。例如，学校中的"系"，它可以作为描述"学生"实体的一个属性，说明学生属于哪个系；而在另一个环境中，需要建立系主任、系办公室电话等信息，则将"系"作为一个实体来看待就更恰当。因此，在划分实体和实体的属性时，一般遵循以下的经验性原则：

① 属性是不可再分的数据项，不能再有需要说明的信息。否则，该属性应定义为实体。

② 属性不能与其它实体发生联系，联系只能发生在实体之间。

③ 为了简化 E-R 图的处置，现实世界中的对象，凡能够作为属性的尽量作为属性处理。

【实例 7-7】学生信息管理系统局部应用中主要涉及的是学生实体，而学号、姓名、宿舍、所在系、系主任是学生实体的属性，如图 7-16 所示。

如果宿舍没有管理员的信息（姓名、职称、工资等），那么没有必要进一步描述，则宿舍可以作为学生实体的一个属性对待。如果考虑学生的宿舍会根据不同的缴费标准来分配，宿舍号和宿舍名、宿舍费等会不一样，而且宿舍号不同宿舍费也不同，那么宿舍作为一个实体来考虑比较恰当。图 7-17 就是将"宿舍"由属性变为实体的示意图。

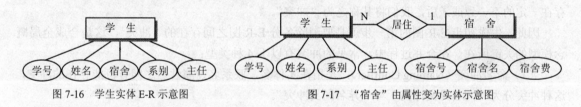

图 7-16　学生实体 E-R 示意图　　　　　　图 7-17　"宿舍"由属性变为实体示意图

（3）确定实体之间的联系，产生局部 E-R 模型：如果存在联系，就要确定联系类型（1∶1、1∶N、M∶N）。例如，由于一个宿舍可以住多名学生，而一名学生只能住在某一个宿舍中，因此宿舍与学生之间是 1∶N 的联系；由于一个系可以有若干名学生，而一个学生只能属于一个系，因此系与学生之间也是 1∶N 的联系；而一个系只能有一名系主任，所以系主任和系是 1∶1 的关系。

7.3.4　总体概念设计

总体概念设计是指将设计好的各个分 E-R 图进行集成，最终形成一个完整的、能支持各个局部概念模型的数据库概念模型结构的过程。换句话说，当各个局部概念模型（分 E-R 图）建立好之后，需要将它们合并成为一个全局概念模型（总 E-R 图）。将局部概念设计综合为全局概念设计的过程称为视图集成（View Integration）。在集成过程中，根据系统中局部概念模型（分 E-R 图）的多少，可采取两种集成方式。

● 一次性集成：在局部视图（分 E-R 图）不多时，可一次性集成，如图 7-18 所示。

● 逐步集成：在局部视图比较多时，先集成两个比较关键的局部视图，然后依次与另一个局部视图集成，直到将所有的局部视图集成为一个总 E-R 图，如图 7-19 所示。

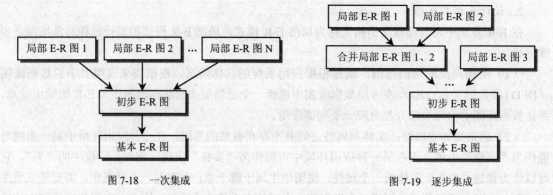

图 7-18   一次集成   图 7-19   逐步集成

由于逐步集成每次只集成两个局部概念模型，操作起来比较简单，因此在实际设计中，特别是较大的系统设计中，多采用这种方式。

但无论是采用哪种集成方式，将局部概念模型集成为一个整体概念模型时都分为两步：先合并，形成初步 E-R 图；然后重构，形成基本 E-R 图。

1. 合并局部 E-R 图，消除冲突，生成初步 E-R 图

由于各个局部应用面向的问题不同，把局部 E-R 图集成为全局 E-R 图时，需要将具有相同实体的两个 E-R 图以该相同实体为基准进行集成。如果还存在两个或两个以上的相同实体，则再次按前面的方法集成，直到不存在相同的实体为止，以此生成初步的 E-R 图。

然而，由于各个局部的分 E-R 图可能是由不同的设计人员设计的，因此在将各个分 E-R 图进行综合集成时，必定存在不一致的地方，甚至还可能存在有矛盾的地方。即使整个系统的各分 E-R 图都由同一个人设计，由于系统的复杂性和面向某一局部应用的设计时对全局应用考虑不周，仍会存在一定的不一致或矛盾，我们将其称之为"冲突"。

因此，生成初步 E-R 图的第一步就是要消除各分 E-R 图之间存在的"冲突"，这是合成全局概念模型的关键所在。在合并过程中，常见的冲突有以下 4 种类型：

（1）命名冲突（Naming Conflict）：是指在实体名、联系名、属性名之间有可能存在的冲突，这种冲突分为"同名异义冲突"与"异名同义冲突"。

① 同名异义冲突。是指不同的实体中存在名称相同但意义不同的属性。例如，在"学生视图"和"研究生视图"中的学生分别表示"大学生"和"研究生"，这是同名异义冲突；

② 异名同义冲突。是指不同的实体中存在意义相同但名字不同的属性。例如，"何时入学"和"入学时间"，这是异名同义冲突。

（2）域冲突（Field Conflict）：也称为属性冲突，是指相同的属性在不同视图中有不同的域，这种冲突分为"属性域冲突"和"属性取值单位冲突"。

① 属性域冲突。是指属性的取值范围和类型等不同。例如学生的"学号"，在一处设为"字符型"，而在另一处却设为"整数型"；又例如学生的"性别"，在一处设为"字符型"，而在另一处却设为"布尔型"。

② 属性取值单位冲突。是指属性的取值单位不一致。例如对于量度，在一处以"克"为单位，而在另一处却以"千克"为单位，等等。

（3）概念冲突（Concept Conflict）：也称为结构冲突，是指同一意义的对象（实体集、联系集或属性）在不同的分 E-R 图中采用了不同的结构特征。概念冲突一般包括以下 3 种情况：

① 同一对象在一个视图中可能作为实体，在另一个视图中可能作为属性或联系。例如，宿舍

在某一局部应用中被当作实体，在另一局部应用中被当作属性。

② 同一实体在不同的局部 E-R 图中所包含的属性个数和属性排列次序不完全相同。这是由于不同局部应用关心的是该实体的不同侧面造成的。

③ 实体之间的联系在不同局部 E-R 图中呈现不同的类型。例如，实体 E1 与 E2 在局部应用 A 中是 M∶N 联系，而在局部应用 B 中是 1∶N 联系；又如在局部应用 X 中 E1 与 E2 发生联系，而在局部应用 Y 中 E1、E2、E3 三者之间有联系。

（4）约束冲突（Constraint Conflict）：不同视图可能有不同的约束。例如，大学生和研究生对选课的最少门数和最大门数可能不一样。

为了消除上述冲突，在合成过程中，可采用以下 3 种措施（策略）：

① 等同（Identity）。对具有相同语义的多个数据对象等同看待，包括简单的属性等同、实体等同、同义同名等同和同义异名等同。等同的对象及其语法形式表示可以不一致，例如某单位职工按身份证编号，属性"职工编号"与"职工身份证编号"有相同的语义。

② 聚合（Aggregation）。将不同实体聚合成一个整体或者将它们连接起来，例如实体"学生"，可由学号、姓名和性别等聚合而成。

③ 抽取（Generalization）。将不同实体中相同属性提取成一个新的实体并构造成具有继承关系的结构。

2. 消除不必要的冗余，生成基本 E-R 图

在设计面向各个局部应用的分 E-R 图时，可能对全局应用考虑不周，因而有时会使得到的总体 E-R 图存在冗余数据（可由基本数据导出的数据）和冗余联系（可由实体间的其它联系导出的联系）。冗余数据和冗余联系会破坏数据库的完整性，给数据库维护增加困难。因此，必须对集成后的总 E-R 图进行优化。通过修改与重构初步 E-R 图，合并主键相同的实体类型可以消除冗余属性和冗余联系。消除一些不必要冗余后的初步 E-R 图称为基本 E-R 图。消除冗余的主要方法有：用分析法消除冗余和用规范化理论消除冗余。

（1）用分析法消除冗余：以数据字典和数据流图为依据，根据数据字典中数据项间的逻辑关系的说明来消除冗余，它是消除冗余的主要方法。

（2）用规范化理论消除冗余：与用规范化理论优化数据模型的思想是一样的。

【实例 7-8】设有在校学生参加社团的管理系统如图 7-20 和图 7-21 所示，要求描述由局部 E-R 图合并生成初步 E-R 图，然后消除冗余，生成基本 E-R 图的全过程。

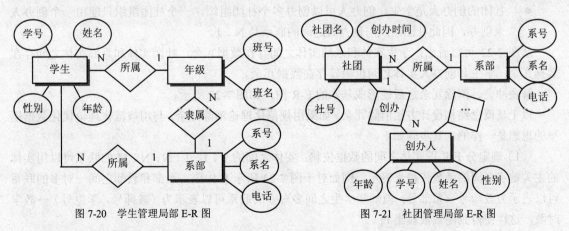

图 7-20　学生管理局部 E-R 图　　　　　图 7-21　社团管理局部 E-R 图

解析：根据总体概念设计的步骤，具体操作步骤如下。

（1）合并局部 E-R 图，生成初步 E-R 图：对给定的分 E-R 图 7-20 和图 7-21 进行合并，生成初步 E-R 图，如图 7-22 所示。

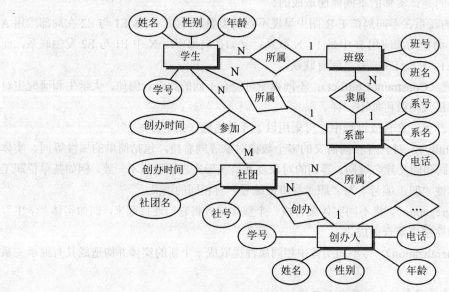

图 7-22   社团管理系统的初步 E-R 图

（2）解决冲突，消除冗余，形成基本 E-R 图：图 7-20 学生和图 7-21 创办人属性与其它实体的联系都相同，是冗余实体。对于图 7-20，根据社团管理系统中的学生、班级和系三个实体之间所属关系，来确定这三个实体的联系。

- 一个学生只属于一个班，一个班包括多名学生，因此学生与班的所属联系是 1：N。
- 一个班级只能隶属于一个系，一个系部包括多个班，因此班级与系的隶属联系是 1：N。
- 一个学生只属于一个系，一个系包括多名学生，因此系与学生的所属联系是 1：N。
- 一个学生可以参加多个社团组织，一个社团组织可以由多名学生组成，因此学生与社团组织的参加联系是 M：N。学生参加某个社团组织的参加联系具有参加社团时间属性。
- 一个系可以有多个社团组织，一个社团组织只能属于一个系，因此社团组织和系的所属联系是 1：N。
- 社团的创办人是学生，创办人可以创办多个社团组织，一个社团组织只能由一个创办人来创办，因此社团组织与创办人之间的联系是 N：1。

从图 7-22 可以看出：学生实体和系部实体之间存在数据冗余；社团实体和系部实体之间存在数据冗余；学生和创办人实体之间也明显存在数据冗余。

解决冲突、消除冗余之后便形成基本的 E-R 图，如图 7-23 所示。

以上是概念结构设计方法消除冗余。如果用规范化理论消除冗余，与用规范化理论优化数据模型的思想是一样的，其步骤如下。

（1）确定分 E-R 图实体之间的数据依赖：实体之间的 1：1、1：N、N：M 的联系可以用实体的主关键字之间的函数依赖来表示。例如对于图 7-24 所示 E-R 图，系部和教师之间一对多的联系可以表示为教师号→系部号；教师和学生之间多对多的联系可以表示为（教师号，学生号）→教学时数，这样便得到函数依赖集 F_L。

（2）对关系模式之间的数据依赖进行极小化，以此消除冗余的联系：具体说，就是求函数依

赖集 F_L 的最小覆盖 G_L，差集为 $D=F_L-G_L$。逐一考察差集 D 中的函数依赖，确定是否为冗余的联系，如果是冗余的联系则删除。由于规范化理论受泛关系假设的限制，因此冗余的联系一定在差集 D 中，而 D 中的联系不一定是冗余的。当实体之间存在多种联系时，需要将实体之间的联系在形式上加以区分。

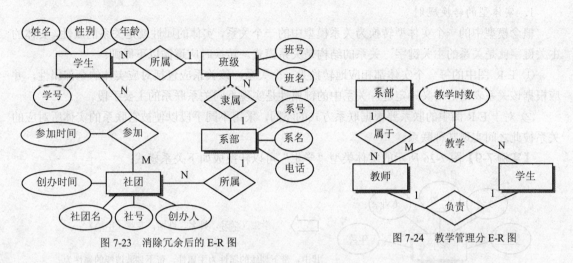

图 7-23　消除冗余后的 E-R 图　　　　　图 7-24　教学管理分 E-R 图

§7.4　逻辑结构设计

概念结构设计所得的 E-R 模型是对用户需求的一种抽象的表达形式，它独立于任何一种具体的数据模型，因而也不能为任何一个具体的 DBMS 所支持。为了能够建立起最终的物理系统，还需要将概念结构进一步转化为某一 DBMS 所支持的数据模型，然后根据逻辑设计的准则、数据的语义约束、规范化理论等对数据模型进行适当调整和优化，形成合理的全局逻辑结构，并设计出用户子模式，这就是数据库逻辑设计所要完成的任务。

数据库的逻辑结构设计可分为两个步骤：先将概念设计所得的 E-R 图转换为关系模型，然后对关系模型进行优化。逻辑结构设计的过程如图 7-25 所示。

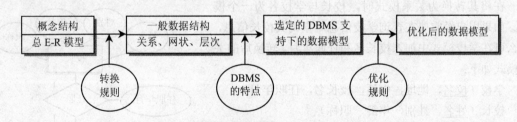

图 7-25　逻辑结构设计的过程

按照图 7-25 的步骤，进行 E-R 模型转换、应用规范化理论优化逻辑模型、设计用户子模式。

7.4.1　E-R 图向关系模型的转换

E-R 图是用来描述概念模型的一组视图，关系模型的逻辑结构是一组关系模式的集合，把 E-R 图转换成一组关系模型，实际上就是将实体、实体的属性和实体之间的联系转换为关系模式。将 E-R 图转换成关系模型需要解决两个问题：一个是如何将实体型和实体型间的联系转换为关系模式；另一个是如何确定这些关系模式的属性和主关键字。关系模型是一组关系（二维表）的组合，而 E-R 模型则是由实体、实体的属性、实体间的联系三个要素组成。因此，要将 E-R 模型转换为关系模型，实际上就是将实体、实体的属性和实体型之间的联系转换为相应的关系模式。将概念模型转换为关系模型具有以下规则。

1. 实体型的转换规则

概念模型中的一个实体型转换为关系模型中的一个关系，实体的属性就是关系的属性，实体的主关键字就是关系的主关键字，关系的结构是关系模式。转换时应遵循以下原则：

① E-R 图中的每一个实体都相应地转换为一个关系，该关系应包括对应实体的全部属性，并应根据该关系表达的语义确定键，关系中的键属性是实现不同关系联系的主要手段。

② 对于 E-R 图中的联系要根据联系方式的不同，采用不同手段以使被它联系的实体所对应的关系彼此之间实现某种联系。

【实例 7-9】图 7-26 所示的实体类型"学生"可以转换成如下关系模式：

学生（<u>学号</u>，姓名，性别，专业，<u>年龄</u>）

其中，带下划线的属性为主属性，带下划波浪线的属性为关系模式外键

图 7-26　实体类型转换为关系类型

2. 实体型之间联系的转换规则

从概念模型向关系模型转换时，实体型之间的联系按照以下规则转换。

（1）一对一（1∶1）联系的转换方法：若实体间的联系为 1∶1，则可以转换为一个独立的关系模式，也可以与任意一端的实体型所对应的关系模式合并。若将其转换为一个独立的关系模式，则与该联系相连的实体的主关键字以及联系本身的属性均转换为关系的属性，且每个实体的主关键字均为该关系的候选关键字。若将其与某一端实体型所对应的关系模式合并，则需要在被合并关系中增加属性，新增属性为联系、本身的属性和与此联系相关的另一个实体型的主关键字。

【实例 7-10】校长与学校间存在着 1∶1 联系，其 E-R 图如图 7-27 所示。

在将其转换为关系模式时，校长与学校各为一个模式。如果用户经常要在查询学校信息时查询其校长信息，那么可在学校模式中加入校长名和任职年月。转换后的关系模式如下：

学校（<u>校名</u>，地址，电话，校长名，任职年月）

校长（<u>姓名</u>，性别，年龄，职称）

（2）一对 N（1∶N）联系的转换方法：若实体间的联系为 1∶N，则有两种转换方法：一种方法是将联系转换为一个独立的关系，其关系的属性由与该联系相连的各实体的主关键字以及联系自身的属性组成，而该关系的主关键字为 N 端实体的主关键字；另一种方法是与 N 端对应的关系模式合并，即在 N 端实体中增加新属性，新属性由联系对应的 1 端实体的主关键字和联系自身的属性构成，新增属性后原关系的主关键字不变。

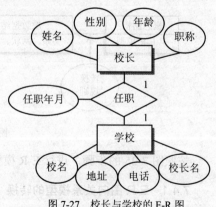

图 7-27　校长与学校的 E-R 图

【**实例 7-11**】系部与教工间存在 1：N 联系，其 E-R 图如图 7-28 所示。转换后的关系模式如下：

系部（<u>系部号</u>，系部名，电话）

教工（<u>教工号</u>，姓名，性别，年龄）

聘用（<u>系部号</u>，教工号，聘用时间）

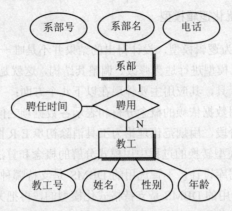

图 7-28　系部与教工 E-R 图

【**实例 7-12**】将图 7-29 所示的同一实体集内的一对多联系的 E-R 图转换为关系模型。

该例有两种方法可供选择（关系模式中标有下划线的属性为主关键字）。

方法 1：转换为两个关系模式。

教工（<u>教工号</u>，姓名，年龄）；

领导（领导工号，<u>教工号</u>）。

方法 2：转换为一个关系模式。

教工（<u>教工号</u>，姓名，年龄，领导工号）。

在方法 2 中由于同一关系中不能有相同的属性名，所以将领导的职工号改为领导工号。两种方法相比，方法 2 关系少，且能充分表达，所以采用方法 2 更好。

（3）多对多（M：N）联系的转换方法：若实体间的联系为 M：N，此情况只有一种转换方法，将该联系转换为一个独立的关系模式，其属性为两端实体类型的键加上联系类型的属性，而关系的键为两端实体转换成的关系模式键的组合。

【**实例 7-13**】将图 7-30 所示学生与课程之间存在的多对多联系的 E-R 图转换为关系模型。

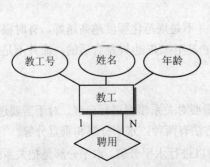

图 7-29　1：N 联系转换 E-R 图

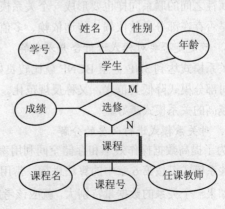

图 7-30　学生与课程的 E-R 图

该例转换后的关系模型如下（关系模式中标有下划线的属性为主关键字）：

学生（<u>学号</u>，姓名，年龄，性别）

课程（<u>课程号</u>，课程名，任课教师）

选修（<u>学号</u>，<u>课程号</u>，成绩）

其中，学号和课程号分别为该关系"选修"的两个外关键字。

7.4.2　应用规范化理论优化逻辑模型

从概念模型 E-R 图转换为逻辑模型，设计得出的结果并不是唯一的。为了提高数据库应用系统的性能，需要对所得的逻辑模型进行适当修改、调整其结构，这就是数据模型的优化。规范化理论是优化逻辑模型的指南和工具，其应用主要体现在以下几个方面：

第一，在数据分析阶段用数据依赖的概念分析和表示各数据项之间的联系。

第二，在设计概念结构阶段，用规范化理论为工具消除初步 E-R 图中冗余的联系。

第三，由 E-R 图向数据模型转换的过程中用模式分解的概念和算法指导设计。

应用规范化理论进行数据库设计，不管选用的 DBMS 是支持哪种数据模型，均先把概念结构向关系模型转换，然后，若选用的 DBMS 是支持格式化模型的，再把关系模型向格式化模型映像，这种设计过程可以充分运用规范化理论的成果优化关系数据库模式的设计。

1．确定数据依赖

按照数据需求分析的语义，分别写出 E-R 图中每个实体内各个属性的数据依赖，实体之间的联系用实体主键之间的联系来表示。例如学生与班级实体的联系可以表示为学号→班级号。学生与课程之间 N∶M 的联系可以表示为（学号，课程号）→成绩。另外还应仔细考虑不同实体的属性之间是否存在某种数据依赖，把它们一一列出，于是得到了一组数据依赖，记做Σ，这组数据依赖Σ和诸实体所包含的全部属性 U 就是关系模式设计的输入。

2．消除数据冗余

对各个关系模式之间的数据依赖进行极小化处理，以消除冗余的联系。其方法是：根据函数依赖概念，设函数依赖集为 F，求函数依赖集 F 的最小覆盖 G，差集为 D=F−G。逐一考察差集 D 中的函数依赖，确定是否为冗余的联系，如果是冗余的联系则删除。

3．确定关系模式的范式

用关系表示实体之间的联系，每个联系对应一个关系模式 $R_j(U_j，\Sigma_j)$。U_j 由相互联系的两个或多个实体的主键属性以及描述该联系的性质的属性组成；Σ_j 是Σ在 U_j 上的投影。对于不同实体非主键属性之间的联系同样也要形成一个关系模式。按照数据依赖的理论，逐一分析这组关系模式，考察是否存在部分函数依赖、传递依赖、多值依赖等，确定它们分别属于第几范式。

4．确定是否要对模式进行合并或分解

关系模式达到 3NF 甚至 BCNF 就比较良好了。但并不是规范化程度越高越好，有时根据需要可以对部分模式降低其范式，又称反规范化。有时 2NF 甚至 1NF 也许是合适的，而并不是规范化程度越高的关系模式越好。

5．对关系模式进行必要的分解

为了提高数据操作效率和存储空间利用率，有时需要对关系模型进行分解。对于需要进行分解的关系模式可按第 6 章中的算法进行。常用的分解方法有两种：水平分解和垂直分解。

如果一个关系的数据量特别大，就应该考虑是否可以进行水平分解。水平分解是把关系的元组分为若干个子集合，每个子集合定义为一个子关系，以提高系统的效率。通常把经常使用的数据分

解出来形成一个子关系。

垂直分解是把关系模式 R 的属性分解为若干子集合，形成若干子关系模式。垂直分解的原则是把经常一起使用的属性从关系模式 R 中分离出来形成一个子关系模式。垂直分解需要确保无损连接性和函数依赖，即保证分解后的关系具有无损连接性和保持函数依赖性。

规范化理论给出了判断关系模式优劣的理论标准，对于预测模式可能出现的问题，提供了自动生成各种模式的算法工具，因此是设计人员的有力工具，也使数据库设计工作有了严格的理论基础。

7.4.3　设计用户子模式

将概念模型转换为全局逻辑结构后，还应根据局部应用需求，结合具体 DBMS 的特点设计用户子模式（也称为外模式）。子模式是面向各个最终用户或用户集团的局部逻辑结构，它体现了各个用户对数据库的不同视角。由于多数商品化的关系型 DBMS 的模式和子模式都用相同语言设计，用户可直接存取逻辑数据库中的关系模式，所以只需根据某些用户的特殊要求，设计若干用户视图。目前，关系数据库管理系统一般都提供了视图（view）功能，可以利用它设计更符合局部用户需求的用户子模式。子模式的设计不仅可以简化用户的数据视图，而且可以方便地对用户进行授权。设计子模式时可以参考系统分析阶段得到的局部 E-R 图。

定义数据库全局逻辑结构主要是从系统的时间效率、空间效率、维护难易度等角度出发的。由于子模式与模式是相对独立的，因此在定义用户子模式时可以着重考虑用户的习惯性、便捷性与安全性。

1．习惯性

习惯性是指使用符合用户习惯的别名。在进行合并各分 E-R 图时已进行了消除命名冲突工作，使数据库系统中同一关系和属性具有唯一的名字，这在设计数据库整体结构时是非常必要的。但对于某些局部应用，由于改用了不符合用户习惯的属性名，可能会使他们感到不方便，因此在设计用户的子模式时可以重新定义某些属性名，使其与用户习惯一致。当然，为了使用的规范化，也不能一味地迁就用户习惯。例如，负责学籍管理的用户习惯于称教师模式的职工号为教师编号，因此可以定义视图，在视图中将职工号重定义为教师编号。

2．便捷性

便捷性是指简化用户对系统的使用。如果某些局部应用经常要使用某些很复杂的查询，为方便用户，可以将这些复杂查询定义为视图，用户每次只对定义好的视图进行查询。

3．安全性

安全性是指针对不同级别的用户定义不同的外模式，以满足系统对安全性的要求。

【实例 7-14】设子模式中包括教师号、姓名、性别、出生年月、婚姻状况、学历、学位、政治面貌、职称、职务、工资、教学效果等属性。假如系统中对 3 个模块的定义是：

● 学籍管理应用模块：只能查询教师的教师号、姓名、性别、职称数据。

● 课程管理应用模块：只能查询教师的教师号、姓名、性别、职称、学历、学位、教学效果数据。

● 教师管理应用模块：可以查询教师的全部数据。此时，则可定义两个子模式：

教师－学籍管理（教师号，姓名，性别，职称）。

教师－课程管理（教师号，姓名，性别，职称，学历，学位，教学效果）。

授权学籍管理应用只能访问教师－学籍管理视图。

授权课程管理应用只能访问教师－课程管理视图。

授权教师管理应用能访问教师表。

这样就可以防止用户非法访问本来不允许他们查询的数据，保证了系统的安全性。

§7.5 物理结构设计

在逻辑结构设计阶段完成的任务是 E-R 图设计，它是独立于数据库管理系统（DBMS）的。逻辑结构设计阶段的主要任务是解决"要做什么"的问题，接下来的工作就是进行物理结构设计。因此，物理结构设计的主要任务是在逻辑数据库设计基础上，根据具体计算机系统硬件 DBMS 等的特点，为给定的关系模式选择合适的存储结构和存取方法，以提高数据库的访问速度及有效利用存储空间。物理结构设计的目的就是为了在数据检索中尽量减少 I/O 操作次数以提高数据检索的效率。数据库的物理结构设计依赖于选定的数据库管理系统，其设计步骤通常可按以下三步进行：首先确定数据库的存取方法；其次确定数据库的存储结构；然后对物理结构进行评价，评价的重点是时间和空间效率。

7.5.1 确定数据库的存取方法

数据库物理设计的目标是在选定的 DBMS 上建立起逻辑结构设计确立的数据库的结构。但事实上，在关系数据库中已大量屏蔽了内部物理结构，留给用户参与物理设计的余地不多。由于数据库系统是多用户共享的系统，必须对同一个关系建立多条存取路径才能满足多用户的各种应用要求。因此，物理设计的任务之一就是要确定选择哪些存取方法（即建立哪些存取路径），它是快速存取数据库中数据的重要技术。在关系数据库管理系统中提供的存取方法有三类：索引法、聚簇法和 Hash 法。具体采用哪种方法是由数据库系统的存储结构决定的，数据库设计人员只能选取某个存取方法。

1. 索引法

索引（Index）是数据库物理设计的基本问题，给关系选择有效的索引对提高数据库的访问效率有很大的作用。索引是按照关系的某些属性列建立的，是最常用的存取方法，主要用于常用的或重要的查询中。对于一个确定的关系，通常在下述条件之下可以考虑建立索引。

① 在经常需要排序的列上建立索引，因为索引已经排序，这样查询可以利用索引的排序加快排序查询的速度。

② 在主键及外键之上一般都可以分别建立索引，以加快实体间的连接查询速度，同时有助于引用完整性检查以及唯一性检查。

③ 在经常用于连接的列上建立索引，即在外键上建立索引。

④ 在经常需要根据范围进行搜索的列上创建索引，因为索引已经排序，即其指定的范围是连续的。

⑤ 以查询为主的关系表尽可能多地建立索引，即在 where 子句中经常使用的列上面建立索引。如果一组列经常在查询条件中出现，则考虑建立组合索引。

⑥ 若一个列经常作为最大值和最小值等聚集函数的参数，则考虑针对该列建立索引。

⑦ 对有些查询可以从索引中直接得到结果，不必访问数据块，这种查询可以建立索引，如查询某属性的 MIN、MAX、AVG、SUM 和 COUNT 等函数值，可以在该属性列上建立索引，查询时，按照属性索引的顺序扫描直接得到结果。

〖问题点拨〗关系上定义的索引数要适当，并不是越多越好，因为系统维护索引需要付出代价，查找索引也要付出代价。例如更新频率很高的关系上定义的索引，数量就不能太多，因为更新一个关系时，必须对这个关系上有关的索引作相应的修改。

【实例 7-15】设某大学需要建立一个学生成绩的数据库系统，整个系统包括三个数据表：课程信息表、学生信息表和学生成绩表。数据库的结构如下，

学生信息表（学号、姓名、出生年月、性别、系名、班号）

课程信息表（课程号、课程名、教师、学分）

学生成绩表（学号、课程号、成绩）

整个系统需要统计学生的平均分、某课程的平均分等，所以学生信息表中的属性"学号"，课程信息表中的属性"课程号"，学生成绩表中的属性"学号"、"课程号"将经常出现在查询条件中，可以考虑在上面建立索引以提高效率。

2. 聚簇法

聚簇法（Cluster）也称为集簇法，是将有关的数据元组集中存放于一个物理块、若干个相邻的物理块或同一柱面内，以提高查询效率的数据存取结构。目前的 RDBMS 中都提供按照一个或几个属性进行聚簇存储的功能。聚簇一般至少定义在一个属性之上，也可以定义在多个属性之上，这个属性或属性组称为聚簇键。聚簇可以大大提高按聚簇键进行查询的效率。

【实例 7-16】要查询软件系部所有 800 个学生名单。

在极端情况下，这 800 名学生所对应的数据元组分布在 800 个不同的物理块上。尽管对学生关系已按所在系部建有索引，由索引会很快找到软件系部学生的元组标识，避免了全表扫描，但再由元组标识去访问数据块时就要存取 800 个物理块，执行 800 次 I/O 操作。如果将同系部的学生元组集中存放，则每读一个物理块就可得到多个满足查询条件的元组，从而显著减少访问磁盘的次数。聚簇功能不但适用于单个系统，还适用于经常进行连接操作的多个关系，即将多个连接关系的元组按连接属性值聚簇存放，聚簇中的连接属性称为聚簇键，这就相当于把多个关系按预连接形式存放，大大提高连接操作的效率。

聚簇与索引在功能上有许多相似之处，其区别主要体现在以下两个方面：

① 当索引属性列发生变化，或增加和删除元组时，只有索引发生变化，而关系中原先元组的存放位置不受影响。

② 每个元组值只能建立一个集簇，但却可以同时建立多个索引。

一个数据库可以建立多个聚簇，但一个关系只能加入一个聚簇。选择聚簇存取方法就是确定需要建立多少个聚簇，确定每个聚簇中包括哪些关系。聚簇设计时可分两步进行：先根据规则确定好候选聚簇，再从候选聚簇中去除不必要的关系。设计候选聚簇的原则是：

① 对经常在一起进行连接操作的关系可以建立聚簇。

② 若一个关系的一组属性经常出现在相等、比较条件中，则该单个关系可建立聚簇。

③ 若一个关系的一个或一组属性上的值重复率很高，则此单个关系可建立聚簇。也即对应每个聚簇键值的平均元组不能太少，否则聚簇效果不明显。

④ 若关系的主要应用是通过聚簇键进行访问或连接，而其它属性访问关系的操作很少，则可以使用聚簇。尤其当 SQL 语句中包含有与聚簇有关的 ORDER BY、GROUP BY、UNION、DISTINCT等子句或短语时，使用聚簇特别有利，可省去对结果的排序操作；反之当关系较少利用聚簇键操作时，尽量不用聚簇。

检查候选聚簇，取消其中不必要关系的方法是：

● 从聚簇中删除经常进行全表扫描的关系。

- 从聚簇中删除更新操作远多于连接操作的关系。
- 不同的聚簇中可能包含相同的关系，一个关系可在某一个聚簇中，但不能同时加入多个聚簇。要从多个聚簇方案中选择一个较优的，使得在这个聚簇上运行各种事务的总代价最小。

〖问题点拨〗建立聚簇应注意以下三个问题：

① 聚簇虽然提高了某些应用的性能，但建立与维护聚簇的开销是很大的。

② 对已有的关系建立聚簇，将导致关系中的元组移动其物理存储位置，这样会使关系上原有的索引无效，要想使用原索引就必须重建索引。

③ 当一个元组的聚簇键值改变时，该元组的存储位置也要做相应移动，所以聚簇键值应当相对稳定，以减少修改聚簇键值所引起的维护开销。

3．Hash 存取方法

Hash 存取方法是指使用散列函数根据记录的一个或多个字段值来计算存放记录的页地址，在大多数的关系数据库管理系统中都有 Hash 存取方法。适用 Hash 存取方法的是如果一个关系的属性主要出现在等值连接条件中或主要出现在相等比较选择条件中，且满足下列两个条件之一，则此关系可以选择 Hash 存取方法：

① 关系的大小可预知，而且不变。

② 关系的大小动态改变，但所选用的 DBMS 提供了动态 Hash 存取方法。

7.5.2　确定数据库的物理结构

数据库的物理结构是指数据在存储器中的存放位置和存储结构。因此，要确定数据库的物理结构，要进行以下四个方面的工作。

1．确定数据库的存储结构

确定数据库存储结构时要综合考虑存取时间、存储空间利用率和维护代价三方面的因素。三个方面常常是相互矛盾的，如消除一切冗余数据虽然能够节约存储空间，但往往会导致检索代价的增加，因此必须进行权衡，选择一个折中方案。

许多关系型 DBMS 都提供了聚簇功能，即为了提高某个属性（或属性组）的查询速度，把在这个或这些属性上有相同值的元组集中存放在一个物理块中，如果存放不下，可以存放到预留的空白区或链接多个物理块。聚簇功能可以大大提高聚簇字段进行查询的效率。

2．设计数据的存取路径

数据库是多用户系统，对同一关系要建立多条存取路径才能满足多用户的多种需求。例如，应把哪些域作为次码建立次索引？建立单码索引还是组合索引？建立多少个为合适？是否建立聚集索引？等等。目前，DBMS 中常用的存取方法有：索引、聚簇和 Hash 方法等。

3．确定数据的存放位置

为了提高系统性能，数据应该根据应用情况将易变部分与稳定部分、经常存取部分和不经常存取部分分开存放，可以放在不同的关系表中或放在不同的外存空间等。

4．确定系统配置

DBMS 产品一般都提供了一些存储分配参数，供设计人员和 DBA 对数据库进行物理优化。初始情况下，系统都为这些变量赋予了合理的默认值。但是，这些值不一定适合每一种应用环境，在进行物理设计时，需要重新对这些变量赋值以改善系统的性能。

在物理设计时，对系统配置变量的调整只是初步的，在系统运行时还要根据系统实际运行情况做进一步的调整，以期改进系统性能。

7.5.3 物理设计的性能评价

在数据库物理设计过程中，需要对时间效率、空间效率、维护代价和各种用户要求进行权衡，其结果可以产生多种方案，数据库设计人员必须对这些方案进行细致的评价，从中选择一个较优的方案作为数据库的物理结构。

评价物理数据库的方法完全依赖于所选用的 DBMS，主要是从定量估算各种方案的存储空间、存取时间和维护代价入手，对估算结果进行权衡、比较，选择出一个较优的合理的物理结构。如果对数据库物理设计评价满足原设计要求，则可以进入数据库的物理实施阶段；否则，应该重新设计或修改物理结构，有时甚至需要返回到逻辑结构设计阶段修改数据模型。数据库物理设计的性能评价可以从以下三方面估算。

1．索引访问效率估算

索引访问效率可以分为两部分估算：一部分是从根到叶的访问效率，即索引树的搜索效率；另一部分是沿顺序集扫描的效率，对动态索引还应考虑结点合并或分裂的效率。如果一般的访问中，结点合并或分裂的概率不大，也可不予考虑。

2．数据访问效率的估算

如果顺序访问整个关系数据库，则所需的 I/O 次数是关系的记录数除以每块中含记录数所得的商。对于随机访问的情况，如果一次随机存取若干个元组，即批量访问，当批量很大时，几乎要访问数据库中每一块，这时则以访问整个库的 I/O 次数估算。若批量极少时，则访问的 I/O 次数最大为该批中记录的个数。如果数据不是成批访问，而是给一个索引关键字访问一次，这样访问数据的 I/O 次数应为访问的元组数。

3．排序归并连接效率的估算

因为数据库的数据都存在外存储器上，且数据量一般都较大，所以通常都采用外排序。外排序通常采用归并排序算法，归并排序时所用的 I/O 时间与内存缓冲区的大小有关。在估算排序归并连接效率时，应考虑建初始串的时间，在归并过程中，应考虑该数据归并处理以及把数据写回磁盘的时间，另外还要考虑排序后进行连接的时间。

§7.6 数据库的实施与维护

数据库实施是指根据逻辑设计和物理设计的结果，在计算机上建立实际的数据库结构，整理并装入数据、测试数据、试运行和维护的过程。具体说，就是设计人员根据 DBMS 提供的数据定义语言和其它实用程序对数据库逻辑设计和物理设计结果进行严格描述，使数据模型成为 DBMS 可以接受的源代码；再经过调试产生目标模式，完成建立定义数据库结构的工作；最后要组织数据入库，并运行应用程序进行调试。它相当于软件工程中的代码编写和程序调试的阶段。

7.6.1 数据库的实施

完成数据库的物理设计后，设计人员就可以建立数据库了。数据库实施阶段主要的任务是根据逻辑设计和物理设计的结果，利用 DBMS 提供的数据定义语言在计算机上建立数据库，装入数据，再调试和运行数据库。数据库的实施一般包括以下步骤。

1. 定义数据库结构

确定了数据库的逻辑结构与物理结构之后，就可以用所选用的 DBMS 提供的数据定义语言（DDL）严格描述数据库结构。

2. 组织数据入库

数据库结构建立完成后，就可以向数据库中装载数据。组织数据入库是数据库实施阶段的主要工作，也是一项费时的工作，来自不同部门的数据通常不符合系统的格式，另外系统对数据的完整性也有一定的要求。对数据入库操作通常采用以下步骤：

（1）筛选数据：需要装入数据库的数据通常分散在各个部门的数据文件或原始凭证中，在输入数据库时，首先要把需要入库的数据从各类原始数据中筛选出来。

（2）输入数据：一般情况下，数据库应用系统都有数据输入子系统，数据库中数据的载入是通过应用程序辅助完成的。数据的载入方式有手工方式和计算机辅助数据入库方式。

在输入数据时，如果数据的格式与系统要求的格式不一样，就要进行数据格式的转换。如果数据量小，可以先转换后再输入，如果数据量较大，可以针对具体的应用环境设计数据输入子系统来完成数据格式的自动转换工作。如果输入的数据是以前在旧系统输入过的，则数据输入子系统会将其转换成新系统的数据模式。

（3）检验数据：一般在数据输入子系统的设计中都设计一定的数据校验功能，检验输入的数据是否有误。在数据库结构的描述中，对数据库的完整性的描述也能起到一定的校验作用，如学生的"成绩"应该≥0，≤100。当然有些校验手段在数据输入完后才能实施，如在财务管理系统中的借贷平衡等。有些错误只能通过人工进行检验，如在录入学生姓名时把学生的姓名输错等。通常，数据输入子系统会采用多种检验技术检查输入数据的正确性。

3. 编写和调试应用程序

数据库应用程序的设计应该与数据库设计同时进行。因此组织数据入库时还要编写和调试应用程序。调试应用程序时由于数据入库尚未完成，可先使用模拟数据。

4. 数据库的试运行

应用程序调试完成且已有小部分数据入库后，就可以进行数据库的试运行。这一阶段要实际运行应用程序，执行对数据库的各种操作，测试应用程序的各种功能、性能是否满足设计要求。如果不满足，则要对应用程序部分进行修改、调试，直至达到最终的设计要求。在数据库试运行期间，还需要实际测量系统的各种性能指标，如果结果不符合设计目标，则需要返回物理设计阶段，重新调整物理结构，修改系统参数。有时甚至需要返回逻辑设计阶段，调整逻辑结构。

7.6.2 数据库的维护

数据库试运行合格后，数据库的开发工作就告一段落，也标志着程序可以安装运行了。但这并不意味着数据库设计工作的全部结束，由于应用环境在不断变化，数据库在运行过程中的物理存储也会不断变化，因此在使用中还要对数据库不断进行维护，包括对数据库设计进行评价、调整、修改等维护工作，这是一个长期的任务，也是设计工作的继续和提高。

在数据库运行阶段，对数据库经常性的维护工作主要是由数据库管理员（Data Base Administrator，DBA）来完成的，主要工作内容有以下 4 个方面。

1. 数据库的转储和恢复

数据库的转储和恢复是系统正式运行后最重要的维护工作之一。DBA 要针对不同的应用要求制订不同的转储计划，定期对数据库和日志文件进行备份，一旦发生介质故障，能尽快将数据库恢复到某种一致性状态，并尽可能减少对数据库的破坏。

2. 数据库的安全性、完整性控制

在数据库运行过程中，由于应用环境的不断改变，对安全性的要求也会发生变化，DBA 要根据实际情况修改原有的安全性控制，比如对有些管理系统的权限是放宽还是限制。而且根据应用环境的变化，DBA 对数据库的完整性约束条件也要改变，以满足用户要求。

（1）数据的安全性：做好数据的安全性防护措施是非常重要的，具体包括以下内容：

① 通过设置权限管理、口令、跟踪以及审计功能，保证数据的安全性。

② 通过行政手段，建立完整的规章制度，以确保数据的安全。

③ 数据库应备多个副本，并且保存在不同的安全地点。

④ 采取防止病毒入侵措施，并能及时查毒、杀毒。

（2）数据库的完整性控制：保护数据库内容的完整性十分重要，具体包括如下内容：

① 通过完整性约束检查，以保证数据的正确性。

② 建立必要的规章制度，进行数据的按时正确采集及校验。

3. 数据库的性能监督、分析和改造

在数据库运行过程中，DBA 必须监督系统运行，对监测数据进行分析，找出改进系统性能的方法。目前许多 DBMS 产品都提供了监测系统性能参数的工具，DBA 可以利用这些工具方便地得到系统运行过程中一系列性能参数的值。DBA 应该仔细分析这些数据，通过调整某些参数来进一步改进数据库性能。

4. 数据库的重组织和重构造

数据库重组织是指数据库运行一段时间后，由于记录的不断增、删、改，会使数据库的物理存储变坏，从而降低数据库存储空间的利用率和数据的存取效率，使数据库的性能下降。这时 DBA 就要对数据库进行重组织，或部分重组织（只对频繁增、删的表进行重组织）。数据库的重组织不会改变原设计的数据逻辑结构和物理结构，只是按原设计的要求重新安排存储位置，回收垃圾，减少指针链，提高系统性能。DBMS 一般都提供了供重组织数据库使用的实用程序，帮助 DBA 重新组织数据库。

数据库重构造是指由于数据库应用环境发生变化，会导致实体及实体间的联系也发生相应的变化，使原有的数据库设计不能很好地满足新的需求，从而不得不适当调整数据库的模式和内模式，例如，在表中增加或删除某些数据项、改变数据项的类型、改变数据库的容量、增加或删除索引等，这就是数据库的重构造。现在 DBMS 都提供了修改数据库结构的功能。

重构造数据库的程度是有限的，若应用变化太大，已无法通过重构数据库来满足新的需求，或重构数据库的代价太大，则表明现有数据库应用系统的生命周期已经结束，应该重新设计新的数据库系统，开始新的数据库应用系统的生命周期。

本章小结

数据库设计是将现实世界中的数据进行合理组织，并利用已有的数据库管理系统（DBMS）来建立数据库系统的过程。其中，重点是数据库结构的概念设计和逻辑设计。

1. 需求分析是软件过程中至关重要的一步，也是数据库设计的第一步。需求分析的成功与否对软件系统设计的好坏非常关键，在进行需求分析时必须严格按照软件工程思想进行。

2. 数据库的概念结构设计是将用户需求抽象为概念模型，是整个数据库设计的关键。概念结构真实充分地反映现实世界，包括事物和事物之间的联系，而且易向关系数据模型转换。

3. 数据库的逻辑结构设计是将概念设计所得到的数据模型转换成以 DBMS 的逻辑数据模型表示的概念模式，以进一步深入解决数据模式设计中的一些技术问题，例如数据模式的规范化、满足 DBMS 的各种限制等。数据库逻辑设计的结果以数据定义语言（DDL）表示。

4. 数据库的物理结构设计是数据库在物理设备上的存储结构与存取方法，它依赖于选定的具体数据库管理系统。完成数据库物理结构设计并进行初步评价后，就可以进行数据库的实施了。数据库的实施包括两项重要工作：一个是数据的载入，另一个是应用程序的编码和调试。而数据库正式运行后，需要由数据库管理员（DBA）负责数据库的运行管理与维护工作。

习题七

一、选择题

1. 设计数据库时首先应该设计（　　）。

　　A. 数据库应用系统结构　　　　　　　　B. 数据库的概念结构

　　C. DBMS 结构　　　　　　　　　　　　D. 数据库的控制结构

2. 数据库物理设计不包括（　　）。

　　A. 加载数据　　　　B. 分配空间　　　　C. 选择存取空间　　　　D. 确定存取方法

3. 逻辑设计的任务是（　　）。

　　A. 进行数据库的具体定义，并建立必要的索引文件

　　B. 利用自顶向下的方式进行数据库的逻辑模式设计

　　C. 逻辑模式设计要完成数据的描述，数据存储格式的设定

　　D. 将概念设计得到的 E-R 图转换为 DBMS 支持的数据模型

4. 概念设计得到的 E-R 图属于（　　）。

　　A. 信息模型　　　　B. 层次模型　　　　C. 关系模型　　　　D. 网状模型

5. 数据库设计的需求分析阶段主要设计（　　）。

　　A. 程序流程图　　　　B. 程序结构图　　　　C. 框图　　　　D. 数据流程图

6. 一个学生可选修 5 门课程，每门课程可有多位学生选修。学生和课程间的这种联系类型属于（　　）。

　　A. 1∶1 联系　　　　B. 1∶N 联系　　　　C. 自联系　　　　D. M∶N

7. 建立索引工作属于数据库的（　　）。

　　A. 概念设计　　　　B. 逻辑设计　　　　C. 物理设计　　　　D. 实现与维护

8. 数据库系统概念模型设计的结果是（　　）。

　　A. 一个与 DBMS 相关的概念模型　　　　B. 一个与 DBMS 无关的概念模型

　　C. 一个与数据存储相关的数据模型　　　　D. 一个与操作系统相关的概念模式

9. 下列不属于数据库逻辑设计阶段考虑的问题是（　　）。

　　A. DBMS 特性　　　　　　　　　　　　B. 概念模式

　　C. 处理要求　　　　　　　　　　　　　D. 数据存取方法

10. 全局 E-R 模型的设计，需要消除属性冲突、命名冲突和（　　）。

　　　A. 结构冲突　　　　　　　　　　　　B. 联系冲突

　　　C. 类型冲突　　　　　　　　　　　　D. 实体冲突

二、填空题

1. 数据库设计包含数据库结构设计和相应的应用程序设计，从数据库设计的特性上看，分别对应于设计过程中的_____和_____。

2. 目前，设计数据库主要采用以_____和_____为核心的规范设计方法。

3. 在数据库设计需求阶段，用来分析和表达用户需求的常用描述方法有_____、_____和_____。

4. E-R 图中的一个 1∶N 元联系的转换规则是_____。

5. 将概念模型向关系模型转换时，若联系转换成关系模式，则应该确定该模式的_____。

6. 在设计数据库系统的概念模型时，可能存在三种结构冲突，它们分别是_____。

7. 数据库的运行和维护工作主要由_____承担。

8. 若利用 SQL 语言的 DDL 语句将关系对应的基本表结构定义到磁盘上，这一工作应该属于数据库设计中的_____阶段。

9. 你认为数据库结构设计最重要的阶段是_____阶段和_____阶段。

10. 由于子模式与模式是相对独立的，因此在定义用户子模式时可以着重考虑用户的_____、_____和_____。

三、问答题

1. 在数据库设计中，建立 E-R 模型时如何区分实体和属性？

2. 什么是数据库的概念结构？有何特点和设计策略？

3. 概念结构设计通常有哪 4 种方法？

4. 在合并局部的 E-R 图过程中，可能存在哪几种命名冲突？

5. 什么是数据库的逻辑结构设计？有哪些设计步骤？

6. 数据库逻辑设计的结果唯一吗？

7. 什么是 DBS 中的数据库字典？它有哪些作用？

8. 在数据库物理结构中，存储着哪几种形式的数据结构？

9. 什么是聚簇索引存取方法？举例说明建立聚簇的必要性。

10. 数据库的维护工作包括哪 4 个方面的内容？

四、应用题

1. 在教师指导学生过程中，教师通过指导与学生发生联系，假定在某个时间某个地点一位教师可指导多个学生，但某个学生在某一时间和地点只能被一位教师所指导。假定：

“教师”实体包括教师号、姓名、性别、职称、专业属性；

“学生”实体包括学号、姓名、性别、专业、籍贯属性；

“指导”包括时间、地点属性。

试画出教师与学生联系的 E-R 图。

2. 一个售书系统中有三个实体集，假定：

书店：书店名、地址、电话、经理名；

图书：书号、书名、数量、单价、作者名；

出版社：出版社名、社长姓名、性别、地址、电话。

一个书店销售多种图书，一种图书可由多个书店销售；一个出版社可出版多种图书，一种图书仅由一个出版社出版。试设计该系统的 E-R 模型。

3. 学校中有若干系，每个系有若干班级和教研室，每个教研室有若干教师，其中有的教授和副教授每人各带若干研究生，每个班有若干学生，每个学生选修若干课程，每门课程可由若干学生选修。请用 E-R 图表达其概念模型，并将其转换为关系模型。

4. 设有如图 7-31 所示教学管理系统数据库 E-R 图，请将其转换为关系模型。

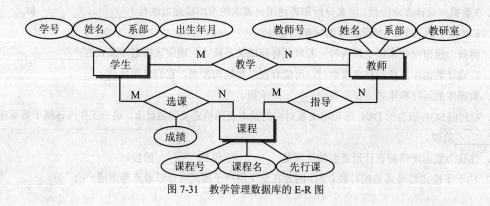

图 7-31　教学管理数据库的 E-R 图

第三部分 综合篇

第8章 数据库应用系统开发

【问题引出】 学习数据库技术的目的不仅是要充分利用数据库技术提高数据管理效率，更重要的是能开发出适合用户需要的数据库应用系统。数据库应用系统是指在数据库管理系统（DBMS）支持下运行的一类计算机应用系统。但是，开发一个数据库应用系统，不仅要掌握关系数据库的设计和 DBMS 方面的知识，还涉及计算机网络与程序开发等方面的知识。那么，如何充分利用现有的技术环境和开发工具，高效地开发出优质的数据库应用系统？这就是本章所要讨论的问题。

【教学重点】 本章主要讨论数据库应用系统开发的基本概念、嵌入式 SQL、数据库应用系统的体系结构、数据库应用程序接口、利用 C#.NET 开发数据库应用系统等。

【教学目标】 通过本章学习，熟悉数据库系统体系结构，数据库应用程序接口技术，C#程序设计和嵌入式 SQL。通过本章学习，为开发实际数据库应用系统打下基础。

§8.1 数据库应用系统开发概述

所谓数据库应用系统（Data Base Application System，DBAS），就是为了完成某一个特定的任务，把与该任务相关的数据以某种数据模型进行存储，并围绕这一目标开发的应用程序。

8.1.1 数据库应用系统的结构组成

数据库应用系统开发是指以计算机为开发和应用平台，以操作系统（OS）、数据库管理系统（DBMS）、某种程序设计语言和实用程序等为软件环境，以某一应用领域的数据管理需求为应用背景，采用数据库设计技术建立的一个可实际运行的、按照数据库方法存储和维护数据的、并为用户提供数据支持和管理功能的应用程序（软件）。该程序与计算机硬件设备及其支撑软件（DBMS、OS）一起，构成一个完整的应用系统，例如人事管理系统、图书管理系统、教学管理系统等，都是典型的数据库应用系统。

数据库应用系统由数据库、操作系统、数据库管理系统及所开发的数据库应用程序所组成，如图 8-1 所示。

数据库应用系统开发是对一个给定的应用环境，在 DBMS 的支持下，按照应用要求构造最优的数据库模式，建立数据库，并在数据库逻辑模式、子模式的制约下，根据功能要求，开发出使用方便、效率较高的应用系统。那么，如何才能为用户开发出高效、可靠、好用的数据库应用系统呢？在进行开发前，必须对系统开发的目的意义、功能要求、技术方法、开发步骤等有一个充分的认识，并进行科学合理的系统分析与设计。

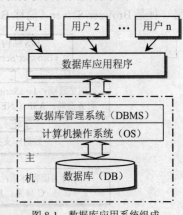

图 8-1 数据库应用系统组成

8.1.2　数据库应用系统开发的内容

开发一个数据库应用系统，涉及系统模式设计、系统体系结构、应用程序接口、访问数据库的方式和系统开发平台，此外还涉及建模工具，它们之间的相互关联如图 8-2 所示。

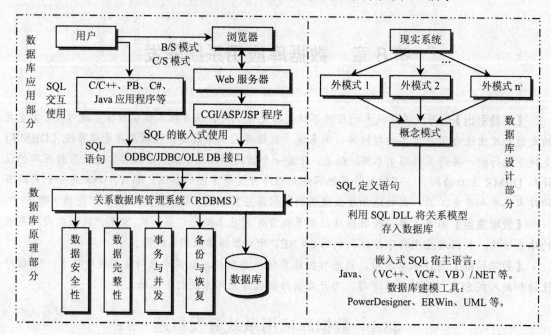

图 8-2　数据库原理、应用与设计之间的联系

1．应用系统模式设计

应用系统的数据模式通常采用三级模式/两级映射结构。该结构是摒除了各个领域的具体特征，从逻辑层面上抽取其共同的本质特征，总结数据转换、处理的规律得到的。它使得数据库管理系统可以面向各个应用领域，解决其数据存储、处理的需要。在具体应用中，利用三级模式进行数据库设计，将这个设计用 SQL 定义语句（DDL）进行定义，在某一具体数据库管理系统下建立数据库模式及其映射关系。

2．应用系统体系结构

目前常用数据库应用系统的体系结构有两种形式：一种是 Client/Server（简称 C/S）体系结构，另一种是 Browser/Server（简称 B/S）体系结构，其对应的开发体系结构如图 8-3 所示。

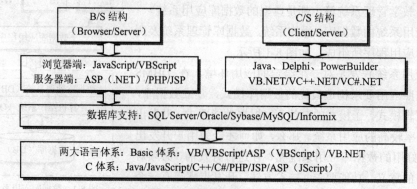

图 8-3　常用开发体系结构

3. 应用程序接口

数据库应用程序接口的类型很多，目前最常用的是 ADO.NET 接口和 JDBC 接口。常用的开发方法有基于 Microsoft 公司的.NET 平台技术和基于 Sun 公司的 Java 技术。Microsoft.NET 的战略是将互联网本身作为构建新一代操作系统的基础，是当今计算机技术通向计算时代一个非常重要的里程碑。ASP.NET 是 Microsoft.NET 的重要组成部分，是 Web 应用程序开发环境。

4. 访问数据库的方式

数据库模式结构建立后,交给数据库管理系统进行管理,其一切操作皆由数据库管理系统实现。在数据库应用系统中，DBMS 和数据库是整个应用软件进行数据存储、管理、查询及优化的基础。应用领域的用户可以通过两种方式来访问数据库：一是利用数据库管理系统提供的接口直接发出 SQL 语句，交互式使用；二是将 SQL 语句嵌入高级语言中，通过应用程序对数据库进行事务性访问。各种用户访问数据库的渠道如图 8-4 所示。

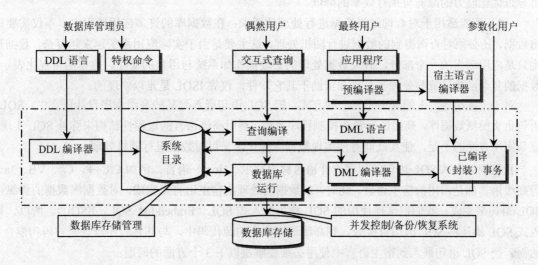

图 8-4　各种用户访问数据库系统示意图

5. 系统开发平台

数据库应用系统的开发要通过数据库管理系统（DBMS）来实现，DBMS 是数据库应用系统的开发平台。SQL Server 2008 是微软公司最新的 DBMS 版本，该系统提供了功能强大的管理界面，用户可以通过管理界面进行数据库表的创建与维护工作。为了更好发挥该数据库的优点，微软还推出了 VS2010 开发平台，该平台支持多种程序设计语言，而且与 SQL Server 紧密集成。本教材采用了 SQL Server 2008+ADO.NET+Visual C#.NET 的开发体系。

本书前七章介绍了数据库原理、数据库设计、数据库管理系统，下面仅对数据库应用系统开发涉及的嵌入式 SQL、体系结构、应用程序接口、C#程序语言等予以介绍。

§8.2　嵌入式 SQL

在应用系统开发过程中，可以使用标准的数据库编程接口进行开发。同时，也可以把 SQL 语句嵌入到程序设计语言中，实现对数据库操作和对数据进行处理，这就是嵌入式 SQL。

8.2.1 问题的提出

SQL 是面向集合的描述性语言，具有功能强、效率高、使用灵活、易于掌握等特点。但 SQL 是非过程性语言，本身没有过程性结构，大多数语句都是独立执行，与上下文无关，而绝大多数完整的应用都是过程性的，需要根据不同的条件来执行不同的任务，因此，单纯用 SQL 很难实现这样的应用。为了解决这一问题，SQL 提供了两种不同的使用方式：一种是在终端交互方式下使用，即 SQL 作为独立语言，由用户在交互环境下使用，称为交互式 SQL（Interactive SQL，ISQL）。这种方式大多在交互环境下使用，通常仅限于数据库操作，数据处理能力较弱。随着数据库应用的日益广泛和深入，单纯使用 ISQL 存在如下两方面的问题：

（1）不能适用于具有过程化特征的实际应用：较复杂的实际应用都具有过程化的基本要求，需要根据不同的条件来完成不同的任务，在这方面 ISQL 的扩充能力有限，同时太多过程化的扩充将导致优化能力的减弱与执行效率的降低。

（2）不能适用于对查询结果数据进行处理的要求：在数据库的许多应用过程中，不仅需要读出数据，还必须对查询得到的数据进行随机处理，这主要是由于实际应用系统越来越复杂，数据查询只是应用运作的一个部分，有关数据处理的必要操作如系统与用户的交互、数据的可视化表示、数据的复杂函数计算与处理等，除非借助于其它软件，仅靠 ISQL 是难以实现的。

对于上述问题，人们提出了另一种方式，把 SQL 语句嵌入到某些高级程序设计语言中，SQL 语句负责操纵数据库，高级语言负责控制程序流程，利用高级语言的过程性结构来弥补 SQL 实现复杂应用方面的不足，使其既能方便实现数据库操作，又可对数据进行随机处理。

我们把能嵌入 SQL 语句的程序设计语言称为宿主（Host）语言。例如 C/C++，C#、VB、Java 等高级语言都是常用的宿主语言。此时，对数据的处理由宿主语言来完成，对数据库数据的操纵由 SQL 语句来完成，我们把这样使用的 SQL 称为嵌入式 SQL（Embedded SQL，ESQL）。所以，嵌入式 SQL 就是将 SQL 语句直接嵌入到高级语言程序的源代码中，与其它程序设计语言语句混合。然而，把 SQL 语句嵌入到宿主语言中使用必须要解决以下 3 个方面的问题：

（1）嵌入识别问题：宿主语言的编译程序不能识别 SQL 语句，所以首要的问题就是要解决如何区分宿主语言的语句和 SQL 语句。

（2）宿主语言与 SQL 的数据交互问题：SQL 语句的查询结果必须能够交给宿主语言处理，宿主语言的数据也要能够交给 SQL 语句使用。

（3）宿主语言的单记录与 SQL 的多记录的问题：宿主语言一般一次处理一条记录，SQL 常常处理的是记录（元组）的集合，两种语言处理数据方式不同，这个矛盾必须解决。

8.2.2 嵌入式 SQL 技术

为了解决上述嵌入式 SQL 存在的问题，DBMS 采用两种处理办法。一种是预编译方法，另一种是修改和扩充宿主语言使之能处理 SQL 语句。目前采用较多的是预编译的方法，即由 DBMS 的预处理程序对源程序进行扫描，识别出 SQL 语句，把它们转换成宿主语言调用语句，以使宿主语言编译程序能识别它，最后由宿主语言的编译程序将整个源程序编译成目标码。下面介绍实现嵌入式 SQL 的具体方法和措施。

1. 采用预编译方法

关系数据库管理系统（RDBMS）对嵌入式 SQL 的处理一般采用预编译方法，即由 RDBMS 的预处理程序对源程序进行扫描，识别出嵌入式 SQL 语句，把它们转换成宿主语言函数调用，以使宿主语言编译程序能够识别它们，然后由宿主语言的编译程序将纯的宿主语言程序编译成目标码。嵌入式 SQL 的处理过程如图 8-5 所示。

2. 区分 SQL 语句与宿主语言语句

在嵌入式 SQL 中，为了区分 SQL 语句与宿主语言语句，所有 SQL 语句都必须加上前缀 EXEC SQL，并用分号（;）结束当成一个程序片段。当然，不同的宿主语言，有不同的格式。例如以 C 或 PL/1 作为宿主语言中的嵌入式 SQL 语句的一般格式为：

EXEC SQL<SQL 语句>；

例如将下面一条交互式的 SQL 语句：

DROP TABLE Student；

嵌入到 C 语言程序中，应写为：

EXEC SQL DROP TABLE Student；

图 8-5 嵌入式 SQL 处理过程

【问题点拨】① EXEC SQL 大小写都可。

② EXEC SQL 与分号之间只能是 SQL 语句，不能包含任何宿主语言的语句。

③ 当嵌入式 SQL 语句中包含的字符串在一行写不下时，可用反斜杠（\）作为续行标志，将一个字符串分多行写。

④ 嵌入式 SQL 语句按照功能的不同，可分为可执行语句和说明语句。而可执行语句又可分为数据定义语句、数据操纵语句和数据控制语句三种。

⑤ 在宿主程序中，任何允许出现可执行的高级语言语句的地方，都可以用可执行 SQL 语句；任何允许出现说明性高级语言语句的地方，都可以用说明性 SQL 语句。

3. 嵌入式 SQL 语言与宿主语言之间的信息传递

嵌入式 SQL 与宿主语言之间的信息传递，即 SQL 与高级语言之间的数据交流，包括 SQL 向宿主语言传递 SQL 语句的执行信息，以及宿主语言向 SQL 提供参数。前者主要通过 SQL 通信区来实现，后者主要通过宿主语言的主变量来实现。

（1）主变量（Host variable）：即称宿主变量或共享变量，数据库和宿主语言程序间的信息传递是通过主变量实现的。主变量在使用前一般应预先加以定义，定义的一般格式为：

EXEC SQL BEGIN DECLARE SECTION；

<主变量说明>

EXEC SQL END DECLARE SECTION；

【实例 8-1】定义若干主变量。

```
EXEC SQL BEGIN DECLARE SECTION;                    //主变量的定义语句
    int num;
    char name[8];
    char sex;
    int age;
EXEC SQL END DECLARE SECTION;
```

〖问题点拨〗

① 主变量的定义格式要符合宿主语言的格式要求，且变量所取的数据类型应是宿主语言和 SQL 都能处理的数据类型，如整型、字符型等。

② 在嵌入式 SQL 语句中引用主变量时，变量前应加上冒号 ":"，以示与数据库对象名（如表

名，列名等）的区别。而在宿主语言中引用主变量时，不必加冒号。

这里要特别指出的是大多数程序设计语言（例如 C）都不支持 NULL，主变量不能直接接收空值（NULL），所以对 NULL 的处理一定要在 SQL 中完成，并且可以通过使用指示变量（indicator variable）来解决这个问题。主变量可附带一个指示变量描述它所指的主变量是否为 NULL。指示变量一般为短整型，若指示变量的值为 0，则表示主变量的值不为 NULL，若指示变量的值为–1，则表示主变量的值为 NULL。指示变量一般跟在主变量之后用冒号隔开。

【实例 8-2】指示变量处理 NULL 示例。

```
EXEC SQL SELECT TDepartment INTO:Dept:dp
    FROM TEACHER
WHERE Tname=:name:na;
```

程序中负责对 SQL 操作输入参数值的主变量为输入主变量，负责接收 SQL 操作的返回值的主变量为输出主变量，如果返回值为 NULL，将不置入主变量，因为主语言一般不能处理空值。例如，dp 和 na 分别是主变量 Dept 和 name 的指示变量。该例是从 TEACHER 表中根据给定的教师姓名（name），查询该教师所在部门（tdepartment），如果 na 的值为 0，而 dp 的值不为 0，则说明指定的教师部门为 NULL；如果 na 的值不为 0，则说明查询姓名为 NULL 的教师所在的部门，一般这种查询没有意义；如果 na 和 dp 的值都为 0，则说明查询到了指定姓名的教师所在的部门。

（2）SQL 通信区（SQL Communication Area）：简称 SQLCA，是一个数据结构，是宿主语言中的一个全局变量，用于应用程序与数据库间的通信，主要是实时反映 SQL 语句的执行状态信息，如数据库连接、执行结果、错误信息等。一般情况下，预编译器会自动在嵌入式 DQL 语句中插入 SQLCA 数据结构，无须再由用户说明，只需在嵌入的可执行 SQL 语句前加 INCLUDE 语句就能使用。一般语法格式为：

EXEC SQL INCLUDE SQL CAD

SQLCA 有一个成员是 SQLCODE，取整型值，用于 SQL 向应用程序报告 SQL 语句的执行情况。每执行一条 SQL 语句，都有一个 SQLCODE 代码值与其对应，应用程序根据测得的 SQLCODE 代码值来判定 SQL 语句的执行情况，然后决定执行相应的操作。一般约定：

SQLCODE=0，表示语句执行无异常情况，执行成功。

SQLCODE=1，表示 SQL 语句已经执行，但执行的过程中发生了异常情况。

SQLCODE<0，表示 SQL 语句执行失败，具体的负值表示错误的类别。如果出错的原因可能是系统、应用程序或是其它情况。例如：SQLCODE=100，表示语句已经执行，但无记录可取。

但不同的应用程序，SQLCODE 的代码值可能会略有不同。

4．使用游标

前面提到一个 SQL 语句一次能完成对一批记录的处理，而宿主语言一次只能对一个记录进行处理，这两种处理方式不同，如何协调是一个问题。实际上，SQL 语言与宿主语言的不同数据处理方式可以通过游标（cursor）来协调。

游标是系统为用户在内存中开辟的一个数据缓冲区，用于存放 SQL 语句的查询结果，每个游标都有一个名字，通过宿主语言的循环使 SQL 逐一从游标中读取记录，赋给主变量，然后由宿主语言做进一步的处理。在第 4 章中我们介绍了游标的作用和使用方法，这里简要介绍游标在嵌入式 SQL 中的应用实例。

【实例 8-3】查询各种职称的教师的名单。

```
EXEC SQL BEGIN DECLARE SECTION;
```

```
char xm[8];
char zc[6];
EXEC SQL END DECLARE SECTION;
printf("Enter 职称: ");
scanf("%s",zc);
EXEC SQL DECLARE zc_cur CURSOR FOR
SELECT Tname,Ttitle
FROM TEACHER
WHERE Ttitle=:zc;
EXEC SQL OPEN zc_cur
while(1)
{   EXEC SQL FETCH ZC_INTO: xm,:zc;
    if(sqlca.sqlcode!=0)
    break;
    …
}
EXEC SQL CLOSE zc_cur;
…
```

【实例 8-4】查询学生的课程成绩。

```
EXEC SQL DECLARE Cl CURSOR FOR
SELECT Sno,Grade
FROM SC
WHERE Cno=:GIVEN Cno;
EXEC SQL OPEN cl;
While(TRUE)
{   EXEC SQL FETCH Cl INTO:Sno,:Gradel;
    if (SQL CA.SQL CODE==100) break;
    if ( SQL CA.SQL CODE<0) break;
    …                              /*以下处理从游标所取的数据，从略*/
}
EXEC SQL CLOSE C1;
```

8.2.3 动态 SQL 语句

　　嵌入式 SQL 语句为编程提供了一定的灵活性，使用户可以在程序运行过程中根据实际需要输入 WHERE 或 HAVING 子句中某些变量的值。这些 SQL 语句的共同特点是语句中主变量的个数与数据类型在预编译时都是确定的，只有主变量的值是程序运行过程中动态输入的。我们把这类嵌入式 SQL 语句称为静态 SQL 语句。

　　虽然静态 SQL 语句为编程提供了一定的灵活性，但在许多情况下仍显得不足，因为在某些应用程序中需要在执行时才能确定要提交执行的 SQL 语句和查询条件。例如，对 SC 表，任课教师想查选修了某门课程所有学生的学号及其成绩，班主任想查某个学生选修所有课程的课程号及相应成绩，学生想查某个学生选修某门课程的成绩。显然，查询条件是不确定的，要查询的属性列也是不确定的，这时就无法用一条静态 SQL 语句来实现，而需要用动态 SQL 语句来解决。如果在预编译时下列信息不能确定，就必须使用动态 SQL 技术：

- SQL 语句正文难以确定；
- 主变量个数难以确定；

● 主变量的数据类型难以确定；

● SQL 语句中引用的数据库对象（如列、索引、基本表、视图等）难以确定。

动态 SQL 是在程序运行过程中临时"组装"SQL 语句。目前，SQL 标准和 DBMS 中都具备动态 SQL 功能，可分为语句可变、条件可变和数据库对象、查询条件均可变 3 种类型。

1. 语句可变

语句可变是指允许用户在程序运行时临时输入完整的 SQL 语句。具体说，就是应用程序定义一个字符串宿主变量，用以存放要执行的 SQL 语句。SQL 语句的固定部分由程序直接赋值给字符串宿主变量；SQL 语句的可变部分由程序提示用户，在程序执行时由用户输入。然后，用 EXEC SQL EXEC UTE IMMEDIATE 语句执行字符串宿主变量中的 SQL 语句。

【实例 8-5】创建基本表 TEMP。

EXEC SQL BEGIN DECLARE SECTION;

const char * stmt="CREATE TABLE temp(id int); ";　　// SQL 语句主变量

EXEC SQL END DECLARE SECTION;

…

EXEC SQL EXEC UTE IMMEDIATE :stmt;　　　　//执行动态 SQL 语句

由于这种动态 SQL 语句是非查询语句，无须向程序返回执行结果。

2. 条件可变

条件可变是指在 SQL 语句中，含有未定义的变量，这些变量仅起占位器（Place holder）的作用。在执行前，程序提示用户输入相应的参数，以取代这些占位用的变量。这种方式为用户提供了极大方便。例如，删除学生选课记录，既可能是因某门课临时取消，需要删除有关该课程的所有选课记录，也可能是因为某个学生退学，需要删除该学生的所有选课记录。

动态参数是 SQL 语句中的可变元素，使用参数符号问号（?）来表示该位置上的数据在运行时设定。动态参数的输入不是编译时完成绑定的，而是通过准备 SQL 语句（?）和执行时绑定数据或主变量来完成的。使用动态参数的步骤如下：

（1）声明 SQL 语句主变量：变量的 SQL 内容包含动态参数问号（?）。

（2）准备 SQL 语句（PREPARE）：PREPARE 将分析含主变量的 SQL 语句内容，建立语句中包含的动态参数的内部描述符，并用<语句名>标识它们的整体。

EXEC SQL PREPARE<语句名>FROM<SQL 语句主变量>;

（3）执行准备好的语句（EXECUTE）：EXECUTE 将 SQL 语句中分析出的动态参数和主变量或数据常量绑定成为语句的输入或输出变量。

EXEC SQL EXECUTE<语句名>[INTO<主变量表>][USING<主变量或常量>];

【实例 8-6】向 TEMP 表中插入元组。

EXEC SQL BEGIN DECLARE SECTION;

const char * stmt="INSERT INTO temp VALUES(?);";　　　　//声明 SQL 主变量

EXEC SQL END DECLARE SECTION;

…

EXEC SQL PREPARE mystmt FROM:stmt;

EXEC SQL EXECUTE mystmt USING 100;

EXEC SQL EXECUTE mystmt USING 200;

3. 数据库对象、查询条件均可变

对于查询语句，SELECT 子句中的列名、FROM 子句中的表名或视图名、WHERE 子句和 HAVING 短语中的条件等均可由用户临时构造，即语句的输入和输出可能都是不确定的，例如查询学生选课关系 SC 的例子。对于非查询语句，涉及的数据库对象及条件也是可变的。

〖问题点拨〗查询类动态 SQL 需返回查询结果。不论查询结果是单元组还是多元组，往往不能在编写应用程序时确定，所以动态 SQL 一律以游标取数。

以上 3 种动态形式几乎可覆盖所有的可变要求。为了实现上述三种可变形式，SQL 提供了相应的语句，如 EXECUTE IMMEDIATE、PREPARE、EXECUTE、DESCRIBE 等。

§8.3　数据库应用系统体系结构

不论是何种类型的数据库应用系统，都必须站在数据库的最终用户角度考虑数据库应用系统的使用方式——数据库应用系统的体系结构。数据库应用系统的体系结构对数据库应用开发具有深远的影响力，每种体系结构的出现都会引起数据库应用产品的研究、开发和应用热潮。

数据库应用系统体系结构是指数据库应用系统的组成构件（Component）、各构件的功能以及各构件间的协同工作方式，也是指数据库软件系统与应用软件的结合模式，以及软硬件部分在整个应用系统中的位置。如果从数据库的最终用户角度看，数据库应用系统的使用方式可分为集中式结构、文件服务器结构、客户机/服务器结构、浏览器/服务器结构等。

8.3.1　集中式结构

集中式体系结构是指非网络环境下在单个计算机上实现的数据库应用系统。根据操作系统对用户的支持，分为单用户结构和多用户结构。集中式的结构形式如图 8-1 所示。

1. 单用户结构

单用户数据库体系结构是一种最早期、最简单的数据库系统体系结构。该结构中的数据库（DB）、数据库管理系统（DBMS）、操作系统（OS）和应用程序都安装在一台计算机上，由一个用户独占，并且系统一次只能处理一个用户的请求。

单用户结构的典型实例是运行在 PC 机上的桌面数据库管理系统（Desktop Data Base Management System）。这种结构适合未联网用户、个人用户及移动用户等使用，常见的典型桌面数据库管理系统有 Microsoft Access、Visual FoxPro 等。单用户结构的特点是结构简单、维护方便。但由于数据不能共享，而且数据冗余度大，所以其应用面受到很大的局限。

2. 多用户结构

多用户数据库体系结构也称为主从式结构，是指由一个主机连接多个终端用户，数据库系统的应用程序、DBMS、数据等都放在主机上，所有的处理任务都由主机完成，即系统中的主机要承担一切处理任务，不仅要供多个与之相联系的终端用户并发地共同使用数据库，同时还要处理多个用户事务的所有活动。

多用户结构的优点是结构简单，数据易于管理和维护。数据集中管理并服务于多个任务，因而减少了数据冗余，应用程序与数据之间有较高的独立性。但也正是这种高度集中，使系统存在两个严重不足：一是由于对数据库的安全和保密、事务的并发控制、处理机的分时响应等问题都要由主机进行处理，使得数据库的操作与设计比较复杂，系统显得不够灵活，而且安全性也较差；二是当终端用户增加到一定数量后，数据的存取将会成为瓶颈，系统的性能将会大大降低。特别是当主机出现故障时，整个系统都不能使用，因此系统的可靠性不好。

8.3.2 文件服务器结构

随着微型计算机系统的广泛应用和局域网的出现，为数据库应用开辟了一条崭新的道路。集中式结构的数据库系统演化为一种更实用的结构——文件服务器结构。局域网上的某台计算机充当文件服务器角色，用户可以把各种文件存储到该计算机上，并通过网络以共享文件形式存取它们。在这种环境下建立数据库应用系统时，数据以文件形式保存在文件服务器上，而应用程序和简化了的DBMS安装在各个客户机上。文件服务器结构如图 8-6 所示。

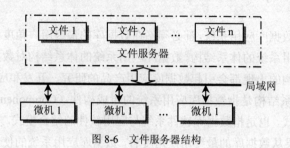

图 8-6　文件服务器结构

应用程序以文件的形式存取文件服务器上的数据，而文件服务器将用户所需要的数据以文件的形式传送到客户机上。

这种结构的应用系统有着致命的缺点。首先，由于数据的请求和更新都是以文件形式完成的，所以网络负载很大，影响整个应用系统的性能；其次，多个客户机同时访问或更新一个数据文件时需要解决共享和互斥问题，使应用系统变得极其复杂；此外，由于 DBMS 和应用系统与独立的多个文件分离，无法保证数据的一致性、完整性和安全性。

8.3.3 客户机/服务器结构

20 世纪 80 年代末，由于微处理器技术、计算机及其网络技术的进一步发展，计算机处理能力的增强，传统的专用服务器应用结构已逐步转入了集中式管理、协作式处理的客户机/服务器（Client/Server，C/S）结构。从此，逐渐取代了集中式体系结构和文件服务器体系结构。

1. C/S 结构的构成

在 C/S 结构中，整个应用软件系统在逻辑上划分为两个部分：客户端和服务器端。客户端运行用户的应用软件，服务器端运行 DBMS。客户端和服务器端一般安装在不同的计算机系统中，通过网络线路进行物理连接。由于数据库应用系统的特点，在客户机/服务器体系结构中往往存在多个客户端系统同时与一个服务器端连接的情况。此时，客户端系统中可以安装相同或不同的应用软件去共享服务器数据，如图 8-7 所示。

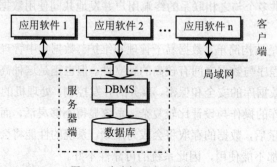

图 8-7　客户机/服务器结构

在 C/S 结构的网络中，把用户的应用分成前端和后端两部分。前端是客户机，是与用户交互的部分；后端是服务器端，是由网络提供的共享计算能力和处理能力。网络中到底谁为客户机、谁为服务器完全按照其当时所扮演的角色来确定。通常定义是：提出服务请求的一方称为"客户机"，而提供服务的一方则称为"服务器"。例如，数据库服务器上的客户在使用网络打印服务时，该服务器的身份就是打印客户机；而当其为客户机提供数据和信息检索服务时，其身份就是数据库服务器。

2. C/S 结构的中间件

尽管采用 C/S 结构有很多优点，但对于大多数从事应用程序开发的人员和普通用户程序开发的人员来说，在 C/S 模式中编写跨越平台、多协议、多编译语言的网络应用软件是一件十分困难的事情。另外，如果程序开发人员需要针对底层网络协议编写程序，会有两个明显的问题：一是程序过多地依赖底层网络技术；二是程序很难集成新的网络服务。为此，C/S 结构在其发展过程中引入了标准中间件（middleware）技术。中间件的体系结构如图 8-8 所示。

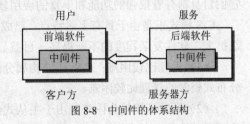

图 8-8　中间件的体系结构

中间件也称为连接件，它是支持 C/S 模式进行对话、实施分布式应用的各种软件的总称，其目的是解决应用与网络的过分依赖关系，透明地连接客户机和服务器。因此，中间件的作用是将应用与网络隔离开来，使应用程序开发人员不必研究网络底层的具体技术，而把精力集中到应用程序的编写上。中间件的功能有两个：连接功能和管理功能，具体体现为分布式服务、应用服务和管理服务。引入中间件之后，客户机/服务器模式结构如图 8-9 所示。

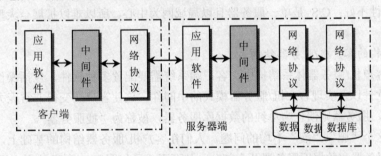

图 8-9　客户机/服务器结构的内部构成

由图看出，DBMS 与数据库之间的交流可以绕过服务器操作系统，这样做的主要目的是提高 DBMS 的性能。另一方面，为了实现不同的应用目的，服务器端可以同时管理多个数据库实体，大幅度扩展了服务器的功能。

3. C/S 结构的特点

从 C/S 的构成可以看山，它是一种分散的、分布式的应用模式。具休说，具有如下特点。

（1）集中式管理、分布式和协作式处理共存的模式：集中式管理的特点与"专用服务器"结构类似，由其中的主服务器承担主要的网络管理工作。应用程序的任务分别由客户机和功能服务器共同承担，因而速度快。由于它的开放式设计思想，机器档次可高可低，不受特定硬件的限制，能够实现多元化的组网方案，这样不仅可以降低成本，还可以经常保持最新的网络技术。因此，主/从式结构是当前性能价格比最高的一种结构方式。

（2）系统可扩充性好：当系统规模扩大时，可以不重新设计整个系统，只是简单地加挂服务器或客户机就可以提高整个系统的性能，或满足系统在距离上扩充的需求。因此，不仅可以更有效地充分利用现有系统资源，而且容易吸收新的技术。

（3）抗灾难性能好，可靠性高：当某一台服务器发生故障时，另一台服务器可以迅速地响应并给以必要的支持。

（4）安全性好：由于数据库系统在 C/S 体系中实际上是集中式管理，并面向多用户的，因而对管理用的目录数据库和其它应用程序数据库的完整性、数据安全保护和封锁机制是极为有利的，这一点与传统的中央主机－终端系统类似。

（5）用户界面统一、友好：由于客户机通常是安装有流行操作系统的智能型的计算机（PC），它们自身都有着很强的功能和丰富的应用软件资源，因此具有友好的人机界面。

C/S 模式正是由于具有上述特点，已成为局域网所普遍采用的应用模式。但随着企业规模的日益扩大，软件复杂程度的不断提高，日益显现出该结构存在以下局限。

（1）管理比较困难：C/S 式结构属分散式处理信息的方法，比集中式结构更为复杂，尤其对分布式资源的管理比较困难。

（2）开发环境较为困难：由于主从式结构采取开放方式，允许不同厂商之间的用户运用，因此开发环境的管理也比集中式要困难得多。

（3）技术难度大：由于该结构中的每台客户机都要安装相应的客户端程序，分布功能弱且兼容性差，不能实现快速部署安装和配制，必须具有一定专业水准的技术人员才能完成。

（4）客户机的负荷太重：客户机不仅要实现表示层，而且还要实现业务逻辑，一旦某个业务逻辑发生变化，则所有的客户软件必须重新安装。当企业中有大量的客户机时，系统的性能容易变坏，且维护也极不方便。

（5）扩展性不好：C/S 是单一服务器且以局域网为中心，所以难以扩展至大型企业广域网或Internet。

4．三层结构的客户机/服务器结构

上述两层客户机/服务器体系结构中，客户端系统需要配置多种软件，包括操作系统、网络通信软件、应用软件以及实现客户机/服务器模式的中间件，这使客户端变得非常庞大，被称为"肥客户机"。另外，服务器则演化为单纯的数据库服务器，被称为"瘦服务器"。

为了解决这个"肥"、"瘦"不均的问题，人们在客户机/服务器结构的基础上，将服务器进一步划分为应用服务器和数据库服务器两个部分，从而形成了如图 8-10 所示的客户机/服务器的三层结构形式。

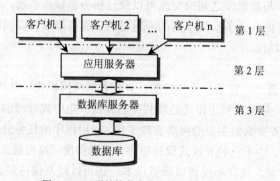

图 8-10　三层结构的客户机/服务器结构

在该结构中，把客户端应用系统的应用逻辑移到应用服务器中。客户机只需安装应用软件，负责与用户和应用服务器的交互。应用服务器负责接收客户机的请求，并根据应用逻辑将它转化为数据库请求命令，进而将请求命令交付数据库服务器。数据库服务器处理请求后将结果返回给应用服务器，最终到达客户端。

C/S 是 20 世纪 90 年代以来流行的应用模式。C/S 结构发展迅速的主要原因在于其低廉的价格、高度灵活性、简单的资源共享方式及其良好的扩充性能。所谓的扩充性能是指系统的开放程度，这里主要指在系统硬件或软件改变时系统具有的连接能力。

8.3.4　浏览器/服务器结构

随着 Internet/Intranet 技术的应用和发展，WWW 已成为核心服务，用户不仅能通过浏览器漫游世界，而且还能进行超文本的浏览查询、收发电子邮件、文本上传和下载等工作。这种基于浏览器、WWW（Web）服务器和应用服务器构成的结构是一种典型的三层客户机/服务器结构，通常称为浏览器/服务器（Browser/Server，B/S）结构，它是 Internet 技术与数据库技术有机结合的产物。同时，也是针对 C/S 结构存在的不足而提出的新型结构。

1. B/S 结构的构成

B/S 模式是 1996 年开始形成与发展并迅速流行的新型结构模式，它是一个简单、低廉、以 Web 技术为基础的模式。B/S 模式的客户机上采用了人们普遍使用的浏览器，服务器端除原有的服务器外，通常增添了高效的 WWW 服务器，与 C/S 相比，只是多一个 WWW（Web）服务器。在 B/S 模式中，根据各部分所承担的任务不同，可将整个系统分为表示层、服务层、数据层等 3 个相对独立的单元。B/S 三层模式的体系结构如图 8-11 所示。

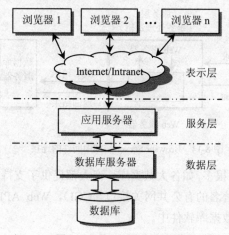

图 8-11　Browser/Server 结构

（1）表示层（Presentation）：即显示逻辑，位于客户机，由 Web 浏览器组成，包含系统的显示逻辑，一般采用标准的 Netscape 或 Microsoft 浏览器。客户端主要完成数据显示、录入等用户界面的功能。用户通过浏览器，按照 HTTP 协议向 Web 服务器发出请求。

（2）服务层（Business Logic）：即系统的事务处理逻辑，位于 Web 服务器端，由具有应用程序扩展功能的 Web 服务器和应用服务器组成。其中，Web 服务器负责管理 HTML 文档的存储以及与浏览器的连接；应用服务器集中管理业务规则和 Web 服务器与后台数据库的数据交换（或称数据代理）。中间件的主要功能是提供应用程序服务，负责 Web 服务器和数据库服务器间的通信。

（3）数据层（Data Service）：即数据处理逻辑，位于数据库服务器端，由数据库服务器组成，包含系统的数据处理逻辑。它的任务是接受 Web 服务器对数据库操作的请求,实现对数据库查询、修改、更新等功能,并把运行结果提交给 Web 服务器。

以上三层的划分和 C/S 结构一样,属于逻辑划分,既并不要求表示层和应用层在物理位置上处于 Internet 的两端,也不要求统一应用层和数据层之间的绝对位置。典型的应用模式有如图 8-12 所示的服务层和数据层同处一台主机结构,图 8-13 所示的 Internet 与局域网混合互连结构。

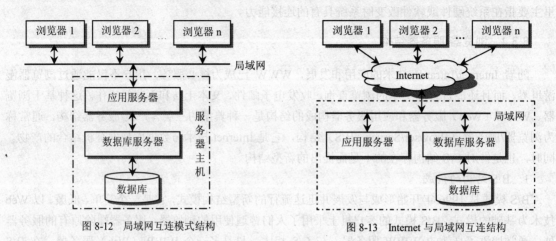

图 8-12 局域网互连模式结构   图 8-13 Internet 与局域网互连结构

2. B/S 结构的中间件

C/S 结构中间件的概念已发展为 B/S 结构,B/S 结构中间件的连接如图 8-14 所示。

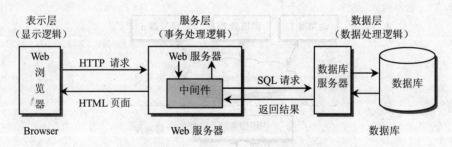

图 8-14 Browser/Server 结构中间件的连接

目前,市场上中间件的种类很多,如各大数据库厂商大都提供了支持 C/S 和 B/S 工作模式的“中间件”的最新产品,其中比较著名的有公共网关接口(CGI),Web API 等。现在还有很多标准中间件被集成在操作系统或后台数据库软件中。

3. B/S 结构的特点

B/S 应用模式继承和共融了传统 C/S 模式中的网络软、硬件平台和应用,但又具有传统 C/S 模式所不具备的许多特点,主要体现在以下方面:

(1)系统维护更容易:多层的 B/S 应用的客户机只处理用户界面,代码量减小,无需配置 DBMS 的客户端程序,实现真正的“瘦”客户机技术。而且由于业务逻辑的变化,不必对整个系统大量的用户端进行更新,系统更新只要更新中间层就可以完成。

(2)具有更高的开发效率:不同系统可以方便地使用公共模块保持业务规则实现的一致性。例如,业务部门和管理部门都有查询功能,各系统调用同一模块可以保证查询数据的一致性。

(3)具有分布计算的基础结构:多层的 B/S 应用可以更充分地利用系统资源,在大型的联机应用中，数据库面临的客户数量是非常庞大的，使用传统的 C/S 模式可能根本无法胜任。

（4）信息共享度高：HTML 是数据格式的一个开放标准，该技术使得 Browser 可访问多种格式文件。

（5）扩展性好：目前大多数流行的软件均支持 HTML，同时 MIME TCP/IP、HTTP 的标准性使得 B/S 模式可直接接入 Internet，具有良好的扩展性；成本低，具有伸缩性，可从不同厂家选择设备和服务。

（6）广域网支持：无论是 PSTN、DDN、帧中继，还是新出现的 CATV、ADSL，B/S 结构均能透明地使用。

正是由于 B/S 结构具有上述特点，因而已成为数据库应用系统中首选的应用模式。由于 B/S 结构本身固有的三层结构、WWW 访问以及平台独立性等特点，这类应用系统要求融合多种技术于一身。从初学者角度看，这些内容似乎过于繁杂，但它们带给用户、管理人员乃至开发人员的模块性、独立性以及易用性，却是其它体系结构无法提供的。

§8.4 数据库应用程序接口

上面讨论了数据库应用系统的体系结构。事实上，在开发一个应用程序时，会涉及两个方面的问题：一是前面提到的中间件，怎样实现中间件的连接；二是在一个应用程序中可能会需要从不同的 DBMS 中合并数据，这需要采用一种方法来编写不依赖于任何一个 DBMS 的应用程序。因此，需要一种机制来实现与不同的 DBMS 或数据源的接口。这个接口对应用程序开发人员来说，其使用方式是不依赖于任何特定 DBMS 的，是一种开放式的结构。

为了方便应用程序访问 DBMS，同时提高应用程序的可维护性，目前已经出现了多种数据库编程接口，常见的有：开放式数据库连接（Open Data Base Connectivity，ODBC）接口、对象链接嵌入数据库（Object Linking nd Embedding DataBase，OLE DB）接口、ActiveX 数据对象（ActiveX Data Object，ADO/ADO.NET）接口、Java 数据库连接（Java Data Base Connectivity，JDBC）接口等。

本节将重点介绍 ODBC、OLE DB、ADO/ADO.NET 和 JDBC 这几种接口的特点、结构、创建过程等，为用户根据不同的平台和自己的需要，做出合适选择提供参考。这些编程接口与编程语言之间的关系如图 8-15 所示。

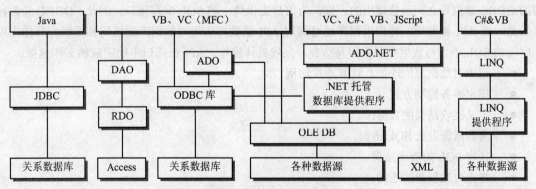

图 8-15 数据库编程语言与数据库接口的关系

8.4.1 ODBC 接口

在数据库应用系统的开发中，面对异构数据库系统问题，微软公司于 1991 年定义和发布了一套为关系数据库在异构环境中存取数据提供的标准接口——开放式数据库连接（Open Data Base Connectivity，ODBC）接口，它提供了访问数据库的统一界面，是 Microsoft 公司开放服务体系结构（Windows Open Services Architecture，WOSA）中有关数据库的一个组成部分。

1. ODBC 的结构组成

从功能上看，ODBC 是为最大的互用性而设计的，即一个应用程序相同的源代码可以访问不同的 DBMS。由于 ODBC 是基于 SQL 语言的，所以 ODBC 又是 SQL 和应用程序之间的标准接口，它解决了传统的宿主式或嵌入式 SQL 接口不规范的问题。从结构上看，ODBC 由四部分构成：应用程序接口（API）、驱动程序管理器、DBMS 驱动程序、数据源。ODBC 的体系结构如图 8-16 所示。

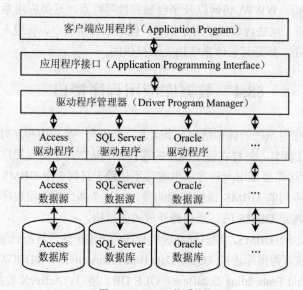

图 8-16 ODBC 体系结构

（1）应用程序编程接口（Application Programming Interface，API）：ODBC 通过 API 提供的一组规范和一组对不同类型数据库进行访问的标准应用程序函数的方法来解决异构数据库集成。数据库应用程序在 ODBC 接口中调用函数，通过函数库直接操作数据库中的数据。同时，API 屏蔽不同的 ODBC 数据库之间函数调用的差别，为用户提供统一的 SQL 编程接口。因此，ODBC 通常被认为是一组 API 函数库，使应用程序通过调用 API 函数库实现对数据库的访问和操纵，并使应用程序端的 SQL 语言与数据库服务相互结合，完成具体操作。API 在接口中能完成的工作包括：

- 请求对数据源的连接，获取连接句柄。
- 指定事务控制方式。
- 定义接收结果的数据区。
- 向数据源发送 SQL 语句。
- 接收 SQL 的查询结果。
- 终止对数据源的连接。
- 处理出错信息，并将出错信息返回给用户。

（2）驱动程序管理器（Driver Program Manager）：是一个动态链接库，负责应用程序和驱动程序之间的通信，是 ODBC 中最重要的部件。ODBC 对用户是透明的，主要功能如下：

- 为应用程序加载 DBMS 驱动程序。

- 处理各种 ODBC 的初始化调用。
- 为每个驱动程序提供 ODBC 函数入口点。
- 检查 ODBC 调用参数的合法性，记录 ODBC 的函数调用。

（3）驱动程序（Driver Program）：在驱动程序管理器的控制下，针对不同的数据源执行数据库操作，并将操作结果通过驱动程序返回给应用程序。驱动程序的作用包括：

- 建立应用系统与数据库的连接。
- 向数据库提交用户请求执行的 SQL 语句。
- 根据应用程序的需要，进行数据格式和数据类型的转换。
- 向应用程序返回处理结果。
- 当产生错误时，将错误格式化标准代码返回给应用程序。
- 在需要的情况下处理游标。

驱动程序管理器和 DBMS 驱动程序都是动态链接库，由一系列函数组成，每个应用程序使用相同的数据源，通过 DBMS 驱动程序访问多种数据库源。

（4）数据源名（Data Source Name，DSN）：不是数据库系统，而是用于表达 ODBC 驱动程序和 DBMS 特殊连接的命名，是连接 ODBC 驱动程序和数据库系统的桥梁。它定义数据源名称、类型、数据库服务器名称或位置、连接参数（如数据库用户名称、密码）等信息，使 ODBC 驱动程序能够和数据库服务器协调工作。ODBC 数据源名有以下 3 种类型：

① 用户 DSN（user DSN）。只有创建数据源的用户才能在所定义的机器上使用的数据源，因而这种数据源是专用数据源。

② 系统 DSN（system DSN）。当前系统的所有用户和所运行的应用程序都可以使用的数据源，即任何具有权限的用户都可以访问系统数据源，这种数据源是公共数据源。

③ 文件 DSN（file DSN）。是对某专项应用所建立的数据源，因而具有相对的独立性。文件数据源由所有安装了相同驱动程序的用户共享。

实现基于 ODBC 接口的数据库应用系统之前，除了安装 ODBC 驱动程序之外，还需要建立 ODBC 数据源。在各种版本的 Windows 操作系统中集成了各种流行的数据库系统 ODBC 驱动程序，用户可以直接使用它们。如果不存在当前所使用的数据库系统的 ODBC 接口，可以从数据库产品软件包或相关站点中获取 ODBC 驱动程序。

在 Windows 系统环境下，可以利用 ODBC 管理器建立 ODBC 数据源。在命令行处输入"ODBCAD32.EXE"或者在"控制面板"中双击"ODBC 数据源"图标，显示建立 ODBC 数据源对话框，即可进行相应操作。

2. ODBC 的工作流程

应用程序要访问某个数据库，首先必须用 ODBC 管理器注册一个数据源。ODBC 管理器根据数据源提供的数据库位置、数据库类型及 ODBC 驱动程序等信息，建立起 ODBC 与具体数据库的联系。应用程序将已创建好的数据源名提供给 ODBC，ODBC 就能建立起与相应数据库的连接，为访问数据库做好准备。ODBC 各部件之间的关系如图 8-17 所示。

在 ODBC 中，ODBC API 函数是不能直接访问数据库的，必须通过 ODBC 驱动程序管理器与数据库交换信息。ODBC 驱动程序管理器在应用程序和数据源之间起转换与管理作用。

ODBC 通过使用数据库驱动程序获得数据库独立性，驱动程序所提供的标准接口允许应用程序开发者和驱动提供者在应用程序和数据源之间传递数据。

ODBC 已成为目前广泛应用的接口技术和标准，很多数据库厂家根据该标准提供与所生产数据库产品对应的 ODBC 接口。ODBC 接口通常被认为是一组 API 函数库，通过调用相应的函数来实现开放式数据库互连功能。

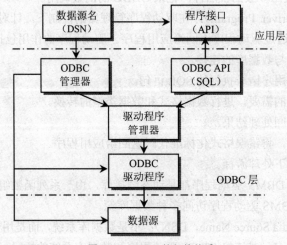

图 8-17 ODBC 的部件关系

8.4.2 OLE DB/ADO 接口

对象链接嵌入数据库（Object Linking and Embedding DataBase，OLE DB）和 ActiveX 数据对象（ActiveX Data Object，ADO）是通用数据访问（Universal Data Access，UDA）技术的两层标准接口，UDA 能够通过标准接口来访问各种类型的数据。UDA 层次结构如图 8-18 所示。

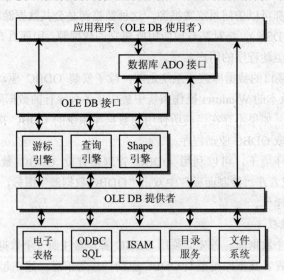

图 8-18 通用数据访问 UDA 的软件层次模型

1. OLE DB 接口

OLE DB 是 Microsoft 开发的一种高性能的、基于组件对象模型（Component Object Model，COM）的数据库技术。OLE DB 和其它 Microsoft 数据库技术的不同之处在于其提供通用数据访问的方式。

这里所谓"通用数据访问"包含两项功能：其一是分布式查询或统一访问多个（分布式）数据

源功能；其二是能够使非 DBMS 数据源可由数据库应用程序访问。

所谓"分布式查询"，即表示可以统一访问多（即分布式）数据源中的数据，其中，数据源既可以是同一类型，例如两个单独的 Access 数据库；也可以是不同的类型，例如一个是 SQL Server 数据库，另一个是 Access 数据库。

所谓"统一"，即表示可以有目的地对所有数据源运行相同的查询。

所谓"非 DBMS 访问"，即表示能访问非 DBMS 数据源，如文件系统、电子邮件、电子表格和项目管理工具中的信息等。

使用 OLE DB 的应用程序可分为两种：OLE DB 提供者（OLE DB Provider）和 OLE DB 使用者（OLE DB Consumer）。

OLE DB 使用者就是使用 OLE DB 接口的应用程序，而 OLE DB 提供者则负责访问数据源，并通过 OLE DB 接口向 OLE DB 使用者提供数据。OLE DB 提供者有两种类型：数据提供者（data provider）和服务提供者（service provider），前者从数据源中提取数据，如 Microsoft OLE DB Provider for SQL Server；而后者负责传输和处理数据，如 Microsoft Query，服务提供者往往提供了很多增强的函数来扩展 OLE DB 数据提供者的数据访问功能。与 ODBC 类似，每一个不同的 OLE DB 数据源都是用自己相应的 OLE DB 提供者。

OLE DB 是微软数据访问组件（Microsoft Data Access Components，MDAC）的一部分。MDAC 是一组微软技术，以框架的方式相互作用，为程序员开发访问几乎任何数据存储提供了一个统一全面的方法。OLE DB 标准的具体实现是一组 C++ API 函数，就像 ODBC 标准中的 ODBC API 一样。不同的是，OLE DB 的 API 是符合 COM 标准、基于对象的（ODBC API 则是简单的 C API）。

OLE DB 是系统级的编程接口，它定义了一组 COM 接口，这组接口封装各种数据库系统的访问操作，为数据处理方和数据提供方建立了标准。OLE DB 根据 COM 模型把 DBMS 的功能和特征分散到各个对象中，一些支持数据查询、更新、缓存、表、索引和视图等数据库结构的建立和维护，还有一些完成加锁和事务处理工作。这些对象为应用开发提供了统一的对象接口。每个对象接口都是对象的封装，它定义了一组对象、对象的属性及方法。这组对象类型为：

（1）数据源（Data Source）对象：对应于一个数据提供者，它负责管理用户权限、建立与数据源的连接等初始操作。

（2）会话（Session）对象：在数据源连接的基础上建立会话对象，会话对象提供了事务控制机制。

（3）命令（Command）对象：数据使用者利用命令对象执行各种数据操作，如查询、修改命令等。

（4）行集（Row Set）对象：提供了数据的抽象表示，它可以是命令执行的结果，也可以由会话对象产生，它是应用程序主要的操作对象。

COM 接口对于数据源的提供者来说是比较简单和适用的，但大部分数据源提供者并不是真正的 OLE DB，对 ODBC 的依赖性很强。因此，为了访问关系型数据库，Microsoft 为 ODBC 数据源提供了统一的 OLE DB 服务程序（ODBC OLE DB Provider）。使用 OLE DB 服务程序访问 ODBC 的体系结构如图 8-19 所示。

OLE DB 与 ODBC 的关系非常密切。首先，OLE DB 是新的底层接口，它介绍了一种"通用的"数据访问范例。OLE DB 和 ODBC 标准都提供了统一的数据访问接口。实际上，ODBC 标准对象是基于 SQL 的数据源，而 OLE DB 对象是范围更为广泛的各种数据存储。因此，符合 ODBC 标准的数据源是符合 OLE DB 标准存储的子集，符合 OLE DB 标准的数据源要符合 ODBC 标准，还要提供相应的 OLE DB 服务程序，就像 SQL Server 符合 ODBC 标准要提供 SQL Server ODBC 驱动程序一样。

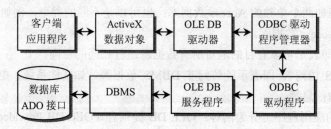

图 8-19 OLE DB 服务程序访问 ODBC 的体系结构

由于 OLE DB 对所有的文件系统（包括关系数据库和非关系数据库）都提供了统一的接口。也正是由于上述这些特性，使得 OLE DB 技术比 ODBC 技术更加优越。

2. ADO 接口

动态数据对象（Active Data Objects，ADO）是继 ODBC 之后功能强大的数据库访问技术，它继承了 OLE DB 的技术优点，定义了 ADO 对象，封装了 OLE DB 中使用的大量 COM 接口，简化了程序开发。利用低层 OLE DB 为应用程序提供简单高效的数据库访问接口，因而对数据库的操作更加方便简单。

ADO 实际上是 OLE DB 的应用层接口，这种结构也为统一的数据访问接口提供了很好的扩展性，而不再局限于特定的数据源。因此，ADO 可以处理各种 OLE DB 支持的数据源。

使用 ADO 控件和 ADO 对象均可访问 SQL Server 数据库。使用 ADO 控件主要设置 Connection-String 和 RecordSource 属性。使用 ADO 对象访问 SQL Server 数据库时，则要在程序中声明或新建 ADO 对象，然后调用 ADO 对象的属性和方法即可。ADO 对象模型采用层次结构，如图 8-20 所示。

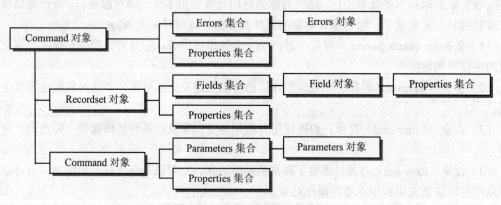

图 8-20 ADO 对象层次结构模型

（1）ADO 对象的主要属性：ADO Data 控件使用 ActiveX 数据对象来快速建立数据绑定的控件和数据提供者之间的连接，合理使用 ADO Data 控件会使编程工作事半功倍。ADO 控件中 ConnectionString 属性和 RecordSource 属性是两个非常重要的属性。

① ConnectionString 属性。该属性值是一个字符串，可以包含进行一个连接所需的所有设置值，在该字符串中所传递的参数是与驱动程序相关的。例如，ODBC 驱动程序允许该字符串包含驱动程序、提供者、默认的数据库、服务器、用户名以及密码等。类似字符串：

"Driver={SQL Server};server=KUMA;uid=sa;pwd=aa;database=TSG"

② RecordSource 属性。包含一条语句或一个表格名称，用于决定从数据库检索什么信息。

（2）主要的 ADO 对象：在应用程序中通过 ADO 对象访问 SQL Server，ADO 的主要对象包括 Connection 对象、Command 对象和 Recordset 对象等。

① Connection 对象。提供与数据库的连接，可以理解为前端应用程序访问数据库服务器而建立的一个通道。

② Recordset 对象。返回对当前数据库操作的结果集，可以理解为容纳从数据库中查询到数据的容器。

③ Command 对象。Command 对象定义了一个可以在数据源上执行的 SQL 命令。

在数据库的访问过程中，首先通过设置连接的服务器的名字、数据库名字、用户名和密码建立同数据库的连接（Connection）；然后，通过连接发送一个查询命令（Command）到数据库服务器上，最后数据库服务器执行查询，把查询到的数据存储到 Recordset 中返回给用户。

3. OLE DB 与 ADO 的比较

OLE DB 标准的 API 是 C++ API，只能供 C++语言调用，这也是 OLE DB 没有改名为 ActiveX DB 的原因，ActiveX 是与语言无关的组件技术。为了使流行的各种编程语言都可以编写符合 OLE DB 标准的应用程序，微软在 OLE DB API 上提供了一种面向对象、与语言无关的（Language-Neutral）应用编程接口，这就是 ActiveX Data Objects，简称为 ADO。

ADO 是应用层级的编程接口，它利用 OLE DB 提供的 COM 接口来访问数据，因此它适合于客户/服务器模式和基于 Web 的应用，尤其在一些脚本语言中进行数据库访问操作是 ADO 的主要优势。

应用程序既可以通过 ADO 访问数据，也可以直接通过 OLE DB 访问数据，而 ADO 也是通过 OLE DB 访问底层数据的。可以说 UDA（通用数据访问）技术的核心是 OLE DB。OLE DB 建立了数据访问的标准接口，它把所有的数据源经过抽象而形成行集（RowSet）的概念。

此外，OLE DB 与 ODBC 的关系非常密切。首先，OLE DB 是新的底层接口，它介绍了一种"通用的"数据访问范例。OLE DB 和 ODBC 标准都提供了统一的数据访问接口。实际上，ODBC 标准对象是基于 SQL 的数据源，而 OLE DB 对象是范围更为广泛的各种数据存储。因此，符合 ODBC 标准的数据源是符合 OLE DB 标准存储的子集，符合 OLE DB 标准的数据源要符合 ODBC 标准，还要提供相应的 OLE DB 服务程序，就像 SQL Server 符合 ODBC 标准要提供 SQL Server ODBC 驱动程序一样。

此外，还有数据访问对象（Data Access Object，DAO）接口和远程数据对象（Remote Data Object，RDO）接口，现在基本都被 ADO.NET 所替代，因此，这里不做具体介绍。

8.4.3 ADO.NET 接口

ADO.NET 是针对.NET 的 ActiveX 数据对象（ActiveX Data Object for.NET）的简称，是 ADO 的进一步演变，是一个用来存取信息和数据的 API。它提供与 OLE DB 接口兼容的数据源的数据存取接口。ADO.NET 是在 OLE DB 技术以及.NET Framework 的类库和编程语言基础上发展的，它让.NET 上的任何编程语言能够连接并访问关系数据库与非数据库型数据源（如 XML、Excel 或文本数据），或是独立出来作为处理应用程序数据的类对象。应用程序通过使用 ADO.NET 连接数据源来进行数据操作。

1. ADO.NET 的结构组成

ADO.NET 是 Microsoft 公司开发的访问数据库的新接口，它由一系列的数据库相关类和接口组成，为创建分布式数据共享应用程序提供了一组丰富的组件。设计 ADO.NET 组件的目的是从数据操作中分解出数据访问。实现此功能的是.NET Framework 数据提供程序和 DataSet 组件。其中，.NET 的数据提供程序是数据提供者，包括 Connection、Command、DataReader 和 DataAdapter 等对象；Data Set 组件实现对结果数据的存储，以实现独立于数据源的数据访问。由这两个组件组成的 ADO.NET 模型结构如图 8-21 所示。

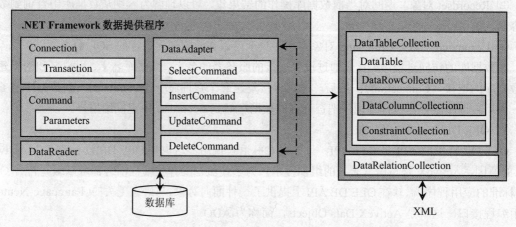

图 8-21　ADO.NET 模型结构图

（1）数据提供程序的类型：.NET Framework 数据提供程序是专门为数据处理以及快速地访问数据而设计的组件，.NET Framework 中的数据提供程序在应用程序和数据源之间起着桥梁的作用，数据提供程序用于从数据源中检索数据并且使对该数据的更改与数据源保持一致。ADO.NET 提供四种类型的.NET 数据提供程序。

① SQL Server .NET Provider。提供了对 SQL Server 数据库的高效访问能力；访问 SQLServer 7.0 及更高版本的数据库，能提供更好的性能。

② OLE DB .NET Provider。提供了对具有 OLE DB 驱动程序的任何数据源的访问能力。访问 SQL Server 6.5 或更早版本的数据库，Oracle 数据库或 Microsoft Access 数据库。

③ ODBC .NET Provider。提供了对具有 ODBC 驱动程序的任何数据源的访问能力。

④ Oracle .NET Provider。提供了对 Oracle 数据库的高效访问能力，支持其高版本。

（2）ADO.NET 的数据操作组件：.NET Framework 数据提供程序模型的数据操作组件（核心元素）包括 Connection、Command、DataReader 和 DataAdapter，通常被称为模型对象。

ADO.NET 模型对象的逻辑结构及其连接关系如图 8-22 所示。

① Connection 对象。主要用于开启应用程序和数据库之间的连接，若没有开启连接，将无法从数据库中获取数据。Connection 对象在 ADO.NET 的最底层，可以自己创建这个对象，也可以由其它对象自动创建。用于建立与特定数据源的连接。

② 主要用于对数据库发出一些指令，例如查询、新增、修改、删除、返回、运行存储过程以及发送或检索参数信息等。Command 对象架构在 Connection 对象之上，也就是说 Command 对象是通过 Connection 对象开启的数据库连接来对数据库下达指令的。

③ DataReader 对象。当只需顺序地读取数据而不进行其它操作时，可以使用 DataReader 对象。

④ DataAdapter 对象。用于非连接的数据应用场合，是提供连接 DataSet 对象和数据源之间传输数据的桥梁。它通过 Command 对象下达指令，并将从数据源中查询取得的数据填入 DataSet

对象中，或将 DataSet 对象中的数据更新回数据源，并使对 DataSet 中数据的更改与数据源保持一致。

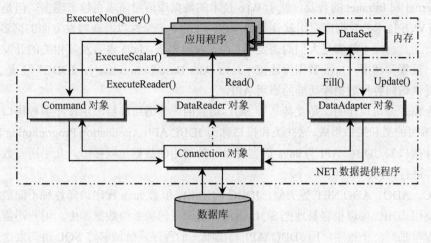

图 8-22 ADO.NET 对象模型

（3）DataSet 对象：是专门为独立于任何数据源的数据访问而设计的，因此它可以用于多种不同的数据源。DataSet 是数据的一种内存驻留表示形式，可以把 DataSet 对象想象成内存中的数据库，它可以把从数据库中查询取到的数据保留起来，甚至可以将整个数据库显示出来。无论它包含的数据来自什么数据源，它都会提供一致的关系编程模型，使程序员在编程时可以屏蔽数据库之间的差异。

2. 使用 ADO.NET 进行数据库应用开发

使用 ADO.NET 进行数据库应用编程主要有两种方式，一种是通过 DataSet 对象和 DataAdapter 对象访问和操作数据，另一种是通过 DataReader 对象读取数据。

（1）使用 DataSet 和 DataAdapter 对象：DataSet 是不依赖于数据库的独立数据集合。所谓独立，就是即使断开数据库连接，或者关闭数据库，DataSet 依然是可用的。有了 DataSet 对象，ADO.NET 访问数据库的步骤就相应地变成了以下几步：通过 Connection 对象创建一个数据库连接；使用 Command 或 DataAdapter 对象请求一个记录集合，再把记录集合暂存到 DataSet 中（可以重复此步，DataSet 可以容纳多个记录集合）；关闭数据库连接，在 DataSet 上进行所需要的数据操作。

（2）使用 DataReader 对象：DataReader 对象只能实现对数据的读取，不能执行其它操作。从数据库查询出来的数据形成一个只读只进的数据流，存储在客户端的网络缓冲区内。在默认情况下，每执行一次 read 方法只会在内存中存储一条记录，系统的开销非常少。创建 DataReader 之前，必须先创建 Command 对象，然后调用该对象的 ExecuteReader 方法来构造 DataReader 对象，而不是直接使用构造函数。

3. 使用 ADO.NET 开发数据库应用程序的一般步骤

① 根据使用的数据源，确定使用的.NET Framework 数据提供程序。

② 建立与数据源的连接，需要使用 Connection 对象。

③ 执行对数据源的操作命令，通常是 SQL 命令，需要使用 Command 等对象。

④ 使用数据集对获得的数据进行操作，需要使用 DataReader、DataSet 等对象。

⑤ 向用户显示数据，通常可以使用数据控件。

8.4.4 JDBC 接口

随着 Internet 和 Intranet 的普及，基于 Web 技术的数据库应用需求也越来越多。但是，由于基于 Internet 和 Web 技术的数据库应用软件需要考虑跨平台、安全性以及兼容性方面的诸多问题，一般的软件开发工具已经不能满足人们的需要了。在这种前提下，Java 语言及其相关的开发技术逐渐被人们认识、重视和利用。Java 数据库连接（Java Data Base Connectivity，JDBC）正是为 Java 软件开发人员提供访问各种数据库功能的通用 API。

JDBC 是 Sun 公司设计的，是支持基于 SQL 功能的一个通用底层应用程序编程接口，它由一组 Java 语言编写的类和接口组成，这些类和接口称为 JDBC API（Application Programming Interface，应用程序设计接口）。JDBC API 为 Java 语言提供一种通用的数据访问接口，几乎所有数据库都支持通过 JDBC 进行访问。

与 ODBC、ADO、ADO.NET 等类似，JDBC 的作用是屏蔽 Java 程序访问各种不同数据库操作的差异性。使用 JDBC 可以很容易地把 SQL 语句传送到任何关系型数据库中，用户不需要为每一个关系数据库单独写一个程序。用 JDBC API 写出唯一的程序，就能够将 SQL 语句发送到任何一种数据库中。Java 与 JDBC 的结合，使程序员只写一次数据库应用软件后，就能在各种数据库系统上运行该软件，从而大大增强了系统的可移植性。对于应用开发人员来说，JDBC 主要提供了建立与数据库的连接、发送 SQL 语句、处理结果集的功能。

1. JDBC 的结构组成

JDBC 是一个层次结构模式，其体系结构与 ODBC 体系结构（见图 8-16）一样，区别仅在于前者的驱动程序管理器为 ODBC Driver Manager，后者的驱动程序管理器为 JDBC Driver Manager。JDBC 的组成如图 8-23 所示。

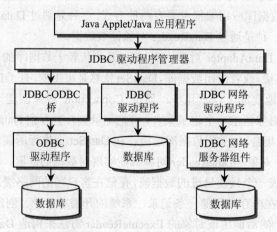

图 8-23 JDBC 的基本组成

（1）JDBC 驱动程序管理器：用来管理各数据库软件商提供的 JDBC 驱动程序，通过 JDBC 驱动程序可以访问数据库。

（2）JDBC-ODBC 桥：对于没有 JDBC 驱动程序的数据库系统，可以通过 JDBC-ODBC 桥来访问，在这种方式下，是将 JDBC 操作转换成 ODBC 来实现 JDBC 操作的。由于 ODBC 得到了广泛的应用，因此，通过 JDBC-ODBC 桥几乎可以使 JDBC 访问所有的数据库系统。

（3）JDBC 网络驱动程序：是一种特殊的 JDBC 程序，它允许使用通用的网络通信协议访问不同的数据库服务器。JDBC 的功能主要包括四个方面：建立与数据库的连接、发送 SQL 语句、处理返回结果，以及关闭数据库连接。

完成一个基于 JDBC 的应用需要一组层次结构的软件产品，包括 JDBC API、JDBC 驱动程序管理器和针对某一特定数据库的 JDBC 驱动程序。JDBC API 是一系列抽象的接口，它使得应用程序能够进行数据库连接，执行 SQL 语句，并且得到返回结果。JDBC 驱动程序管理器是 JDBC 管理层，负责建立应用程序与 JDBC 驱动程序之间的联系，它能够根据应用程序中所提供的信息自动选择不同的 JDBC 驱动程序。

2. JDBC API

JDBC 的核心是为用户提供 Java API 类库，让用户能够创建数据库连接、执行 SQL 语句、检索结果集和访问数据库元数据等，能够使 Java 编程人员发送 SQL 语句和处理返回结果。JDBC 有两种接口组成：一是面向应用程序设计人员的 JDBC API；二是面向底层的 JDBC Driver API（JDBC 驱动程序接口）。用 JDBC 实现数据库访问时，JDBC API 所关心的只是 Java 调用 SQL 抽象接口，Java 应用程序通过 JDBC API 界面访问 JDBC 管理器，具体的数据库调用由 JDBC 管理器通过 JDBC Driver API 访问不同的 JDBC 驱动程序完成。只要提供 JDBC Driver API，JDBC API 就可以访问任意一种数据库，无论该数据库位于本地还是远程服务器，都能为在 Java 中访问任意类型的数据库提供技术支持。

（1）JDBC API：作用是屏蔽不同的数据库驱动程序之间的差别，为应用程序设计人员提供一个标准的、纯 Java 的数据库程序设计接口，进行数据库连接、调用 SQL 语句、访问支持 JDBC 的数据库，得到返回结果。主要包括以下几类：

① java.sql.Connection。用于建立与某一指定数据库的连接，建立连接后便可以执行 SQL 语句并获得检索结果。

② java.sql.DriveManager。用来处理装载驱动程序并建立新的数据库连接。

③ java.sql.Statement。在一个给定的连接中作为 SQL 语句执行声明的容器，以实现对数据库的操作。它包含有两个重要的子类型：

- java.sql.PreparedStatement。创建一个可以编译的 SQL 语句对象，该对象可以被多次运行，以提高执行的效率。
- java.sql.CallableStatement。用于执行数据库中存储过程的调用。

④ java.sql.ResultSet。用于创建表示 SQL 语句检索结果的结果集，用户通过结果集完成对数据库的访问。

（2）JDBC Drive API：是面向驱动程序开发商的编程接口，由各个商业数据库厂商提供。各个商业数据库厂商的 JDBC 驱动程序由 JDBC 驱动程序管理器自动和统一管理，对于没有提供 JDBC 驱动器的 DBMS，Java 提供了一种特殊的驱动程序——JDBC-ODBC 桥，它支持 JDBC 通过现有的 ODBC 驱动器来访问 DBMS。如果需要创建一个数据库驱动程序，只需实现 JDBC API 提供的抽象类，即每个驱动程序都必须提供对于 java.sq1.Connection、java.sql.PreparedStatement、java.sql.CallableStatement、java.sql.ResultSet 等主要接口的实现方法，从而最终保证应用程序通过 JDBC 实现对不同数据库的操作。Java.sql 包中常用的类和接口之间的关系如图 8-24 所示。

当 java.sql.DriverManager 需要为一个指定的数据库 URL 装载驱动程序时，每个驱动程序需要提供一个能实现 java.sql.Driver 的类，Java.sql.Driver 是定义一个数据库驱动程序的接口。

类与接口之间的关系表示通过使用 DriverManager 类可以创建 Connection 连接对象，通过 Connection 对象可以创建 Statement 语句对象或 PreparedStatement 语句对象，通过语句对象可以创建 ResultSet 结果集对象。

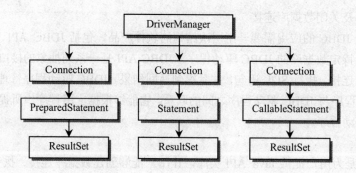

图 8-24　java.sql 包中的接口和类之间的关系

javax.sql 包主要提供了服务器端访问和处理数据源的类和接口，如 DataSource、RowSet、PooledConnection 接口等，它们可以实现数据源管理、行集管理以及连接池管理等。

【实例 8-7】用 Java 通过 JDBC 实现访问数据库，依次实现 3 个方面的功能。代码如下：

```
Class.forNmne("sun.jdbc.odbcJdbcOdbcDriver");        //利用 Java 类装载机制动态装载数据库驱动类
//建立与 MyOdbc 描述的数据库的连接，用户 ID 为 MyID，密码为 MyPassword
Connection con=DriverManager.getConnection("jdbc:odbc:MyOdbc","MyID","MyPassword");
Statement stmt=con.createStatement();                //建立 Statement 对象，为执行 SQL 语句做准备
//执行 SQL 查询语句，结果返回到 ResultSet（结果集）中
ResultSet rs=stmt.executeQuery("SELECT fl,f2,f3 FROM Table");
while(rs.next())
{ Int iNum=rs.getInt("f1");
  String sStr=rs.getString("f2");
  Float fFIt=rs.getFloat("f3");
}
stmt.executeUpdate("DELETE*FROM Table");    //执行 SQL 更新语句，删除 Table 表中所有数据
```

在进行接口选择时，如果使用 Java 编程，不论使用何种操作系统，JDBC 都是唯一的数据库接口选择。如果使用 MFC 进行非.NET 编程，可有多种数据库接口供选择：标准的 ODBC 最通用；数据库访问对象（Database Access Object，DAO）只适合于微软的 Access 数据库；OLE DB 功能强大但是编写麻烦；ADO 不仅功能强大而且使用方便，如果编写.NET 数据库应用程序，唯一的选择就是 ADO.NET 接口，但是可以使用任何支持.NET 的编程语言，如 C++/CLI、C#、VB、JScript、J#等。不过，如果在 VS 2008 中使用 C#和 VB 编程，则还可以选择 LINQ 功能来访问数据库。下面重点介绍利用 C#和 ADO.NET 开发数据库应用系统。

§8.5　使用 C#和 ADO.NET 开发数据库应用系统

在上一节中介绍了访问数据库的各类接口，ADO.NET 是微软公司推出的最新的数据访问技术，也是.NET 框架的一部分，目前 Oracle、DB2、Sybase 等主流商用数据库都开发了适合 ADO.NET 访问的驱动程序，都可以使用 ADO.NET 进行数据访问。

作为微软公司主推的.NET 框架语言之一，C#在数据库应用程序编写方面功能十分强大，通过 ADO.NET 访问接口及控件数据绑定功能，可以快速高效地进行应用程序开发。

8.5.1 C#简介

C#是微软公司推出的一种面向对象的程序设计语言，最初是作为.NET 的一部分而开发的，是 Microsoft .NET 平台的核心语言之一。C#采用了 C++语言的面向过程和对象的语法，同时吸收了其它优秀程序设计语言的特征（其中最显著的是 Delphi、Visual Basic 和 Java），该语言一经推出，就以其简单、现代、通用、面向对象、支持分布式环境中的软件组件开发、国际化支持、多平台编程等强大功能受到了广大程序员的认可，并且成为国际标准（ISO/IEC 23270：2006 Information Technology-C# Language Specification），目前常用的版本是 C# 4.0。

1．C#语言的基本功能

C#是一种简洁、类型安全的面向对象的语言，开发人员可以使用它来构建在.NET Framework 上运行的各种安全、可靠的应用程序。使用 C#，可以创建传统的 Windows 客户端应用程序、XML Web Services、分布式组件、客户端/服务器应用程序、数据库应用程序等。Visual C# 2008 提供了高级代码编辑器、方便的用户界面设计器、集成调试器和许多其它工具，可以更容易在 C# 3.0 版和.NET Framework 3.5 版的基础上开发应用程序。

2．C#语言的主要特点

（1）简单高效：C#比 C/C++语言简单，开发更高效。在 C#中没有指针，不允许直接存取内存。C#抛弃了 C++的多变类型系统（如 int 的字节数、O/I 转布尔值等），而使用统一的类型系统。

（2）适应性强：通过.NET 框架，支持组件编程、泛型编程、分布式计算、XML 处理和 B/S 应用等。

（3）面向对象：C#全面支持面向对象的功能。与 C++相比，C#去掉了全局变量和全局函数等，所有的代码都必须封装在类中（甚至包括入口函数 Main）、禁止重写非虚拟的方法、增加了访问修饰符 internal、禁止多重类继承。

（4）类型安全：C#实施严格类型安全，取消了不安全的类型转换，禁止使用未初始化的变量进行边界检查。

3．C#与 C/C++和 Java 的比较

C#语言和 Java 语言都是基于 C/C++语言的。因此，C#语法表现力强，而且简单易学。C#的大括号语法使任何熟悉 C、C++、Java 的人都可以立即上手。了解上述任何一种语言的开发人员，通常在很短的时间内就可以开始使用 C#进行高效地工作。

C#语言具有 C/C++和 Java 的优点，同时又具有 C/C++和 Java 所不具备的优良特性。C#语法简化了 C++的诸多复杂性，并提供了很多强大的功能，例如可为 NULL 的值类型、枚举、委托、Lambda 表达式和直接内存访问，这些都是 Java 所不具备的。C#支持泛型方法和类型，从而提供了更出色的类型安全和性能。C#还提供了迭代器，允许集合类的实施者定义自定义的迭代行为，以便容易被客户端代码使用。在 C# 3.0 中，语言集成查询（LINQ）表达式使强类型查询成为了一流的语言构造。

作为一种面向对象的语言，C#支持封装、继承和多态性的概念。所有的变量和方法，包括 Main 方法（应用程序的入口点）都封装在类定义中。类只能直接从一个父类继承，但它可以实现任意数量的接口。重写父类中的虚方法的各种方法要求使用 override 关键字作为一种避免意外重定义的方式。在 C#中，结构是一种堆栈分配的类型，可以实现接口。

除了这些基本的面向对象的原理之外，C#还通过几种创新的语言构造，简化了软件组件的开发，这些结构包括：

- 封装的方法签名（称为"委托"），它实现了类型安全的事件通知。
- 属性（Property），充当私有成员变量的访问器。
- 字段（Field），是类或结构的数据成员。
- 内联 XML 文档注释。
- 语言集成查询（LINQ），提供了跨各种数据源的内置查询功能。

在 C#中，如果必须与其它 Windows 软件（如 COM 对象或本机 Win32 DLL）交互，则可以通过一个称为"互操作"的过程来实现。互操作使 C#程序能够完成本机 C++应用程序可以完成的几乎任何任务。在直接内存访问必不可少的情况下，C#甚至支持指针和"不安全"代码的概念。C#的生成过程比 C/C++更简单，比 Java 更灵活。没有单独的头文件，也不要求按照特定顺序声明方法和类型。C#、源文件可以定义任意数量的类、结构、接口和事件。

C#、Visual Basic、VB.NET 与 ADO 实现应用程序开发的体系结构如图 8-25 所示。

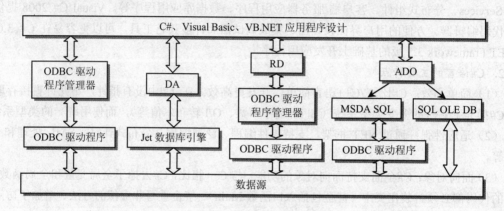

图 8-25　C#、Visual Basic、VB.NET 数据库应用程序开发的体系结构

8.5.2　ADO.NET 对象的使用

ADO 的对象模型中有 5 个主要的数据库访问和操作对象，分别是 Connection（连接）、Command（控制）、DataReader（数据读取）、DataAdapter（数据修改）和 DataSet。其中，Connection 主要负责连接数据库；Command 主要负责生成并执行 SQL 语句；DataReader 主要负责读取数据库中的数据；DataAdapter 主要负责在 Command 执行完 SQL 语句后生成并填充 DataSet 和 DataTable，而 DataSet 主要负责存取和更新数据。

在 ADO.NET 中，对数据库的操作是通过 DataSet 和.NET 数据提供程序交互实现的。由于本书介绍的是 SQL Server 2008，所以下面以 SQL.NET 数据提供程序为例，介绍各对象的属性和使用方法。

1. SQL Connection 对象

使用 ADO.NET 访问数据库，首先要使用 Connection 对象建立与数据库的连接。SQL Connection 对象是用来建立数据库的物理连接的，所有的数据访问操作都必须使用该对象进行数据连接，连接对象是数据库访问的最基本对象。

（1）创建 SQL Connection 对象：创建 SQL Connection 对象时会使用以下两项常用属性：

① ConnectionString 属性。SQL Connection 和 C#中的其它对象一样，需要声明并实例化该属性用来获取或设置打开 SQL Server 数据库的字符串。实例化 SQL Connection 对象使用了一个 string 类型参数的构造函数，该参数称为连接字符串。表 8-1 表述了连接字符串的几个部分的含义。

表 8-1　连接字符串的含义

连接字符串参数名	对应含义
Data Sourse	指明服务器。可以是本地机器、机器域名或者 IP 地址
Initial Catalog	数据库名
Integrated Security	设置为 SSPI，使连接用户以 Windows 用户身份登录
User ID	配置在 SQL Server 中的用户名
Password	SQL Server 用户匹配的密码

例如常用典型连接字符串的语句实例：

Data Source=LONGDRAGONNOTE;Initial Catalog=TSG;Integrated Security=True

或

Data Source=LONGDRAGONNOTE;Initial Catalog=TSG;User ID=sa;Password=1

其中，Data Source 表示数据库服务器的名称或数据库实例，可以用计算机名称、IP 地址等表示；Initial Catalog 指明要连接的数据库名称；Integrated Security=True 表示启用 Windows 方式验证，也可以使用 SQL Server 数据库方式验证，在第二种验证方式中，User ID 表示数据库用户登录名称，Password 表示该用户的访问密码。连接字符串的方式取决于数据库的安全性验证方式设置。一般来说，使用集成安全验证的登录方式比较安全，因为这种方式不会暴露用户名和密码。

② State 属性。是一个枚举类型的值，用来表示当前数据库的连接状态。该属性的取值情况和含义如表 8-2 所示。

表 8-2　连接状态属性值

属性值	对应含义
Broken	该连接对象与数据源的连接处于中断状态，当连接打开后再与数据库失去连接才会导致这种情况。关闭处于这种状态的连接，然后重新打开（该值是为此产品的未来版本保留的）
Closed	该连接处于关闭状态
Connecting	该连接对象正在与数据源连接（该值是为此产品的未来版本保留的）
Executing	该连接对象正在执行数据库操作的命令
Fetching	该连接对象正在检索数据
Open	该连接处于打开状态

（2）创建 SQL Connection 对象：创建 SQL Connection 对象是为了让其它的 ADO.NET 代码使用数据库。在 SQL Connection 对象的生命周期中发生的操作顺序如下：

① 实例化 SQL Connection 对象。

② 打开连接。

③ 传递连接给其它的 ADO.NET 对象。

④ 使用其它的 ADO.NET 对象执行数据库操作。

⑤ 关闭连接。

打开连接和关闭连接可分别用 SQL Connection 对象的 Open 和 Close 方法实现。

【实例 8-8】使用 SQL Connection 对象 conn 来访问数据库。

SQL Connection conn=new SQL Connection();

conn .Connection String="Data Source=LONGDRAGONNOTE;

```
Initial Catalog=TSG;Integrated Security=True";
if(conn.State==ConnectionState.Closed)
    conn.Open();
if(conn.State==ConnectionState.Open)
    conn.Close();                          //使用结束后关闭数据源连接
```

〖问题点拨〗每个数据库连接都要占用一定的系统资源，如内存和网络带宽。因此，要在最晚（调用 Open）时建立连接，在最早（调用 Close）时立刻关闭连接。

2. SQL Command 对象

在与数据源建立连接后，便可使用 Command 对象来对数据源执行数据访问操作和数据操纵操作了。一般对数据库的操作被概括为 CRUD——Create、Read、Update 和 Delete。具体操作可以使用 SQL 语句，也可以使用存储过程。ADO.NET 中定义了 Command 类去执行这些操作。

在执行 SQL Command 对象操作时，对象类常用的属性和方法见表 8-3 和表 8-4。

表 8-3 SQL Command 类的常用属性说明

SQL Command 类的属性	说　明
Command Text	用来获取或设置要对数据源执行的 Transact-SQL 语句或存储过程
Command Type	用来获取或设置 Command Text 属性类型的值
Connection	用来设置要使用的数据库的连接对象

表 8-4 SQL Command 类的常用方法说明

SQL Command 类的方法	说　明
Create Parameter	用于创建 SQL Parameter 对象的新实例
Execute NonQuery	用于执行不返回结果的 SQL 语句，如 Insert、Updata、Delete 等语句
Execute Reader	用于执行 SQL 查询语句 Select 后的结果集，返回一个 Data Reader 对象
Execute Scalar	执行查询并返回查询所返回的结果集中第一行的第一列，忽略其它列或行

（1）创建 SQL Command 对象：SQL Command 类的主要构造函数如下：

```
SQL Command();
SQL Command(cmdText);
SQL Command(cmdText,connection);
```

其中，cmdText 参数指定查询的文本。connection 参数是一个 SQL Connection，它表示到 SQL Server 数据库的连接。例如：

```
SQL Command mycmd=new SQL Command("SELECT * FROM 学生",myconn);
```

（2）使用 SQL Command 对象

① 通过 SQL Command 对象返回单个值。在 SQL Command 的方法中，Execute Scalar 方法执行返回单个值的 SQL 命令。

【实例 8-9】如果想获取 Student 数据库中学生的总人数，则可以使用这个方法执行 SQL 查询：SELECT Count(*)FROM 学生。

```
private void buttonl_Click(object sender,Event Args e)
{   string mystr,mysql;
    SqlConnection myconn=new SqlConnection();
    SqlCommandmycmd=new SqlCommand();
```

```
mystr="Data Source=.;Initial Catalog=Student;Integrated Security=True";
myconn.ConnectionString=mystr;
myconn.Open();
mysql="SELECT count(*) FROM 学生";
mycmd.CommandText=mysql;
mycmd.Connection=myconn;
textBoxl.Text=mycmd.ExecuteScalar().ToString();
myconn.Close();
}
```

② 通过 SQL Command 对象执行修改操作。在 SQL Command 的方法中，Execute NonQuery 方法执行不返回结果的 SQL 命令。该方法主要用来更新数据，通常使用它来执行 UPDATE、INSERT 和 DELETE 语句。该方法不返回行，对于 UPDATE、INSERT 和 DELETE 语句，返回值为该命令 所影响的行数，对于所有其它类型的语句，返回值为-1。

【实例 8-10】通过 SQL Command 对象将成绩表中所有分数增加 5 分，实现方法如下：

```
private void button2_Click(obiect sender,Event Args e)
{   string mystr,mysql;
    SqlConnection myconn=new SqlConnection();
    SqlCommand mycmd=new SqlCommand();
    mystr="Data Source=.;Initial Catalog=student;Integrated Security=True";
    myconn.ConnectionString=mystr;
    myconn.Open();
    my sql="UPDATE 成绩 SET 成绩=成绩+5";
    mycmd.CommandText=mysql;
    mycmd.Connection=myconn;
    mycmd.ExecuteNonQuery();
    myconn.Close();
}
```

③ 在 SQL Command 对象的命令中指定参数：在 SQL.NET Data Provider 支持执行的命令中，可以使用包含参数的数据命令或存储过程执行数据筛选和数据更新等操作，其主要流程如下：

● 创建 Connection 对象，并设置相应的属性值。
● 打开 Connection 对象。
● 创建 Command 对象并设置相应的属性值，其中 SQL 语句含有占位符。
● 创建参数对象，将建立好的参数对象添加到 Command 对象的 Parameters 集合中。
● 为参数对象赋值。
● 执行数据命令。
● 关闭相关对象。

【实例 8-11】通过 SQL Command 对象求出指定学号学生的平均分，实现方法如下：

```
private void button3 Click({ string mystr,mysql;
SqlConnection myconn=new SqlConnection();
SqlCommand mycmd=new SqlCommand();
mystr="Data Source=.;Initial Catalog=student;Integrated Security=True";
myconn.ConnectionString=mystr;
myconn.Open();
my sql="SELECT AVG(成绩) FROM 成绩 WHERE 学号=@ no";
mycmd.Command Text=mysql;
mycmd.Connection=myconn;
```

```
mycmd.Parameters.Add("@no",SqlDbType.VarChar,10).Value=textBoxl.Text;
textBox2.Text=mycmd.ExecuteScalar().ToString();
myconn.Close();
}
obiect sender,Event Args e)
```

3. SQL DataReader 对象

当执行返回结果集的命令时，需要一个方法从结果集中提取数据。SQL DataReader 为数据读取器或阅读器，是从一个数据源中选择某些数据的最简单的方法。使用 SQL DataReader 对象还可以提高应用程序的性能，减少系统开销，因为同一时间只有一条行记录在内存中。

在执行 SQL DataReader 对象操作时，对象类常用的属性和方法见表 8-5 和表 8-6。

表 8-5   SQL DataReader 类的常用属性说明

SQL DataReader 类的属性	说　明
FieldCount	获取当前行中的列数
IsClosed	获取一个布尔值，指出 DataReader 对象是否关闭

表 8-6   SQL DataReader 类的常用方法说明

SQL DataReader 类的方法	说　明
Read	将 DataReader 对象前进到下一行并读取，返回布尔值指示是否有多行
Close	关闭 DataReader 对象
IsDBNull	返回布尔值，表示列是否包含 NULL 值
GetBoolean	返回指定列的值，类型为布尔值
GetString	返回指定列的值，类型为字符串
GetByte	返回指定列的值，类型为字节
GetInt32	返回指定列的值，类型为整型值
GetDouble	返回指定列的值，类型为双精度值
GetDataTime	返回指定列的值，类型为日期时间值
GetOrdinal	返回指定列的序号或数字位置（首位 0）

（1）创建 SQL DataReader 对象：SQL DataReader 类没有提供公有的构造函数，所以不能直接实例化它，需要从 SQL Command 对象中返回一个 SQL DataReader 实例，具体做法是通过调用 Command 类的 ExecuteReader 方法，这个方法将返回一个 SQL DataReader 对象。例如以下代码创建一个 myreader 对象：

```
SqlDbCommand cmd=new SqlDbCommand(CommandText,ConnectionObject);
SqlDataReader myreader=cmd.ExecuteReader();   //SQLDataReader 对象不能使用 new 来创建
```

（2）使用 SQL DataReader 对象：使用 SQL DataReader 对象可以从数据库中得到只读的、只能向前的数据流，因而也是功能较弱的一个方法。下面介绍 Read 方法和 Get 方法。

① Read 方法。当 ExecuteReader 方法返回 SQL DataReader 对象时，当前光标的位置在第一条记录的前面，必须调用阅读器的 Read 方法把光标移动到第一条记录。然后，第一条记录将变成当前记录。如果数据阅读器所包含的记录不止一条，Read 方法就返回一个 Boolean 值 TRUE。想要移到下一条记录，需要再次调用 Read 方法。重复上述过程，直到最后一条记录，这时 Read 方法将

返回 FALSE。经常使用 while 循环来遍历记录：

```
while(myreader.Read())
{
    //读取数据
}
```

只要 Read 方法返回的值为 TRUE，就可以访问当前记录中包含的字段。

② Get 方法。每一个 SQL DataReader 对象都定义了一组 Get 方法，这些方法将返回适当类型的值。例如：

```
myreader.GetInt32[0]        //第 1 个字段值
myreader.GetString[1]       //第 1 个字段值
```

【实例 8-12】通过 SQL DataReader 对象输出所有学生记录，实现方法如下：

```
private void button4_Click(object sender,EventArgs e)
{   string mystr,mysql;
    SqlConnection myconn=new SqlConnection();
    SqlCommand mycmd=new SqlCommand();
    mystr="Data Source=.;Initial Catalog=student;Integrated Security=True";
    myconn.ConnectionString=mystr;
    myconn.Open();
    mysql="SELECT * FROM 学生";
    mycmd.CommandText=mysql;
    mycmd.Connection=myconn;
    SqlDataRead myreader=mycmd.ExecuteReader();
    ListBox1.Items.Add("学号\t\t 姓名\t 专业\t 年级\t 班别");
    ListBox1.Items.Add("=====================================================");
    While(myreader.Read())

ListBox1.Items.Add(String.Format("{0}\t{1}\t{2}\t{3}\t{4}",myreader[0].ToString(),myreader[1].ToString(),myreader[2].ToString(),myreader[3].ToString(),myreader[4].ToString()));
    myconn.Close();
    myreader.Close();
}
```

4．SQL DataAdapter 对象

SQL DataAdapter 对象（数据适配器）用来承接 SQL Connection 和 DataSet 对象。DataSet 对象只关心访问操作数据，而不关心自身包含的数据信息来自哪个 SQL Connection 连接到的数据源，而 SQL Connection 对象只负责数据库连接而不关心结果集的表示。所以，在 ADO.NET 的架构中使用 DataAdapter 对象来连接 SQL Connection 和 DataSet 对象，另外，SQL DataAdapter 对象能根据数据库里的表的字段结构，动态地塑造 DataSet 对象的数据结构。SQL DataAdapter 对象可以执行 SQL 命令以及调用存储过程、传递参数，最重要的是取得数据结果集，在数据库和 DataSet 对象之间来回传输数据。

在执行 SQL DataAdapter 对象操作时，对象类常用的属性和方法见表 8-7 和表 8-8。

（1）创建 SQL DataAdapter 对象：SQL DataAdapter 类的主要构造函数如下：

```
Sql DataAdapter();
Sql DataAdapter(selsct Comm and Text);
Sql DataAdapter(select Command Text,select Connection);
Sql DataAdapter(selsct Command Text,selsct Connectioil String);
```

例如：

myadp=new Sql Data Adapter(mySql,myconn);

表 8-7　SQL DataAdapter 类的常用属性说明

SQL DataAdapter 类的属性	说　明
Select Command	获取或设置 SQL 语句或存储过程，用于选择数据源中的记录
Insert Command	获取或设置 SQL 语句或存储过程，用于将新记录插入到数据源中
Update Command	获取或设置 SQL 语句或存储过程，用于更新数据源中的记录
Delete Command	获取或设置 SQL 语句或存储过程，用于从数据集中删除记录

表 8-8　SQL DataAdapter 类的常用方法

SQL DataAdapter 类的方法	说　明
Fill	用来自动执行 SQL DataAdapter 对象的 Select Command 属性中相对应的 SQL 语句，以检索数据库中的数据，然后更新数据集中的 DataTable 对象，如果 DataTable 对象不存在，则创建它
Update	用来自动执行 Update Command，Insert Command 或 Delete Command 属性中相对应的 SQL 语句，以使用数据集中的数据来更新数据库

（2）使用 SQL DataAdapter 对象：主要用来执行 Select Command 语句，将执行结果填充或刷新 DataSet 或 DataSet 的表，返回值是影响 DataSet 的行数。SQL DataAdapter 常用方法主要有以下两种：

① Fill 方法。用于向 DataSet 对象填充从数据源中读取的数据。调用 Fill 方法的语法格式有多种，常见的格式如下：

SQL DataAdapter 对象名.Fill(DataSet 对象名,"数据表名");

其中第一个参数是数据集对象名，表示要填充的数据集对象；第二个参数是一个字符串，表示在本地缓冲区中建立的临时表的名称。

② Update 方法。用于将数据集 DataSet 对象中的数据按 Insert Command 属性、Delete Command 属性和 Update Command 属性所指定的要求更新数据源，即调用 3 个属性中所定义的 SQL 语句来更新数据源。常见的格式如下：

SQL DataAdapter 对象名.Update(DataSet 对象名,[数据表名]);

第一个参数是数据集对象名，表示要将哪个数据集对象中的数据更新到数据源中，第二个参数是一个字符串，表示临时表名称。

当程序调用 Update 方法时，DataAdapter 将检查参数 DataSet 每一行的 Row State 属性，根据 Row State 属性来检查 DataSet 里的每行是否改变和改变的类型，并依次执行所需的 INSERT、UPDATE 或 DELETE 语句，将改变提交到数据库中。这个方法返回影响 DataSet 的行数。

系统提供 SQL Command Builder 类，它根据用户对 DataSet 对象数据的操作自动生成相应的 Insert Command、Delete Command 和 Update Command 属性值。其中构造函数如下：

SQL Command Builder(adapter);

例如，以下语句创建一个 SQL Command Builder 对象 mycmdbuilder，用于产生 myadp 对象的 Insert Command、Delete Command 和 Update Command 属性值，然后调用 Update 方法执行这些修改命令以更新数据源：

```
SqlCommand Builder mycmdbuilder=new SqlCommandBuilder(myadp);
Myadp.Update(myds,"student");
```

【实例 8-13】通过 SQL DataAdapter 对象输出所有学生记录，并对学生表中的信息做修改。

```
public partial class Forml:Form
{   string mysql;
    SqlConnection myconn;
    DataSet myds=new DataSet();
    SqlDataAdapter myadp;
    public Forml()
    { InitializeComponent();}|
     private void buttonl_Click(object sender,EventArgs e)
     { myadp.Update(myds,"stu");}                        //修改数据表
     privatevoidbutton4_Click(object sender,EventArgs e)
    {myconn=new SqlConnection("Data Source=.;Initial Catalog=student;Integrated Security=True");
     mysql="SELECT * FROM 学生";
     myadp=new SqlDataAdapter(mysql,myconn);
     myconn.Open();
     SqlCommandBuilder mycmdbuilder=new SqlCommandBuilder(myadp);
     myadp.Fill(myds,"stu");
     dataGridViewl.DataSource=myds.Tables[0];
     myconn.Close();
    }
}
```

5. DataSet 对象

DataSet 是 ADO.NET 结构的核心组件，其作用在于实现独立于任何数据源的数据访问。由于其在访问数据库前不知道数据库里表的结构，所以在其内部用动态 XML 的格式来存放数据。这种设计使 DataSet 能访问不同数据源的数据。

DalaSet 是从任何数据源中检索后得到的数据并且保存在缓存中，它可以包含表、所有表的约束、索引和关系。因此，也可以把它看作是内存中的一个小型关系数据库。

DataSet 对象本身不同数据库发生关系，而是通过 DataAdapter 对象从数据库里获取数据并把修改后的数据更新到数据库。在同数据库建立连接后，程序员可以通过 DataApater 对象填充（Fill）或更新（Update）DataSet 对象。

由于 DataSet 独立于数据源，所以既可以包含应用程序本地的数据，也可以包含来自多个数据源的数据。与现有数据源的交互通过 DataAdapter 来控制。

（1）向 DataSet 中填充数据的过程：DataSet 对象常和 DataAdapter 对象配合使用。通过 DataAdapter 对象，向 DataSet 中填充数据的一般过程是：

① 创建 DataAdapter 和 DataSet 对象。

② 使用 DataAdapter 对象，为 DataSet 产生一个或多个 DataTable 对象。

③ DataAdapter 对象将从数据源中取出的数据填充到 DataTable 中的 DataRow 对象里，然后将该 DataRow 对象追加到 DataTable 对象的 Rows 集合中。

④ 重复第②步，直到数据源中所有数据都已填充到 DataTable 里。

⑤ 将第②步产生的 DataTable 对象加入 DataSet 里。

（2）使用 DataSet 更新数据：将程序修改后的数据更新到数据源的过程是：

① 创建待操作 DataSet 对象的副本，以免因误操作而造成数据损坏。

② 对 DataSet 的数据行（如 DataTable 里的 DataRow 对象）进行插入、删除或更改操作，此时的操作不能影响到数据库中。

③ 调用 DataAdapter 的 Update 方法，把 DataSet 中修改的数据更新到数据源中。

DataSet 对象主要用来存储从数据库得到的数据结果集，为了更好地对应数据库里数据表和数据表之间的联系，DataSet 对象包含了 DataTable 和 DataRelation 类型的对象。

【实例 8-14】填充（Fill）和更新（Update）DataSet 对象。

```
//省略获得连接对象的代码
…
string sql="SELECT * FROM Patron";    //创建 DataAdapter
SqlDataAdapter sda=new SqlDataAdapter(sql,conn);
DataSet ds=new DataSet();             //创建并填充 DataSet
sda.Fill(ds,"Patron");
DataSet dsCopy=ds.Copy();             //给 DataSet 创建一个副本，对副本操作，以免误操作而破坏数据
DataTable dt=ds.Table["Patron"];      //对 DataTable 中的 DataRow 和 DataColumn 对象进行操作
…
sda.Update(ds,"Patron");              //最后将更新提交到数据库中
```

6. 数据绑定

在数据库应用程序中，为了方便管理数据，通常使用窗体控件来显示和处理数据库中的数据，需要将控件与数据绑定起来。C#.NET 中的数据绑定分为两种：复杂数据绑定和简单数据绑定。复杂数据绑定指将一个控件绑定到多个数据元素，支持复杂绑定的常用控件通常含有 DataSource 属性和 DataMember 属性，设置这两个属性值即可完成数据绑定。

简单数据绑定一次只能绑定一个字段中的数据。这样的控件，可以使用 Add 方法向控件的 DataBindings 属性集合添加新的 Binding 对象的方法实现数据绑定。其语法格式为：

控件.DataBindings.Add（NewBinding（属性，数据来源，数据成员））

【提示】ADO 是一个建立访问 SQL Server 数据库的 Web 应用程序的理想工具。用户可以在客户端的超文本标记语言（HyperText Markup Language，HTML）文件或服务器端的 ASP 文件中的 VBScript 或 JScript 中使用 ADO 连接来完成对数据库的访问。

ASP 是 Microsoft 公司推出的动态服务器页面（Active Server Pages），是一种用以取代通用网关接口（Common Gateway Interface，CGI）的技术。因为篇幅限制，请读者参阅相关文献。

本章小结

1. 数据库系统的体系结构对数据库应用开发具有深远的影响力，每种体系结构的出现都会引起数据库应用产品的研究、开发和应用热潮。因此，数据库应用系统的开发可以选择多种体系结构。Client/Server 和 Browser/Server 结构是目前最常用的两种体系结构，每种体系结构中又可以有两层或三层结构，这些体系结构具有不同的特点，适用于不同的开发环境。

2. 开发数据库应用系统是一项非常复杂的工作，涉及的知识面很宽。数据库访问技术是数据库应用开发中的关键技术，伴随着数据源和数据库应用环境的不断演变，人们提出了一系列的数据库访问技术，使得在各种平台和环境下都有合适的数据访问技术。

3. 嵌入式 SQL 是随着数据库应用系统开发应运而生的混合式应用语言，既充分体现出数据库语言的功能特点，又体现出高级语言流程控制的功能特点。

4. C#是继 C/C++之后，由 Microsoft 公司推出的一种面向对象的程序设计语言，也是 Microsoft. NET 平台的核心语言之一，在数据库应用系统开发中被广泛应用。

5. ADO 的对象模型中有 5 个主要的数据库访问和操作对象：Connection、Command、DataReader、DataAdapter 和 DataSet。在 ADO. NET 中，对数据库的操作是通过 DataSet 和.NET 数据提供程序交互实现的。

数据库应用系统的设计与开发是一项复杂的工作，属于软件工程范畴。其开发周期长、耗资多、失败的风险大，所以应该按照软件工程的原理和方法来进行设计与开发。与此同时，要求设计人员具有较强的综合抽象能力，以便全面考虑许多问题（如应用环境、DBMS 管理、操纵能力、存储方式、效率等），使设计工作得以顺利进行。

习题八

一、选择题

1. 在数据库应用系统中，数据库和（　　）是整个应用软件进行数据存取、管理、查询和优化的基础。

    A. 数据库软件   B. 数据库系统   C. 数据库程序   D. 数据库管理系统

2. 在客户机/服务器结构中，客户端运行用户的应用软件，服务器端运行（　　）。

    A. 系统软件   B. 应用程序   C. 网络协议   D. 数据库管理系统

3. 数据库应用系统的基本组成包括操作系统、数据库、数据库管理系统和（　　）。

    A. 开发工具   B. 程序语言   C. 编译系统   D. 数据库应用程序

4. 在 C/S 结构中，客户端和服务器一般安装在不同的计算机系统中，通过（　　）进行物理连接。

    A. 硬件设备   B. 接口电路   C. 中间件   D. 网络线路

5. 在客户机/服务器工作模式中，下列（　　）属于服务器的任务。

    A. 管理用户界面   B. 产生对数据库的要求

    C. 处理对数据库的请求   D. 接收用户的处理要求

6. 在 B/S 模式中，根据各部分所承担的任务不同，可将整个系统分为表示层、功能层和（　　）等 3 个相对独立的单元。

    A. 逻辑层   B. 物理层   C. 概念层   D. 数据层

7. 在计算机网络中，实现应用软件与网络协议连接的部件是（　　）。

    A. 中间件   B. 接口电路   C. 硬件接口   D. 软件接口

8. 开放式数据库连接（Open Data Base Connectivity，ODBC）接口由应用程序编程接口、驱动程序管理器、驱动程序和（　　）所组成。

    A. 数据源   B. 数据库   C. 概念层   D. 数据层

9. 使用 ADO.NET 进行数据库应用编程主要有两种方式，一种是通过 DataSet 对象和 DataAdapter 对象访问和操作数据，另一种是通过 DataReader 对象（　　）。

    A. 读取数据   B. 存取数据   C. 处理数据   D. 修改数据

10. ODBC 数据源分为 3 类：用户数据源、系统数据源以及（　　）。

    A. 网络数据源   B. 磁盘数据源   C. 参数数据源   D. 文件数据源

二、填空题

1. 数据库应用体系结构是指数据库软件系统与应用软件的_____。

2. 集中式体系结构根据_____是支持单用户还是多用户，可分为单用户体系结构和多用户体系结构。

3. 数据库应用系统文件服务器体系结构由于 DBMS 和应用系统与独立的多个文件分离，无法保证数据的_____、_____和_____。

4. 在 C/S 结构中，整个应用软件系统在逻辑上划分为两个部分：客户端和服务器端。客户端运行用户的_____，服务器端运行_____。

5. 数据库应用程序员与数据库的接口是_____。

6. 使用 ADO.NET 进行数据库应用编程主要有两种方式，一种是通过_____对象访问和操作数据，另一种是通过_____对象读取数据。

7. 用高级语言编写的程序，必须通过_____编译，计算机硬件系统才能识别和执行。

8. 在 C/S 和 B/S 模式中广泛使用中间件技术，它的作用是将_____与_____隔离开来。

9. 连接 ODBC 驱动程序和数据库系统的桥梁是_____。

10. 为了将 SQL 嵌入到宿主语言中，DBMS 采用两种处理办法。一种是预编译方法，另一种是修改和扩充宿主语言使之能处理 SQL 语句。目前采用较多的是_____方法。

三、问答题

1. 数据库系统与数据库管理系统的主要区别是什么？

2. 何为数据库应用系统和数据库应用系统开发？

3. 开发数据库应用系统涉及哪些内容？

4. 数据库语言与宿主语言有什么区别？

5. 在嵌入式 SQL 中，如何区分 SQL 语句与宿主语言语句？

6. 在宿主语言的程序中使用 SQL 语句有哪些规定？

7. 在嵌入式 SQL 中，如何协调 SQL 语句的集合处理方式与宿主语言单记录处理方式的关系？

8. 在嵌入式 SQL 中，如何解决数据库工作单元与源程序工作单元之间的通信？

9. 预处理方式对于嵌入式 SQL 的实现有什么重要意义？

10. 嵌入式 SQL 语句中，何时需要使用游标？何时不需要使用游标？

四、应用题

1. 描述对嵌入式编程的理解和掌握程度。

2. 描述对数据库应用系统 4 种体系结构的理解和掌握程度。

3. 描述对数据库应用程序接口的理解和掌握程度。

4. 描述对使用 C# .NET 开发数据库应用系统的理解和掌握程度。

第 9 章　课程设计——开发高校教学管理系统

【问题引出】在前七章，我们介绍了数据库技术的基本概念和基本理论知识，在第 8 章，介绍了开发数据库应用系统的相关知识。那么，如何利用前面所学知识开发一个实际的应用系统——高校教学管理系统呢？这就是本章所要讨论的问题。

【教学重点】本章以课程设计的形式，以开发一个高校教学管理系统为例，在介绍课程设计的目标和任务、课程设计的主要内容和基本要求的基础上，描述高校教学管理系统的需求分析和系统概念模型、系统的逻辑结构、数据库的物理设计和系统实现问题。

【教学目标】通过本章学习，熟悉课程设计的目标、任务、内容、要求以及数据库应用系统的程序结构设计；掌握系统需求分析描述、系统概念模型描述、系统的逻辑结构、数据库的物理设计和系统实现方法。

§9.1　课程设计概述

课程设计是针对一门课程，从理论到实践的综合性训练，它涉及到课程各单元的知识，学生需要融会贯通课程各单元的内容才能很好地完成课程设计任务，这就促使学生将课程各单元的知识有机地联系起来，并综合运用到课程设计任务当中。

9.1.1　课程设计的目标和任务

数据库技术是一门理论与实践并存的课程，仅有理论知识和简单的操作是远远不够的，必须通过综合训练，使学生全面理解数据库的基本原理，并运用所学知识设计实际应用系统，而能胜任此教学任务的就是数据库课程设计。课程设计是连接本课程各知识点的桥梁，通过数据库课程设计，不仅能巩固学过的数据库知识，熟练掌握数据库操作技能，培养学生灵活运用所学知识分析、解决实际问题的能力。同时，由于设计一个实际应用系统涉及到很多方面的知识和问题，对培养学生的团队协作精神、创新能力，以及可持续发展能力也能起到积极的促进作用。

1. 课程设计的目标

课程设计的任务通常是设计一个实际应用系统，而设计一个有使用价值的系统并非易事。数据库设计有科学的设计方法和先进的设计工具，而要真正掌握并熟练运用数据库设计方法进行数据库应用系统开发必须有针对性地进行系统工程训练。通过数据库课程设计，促进学生有针对性地、自觉地串接基本教学内容；主动地学习和掌握开发工具；积极查阅有关数据库的相关资料。通过课程设计，实现如下教学目标：

（1）完成从理论到实践的知识升华：学生通过数据库设计的实践进一步加深对数据库原理和技术的了解，将数据库理论知识运用于实践，并在实践过程中逐步掌握数据库的设计方法和过程。

（2）提高分析实际问题和解决实际问题的能力：数据库课程设计是数据库应用系统设计的一次模拟训练，学生通过数据库设计的实践积累经验，提高分析问题和解决问题的能力。

（3）培养创新能力：提倡和鼓励开发过程中使用新方法和新技术，激发学生实践的积极性与创造性，开拓思路设计新系统，提出新创意，培养创造性的工程设计能力。

（4）培养学生的团队协作精神：数据库设计是一项系统工程，需要靠集体的有效协作才能顺利、高效地完成。在课程设计过程中让学生建立群体共识，充分体会团队协作的重要性。

2. 课程设计的任务

本课程设计的任务是在教师的指导下，设计并开发一个中、小型数据库应用系统。通过对系统的需求分析、概念结构设计、逻辑结构设计、物理设计、系统编程实现，完成题目要求的功能，从而掌握设计和开发一个中、小型数据库应用系统的方法和步骤。学生也可以选择一个熟悉的领域，设计具有实际应用价值的课程设计题目，完成对系统的设计和开发。

9.1.2 课程设计的主要内容

1. 关系数据库的设计

数据库设计是根据数据库的组织结构约束，将现实世界的信息在计算机中表现出来。根据数据库体系结构，数据库分为外模式、模式和内模式。因此数据库的设计分为两大部分，一部分是数据库的逻辑设计，即数据库管理系统要处理的数据库全局逻辑结构，也包括了对应于用户级的外模式；另一部分是数据库的物理设计，它是在逻辑结构已确定的前提下设计数据库的存储结构，即对应于物理级的内模式。为完成这两部分的设计工作，整个设计过程可分为以下 6 个阶段，如图 9-1 所示。

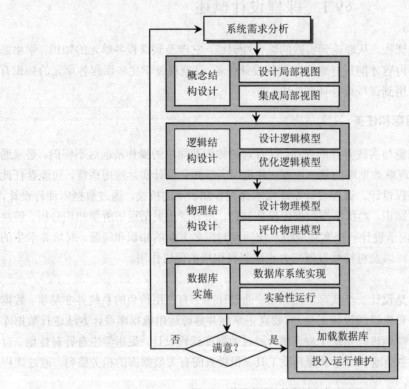

图 9-1 数据库设计的主要内容及过程

（1）需求分析阶段：查找相关资料，准确地了解和分析用户需求。根据系统需求，对数据进行分析，画出系统数据流程图，并编写数据字典。需求分析是整个设计过程的基础，是最困难、最耗时间的一步。需求分析做得不好，会直接影响系统的设计和实现，甚至会导致整个数据库设计返工重做。

（2）概念结构设计阶段：包括设计逻辑模型和集成局部视图。通过对用户需求进行分析、归纳与抽象，设计 E-R 模型，详细描述实体的属性和实体之间的联系，消除不必要的冗余。特别应该注意的是实体、属性和联系的划分与确定。

（3）逻辑结构设计阶段：包括设计逻辑模型和优化逻辑模型。将概念结构转换为某个数据库管理系统所支持的数据模型，实现 E-R 图向关系模型的转换，即把实体和实体之间的关系转换为一个个二维关系表，中间存在着多种可能的组合，必须从中选取一个性能较好的关系模式集合作为关系数据库的模式。要求分析关系模型中存在的函数依赖；分析各关系模式所满足的范式，将所有关系模式转换为满足第三范式的关系模型并优化；分析描述的关系模型中，存在哪些完整性要求；指出关系模型中各关系模式的主键、候选键和外键；分析描述的关系模型中，需要定义的相关用户视图等。

（4）物理结构设计阶段：包括设计物理模型和评价物理模型。为逻辑数据库选取一个最适合应用环境的存储结构和存储方法。

（5）数据库的实施阶段：包括数据库系统实现和实验性运行。运用数据库管理系统提供的数据语言及其宿主语言，根据逻辑设计和物理设计的结果建立数据库、编制与调试应用程序、组织数据入库并试运行。

（6）数据库运行和维护阶段：数据库应用系统经过试运行之后，即可投入正式运行。在数据库系统运行过程中必须不断地对其进行评价、调整和修改。

2．数据库应用程序开发

按照所设计的数据库，需要开发相应的数据库应用程序。目前，适用于开发数据库应用程序的高级语言有 PowerBuilder、Visual C++、C#、Visual Basic、VB.NET、Java、Visual FoxPro、Delphi等，可以根据自己的喜好和能力任意选择。所开发的应用系统至少能实现如下功能：

- 基本信息的管理，包括数据的增加、删除、更新。
- 基本信息的查询，包括集合查询和模糊查询等。
- 基本信息的统计，最好能够以统计图方式显示。
- 基本的信息保护，包括数据库的备份和恢复等。
- 基本的安全设置，包括用户口令和管理权限等。

9.1.3　课程设计的基本要求

课程设计是对本课程学习的概括、总结、检验和对本课程知识的进一步拓展。具体说，进行课程设计，应达到和完成以下几项基本要求。

1．技术要求

数据库应用系统的开发与设计是一项复杂的功能，属于软件工程范畴。其开发周期长、耗资多，失败的风险大，所以应该按照软件工程的原理和方法来进行数据库应用系统的设计与开发。开发一个好的数据库应用系统对系统的设计开发人员要求较高，他应具备多方面的技术和知识：

- 数据库原理及其应用方面的知识。
- 计算机科学基础和程序设计技术方面的知识（知识关联）。
- 掌握软件工程的原理和方法（知识关联）。
- 相关应用领域的知识（知识拓展）。

同时要求设计人员具有较强的综合抽象能力，以便全面考虑许多问题（如应用环境、DBMS管理、操纵能力、存储方式、效率等），使设计工作得以顺利进行。

2. 课程设计需要提供的资料

根据课程设计的内容要求，最终需要提交如下资料：

（1）提交一份课程设计报告：按照标准模板打印，字数在 4000～6000 字。

（2）提交一份数据库应用程序：本人开发完成的、可单独运行的程序。

（3）提交一份数据库文件：包括数据文件和日志文件。

3. 课程设计报告

课程设计完毕，应提供课程设计报告。该报告既是学生进行课程设计的总结，也是教师进行评分的依据。课程设计报告的主要内容包括以下几个方面：

（1）问题描述：对本课题进行简要的说明，包括课题的背景、目的和意义等。

（2）解决方案：解决方案包括系统设计的 E-R 模型、关系模式的描述与具体实现的说明。要求 E-R 模型设计规范、合理，关系模式至少要满足第三范式，数据库的设计要考虑安全性和完整性的要求。

（3）系统功能和使用说明。

① 软件环境。本系统的实现采用的是何种语言，应在什么软件环境下使用。

② 系统流程图。对系统流程图中各个模块的功能做详细的说明。

③ 程序调试情况。对系统在调试过程中出现的问题进行说明。

④ 总结。对系统做一个全面评价，包括系统有何特点、存在的问题、改进意见等。

⑤ 小组分工安排。应根据系统规模确定成员人数，以每个成员完成一个子系统为宜。

4. 成绩评定

课程设计成绩由四部分组成，其中设计报告占 50%，系统演示占 30%，小组评价占 10%，考勤占 10%。课程设计报告部分的评分标准如表 9-1 所示。

表 9-1　课程设计报告评分标准表

序号	报告内容	所占比例	评分原则				
			不给分	及格	中等	良好	优秀
1	问题描述	10%	没有	不完整	基本正确	描述正确	描述准确
2	解决方案	40%	没有	不完整	基本可行	方案良好	具有较强说服力
3	系统功能使用说明	30%	没有	不完整	完成基本功能	完成基本功能使用说明完整	功能性强、说明完整、能正常运行
4	结束语	10%	没有	不深刻无说服力	较深刻	较深刻有说服力	深刻，有说服力
5	其它	10%	包括是否按时完成、报告格式是否正确、版面是否整洁、语言是否通顺				

§9.2　系统总体设计

在第 1～8 章介绍了关系数据库设计的有关理论、方法和工具，开发应用系统是多方面知识和技能的综合运用，这里以开发一个高校教学管理系统为例，阐述数据库系统设计的有关理论与实际开发过程的对应关系，使读者更深入理解理论如何指导实践，从而提高灵活、综合运用知识的系统开发能力。

9.2.1　系统总体需求

随着学分制的普及，高校教学管理系统是高校现代化信息管理中的重要组成部分。开发出高效实用的高校教学管理系统，对课程教学进行统一管理，实现教学信息管理工作流程的科学化、系统化、规范化和自动化，最大限度地提高管理效率，有着极为重要的作用和意义。利用教学管理系统，不仅能满足教师查询教学课程安排情况，而且方便学生查询所学课程、选课成绩信息等。教学管理系统的操作对象主要包括：教师、学生、教务管理员、课程及选课信息，可实现对教师、学生、课程、成绩等信息进行添加、修改、删除等操作。

当然，不同的高校有其自身的特殊性，业务关系复杂程度各有不同，因而所开发的教学信息管理系统也不同。一个完整的教学管理系统涉及的内容很多，本章的主要目的是介绍应用系统开发的基本方法和基本步骤，由于篇幅有限，将对实际的教学管理系统进行简化，略去学生其它学习环节（如课外学习活动、图书借阅、学生综合能力的评价和考核等）。

1．用户总体业务结构

高校教学信息管理业务包括学生信息管理、教学计划制订、学生的学籍及成绩管理、学生选课管理、教学调度安排 5 个主要部分。各业务包括的主要内容如下：

（1）学生信息管理：包括对学生基本信息（姓名、性别、籍贯、专业、班级）的查询打印。

（2）教学计划管理：包括由教务部门完成学生指导性教学计划、培养方案的制订、开设课程的注册以及调整。

（3）学籍及成绩管理：包括各院系教学秘书完成学生学籍注册、毕业、学籍异动处理，各授课教师完成所讲授课程成绩的录入，然后由教学秘书进行学生成绩的审核。

（4）学生选课管理：包括学生根据开设课程和培养计划选择本学期所要选修的课程，教学秘书对学生所选课程确认处理。

（5）教学调度安排：包括教学秘书根据本学期所开课程、教师上课情况以及学生选课情况完成排课、调课、考试安排、教室管理。

2．总体安全要求

系统安全的主要目标是保护系统资源免受毁坏、替换、盗窃和丢失，其中系统资源包括设备、存储介质、软件、数据等。具体来说，系统安全应达到以下安全要求。

（1）保密性：机密或敏感数据在存储、处理、传输过程中要保密，并确保用户在授权后才能访问。

（2）完整性：保证系统中的信息处于一种完整和未受损害的状态，防止因非授权访问、部件故障或其它错误而引起的信息篡改、破坏或丢失。学校的教学管理系统的信息，对不同的用户应有不同的访问权限，如每个学生只能选修培养计划中的课程，学生只能查询自己的成绩，成绩只能由讲授该门课程的老师录入，经教务人员核实后则不能修改。

（3）可靠性：保障系统在复杂的网络环境下提供持续、可靠的服务。

3．信息收集要求

为了实行高效管理，应采取一次收集、高效利用的原则。例如教学管理系统，应包括新生入学报到子模块。它涉及学生基本信息的完整录入、班级的设置及安排、各个学生寝室的安排和分配，以及学生学号的安排等多个方面。如果新生报到仍采用手工登记方式，则人力资源利用率极低。因此，在教学管理系统中包括新生入学报到子模块是很有必要的。

4. 数据输出方式

在系统设计中，要充分考虑输出数据的高效应用，需要提供并且指明数据输出的方式，如采用报表输出的方式，专用报表格式、Excel 文件输出形式或 XML 文件输出形式，此外，报表是否需要自动统计功能等均需要详细阐明。

5. 软件界面需求

界面需求就是在系统设计中对界面提出的具体要求，如在哪些地方需要弹出菜单，主界面是否需要图形导航功能，界面是否必须满足或全部按照 Windows 标准设计等，这些都是界面设计的要求。除此之外，还应该尽可能做到外观漂亮、操作直观等一些细节要求，这些均可以由用户方提出并列于系统分析报告之中。界面需求的制作往往是机械的，一个界面的质量往往难以量化，这些主观的界面要求在细节上也很难描述，所以在整个开发周期中，需要与客户进行沟通，以达到双方满意为止，但应尽量形成文本。

6. 国际化的需求

在编写系统分析与设计报告时要考虑系统是否需要满足国际化需求，如一个应用程序往往需要有多语言支持能力或需要进行多种语言的本地化。在编写代码时，就必须符合本地化工具的标准要求，这也是一种系统需求。

通常情况下，多种语言的系统存在两套或多套界面机制，如果用户选定了一种语言，则系统将启动相应语言的界面体系，此时的界面只是系统的外在表现，其数据处理才是系统的内涵所在。因此，无论存在多少语言需求，它们均对应相同数据库的前台或后台。

需求分析的任务是了解和分析应用系统将要提供的功能及未来数据库用户的数据需求，如分析系统具有哪些功能需求，哪些数据要存储在数据库中，使用数据的业务规则是什么，数据之间有什么联系及约束，哪些数据会被频繁访问，有哪些性能需求等，即了解用户真正希望从数据库中得到什么。

9.2.2　系统结构设计

系统结构设计的主要任务是从用户的总体需求出发，以现有技术条件为基础，以用户可能接受的投资为基本前提，对系统的整体框架作较为宏观的描述。其主要内容包括系统的硬件平台、网络通信设备、网络拓扑结构、软件开发平台以及数据库系统的设计等。应用系统的构建是一个较为复杂的系统工程，是计算机知识的综合运用。这里主要介绍系统的数据库设计，也选择介绍应用系统的主模块和用户登录模块。相关内容请参考有关资料。

1. 结构设计的主要内容

数据库应用系统设计，需要考虑的主要内容包括用户数量和处理的信息量的多少，它决定系统采用的结构、数据库管理系统和数据库服务器的选择；用户在地理上的分布将决定网络的拓扑结构以及通信设备的选择；安全性方面的要求将决定采取哪些安全措施以及应用软件和数据库表的结构；与现有系统的兼容性、原有系统使用的开发工具和数据库管理系统将影响到新系统采用的开发工具和数据库系统的选择。

2. 系统的体系结构

目前，数据库应用系统体系结构大多采用客户机/服务器（Client/Server，C/S）结构和浏览器/服务器（Browser/Server，B/S）结构。这两种结构各自的优特点已在第 7 章中详细介绍。考虑到本课程的教学实施方便，即系统运行于教学环境局域网内，因此采用 C/S 模式。

3. 系统软件开发平台的选择

数据库应用系统软件开发平台是指所采用的数据库管理系统和所选用的开发工具。

（1）数据库管理系统的选择：典型的关系型数据库管理系统有 Oracle、IBM DB2、Sybase ASA、Informix、SQL Server、Delphi、Access、MySQL 等，由于 Microsoft SQL Server 2008 数据库是目前用户使用得比较多的数据库管理系统产品。因此，选择 SQL Server 2008 作为高校教学信息管理系统的 RDBMS。SQL Server 2008 的功能特点已在第 4 章中介绍。

（2）语言开发工具的选择：目前用于开发数据库应用程序的语言有 Delphi、Java、Visual C++、C#、Visual Basic、VB.NET 等。这里，我们使用 Visual C#作为开发工具语言。C#最显著的特点是它与 COM 是直接集成的，是微软公司.NET Windows 网络框架的主角。

4. 系统的功能模块结构

在设计数据库应用程序之前，必须对系统功能模块进行合理的划分。划分的主要依据是用户的总体需求和完成的业务功能。高校教学管理系统至少应提供如图 9-2 所示功能。

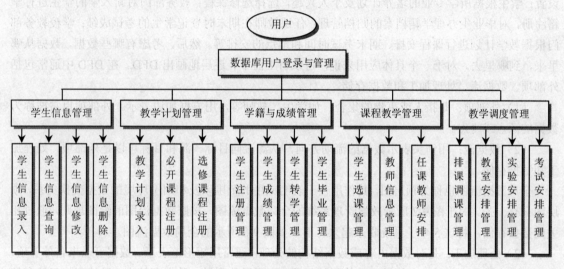

图 9-2　教学管理系统功能模块结构

高校教学管理系统主要由 5 个子系统所组成，每个子系统又由多个功能模块组成。这里的功能划分是一个比较初步的划分。随着详细需求调查的进行，功能模块的划分也将随用户需求的进一步明确而进行合理的调整。根据各业务子系统所包括的业务内容，还可以将各子系统继续划分为更小的功能模块，划分的准则为遵循模块内的高内聚性和模块间的低耦合性。

§9.3　系统设计步骤

系统设计的主要内容按照图 9-1 所示，这里不考虑数据库运行和维护阶段，因此将数据库应用系统的设计分为 5 个步骤：系统需求分析描述、系统概念模型描述、系统逻辑设计、系统物理设计和系统实现。

9.3.1　系统需求分析描述

在第 7 章中已讲到数据流图和数据字典是描述用户需求的重要工具。数据流图用来描述数据的来源、去向以及所经过的处理；数据字典是对数据流图中的数据流、数据存储和处理的进一步描述。不同的应用环境，对数据描述的细致程度要求也有所不同，要根据实际情况而定。下面将用这两种工具来描述用户需求，以说明它们在实际中的应用方法。

1. 系统全局数据流图

数据流图（Data Flow Diagram，DFD）是结构化分析方法的工具之一，也是常用的对用户需求进行分析的工具。它描述了数据的处理过程，以图形化的方式刻画了数据流从输入到输出的变换过程。由于它只反映系统必须完成的逻辑功能，所以它是一种功能模型。

系统的全局数据流图也称系统的输入/输出，是第一层数据流图，主要是从整体上描述系统的数据流，反映系统数据的整体流向，给设计者、开发者和用户一个总体描述。

制作系统全局数据流图时，通常先画顶层 DFD。顶层 DFD 用于标识被开发系统的整个作业流程。例如，对本系统而言，首先是通过对高校教学管理的业务调查、数据的收集处理和信息流程分析，明确该系统的管理流程：根据新生入校报到注册，制订各专业及各年级的教学计划以及课程的设置；学生根据所学专业的培养计划及个人兴趣，选择选修课程；教务部门对新入学的学生进行学籍注册，对毕业生办理学籍档案的归档管理；任课教师在期末时登记学生的考试成绩；学校教务部门根据教学计划进行课程安排、期末考试时间和地点的安排等。然后，考虑有哪些数据，数据从哪里来，到哪里去。对于一个具体应用来说，可以自上而下、逐层地画出 DFD。在 DFD 中通常包括外部项、数据流、处理加工和数据存储。

（1）外部项：是指人或事物的集合，如学生、教师等，用方框加边表示。外部项也常被称为数据的源点或终点。

（2）数据流：用箭头表示数据的流动方向，从源流向目标。源和目标可以是外部项、处理加工和数据存储。

全局数据流图也称为顶层图，其作用在于表明应用的范围以及和周围环境的数据交换关系，顶层图只有一张。对于图 9-2 所示教学管理系统的全局数据流图，按照数据流图的绘图规则，通过相关的数据存储，将这 5 个子系统联系起来，形成如图 9-3 所示的全局数据流图。

（3）处理加工：是对数据内容或数据结构的处理，通常用矩形框表示。数据可以来自外部项，也可以来自数据存储，处理结果可以传到外部项，也可以传到另一数据存储中。对处理加工的存储数据可用缺口矩形框表示，并可以编号，表示数据暂时或永久保存的地方。

2. 系统局部数据流图

全局 DFD 从整体上描述了系统的数据流向和加工处理过程，对于一个复杂的系统来讲，要较清楚地描述系统数据的流向和加工处理的每个细节，仅用一张全局 DFD 是难以完成的，需要在全局 DFD 基础上进一步细化，即按照问题的层次结构进行逐步分解，以一套分层的 DFD 反映系统结构关系。在上述五个子系统中，由于教学调度管理的业务相对比较简单，因此下面仅对学生信息管理、教学计划管理、学籍与成绩管理和课程教学管理做进一步细化。

（1）学生信息管理子系统：由图 9-2 可知，它是实现教学管理的第一个环节，包括学生信息注册、查询和管理，不同人员执行的工作任务如图 9-4 所示。

为了便于信息化管理，基本信息除学生本人信息外，还包括学号、班级号、寝室号等。查询人员、数据录入员和系统管理员，具有不同的操作、使用和管理权限。

（2）教学计划管理子系统：可分为 4 个子处理过程，即教务员根据已有的课程信息，增补新开设的课程信息；修改已调整的课程信息；查看本学期的教学计划；制订新学期的教学计划。任课教师可以查询自己主讲课程的教学计划，其处理过程如图 9-5 所示。

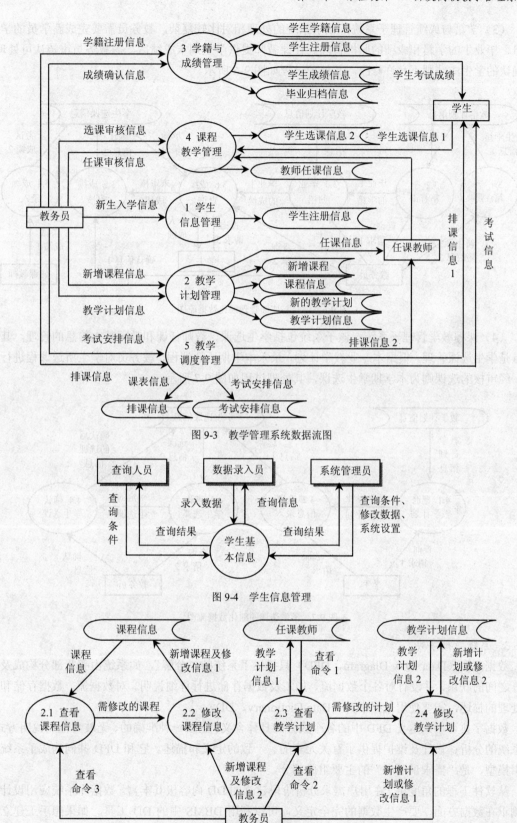

图 9-3 教学管理系统数据流图

图 9-4 学生信息管理

图 9-5 教学计划管理细化数据流图

（3）学籍与成绩管理子系统：该子系统的处理相对比较复杂，教务员需要完成新学员的学籍注册、毕业生的学籍和成绩的归档管理。任课教师提供学生期末成绩后，需教务员审核认可处理，经确认的学生成绩则不允许修改，其处理过程如图 9-6 所示。

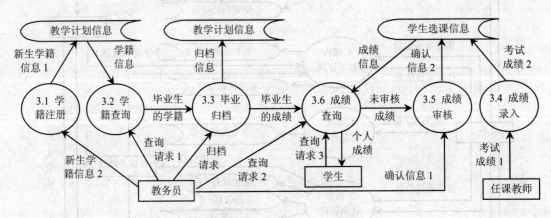

图 9-6　学籍与成绩管理细化数据流图

（4）课程教学管理子系统：该子系统包括学生选课、教师任课和教师基本信息的管理，其中重点是学生选课管理。根据本专业教学计划，录入本学期所选课程，教务员对学生所选课程进行审核，经审核的选课则为本学期学生选课，其处理过程如图 9-7 所示。

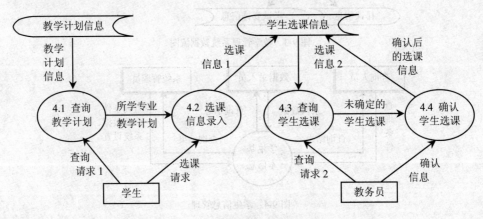

图 9-7　学生选课的细化数据流图

3. 系统数据字典

数据流图（Data Flow Diagram，DFD）只描述了系统的"分解"，如系统由哪几部分构成及各部分之间的联系，并没有对各个数据流、加工及数据存储进行详细说明。对数据流、数据存储和数据处理的描述，需要使用数据字典（Data Dictionary，DD）。

数据字典可用来定义 DFD 中的各个成分的具体含义。它以一种准确的、无歧义性的说明方式，为系统的分析、设计及维护提供了有关元素的、一致的定义和描述。它和 DFD 共同构成了系统的逻辑模型，是"需求说明书"的主要组成部分。

从软件工程的角度讲，在用户需求分析阶段建立的 DD 内容极其丰富。数据库系统应用设计只是侧重在数据方面，要产生数据的完全定义，可以利用 DBMS 中的 DD 工具。如果想手工建立数据字典，必须明确数据字典的内容和格式。教学管理系统的部分数据字典如表 9-2 所示。

表 9-2　教学管理系统的部分数据字典

数据流名：（学生）查询请求 来源：需要选课的学生 流向：加工 3.1 组成：学生专业+班级 说明：与教学秘书查询请求区别	数据流名：教学计划信息 来源：文件 2 中的教学计划信息 流向：加工 3.1 组成：学生专业+班级+课程名称+ 开课时间+任课教师	加工处理：查询教学计划 编号：3.1 输入：选课请求+教学计划信息 输出：所学专业的教学计划 加工逻辑：满足查询请求条件
数据文件：教学计划信息 文件组成：学生专业+年级+课程 名称+开课时间+任课教师 组织：按专业和年级降序排列	加工处理：选课信息录入 编号：3.2 输入：选课请求+教学计划 输出：选课信息 加工逻辑：按教学计划选择课程	数据流名：选课信息 来源：加工 3.2 流向：学生选课信息存储文件 组成：学号+课程名称+选课时间+ 修课班号
数据文件：教学计划信息 文件组成：专业+年级+课程名+ 开课时间+任课教师 组　织：按专业和年级降序排列	数据项：学号 数据类型：字符型 数据长度：8 位 数据构成：入学年号+顺序号	数据项：修课班号（选课时间） 数据类型：字符型 数据长度：10 位，如果数据项是 选课时间，则为 20 位

9.3.2　系统概念模型描述

DFD 和 DD 共同完成对用户需求描述，系统所需的数据都在 DFD 和 DD 得到表现，它们是后阶段设计的基础和依据。而在概念设计阶段，广泛使用的设计工具是实体－联系模型。

1．构成系统的实体

由第 7 章可知，对系统的 E-R 模型描述进行抽象，重要的一步是从数据流图和数据字典中提取出系统的所有实体及其属性。划分实体和属性的两个基本标准是：

● 属性必须是不可分割的数据项，属性不能包含其它的属性或实体。

● E-R 图中的联系是实体之间的联系，因而属性不能与其它实体之间有关联。

根据教学管理系统的数据流图和数据字典，可以抽取出系统的 6 个主要实体，它们是：

（1）学生实体型：属性有学号、姓名、出生年月、籍贯、性别、家庭住址。

（2）课程实体型：属性有课程编号、课程名称、讲授课时、课程学分。

（3）教师实体型：属性有教师编号、教师姓名、专业、职称、出生年月、家庭住址。

（4）专业实体型：属性有专业编码、专业名称、专业性质、专业简称、可授学位。

（5）班级实体型：属性有班级编号、班级名称、班级简称。

（6）教室实体型：属性有教室编号、最大容量、教室类型（例如是否为多媒体教室）。

2．系统局部 E-R 图

从数据流图和数据字典分析得出实体型及其属性后，进一步分析各实体型之间的联系。

（1）学生实体型与课程实体型存在"选课"联系：一个学生可以选修多门课程，每门课程可被多个学生选修，所以课程实体型和学生实体型之间存在 M∶N 联系，如图 9-8 所示。

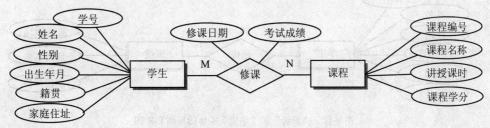

图 9-8　"学生"和"课程"实体的局部 E-R 图

（2）教师实体与课程实体存在"讲授"联系：一个教师可以讲授多门课程，每门课程可由多个教师讲授，所以课程实体型和任课教师实体型之间存在 M：N 联系，如图 9-9 所示。

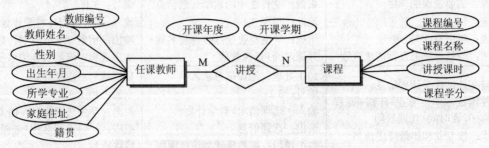

图 9-9 "任课教师"和"课程"实体的局部 E-R 图

（3）学生实体型与专业实体型存在"学习"联系：一个学生原则上学习一个专业，每个专业有多个学生学习，所以专业实体型和学生实体型之间存在 1：N 联系，如图 9-10 所示。

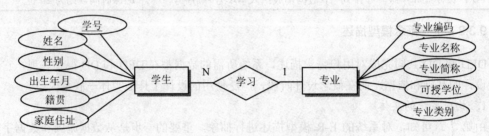

图 9-10 "学生"和"专业"实体的局部 E-R 图

（4）班级实体型与专业实体型存在"属于"联系：一个班级只可能属于一个专业，每个专业包含多个班级，所以专业实体型和班级实体型之间存在 1：N 联系，如图 9-11 所示。

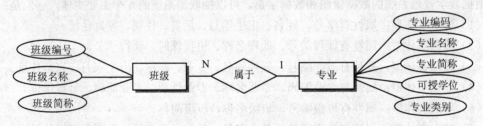

图 9-11 "专业"和"班级"实体的局部 E-R 图

（5）学生实体型与班级实体型存在"组成"联系：一个学生只属于一个班级，每个班级有多个学生，所以班级实体型和学生实体型之间存在 1：N 联系，如图 9-12 所示。

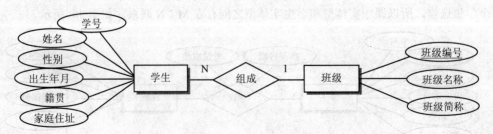

图 9-12 "班级"和"学生"实体的局部 E-R 图

　　某个教室在某个时段分配给某个教师讲授某一门课或考试用，在特定的时段为 1 : 1 联系，但对于整个学期来讲是多对多联系（M : N），采用聚集来描述教室与任课教师和课程的讲授联系型的关系，如图 9-13 所示。

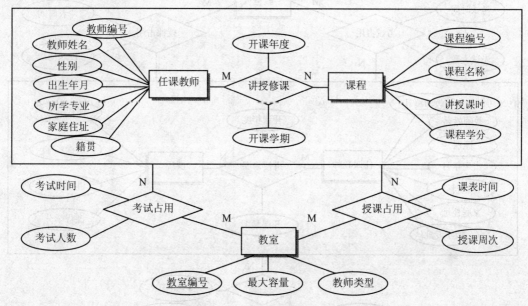

图 9-13　"任课教师"、"教室"和"课程"实体的局部 E-R 图

　　3．系统全局 E-R 图

　　系统局部 E-R 图只能反映局部应用实体型之间的联系，而不能从整体上反映实体型之间的相互关系。因此，必须将局部 E-R 图合并，形成能反映全局应用实体型之间联系的基本 E-R 图。由"任课教师"、"教室"、"课程"和"学生"局部 E-R 图所构成的初步全局 E-R 图如图 9-14 所示。

　　4．优化全局 E-R 图

　　对于一个较为复杂的应用来讲，由于各局部 E-R 图是由多个分析人员分工合作完成的，在绘制局部 E-R 图时只考虑了反映本局部的应用情况。因此，各局部 E-R 图之间可能存在一些冲突和重复的部分。为了消除这些问题，必须根据实体联系在实际应用中的语义进行综合、调整和优化，得到系统合成的全局优化 E-R 图。

　　优化 E-R 图就是要消除全局 E-R 图中的冗余数据和冗余联系。冗余数据是指能够从其它数据导出的数据；冗余联系是指能够从其它联系导出的联系。例如，"学生"和"专业"之间的"学习"联系可由"组成"联系和"属于"联系导出。所以，应该去掉"学习"联系。经过优化后的全局 E-R 图如图 9-15 所示。

　　在实际设计过程中，如果 E-R 图不是特别复杂，这一步可以与合并局部 E-R 图一起进行，即在形成初步 E-R 图时，形成基本 E-R 图。

9.3.3　系统逻辑结构设计

　　在第 7 章中我们已经讲过，概念设计阶段设计的数据模型独立于任何一种具体的 DBMS 信息结构，而逻辑设计却与 DBMS 密切相关。具体说，逻辑设计阶段的主要任务就是把 E-R 概念模型转化为所选用 DBMS 产品支持的数据模型。由于该系统采用 SQL Server 关系型数据库系统，因此，应将概念设计的 E-R 模型转化为关系数据模型。

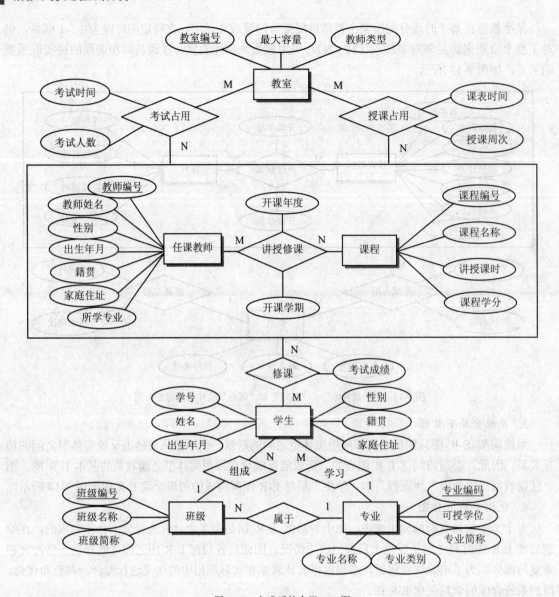

图 9-14　合成后的全局 E-R 图

1. 转化为关系数据模型

首先，从任课教师实体和课程实体以及它们之间的联系来考虑。任课教师与课程之间的关系是多对多的联系，所以可将"任课教师、课程"实体型和"讲授"联系型分别设计成以下关系模式。

教师（<u>教师编号</u>，教师姓名，籍贯，性别，所学专业，职称，出生年月，家庭住址）；

课程（<u>课程编号</u>，课程名称，讲授课时，课程学分）；

讲授（<u>教师编号，课程编号</u>，开课年度，开课学期）。

"教室"实体型与"讲授"联系型是用聚集来表示的，并且存在两种占用联系，它们之间的关系是多对多的关系，因此可以划分为以下 3 个关系模式：

教室（<u>教室编号</u>，最大容量，教室类型）；

授课占用（<u>教师编号，课程编号，教室编号</u>，课表时间，授课周次）；

考试占用（<u>教师编号，课程编号，教室编号</u>，考试时间，考场人数）。

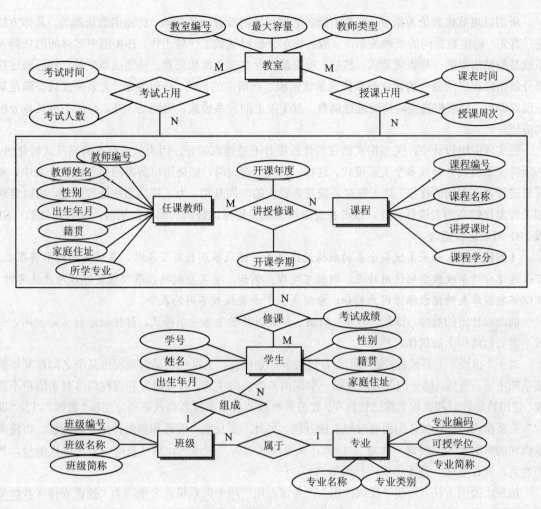

图 9-15　经优化后的全局 E-R 图

专业实体和班级实体之间是一对多的联系型（1∶N），可以用以下两个关系模式来表示，其中联系被移动到班级实体中。

班级（<u>班级编号</u>，班级名称，班级简称，专业编码）；

专业（<u>专业编码</u>，专业名称，专业性质，专业简称，可授学位）。

班级实体和学生实体之间的联系是一对多的联系型（1∶N），可以用两个关系模式来表示。由于班级已有上述关系模式，所以下面只生成一个关系模式，其中联系被移动到学生实体中。

学生（<u>学号</u>，姓名，出生年月，籍贯，性别，家庭住址，班级编号）。

"学生"实体型与"讲授"联系型的关系是用聚集来表示的，它们之间的关系是多对多的关系（M∶N），可以使用以下关系模式来表示。

修课（<u>课程编号</u>，<u>学号</u>，教师编号，考试成绩）。

数据库逻辑设计的结果不是唯一的，形成关系模型后，就要对其进行优化，再向特定的 RDBMS 的模型转换。

2. 关系数据模型的优化与调整

在进行关系模式设计之后，需要以规范化理论为指导，以实际应用的需要为参考，对关系模式进行优化，以达到消除异常和提高系统效率的目的。

所谓以规范化理论为指导，就是消除各数据项间的部分函数依赖、传递函数依赖等。具体方法是：首先，确定数据间的依赖关系，一般在需求分析时就做了一些工作，E-R 图中实体间的依赖关系就是数据依赖的一种表现形式；然后，检查是否存在部分函数依赖、传递函数依赖，然后通过投影分解消除相应的部分函数依赖和传递函数依赖达到所需的范式。一般说来，关系模式只需满足第三范式即可，且应根据实际情况进行调整。对于以上的关系模式，均满足 3NF，在此不再具体分析和描述。

在实际应用设计中，关系模式的规范化程度并不是越高越好。因为从低范式向高范式转化时，必须将关系模式分解成多个关系模式。这样，当执行查询时，如果用户所需的信息在多个表中，就需要进行多个表间的连接，这无疑对系统带来较大的时间开销。为了提高系统处理性能，所以要对相关程度比较高的表进行合并，或者在表中增加相关程度比较高的属性。这时，选择较低的 1NF 或 2NF 可能比较适合。

【问题点拨】如果系统某个表的数据记录很多，记录多到数百万条时，系统查询效率将很低。可以通过分析系统数据的使用特点，做相应处理。例如，当某些数据记录仅被某部分用户使用时，可以将数据库表的记录根据用户划分，分解成多个子集放入不同的表中。

前面设计出的教师、课程、教室、班级、专业以及学生等关系模式，都比较适合实际使用，一般不需要做结构上的优化。

对于"讲授"关系模式，既可用做存储教学计划信息，又可代表某门课程由某个老师在某年的某学期主讲。当然，同一门课可能在同一学期由多个教师主讲，教师编号和课程编号对于用户不直观，使用教师姓名和课程名称比较直观，要得到教师姓名和课程名称就必须分别和"教师"以及"课程"关系模式进行连接，因而有时间上的开销。另外，要反映"授课和教学计划"的特征，可将关系模式的名字改为"授课－计划"，因此，关系模式改为"授课－计划（教师编号，课程编号，教师姓名，课程名称，开课年度，开课学期）"。

按照上面的方法，可将"授课占用"、"考试占用"两个关系模式分别改为"授课安排（教师编号，课程编号，教室编号，课表时间，教师姓名，课程名称，授课周数）"、"考试安排（教师编号，课程编号，教室编号，考试时间，教师姓名，课程名称，考场人数）"。

对于"修课"关系模式，由于教学秘书要审核学生选课和考试成绩，因此需增加审核信息属性。所以，"修课"关系模式调整为"修课（学号，课程编号，教师编号，学生姓名，教师姓名，课程名称，选课审核人，考试成绩，成绩审核人）"。

为了增加系统的安全性，需要对教师和学生分别检查密码，因此需要在"教师"和"学生"关系模式中增加相应的属性。即"教师（教师编号，教师姓名，籍贯，性别，所学专业，职称，出生年月，家庭住址，登录密码，登录 IP，最后登录时间）"、"学生（学号，姓名，出生年月，籍贯，性别，家庭住址，班级编号，登录密码，登录 IP，最后登录时间）"。

9.3.4 系统物理结构设计

系统逻辑结构设计完成后便进行物理设计。物理设计是对于给定的基本数据模型选取一个最适合应用的物理结构。数据库的物理结构主要指数据库的存储记录的格式、存取记录安排和存取方法。物理数据库设计的任务是将逻辑设计映射到存储介质上，利用可用的硬件和软件功能使得尽可能快地对数据进行物理访问和维护。显然，数据库的物理设计是完全依赖于给定的硬件环境和数据库产品——RDBMS 的。将逻辑模式转换成这些系统上的物理模式时，都可以很好地满足用户在性能上的要求。所以，这里主要介绍如何使用 SQL Server 2008 的 DDL 定义表和建立索引以提高查询的性能。

1. 数据表结构设计

在得出数据表的各个关系模式之后，需要根据需求分析阶段数据字典的数据项描述，给出各数据表的结构。所谓数据表结构设计，就是从数据表的字段、数据类型、长度、格式和约束几个方面综合分析，使用 SQL Server 2008 的 DDL 定义表结构。

考虑到系统的兼容性以及编写程序的方便性，可将关系模式的属性对应为表字段的英文名。同时，考虑到数据依赖关系和数据完整性，需要指出表的主键和外键，以及字段的值域约束和数据类型。教学管理系统中各数据表的结构如表 9-3 至表 9-13 所示。

表 9-3 数据信息表

数据表名	表示信息	对应的关系模式名	主键	外键
TeachInfor	教师信息表	教师	教师编号	
SpeInfor	专业信息表	专业	专业编码	
ClassInfor	班级信息表	班级	班级编号	专业编码
StuInfor	学生信息表	学生	学号	班级编号
CourseInfor	课程基本信息表	课程	课程编号	
ClassRoomInfor	教室基本信息表	教室	教室编号	
SchemeInfor	授课计划信息表	授课计划		教师、课程、教室
Courseplan	授课安排信息表	授课安排		教师、课程、教室
Examplan	考试安排信息表	考试安排		
StudCourse	学生修课信息表	修课		学号

表 9-4 教师信息表（TeachInfor）

字段名	数据类型	字段长度	字段值约束	说明
Tcode	Varchar	8	Not null	教师编号（主键）
Tname	Varchar	10	Not null	教师姓名
Nativeplace	Varchar	12		籍贯
Sex	Varchar	2	（男或女）	性别
Speciality	Varchar	16	Not null	所学专业
Title	Varchar	16	Not null	职称
Birthday	Datetime			出生年月
Faddress	Varchar	30		家庭住址
Logincode	Varchar	10		登录密码
LoginIP	Virchar	15		登录 IP
Lastlogin	Datetime			最后登录时间

表 9-5　专业信息表（SpeInfor）

列名	数据类型	字段长度	字段值约束	说明
Specode	Varchar	8	Not null	专业编码（主键）
Spename	Varchar	30	Not null	专业名称
Spechar	Varchar	20		专业性质
Speshort	Varchar	10		专业简称
Degree	Varchar	10		可授学位

表 9-6　班级信息表（ClassInfor）

列名	数据类型	字段长度	字段值约束	说明
Classcode	Varchar	8	Not null	班级编号（主键）
Classname	Varchar	20	Not null	班级名称
Chassshort	Varchar	10		班级简称
Specode	Varchar	8	SpeInfor.Specode	专业编码（外键）

表 9-7　学生信息表（StudentInfor）

字段名	数据类型	字段长度	字段值约束	说明
Scode	Varchar	8	Not null	学号（主键）
Sname	Varchar	10	Not null	姓名
Nativeplace	Varchar	10		籍贯
Sex	Varchar	2		性别
Birthday	Datetime			出生年月
Faddress	Varchar	20		家庭住址
Classcode	Varchar	8	ChassInfor. Classcode	班级编号（外键）
Logincode	Varchar	10		登录密码
LoginIP	Varchar	15		登录 IP
Lastlogin	Datetime			最后登录时间

表 9-8　课程基本信息表（CourseInfor）

字段名	数据类型	字段长度	字段值约束	说明
Ccode	Varchar	8	Not null	课程编号（主键）
Coursename	Varchar	20	Not null	课程名称
Period	Varchar	4		讲授学时
Credithout	Numeric	2		课程学分

表 9-9　教室基本信息表（ClassRoomInfor）

列名	数据类型	字段长度	字段值约束	说明
Roomcode	Varchar	8	Not null	教室编号（主键）
Capacity	Numeric	4		最大容量
Type	Varchar	10		教室类型

表 9-10　授课计划信息表（SchemeInfor）

字段名	数据类型	字段长度	字段值约束	说明
Tcode	Varchaf	8	TeachInfor.Tcode	教师编号
Ccode	Varchar	8	CourseInfor.Ccode	课程编号
Tname	Varchar	10		教师姓名
Coursename	Varchar	20		课程名称
Year	Varchar	4		开课年度
Term	Varchar	4		开课学期

表 9-11　授课安排信息表（CoursePlan）

字段名	数据类型	字段长度	字段值约束	说明
Tcode	Varchar	8	TeachInfor.Tcode	教师编号（外键）
Ccode	Varchar	8	CourseInfor.Ccode	课程编号（外键）*
Roomcode	Varchar	8	ClassRoom.Roomcode	教室编号（外键）
TableTime	Varchar	10		课表时间
Tname	Varchar	10		教师姓名
Coursename	Varchar	20		课程名称
Week	Numeric	2		授课周次

表 9-12　考试安排信息表（ExamPlan）

字段名	数据类型	字段长度	字段值约束	说明
Tcode	Varchar	8	TeachInfor.Tcode	教师编号（外键）
Ccode	Varchar	8	CourseInfor.Ccode	课程编号（外键）*
Roomcode	Varchar	8	ClassRoom.Roomcode	教室编号（外键）
ExamTime	Varchar	10		课表时间
Tname	Varchar	10		教师姓名
Coursename	Varchar	20		课程名称
Studnum	Numeric	2		考试人数

表 9-13　学生修课信息表（StudCourse）

字段名	数据类型	字段长度	字段值约束	说明
Scode	Varchar	8	StudentInfor.Scode	学号（外键）
Tcode	Varchar	8	TeachInfor.Tcode	教师编号*
Ccode	Varchar	8	CourceInfor.Ccode	课程编号
Sname	Varchar	10		学生姓名
Tname	Varchar	10		教师姓名
Coursename	Varchar	20		课程名称
CourseAudit	Numeric	8		选课审核人*
ExamGrade	Numeric	4,1		考试成绩*
GradeAudit	Varchar	10		成绩审核人

2．数据表关系设计

教学管理系统数据库中，整个系统是一个独立于外部操作的整体，系统中每个实体都不是独立于其它的实体存在的，它与一个或者多个其它的实体之间存在着或多或少的联系。各个实体之间的依赖关系是错综复杂的，确定实体后对表的关系进行实际分析也是必需的环节，同时也是数据库设计阶段必不可少的工作。根据以上需求分析和数据表的逻辑设计，可以用建模工具来建立数据库表之间的关系。因篇幅限制，这里不做具体描述，在《数据库技术及应用开发学习辅导》第9章实训中介绍使用 PowerDesigner 建模工具建立数据库表之间的关系的方法。

3．创建索引

教学管理系统的核心任务是对学生的学籍信息和考试成绩进行有效的管理。其中，数据量最大和访问频率较高的是学生修课信息表。因此，需要对学生修课信息表和学生信息表建立索引，以提高系统的查询效率。如果应用程序执行的一个查询经常检索给定学生学号范围内的记录，则使用聚集索引便能迅速找到包含开始学号的行，然后检索表中所有相邻的行，直到到达结束学号。这样，有助于提高此类查询的性能。同样，如果应用程序对表中检索的数据进行排序时经常要用到某一列，则可以将该表在该列上聚集，避免每次查询该列时都进行排序，从而节省成本。创建索引的具体实现，请同学们用 SQL 语句自行完成。

§9.4　系统编程实现

系统编程实现是指利用 SQL Server 2008 命令语句来创建数据库与创建数据库表，利用 C#语言来创建系统窗体和创建用户管理模块等。

9.4.1　创建数据库

由第4章我们业已知道，SQL Server 2008 中的数据库文件分为3种类型：主数据文件、次数据文件和日志文件。每个数据库都有一个主数据文件，其文件扩展名为.mdf；次数据文件包含除主数据文件外的所有数据文件，有些数据库可能没有次数据文件，而有些数据库则有多个次数据文件，其扩展名为.ndf；日志文件包含恢复数据库所需的所有日志信息，每个数据库必须至少有一个日志文件，其扩展名为.ldf。

本系统将数据文件分成：一个主数据文件，存放在 C:\student\data\studentdat1.mdf 下；两个次数据文件，分别存放在 D:\student\data\studentdat2.ndf 和 E:\student\dara\studentdat3.ndf 下；日志文件存放在 F:\student\data\studentlog.ldf 下。这样，系统对4个磁盘进行并行访问，以提高系统对磁盘数据的读写效率。创建数据库的 SQL 代码如下。

```
CREATE DATABASE student DB              /* 创建数据库 */
ON PRIMARY(NAME'studentfilel',
    FILENAME='C:\student\data\studentdat1.mdf',
    SIZE=100MB,
    MAXSIZE=200,
    FILEGROWTH=20),
(NAME='studentfile2',
 FILENAME='D:\student\data\studentdat2.ndf',
 SIZE=100MB,
 MAXSIZE=200,
 FILEGROWTH=20),
```

```
(NAME='studentfile3',
 FILENAME='E:\student\data\studentdat3.ndf',
 SIZE=100MB
 MAXSIZE=200,
 FILEGROWTH=20)
 LOG ON
(NAME'studentlog',
 FILENAME='F:\studen\data\studentlog.ldf',
 SIZE=100MB,
 MAXSIZE=200,
 FILEGROWTH=20)
```

9.4.2　创建数据表

使用 SQL Server 2008 数据定义语句，在数据库 student DB 中定义如下数据库表。

1. 教师信息表（TeachInfor）语句代码

```
CREATE TABLE TeachInfor              /* 教师信息表 */
(Tid   varchar(8)                    /* 教师编码 */
 Tname   varchar(10)   Notnull,      /* 教师姓名 */
 Tplace   varchar(12)   Notnull,     /* 籍贯 */
 Tsex   varchar(2),                  /* 性别 */
 Tsxzy   varchar(16)   Notnull,      /* 所学专业 */
 Tzc   varchar(16)   Notnull,        /* 职称 */
 Tcsrq   Datetime,                   /* 出生年月 */
 Tjtdc   varchar(30),                /* 家庭住址 */
 Logincode   varchar(10)             /* 登录密码 */
 LoginIP   varchar(15),              /* 登录 IP 地址 */
 Lastlogin   Datetime,               /* 最后登录时间 */
 PRIMARY KEY(Tid)
)
```

2. 专业信息表（SpeInfor）语句代码

```
CREATE   TABLE  SpeInfor             /* 专业信息表 */
(Spid   varchar(8)   Notnull,        /* 专业编码 */
 Spname   varchar(30)   Notnull,     /* 专业名称 */
 Spzyxz   varchar(20),               /* 专业性质 */
 Spzyic   varchar(10),               /* 专业简称 */
 Sd(sxw   varchar(10),               /* 可授学位 */
 PRIMARY KEY(Spid)
)
```

3. 班级信息表（ClassInfor）语句代码

```
CREATE TABLE   ClassInfor            /* 班级信息表 */
(Clid   varchar(8)   Notnull,        /* 班级编号 */
 Clname   varchar(20) Notnull,       /* 班级名称 */
 C1ic   varchar(10),                 /* 班级简称 */
 Spid   varchar(8),                  /* 专业编码 */
 Constraint Clidkey   PRIMARY KEY(Clid),
 Constraint Spidfkey   FOREIGN KEY(Spid)   references SpeInfor(spid)
)
```

4. 学生信息表（StudentInfor）语句代码

```
CREATE TABLE StudentInfor              /* 学生信息表 */
(Sid    varchar(8)   Notnull,          /* 学号 */
 Sname   varchar(10)  Notnull,          /* 姓名 */
 Splace  varchar(10),                   /* 籍贯 */
 Ssex    varchar(2),                    /* 性别 */
 Scsrq   Datetime,                      /* 出生年月 */
 Sjtzc   varchar(20),                   /* 家庭住址 */
 Clid    varchar(8),                    /* 班级编号 */
 Logincode   varchar(10),               /* 登录密码 */
 LoginlP  varchar(15),                  /* 登录 IP */
 Lastlogin  Datetime,                   /* 最后登录时间 */
 Constraint  sidkey   PRIMARY KEY(Sid),
 Constraint  clidkey FOREIGN KEY(Clid) REFERENCES ClassInfor(Clid),
 Constraint  SSexChk   Check(Sex='男' or Sex='女')
)
```

5. 课程基本信息表（CourseInfor）语句代码

```
CREATE TABLE CourseInfor               /* 课程基本信息表 */
(Cid    varchar(8)   Notnull,          /* 课程编号 */
 Cname    varchar(20) Notnull,          /* 课程名称 */
 Period   varchar(4),                   /* 讲授学时 */
 Credit   numeric(4,1),                 /* 课程学分 */
 Constraint cidkey PRIMARY KEY(Cid)
)
```

6. 教室基本信息表（ClassRoomInfor）语句代码

```
CREATE TABLE   ClassRoomInfor          /* 教室基本信息表 */
(Rid    varchar(8) Notnull,            /* 教室编码 */
 Rcapacity   numeric(4),                /* 最大容量 */
 Rtype   varchar(10),                   /* 教室类型，可分为：普通教室、多媒体教室、机房 */
 contraint   Ridkey   PRIMARY KEY(Rid)
)
```

7. 授课计划信息表（SchemeInfor）语句代码

```
CREATE TABLE   SchemeInfor             /* 授课计划信息表 */
(Tid    varchar(8),                    /* 教师编号 */
 Cid    varchar(8),                    /* 课程编号 */
 Tname   varchar(10),                   /* 教师姓名 */
 Cname   vaehar(20),                    /* 课程名称 */
 Kyear   varchar(4),                    /* 开课年度 */
 Kterm   varchar(4),                    /* 开课学期 */
 constraint   Tidfkey FOREIGN KEY(Tid) REFERENCES TeachInfor(Tid),
 constraint   CidFkey FOREIGN KEY(Cid) REFERENCES CourseInfor(Cid)
)
```

8. 授课安排信息表（Courseplan）语句代码

```
CREATE TABLE   Courseplan              /* 授课安排信息表 */
(Tid    varchar(8),                    /* 教师编号 */
 Cid    varchar(8),                    /* 课程编号 */
 Rid    varchar(8),                    /* 教室编号 */
```

```
    Ktabletime    datetime,               /* 课表时间 */
    Tname    varchar(10),                 /* 教师姓名 */
    Cname    varchar(20),                 /* 课程名称 */
    Sweek    numeric(2),                  /* 授课周次 */
    Constraint  Tidfkey   FOREIGN KEY(Tid)   REFERENCES   TeachInfor(Tid)
    Constraint  Cidfkey   FOREIGN KEY (Cid)  REFERENCES   CourseInfor(Cid),
    Constraint  Ridfkey   FOREIGN KEY(Rid)   REFERENCES   ClassRoom(Rid)
)
```

9. 考试安排信息表（ExamPlan）语句代码

```
CREATE TABLE Examplan                     /* 考试安排信息表 */
(Tid    varchar(8),                       /* 教师编号 */
 Cid    varchar(8),                       /* 课程编号 */
 Rid    varchar(8),                       /* 教室编号 */
 Examtime   datetime,                     /* 考试时间 */
 Tname    varchar(8),                     /* 教师姓名 */
 Cname    varchar(20),                    /* 课程名称 */
 Examrs   numeric(2),                     /* 考场人数 */
 Constraint  Tidfkey FOREIGN KEY(Tid)    REFERENCES TeachInfor(Tid),
 Constraint  Cidfkey FOREIGN KEY(Cid)    REFERENCES CourseInfor(Cid),
 Constraint  Ridfkey FOREIGN KEY(Cid)    REFERENCES ClasseRoom(Rid),
 Constraint  Examrs CHK Check(Examrs>=1 and Examrs<=50)
)
```

10. 学生修课信息表（StudCourse）语句代码

```
CREATE  TABl  StudCourse                  /* 学生修课信息表 */
(Sid varchar(8),                          /* 学号 */
 Tid    varchar(8),                       /* 教师编号 */
 Cid    varchar(8),                       /* 课程编号 */
 Sname   varchar(10),                     /* 学生姓名 */
 Tname   varchar(10),                     /* 教师姓名 */
 Cname varchar(20),                       /* 课程名称 */
 Caudit varchar(8),                       /* 选课审核人 */
 Examgrade    numeric(4,1),               /* 报考试成绩 */
 Gradeaudit  varchar(8),                  /* 成绩审核人 */
 Constraint  Sidfkey FOREIGN KEY(Sid)    REFERENCES StudentInfor(Sid),
 Constraint  Tidfkey FOREIGN KEY(Tid)    REFERENCES TeachInfor(Tid),
 Constraint  Cidfkey FOREIGN KEY(Cid)    REFERENCES CourseInfor(Cid),
 Constraint  Grade CHK   Check(examGrade>=0 and examGrade<=100)
)
```

9.4.3　创建系统主窗体

创建系统主窗体包括两项内容：一是根据开发平台提供的控件对象进行控件属性设置；二是充分利用开发平台提供的控件对象设计出精美的操作界面，这一点极为重要。由于目前使用的开发工具很多，这里主要介绍用 C#语言开发的基本思想，以便有更广泛的指导意义。

1. 开发平台

C#语言是由 Microsoft 开发的一种功能强大的、简单的、现代的、面向对象的全新语言，是 Microsoft 新一代开发工具的经典编程语言，由于它是从 C 和 C++语言中派生出来的，因而具有 C

和 C++语言的强大功能。系统开发时，考虑到界面美观、数据库安全性等因素，故采用 Visual Studio 2008（VS 2008）作为开发平台创建系统主窗体和用户管理模块。

利用 VS 2008 方式实现，具有良好的用户理念。在系统开发中起重要作用的是 VS 2008 中的 LINQ 技术。

LINQ（Language Integrated Query，集成查询语言）是一组用于 C#和 Visual Basic 语言的扩展。它允许编写 C#或者 Visual Basic 代码以查询数据库相同的方式操作内存数据。简而言之，LINQ 其实就是提供了一套查询功能，可以实现任何数据源的查询。LINQ 的主要优点是：

- 容易学习，书写简单。可以很方便地调用存储过程和 SQL 函数。
- 在开发中小型项目的时候可以节省很多时间，原来访问数据库时是先打开数据库，然后再对数据库中的数据进行操作，最后再关闭。而 LINQ 则是一次性将数据更改完毕，再一次性地全部提交到后台数据库中，为访问数据库节省下了大量时间。

2. 主窗体

当用户通过登录验证后进入主窗体界面，系统将会根据输入的用户类型对主窗体中的部分功能模块进行隐藏等操作。若是用户以系统管理员的身份登录，则能使用全部功能模块；若是用户以教师身份登录，除了可以对学生成绩模快进行更新外，对于其它信息只能行使查询的功能；学生是整个系统中的被管理者，只可以对整个系统中的信息进行查询，不能对信息擅自作修改。主窗体的实现步骤如下。

（1）新建一个窗体命名为 MainForm：窗体的 Text 属性为"教学管理系统"，设置 IsMdiContainer 属性为 true，该窗体的构造函数代码如下：

```
private string m_Sort;
private string m_Name;                          //定义成员变量
public MainForm(string m_type,string m_name)
{   Initializecomponent();
    m_Sort=m_type;
    m_Name=m_name;

}
```

（2）向 MainForm 主窗体中拖入一个 MenuStrip 控件：在 MenuStrip 控件中输入"学生信息管理"、"教学计划管理"、"学籍及毕业管理"、"学生课程管理"和"教学调度管理"，形成主窗体的 5 个菜单项。

为了实现角色的辨认，在主窗体的载入事件中输入以下代码：

```
private void MainForm_Load
{   if this.m_Sort !="系统管理员"
    {   this.教师信息录入 ToolstripMenuItem.Enabled=false;
        this.教师信息修改 ToolstripMenuItem.Enabled=false;
        this.教师信息删除 ToolstripMenuItem.Enabled=false;
        this.学生信息录入 ToolstripMenuItem.Enabled=false;
        this.学生信息修改 ToolstripMenuItem.Enabled=false;
        this.学生信息删除 ToolstripMenuItem.Enabled=false;
    }
    if(this.m_Sort!="教师")
    { this.成绩录入 ToolStripMenuItem.Enabled=false;}
}
```

对于每一个菜单项下的内容，分别添加如下代码（以学生基本信息录入窗体为例）。

```
Private void  学生信息录入 ToolStripMenuItem_Click(object sender，EventArgs e)
{   addstu  addstus=new addstu();                      //实体化
    addstus.Mdiparent=this；                            //以主窗体为父窗体，模块窗体为子窗体
    addstus.Show();                                     //与主窗体的 IsMdiContainer==true 相对应
}
```

（3）登录窗体设计：系统运行时首先要登录窗体，只有具有使用权限的用户（如系统管理员、教师和学生等）才能进入系统。因此，登录信息应该包括登录编号、密码（口令）和用户类型（如系统管理员、教师和学生等）。

9.4.4　创建用户管理模块

创建好系统主窗体后，接下来就是创建用户管理模块。图 9-2 所示系统是一个比较完整的教学管理系统，用户管理模块包括"学生信息管理"、"教学计划管理"、"课程成绩管理"、"教学调度管理" 和 "学籍及毕业管理"。由于受篇幅限制，下面以学生基本信息模块以及学生课程功能模块和学生成绩模块为例，介绍编程方法。其它内容由学生自行完成。

1．学生信息管理

学生信息管理模块包括学生基本信息录入、修改、查询和删除操作，下面分别介绍这些子功能窗体的设计过程。

（1）学生基本信息录入窗体：主要用于在学生档案进入学校时，系统管理员对学生信息进行添加。

当录入一个学生的信息时，系统先检查数据库中是否已存在该学生的信息。若存在，则提示不同意录入，实现代码如下：

```
private void button1_Click(object sender,EventArgs e)
{ if(this.textBox1.text.Length==0||this.textBox2.text.Length==0||this.comboBox1.Text.Trim().Length==0)
{MessageBox.Show("请完善信息处理","提示");
  this.textBox1.Focus();
  return;
}
else
{ try         //添加学生基本信息
  {学生基本信息表  stuinfo1=new 学生基本信息表();
  stuinfo1.学号=this.textBox1.Text.ToString().Trim();
  stuinfo1.姓名=this.textBox2.Text.ToString().Trim();
  stuinfo1.性别=char.parse(this.comboBox1.SelectedItem.ToString());
  stuinfo1.出生地点=this.textBox3.Text.ToString().Trim();
    my_DataContex.学生基本信息表.InsertonSubmit(stuinfol));          //插入数据
    my_DataContex.SubmitChanges();
MessageBox.Show("信息添加成功！","提示");
this.textBox1.Text=null;
this.textBox2.Text=null;
this.textBox3.Text=null;
this.comboBox1.Text=null;
  }
  catch(Exception)
  {MessageBox.Show("该生学号已经存在！","提示");
```

```
        return;
      }
    }
  }
```

（2）学生信息修改窗体：其功能是对学生信息进行更新。更改学生信息的具体步骤为：系统管理员先选择该学号对应的学生，单击"查询"按钮，把查询结果显示在"学生信息"栏中，经过校对后单击"确定修改"按钮完成对指定学生基本信息的更新。在"输入修改学生的学号"中的下拉列表框中的内容来源于数据库中学生基本信息表，实现代码如下：

```
private void Alterstu_Load(object sender,EventArgs e)
{ var stud_name= select 学生基本信息表.学号 from 学生基本信息表 in my_datacontext.学生基本信息表;
  //实例化学生基本信息表
  this.comboBox1.DataSource=stud_name;
  this.comboBox1.Text="请选择";
}
```

单击"确定修改"按钮运行的代码如下：

```
private void button2_Click(object sender,EventArgs e)
{ if(this.comboBox1.SelectedItem.ToString().Trim().Length==0)
   {MessageBox.Show("请选择需要修改的学生学号！","提示");
     return;
   }
   else
   {学生基本信息表 stud_info1=new 学生基本信息表();
     stud_info1=my_datacontext.学生基本信息表.Single(学号.Trim()
                =this.comboBox1.SelectedItem.ToString().Trim());}
   stud_info1.姓名=this.textBox2.Text.ToString().Trim();
   stud_info1.性别=char.Parse(this.comboBox2.SelectedItem.ToString().Trim());
   stuinfo1.出生地点=this.textBox3.Text.ToString().Trim();
   my_datacontext.SubmitChanges();               //向后台数据库提交修改信息
   MessageBox.Show("信息添加成功！","提示");
   this.textBox1.Text=null;
   this.textBox2.Text=null;
   this.textBox3.Text=null;
   this.comboBox2.Text=null;
   }
}
```

（3）学生信息删除窗体：该窗体的功能是对已经离校多年或者退学的学生的"学生基本信息"进行删除。

该窗体有"删除"、"退出"两个按钮；一个下拉列表。添加一个 DataGridView，用来存放全部学生的基本信息，可以根据它的改变而确定删除情况。学生信息删除窗体"删除"按钮的后台代码如下：

```
private void button2_Click(object sender,EventArgs e)
{ if(this.textBox1.SelectedItem.ToString().Trim().Length==0)
{MessageBox.Show("请选择需要删除的学生学号！","提示");}
else
   if (MessageBox.Show("信息删除后不可恢复，确定删除此学生信息吗？","确认信息",
   MessageBoxButtons.OK Cancel)==DialogResult.OK)
```

```
{try
    {学生基本信息表 dele_stu=my_datacontext.学生基本信息表.Single(学号.Trim()
                        =this.comboBox1.SelectedItem.ToString().Trim()));
    my_datacontext.学生基本信息表.DeleteOnSubmit(dele_stu);     //删除前台数据库的信息
    my_datacontex.学生基本信息表.SubmitChanges();             //提交该操作的结果
    MessageBox.Show("信息删除成功！","提示");
    this.comboBox1.Text="请选择";
    var conselect2=select (学生基本信息表.学号,学生基本信息表.姓名,学生基本信息表.性别,出生地
点)from 学生基本信息表 in my_datacontext.学生基本信息表;
    this.dataGridView1.DataSouree=conselect2;
    var stud_name= select 学生基本信息表.学号 from 学生基本信息表 in my_datacontext.学生基本信息
表.;
    this.comboBox1.DataSource=stud_name;
    this.comboBox1.Text="请选择";
    }
catch (Exception)
    { MessageBox.Show("操作失败，此学生不存在或其它原因，请查清再操作！","警告");
    return;
    }
    }
    }
}
```

（4）学生信息查询窗体：其功能是浏览学生的基本信息。窗体中添加一个 DataGridView，便能显示学生信息。具体操作方法是：在"学号"文本框中输入一位学生的学号，单击"查询"按钮，便在窗体的"查询结果"和 DataGridView 中显示符合条件的学生信息；单击"显示全部"按钮，全部学生信息显示在 DataGridView 中。学生信息查询窗体中"查询"按钮的代码如下：

```
private void button2_Click(object sender,EventArgs e)
{ if(this.textBox1.Text.Trim().Length==0)
{MessageBox.Show("请输入学生号","警告");}
else
    {try
        {学生基本信息表 teainf1=new 学生基本信息表();
        var conselect= select 学生基本信息表 from 学生基本信息表 in my_datacontext.学生基本信息表
            where 学生基本信息表.学号.ToString().Trim()=this.textBox1.Text.Trim(); //条件查询
    this.dataGridView3.DataSouree=conselect;
    }
    catch (Exception)
        { MessageBox.Show("此学生不存在，请重新输入！","警告");
        this.textBox1.Text=null;
        return;
        }
    }
}
```

2. 学生课程信息功能模块

课程是联系教师和学生最紧密的实体，它既关系到学生的成绩，也和教师的授课科目有关联，是设计教学管理的关键所在。该模块的主要功能是实现课程信息录入和课程信息查询。

（1）课程信息录入窗体：主要用于添加学校新添加的课程，将会添加新课程的课程号、课程名称、课程类型和课时。代码参照学生基本信息录入模块，此处省略。

（2）课程信息查询窗体：课程信息查询方法分为按课程号查询和按教师查询，可以方便用户获得所需的信息。在满足用户知道课程号的前提下，选择正确的课程号，单击"查询"按钮，系统将会显示后台数据库中选择了此课程的学生信息，此次查询涉及两个表的基本查询显示，比先前的对单个课程查询有了进一步的复杂性。课程信息查询窗体中"查询"（button1）"按钮的代码如下：

```
private void button1_Click(object sender,EventArgse)
{ if(this.textBox1.Text.Trim().Length==0)
{MessageBox.Show("请选择课程号","提示");
    comboBox1.Focus();
    ruturn;                                    //窗体再次获得焦点
}
else
    {try                              //对两个独立的表通过学号进行连接
        {
        var stucour=( select (学生选课.课程号,学生信息.学号,学生信息.性别,学生信息.年级,学生信息.学籍)
from 课程选课 in my_datacontext.学生选课表 join 学生信息 in my_datacontext.学生基本信息表 on 学生选课.学
号 equals 学生信息.学号 where 学生选课.课程号=this comboBox1.SelectedItem.ToString().Trim())
            this.dataGridView1.DataSource=stucour;
        }
        catch (Exception)
        {MessageBox.Show("您输入的课程号有错，请在下拉列表中选择号！","警告");
            comboBox1.Focus();
            return;
        }
    }
}
```

3. 学生课程成绩功能模块

学生课程成绩功能模块主要实现学生成绩的录入、修改、删除和查询4个方面的内容，教务员和学生只可以对成绩管理模块进行查询，教师在成绩管理这部分使用的权力最大，包括增删改查各个方面。

（1）成绩录入窗口：用户选择相应的学号和课程号，并且填入对应的成绩，单击"录入"按钮完成数据的录入。该窗体的下拉菜单中的代码如下：

```
private void GradeNum_Load(object sender,EventArgse)
{ var stud_name=(select 学生成绩表.学号 from 学生成绩表 in my_datacontext.学生成绩表).Distinct();
    this.comboBox2.DataSource=stud_name1;
    this.comboBox2.Text="请选择";
    var conselect2= select (学生成绩表.学号,学生成绩表.学生基本信息表.姓名,学生成绩表.学生课程信息表.
课程名称,学生成绩表.成绩)from 学生成绩表 in my_datacontext.学生成绩表;
    this.dataGridview1.DataSource=conselect2;      //将相应学生的学号、姓名、课程和成绩列出
}
```

（2）成绩的修改和删除：学生的成绩修改和删除的权限是教师，其他人员不能进行此项操作。具体操作和代码与修改、删除学生信息的操作和代码相似。

上述内容只是图9-2所示教学管理系统中的典型实例，要求同学们根据图9-2所示的教学管理

系统的模块结构，图 9-3 至图 9-7 所示的数据流图做好需求分析，然后按照上述设计步骤，完成课程设计任务。

我们建议，在课程设计中，对于较为复杂的大型系统，应该让每个同学负责完成其中的一个子系统。对本教学管理系统而言，课程设计小组可由 5～6 人组成。在设计过程中，相互帮助，密切合作。通过该课程设计，使每个同学得到全方位的锻炼提高。

本章小结

1. 本章全面介绍了数据库技术及应用课程设计的基本思想和基本内容，系统介绍了设计数据库应用系统的全过程，简要描述了用 SQL Server 2008 和 C#开发数据库应用程序的基本方法和步骤。通过本章学习，为学生全面掌握数据库应用系统的设计和开发提供了参照模式。

2. 系统设计的第一步是系统总体设计，包括总体需求分析和系统结构分析。对于一个数据库应用系统的设计，通常分为 5 个步骤：系统需求分析描述、系统概念模型描述、系统逻辑设计、系统物理设计和系统实现。

3. 所有的应用系统最后都要编程实现。系统编程实现是指利用 SQL Server 2008 命令语句来创建数据库与创建数据库表，利用 C#语言来创建系统窗体和用户管理模块等。

参考文献

[1]　王知强．数据库系统原理及应用．北京：清华大学出版社，2011．

[2]　王成良，柳玲，徐玲．数据库技术及应用．北京：清华大学出版社，2011．

[3]　李合龙，左文明，焦青松．数据库理论与应用．北京：清华大学出版社，2011．

[4]　杨爱明，王涛伟，王丽霞．数据库技术及应用．北京：清华大学出版社，2012．

[5]　刘淳．数据库系统原理与应用（第二版）．北京：中国水利水电出版社，2009．

[6]　刘红岩．数据库技术及应用用（第二版）．北京：清华大学出版社，2013．

[7]　丁忠俊．数据库系统原理及应用．北京：清华大学出版社，2012．

[8]　潘瑞芳，贾晓雯．数据库技术与应用．北京：清华大学出版社，2012．

[9]　万常选，廖国琼．数据库系统原理与设计．北京：清华大学出版社，2009．

[10]　邵超，张斌，张巧荣．数据库实用教程——SQL Server 2008．北京：清华大学出版社，2009．

[11]　许薇，谢艳新．数据库原理与应用．北京：清华大学出版社，2011．

[12]　张莉．SQL Server 数据库原理与应用教程（第三版）．北京：清华大学出版社，2012．

[13]　王珊，萨师煊．数据库系统概论（第4版）．北京：高等教育出版社，2006．

[14]　马忠贵，曾广平．数据库技术及应用．北京：国防工业出版社，2012．

[15]　范剑波．数据库理论与技术实现．西安：西安电子科技大学出版社，2012．

[16]　李月军．数据库原理与设计（Oracle 版）．北京：清华大学出版社，2012．

[18]　姚春龙．数据库技术及应用教程．北京：清华大学出版社，2011．

[19]　李俊山，罗蓉．数据库原理及应用．北京：清华大学出版社，2009．

[20]　付立平．数据库原理与应用（第3版）．北京：高等教育出版社，2011．

[21]　刘爽英，王丽芳．数据库原理及应用．北京：清华大学出版社，2013．

[22]　李云峰，李婷．C/C++程序设计．北京：中国水利水电出版社，2012．

[23]　李云峰，李婷．计算机网络基础．北京：中国水利水电出版社，2010．

[24]　李云峰，李婷．计算机导论．北京：电子工业出版社，2008．